"十二五"普通高等教育本科国家级规划教材

2009年度普通高等教育精品教材

张三慧　编著

C6版

大学物理学（第三版）

下册

清华大学出版社
北京

内容简介

本书讲述物理学基础理论的电磁学和量子物理部分。电磁学部分按传统方法讲述电磁学的基本理论,包括静止和运动电荷的电场,运动电荷和电流的磁场,介质中的电场和磁场,电磁感应,电磁波等。量子物理部分包括微观粒子的二象性、薛定谔方程(定态)、原子中的电子能态。书中特别注意从微观上阐明物理现象及规律的本质。内容的选择上除了包括经典基本内容外,还注意适时插入现代物理概念与物理思想。此外,安排了许多现代的联系实际的例题和习题,书末还列出了历年诺贝尔物理学奖获得者名录及其创新课题。

本书可作为高等院校的物理教材,也可以作为中学物理教师教学或其他读者自学的参考书。

图书在版编目(CIP)数据

大学物理学:C6 版.下册/张三慧编著.--3 版.--北京:清华大学出版社,2014(2023.1 重印)
ISBN 978-7-302-36236-4

Ⅰ.①大… Ⅱ.①张… Ⅲ.①物理学-高等学校-教材 Ⅳ.①O4

中国版本图书馆 CIP 数据核字(2014)第 076265 号

责任编辑:邹开颜
封面设计:傅瑞学
责任校对:赵丽敏
责任印制:朱雨萌

出版发行:清华大学出版社
网　　址:http://www.tup.com.cn, http://www.wqbook.com
地　　址:北京清华大学学研大厦 A 座　　**邮　　编**:100084
社 总 机:010-83470000　　**邮　　购**:010-62786544
投稿与读者服务:010-62776969, c-service@tup.tsinghua.edu.cn
质量反馈:010-62772015, zhiliang@tup.tsinghua.edu.cn
印 装 者:三河市龙大印装有限公司
经　　销:全国新华书店
开　　本:185mm×260mm　　**印　　张**:20　　**字　　数**:457 千字
版　　次:1990 年 2 月第 1 版　　2014 年 7 月第 3 版　　**印　　次**:2023 年 1 月第 10 次印刷
定　　价:56.00 元

产品编号:059104-05

前言

FOREWORD

这部《大学物理学》(第三版)C6版分上下两册。上册含力学篇、光学篇和热学篇3篇,下册包括电磁学篇和量子物理篇2篇。

本书内容完全涵盖了2006年我国教育部发布的“非物理类理工学科大学物理课程基本要求”,标“*”的章节和例题非基本要求,可供选用。书中各篇对物理学的基本概念与规律进行了正确明晰的讲解。讲解基本上都是以最基本的规律和概念为基础,推演出相应的概念与规律。笔者认为,在教学上应用这种演绎逻辑更便于学生从整体上理解和掌握物理课程的内容。

力学篇是以牛顿定律为基础展开的。除了直接应用牛顿定律对问题进行动力学分析外,还引入了动量、角动量、能量等概念,并着重讲解相应的守恒定律及其应用。除惯性系外,还介绍了利用非惯性系解题的基本思路,刚体的转动、振动、波动这三章内容都是上述基本概念和定律对于特殊系统的应用。狭义相对论的讲解以两条基本假设为基础,从同时性的相对性这一“关键的和革命的”(杨振宁语)概念出发,逐渐展开得出各个重要结论。这种讲解可以比较自然地使学生从物理上而不只是从数学上弄懂狭义相对论的基本结论。

光学篇以电磁波和振动的叠加的概念为基础,讲述了光电干涉和衍射的规律。第11章光的偏振讲述了光的横波特征。

热学篇的讲述是以微观的分子运动的无规则性这一基本概念为基础的。除了阐明经典力学对分子运动的应用外,特别引入并加强了统计概念和统计规律,包括麦克斯韦速率分布律的讲解。对热力学第一定律也阐述了其微观意义。对热力学第二定律是从宏观热力学过程的方向性讲起,说明方向性的微观根源,并利用热力学概率定义了玻耳兹曼熵并说明了熵增加原理,然后再进一步导出克劳修斯熵及其计算方法。这种讲法最能揭示熵概念的微观本质,也便于理解熵概念的推广应用。

电磁学篇按照传统讲法,讲述电磁学的基本理论,包括静止和运动电荷的电场,运动电荷和电流的磁场,介质中的电场和磁场,电磁感应,电磁波等。

以上力学、光学、热学、电磁学各篇的内容基本上都是经典理论,但也在适当地方穿插了量子理论的概念和结论以便相互比较。

量子物理篇是从波粒二象性出发,以定态薛定谔方程为基础讲解的;进而介绍了原子中电子的运动规律。

本书各章均配有思考题和习题，以帮助学生理解和掌握已学的物理概念和定律或扩充一些新的知识。这些题目有易有难，绝大多数是实际现象的分析和计算。题目的数量适当，不以多取胜。也希望学生做题时不要贪多，而要求精，要真正把做过的每一道题从概念原理上搞清楚，并且用尽可能简洁明确的语言、公式、图像表示出来，需知，对一个科技工作者来说，正确地书面表达自己的思维过程与成果也是一项重要的基本功。

本书在保留经典物理精髓的基础上，特别注意加强了现代物理前沿知识和思想的介绍。本书内容取材在注重科学性和系统性的同时，还注重密切联系实际，选用了大量现代科技与我国古代文明的资料，力求达到经典与现代，理论与实际的完美结合。

物理教学除了“授业”外，还有“育人”的任务。为此本书介绍了十几位科学大师的事迹，简要说明了他们的思想境界、治学态度、开创精神和学术成就，以之作为学生为人处事的借鉴。在此我还要介绍一下我和帕塞尔教授的一段交往。帕塞尔教授是哈佛大学教授，1952 年因对核磁共振研究的成果荣获诺贝尔物理学奖。我于 1977 年看到他编写的《电磁学》，深深地为他的新讲法所折服。用他的书讲述两遍后，于 1987 年冒然写信向他请教，没想到很快就收到他的回信（见附图）和赠送给我的教材（第二版）及习题解答。他这种热心帮助一个素不相识的外国教授的行为使我非常感动。

帕塞尔《电磁学》（第二版）封面

本书作者与帕塞尔教授合影（1993 年）

HARVARD UNIVERSITY

DEPARTMENT OF PHYSICS

LYMAN LABORATORY OF PHYSICS
CAMBRIDGE, MASSACHUSETTS 02138

November 30, 1987

Professor Zhang Sanhui
Department of Physics
Tsinghua University
Beijing 100084
The People´s Republic of China

Dear Professor Zhang:

Your letter of November 8 pleases me more than I can say, not only for your very kind remarks about my book, but for the welcome news that a growing number of physics teachers in China are finding the approach to magnetism through relativity enlightening and useful. That is surely to be credited to your own teaching, and also, I would surmise, to the high quality of your students. It is gratifying to learn that my book has helped to promote this development.

I don´t know whether you have seen the second edition of my book, published about three years ago. A copy is being mailed to you, together with a copy of the Problem Solutions Manual. I shall be eager to hear your opinion of the changes and additions, the motivation for which is explained in the new Preface. May I suggest that you inspect, among other passages you will be curious about, pages 170-171. The footnote about Leigh Page repairs a regrettable omission in my first edition. When I wrote the book in 1963 I was unaware of Page´s remarkable paper. I did not think my approach was original -- far from it -- but I did not take time to trace its history through earlier authors. As you now share my preference for this strategy I hope you will join me in mentioning Page´s 1912 paper when suitable opportunities arise.

Your remark about printing errors in your own book evokes my keenly felt sympathy. In the first printing of my second edition we found about 50 errors, some serious! The copy you will receive is from the third printing, which still has a few errors, noted on the Errata list enclosed in the book. There is an International Student Edition in paperback. I´m not sure what printing it duplicates.

The copy of your own book has reached my office just after I began this letter! I hope my shipment will travel as rapidly. It will be some time before I shall be able to study your book with the care it deserves, so I shall not delay sending this letter of grateful acknowledgement.

Sincerely yours,

Edward M. Purcell

Edward M. Purcell

EMP/cad

帕塞尔回信复印件

他在信中写道"本书170—171页关于L. Page的注解改正了第一版的一个令人遗憾的疏忽。1963年我写该书时不知道Page那篇出色的文章，我并不认为我的讲法是原创的——远不是这样——但当时我没有时间查找早先的作者追溯该讲法的历史。现在既然你也喜欢这种讲法，我希望你和我一道在适当时机宣扬Page的1912年的文章。"一位物理学大师对自己的成就持如此虚心、谦逊、实事求是的态度使我震撼。另外他对自己书中的疏漏（实际上有些是印刷错误）认真修改，这种严肃认真的态度和科学精神也深深地教育了我。帕塞尔这封信所显示的作为一个科学家的优秀品德，对我以后的为人处事治学等方面都产生了很大影响，始终视之为楷模追随仿效，而且对我教的每一届学生都要展示帕塞尔的这一封信对他们进行教育，收到了很好的效果。

本书的撰写和修订得到了清华大学物理系老师的热情帮助（包括经验与批评），也采纳了其他兄弟院校的教师和同学的建议和意见。此外也从国内外的著名物理教材中吸取了很多新的知识、好的讲法和有价值的素材。这些教材主要有：新概念物理教程（赵凯华等），Feyman Lectures on Physics，Berkeley Physics Course（Purcell E M, Reif F, et al.），The Manchester Physics Series（Mandl F, et al.），Physics（Chanian H C.），Fundamentals of Physics（Resnick R），Physics（Alonso M et al.）等。

对于所有给予本书帮助的老师和学生以及上述著名教材的作者，本人在此谨致以诚挚的谢意。清华大学出版社诸位编辑对第三版杂乱的原稿进行了认真的审阅和编辑，特在此一并致谢。

张三慧

2008年1月

于清华园

目录

CONTENTS

第4篇 电 磁 学

第 5 篇 量子物理

第 4 篇 电磁学

本篇讲解的电磁学是关于宏观电磁现象的规律的知识。关于电磁现象的观察记录，在西方，可以追溯到公元前 6 世纪希腊学者泰勒斯(Thales)的载有关于用布摩擦过的琥珀能吸引轻微物体的文献。在我国，最早是在公元前 4 到 3 世纪战国时期《韩非子》中有关“司南”(一种用天然磁石做成的指向工具)和《吕氏春秋》中有关“慈石召铁”的记载。公元 1 世纪王充所著《论衡》一书中记有“顿牟缀芥，磁石引针”字句(顿牟即琥珀，缀芥即吸拾轻小物体)。西方在 16 世纪末年，吉尔伯特(William Gilbert，1540—1603 年)对“顿牟缀芥”现象以及磁石的相互作用做了较仔细的观察和记录。electricity(电)这个字就是他根据希腊字 ἠλεκτρου(原意琥珀)创造的。在我国，“电”字最早见于周朝(公元前 8 世纪)遗物青铜器“畨生簋”上的铭文中，是雷电这种自然现象的观察记录。对“电”字赋予科学的含义当在近代西学东渐之后。

关于电磁现象的定量的理论研究，最早可以从库仑 1785 年研究电荷之间的相互作用算起。其后通过泊松、高斯等人的研究形成了静电场(以及静磁场)的(超距作用)理论。伽伐尼于 1786 年发现了电流，后经伏特、欧姆、法拉第等人发现了关于电流的定律。1820 年奥斯特发现了电流的磁效应，很快(一两年内)，毕奥、萨伐尔、安培、拉普拉斯等作了进一步定量的研究。1831 年法拉第发现了有名的电磁感应现象，并提出了**场**和力线的概念，进一步揭示了电与磁的联系。在这样的基础上，麦克斯韦集前人之大成，再加上他极富创见的关于感应电场和位移电流的假说，建立了以一套方程组为基础的完整的宏观的电磁场理论。在这一历史过程中，有偶然的机遇，也有有目的的探索；有精巧的实验技术，也有大胆的理论独创;有天才的物理模型设想,也有严密的数学方法应用。最后形成的麦克斯韦电磁场方程组是“完整的”,它使人类对宏观电磁现象的认识达到了一个新的高度。麦克斯韦的这一成就可以认为是从牛顿建立力学理论到爱因斯坦提出相对论的这段时期中物理学史上最重要的理论成果。

1905年爱因斯坦创立了相对论。它不但使人们对牛顿力学有了更全面的认识,也使人们对已知的电磁现象和理论有了更深刻的理解。爱因斯坦在他那篇划时代的论文《论运动物体的电动力学》[①]中提出了狭义相对论,导出了洛伦兹变换,并在此基础上证明了麦克斯韦方程的协变性,即在洛伦兹变换下麦克斯韦方程形式不变;同时也就给出了电场强度和磁感应强度的变换公式,指明了电场和磁场并不是相互独立的两种场,而是一种统一的实体,只是在不同的参考系中分别有不同的表现。但是,“当根据几种不同的实验现象加上存在位移‘电流’这一似乎很特别的假设来建立麦克斯韦方程组时,这种统一性并不是那么明显的。”[②]直到现在,在大学物理教学中,电磁学还都是沿着从几种不同的实验现象到麦克斯韦方程组这种“经典路线”讲解的,未能显示“经典电磁理论中固有的统一性。”[③]半个世纪前,已有人在物理教学中把电磁学规律建立在相对论的基础上进行讲解。帕塞尔的《电磁学》[④]就是这方面的典范。本书下面关于电磁学的内容,就采取了“帕塞尔体系”进行讲解,即在场的概念和高斯定律的基础上,利用相对论的概念讲了运动电荷的电场;在讲过静电场的电势和恒定电流的规律之后,根据洛伦兹变换由电场引入了磁场,讲解了磁场的无源性及安培环路定理及其推广。之后在电磁场变换的基础上导出了法拉第电磁感应定律并最后完成了麦克斯韦方程组的总结。笔者认为这种讲法脉络系统更加清楚,特别富有启发性,在自己的教学中已试过多遍,都受到了学生的欢迎,下面就让我们从电荷及场的概念讲起。

---

① Einstein A. Zur Elektrodynamik bewegter Körper. Ann. Phys. ,Lpz. ,905,17. 891.

②③ Rosser W G V. 相对论导论. 岳学元,关德相译. 科学出版社,1980. 322.

④ Purcell E M. Electricity and Magnetism. Berkeley Physics Course, Vol. 2,2nd ed. McGraw-Hill Book Company, 1985.

第15章

静　电　场

作为电磁学的开始，本章讲解静止电荷相互作用的规律。在简要地说明了电荷的性质之后，就介绍了库仑定律。由于静止电荷是通过它的电场对其他电荷产生作用的，所以关于电场的概念及其规律就具有基础性的意义。本章除介绍用库仑定律求静电场的方法之外，特别介绍了更具普遍意义的高斯定律及应用它求静电场的方法。对称性分析已成为现代物理学的一种基本的分析方法，本章在适当地方多次说明了对称性的意义及利用对称性分析问题的方法。无论是概念的引入，或是定律的表述，或是分析方法的介绍，本章所涉及的内容，就思维方法来讲，对整个电磁学(甚至整个物理学)都具有典型的意义，希望读者细心地、认真地学习体会。

15.1　电荷

物体能产生电磁现象，现在都归因于物体带上了**电荷**以及这些电荷的运动。通过对电荷(包括静止的和运动的电荷)的各种相互作用和效应的研究，人们现在认识到电荷的基本性质有以下几方面。

1. 电荷的种类

电荷有两种，同种电荷相斥，异种电荷相吸。美国物理学家富兰克林(Benjamin Franklin，1706—1790 年)首先以正电荷、负电荷的名称来区分两种电荷，这种命名法一直延续到现在。宏观带电体所带电荷种类的不同根源于组成它们的微观粒子所带电荷种类的不同：电子带负电荷，质子带正电荷，中子不带电荷。现代物理实验证实，电子的电荷集中在半径小于 10^{-18} m 的小体积内。因此，电子被当成是一个无内部结构而有有限质量和电荷的“点”。通过高能电子束散射实验测出的质子和中子内部的电荷分布分别如图 15.1(a)，(b)所示。质子中只有正电荷，都集中在半径约为 10^{-15} m 的体积内。中子内部也有电荷，靠近中心为正电荷，靠外为负电荷；正负电荷电量相等，所以对外不显带电。

带电体所带电荷的多少叫电量。谈到电量，就涉及如何测量它的问题。一个电荷的量值大小只能通过该电荷所产生的效应来测量，现在我们先假定电量的计量方法已有了。电量常用 Q 或 q 表示，在国际单位制中，它的单位名称为库[仑]，符号为 C。正电荷电量

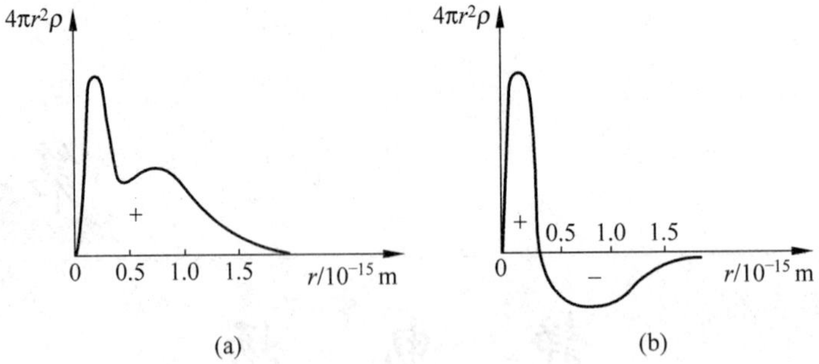

图 15.1 质子内(a)与中子内(b)电荷分布图

取正值,负电荷电量取负值。一个带电体所带总电量为其所带正负电量的代数和。

2. 电荷的量子性

实验证明,在自然界中,电荷总是以一个**基本单元**的整数倍出现,电荷的这个特性叫做电荷的**量子性**。电荷的基本单元就是一个电子所带电量的绝对值,常以 e 表示。经测定

$$e = 1.602 \times 10^{-19}\ \mathrm{C}$$

电荷具有基本单元的概念最初是根据电解现象中通过溶液的电量和析出物质的质量之间的关系提出的。法拉第(Michael Faraday,1791—1867 年)、阿累尼乌斯(Arrhenius,1859—1927 年)等都为此做出过重要贡献。他们的结论是:一个离子的电量只能是一个基本电荷的电量的整数倍。直到 1890 年斯通尼(John Stone Stoney,1826—1911 年)才引入"**电子**"(electron)这一名称来表示带有负的基元电荷的粒子。其后,1913 年密立根(Robert Anolvews Millikan,1868—1953 年)设计了有名的油滴试验,直接测定了此基元电荷的量值。现在已经知道许多基本粒子都带有正的或负的基元电荷。例如,一个正电子,一个质子都各带有一个正的基元电荷。一个反质子,一个负介子则带有一个负的基元电荷。微观粒子所带的基元电荷数常叫做它们各自的**电荷数**,都是正整数或负整数。近代物理从理论上预言基本粒子由若干种**夸克**或**反夸克**组成,每一个夸克或反夸克可能带有 $\pm\frac{1}{3}e$ 或 $\pm\frac{2}{3}e$ 的电量。然而至今单独存在的夸克尚未在实验中发现(即使发现了,也不过把基元电荷的大小缩小到目前的 1/3,电荷的量子性依然不变)。

本章大部分内容讨论电磁现象的宏观规律,所涉及的电荷常常是基元电荷的许多倍。在这种情况下,我们将只从平均效果上考虑,认为电荷**连续**地分布在带电体上,而忽略电荷的量子性所引起的微观起伏。尽管如此,在阐明某些宏观现象的微观本质时,还是要从电荷的量子性出发。

在以后的讨论中经常用到点电荷这一概念。当一个带电体本身的线度比所研究的问题中所涉及的距离小很多时,该带电体的形状与电荷在其上的分布状况均无关紧要,该带电体就可看作一个带电的点,叫**点电荷**。由此可见,点电荷是个相对的概念。至于带电体的线度比问题所涉及的距离小多少时,它才能被当作点电荷,这要依问题所要求的精度而定。当在宏观意义上谈论电子、质子等带电粒子时,完全可以把它们视为点电荷。

3. 电荷守恒

实验指出，对于一个系统，如果没有净电荷出入其边界，则该系统的正、负电荷的电量的代数和将保持不变，这就是**电荷守恒定律**。宏观物体的带电、电中和以及物体内的电流等现象实质上是由于微观带电粒子在物体内运动的结果。因此，电荷守恒实际上也就是在各种变化中，系统内粒子的总电荷数守恒。

现代物理研究已表明，在粒子的相互作用过程中，电荷是可以产生和消失的。然而电荷守恒并未因此而遭到破坏。例如，一个高能光子与一个重原子核作用时，该光子可以转化为一个正电子和一个负电子(这叫**电子对的“产生”**)；而一个正电子和一个负电子在一定条件下相遇，又会同时消失而产生两个或三个光子(这叫**电子对的“湮灭”**)。在已观察到的各种过程中，正、负电荷总是成对出现或成对消失。由于光子不带电，正、负电子又各带有等量异号电荷，所以这种电荷的产生和消失并不改变系统中的电荷数的代数和，因而电荷守恒定律仍然保持有效①。

4. 电荷的相对论不变性

实验证明，一个电荷的电量与它的运动状态无关。较为直接的实验例子是比较氢分子和氦原子的电中性。氢分子和氦原子都有两个电子作为核外电子，这些电子的运动状态相差不大。氢分子还有两个质子，它们是作为两个原子核在保持相对距离约为 0.07 nm 的情况下转动的(图 15.2(a))。氦原子中也有两个质子，但它们组成一个原子核，两个质子紧密地束缚在一起运动(图 15.2(b))。氦原子中两个质子的能量比氢分子中两个质子的能量大得多(一百万倍的数量级)，因而两者的运动状态有显著的差别。如果电荷的电量与运动状态有关，氢分子中质子的电量就应该和氦原子中质子的电量不同，但两者的电子的电量是相同的，因此，两者就不可能都是电中性的。但是实验证实，氢分子和氦原子都精确地是电中性的，它们内部正、负电荷在数量上的相对差异都小于 $1/10^{20}$。这就说明，质子的电量是与其运动状态无关的。

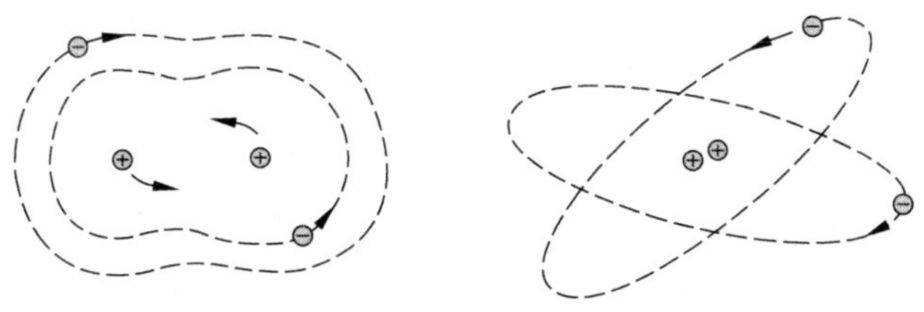

(a)　　(b)

图 15.2　氢分子(a)与氦原子(b)结构示意图

还有其他实验，也证明电荷的电量与其运动状态无关。另外，根据这一结论导出的大

---

① 近年来不断有电荷不守恒的实验报道。电子衰变时只能产生中微子，所以电子的衰变就意味着电荷不守恒。有人做实验测知电子的平均寿命要大于 10^{23} 年，这已大大超过宇宙年龄(10^{10} 年)，所以实际上电子还是不衰变。在 $^{87}Rb \to ^{87}Sr$ + 中性粒子的过程中有中子衰变的过程。有人分析此实验结果时得出中子的电荷不守恒，但这种电荷不守恒的衰变概率与电荷守恒的衰变概率之比为 7.9×10^{-21}。这说明在这一过程中即使电荷守恒破坏了，也只是很微小的破坏。

量结果都与实验结果相符合，这也反过来证明了这一结论的正确性。

由于在不同的参考系中观察，同一个电荷的运动状态不同，所以电荷的电量与其运动状态无关，也可以说成是，在不同的参考系内观察，同一带电粒子的电量不变。电荷的这一性质叫**电荷的相对论不变性**。

15.2 库仑定律与叠加原理

在发现电现象后的2000多年的长时期内，人们对电的认识一直停留在定性阶段。从18世纪中叶开始，不少人着手研究电荷之间作用力的定量规律，最先是研究静止电荷之间的作用力。研究静止电荷之间的相互作用的理论叫**静电学**。它是以1785年法国科学家库仑(Charles Augustin de Coulomb，1736—1806年)通过实验总结出的规律——**库仑定律**——为基础的。这一定律的表述如下：**相对于惯性系观察，自由空间(或真空)中两个静止的点电荷之间的作用力(斥力或吸力，统称库仑力)与这两个电荷所带电量的乘积成正比，与它们之间距离的平方成反比，作用力的方向沿着这两个点电荷的连线。**这一规律用矢量公式表示为

$$\boldsymbol{F}_{21} = k\frac{q_1 q_2}{r_{21}^2}\boldsymbol{e}_{r21} \tag{15.1}$$

式中，q_1 和 q_2 分别表示两个点电荷的电量(带有正、负号)，r_{21} 表示两个点电荷之间的距离，$\boldsymbol{e}_{r21}$ 表示从电荷 q_1 指向电荷 q_2 的单位矢量(图15.3)；k 为比例常量，依公式中各量所选取的单位而定。$\boldsymbol{F}_{21}$ 表示电荷 q_2 受电荷 q_1 的作用力。当两个点电荷 q_1 与 q_2 同号时，$\boldsymbol{F}_{21}$ 与 $\boldsymbol{e}_{r21}$ 同方向，表明电荷 q_2 受 q_1 的斥力；当 q_1 与 q_2 反号时，$\boldsymbol{F}_{21}$ 与 $\boldsymbol{e}_{r21}$ 的方向相反，表示 q_2 受 q_1 的引力。由此式还可以看出，两个静止的点电荷之间的作用力符合牛顿第三定律，即

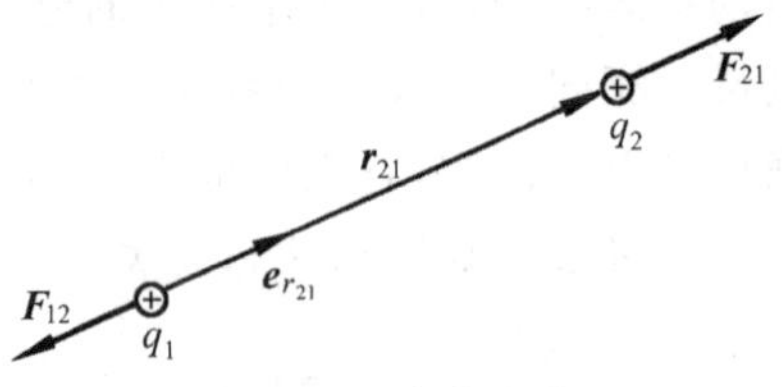

图15.3 库仑定律

$$\boldsymbol{F}_{21} = -\boldsymbol{F}_{12} \tag{15.2}$$

式(15.1)中的单位矢量 $\boldsymbol{e}_{r21}$ 表示两个静止的点电荷之间的作用力沿着它们的连线的方向。对于本身没有任何方向特征的静止的点电荷来说，也只可能是这样。因为自由空间是各向同性的(我们也只能这样认为或假定)，对于两个静止的点电荷来说，只有它们的连线才具有唯一确定的方向。由此可知，库仑定律反映了自由空间的各向同性，也就是空间对于转动的对称性。

在国际单位制中，距离 r 用m作单位，力 F 用N作单位，实验测定比例常量 k 的数值和单位为

$$k = 8.9880\times10^9\ \text{N}\cdot\text{m}^2/\text{C}^2 \approx 9\times10^9\ \text{N}\cdot\text{m}^2/\text{C}^2$$

通常还引入另一常量 ε_0 来代替 k，使

$$k = \frac{1}{4\pi\varepsilon_0}$$

于是，真空中库仑定律的形式就可写成

$$\boldsymbol{F}_{21}=\frac{q_1q_2}{4\pi\varepsilon_0 r_{21}^2}\boldsymbol{e}_{r21} \tag{15.3}$$

这里引入的 ε_0 叫**真空介电常量**(或真空电容率)，在国际单位制中它的数值和单位是

$$\varepsilon_0=\frac{1}{4\pi k}=8.85\times10^{-12}\ \mathrm{C^2/(N\cdot m^2)}$$ ①

在库仑定律表示式中引入"4π"因子的作法，称为单位制的有理化。这样做的结果虽然使库仑定律的形式变得复杂些，但却使以后经常用到的电磁学规律的表示式因不出现"4π"因子而变得简单些。这种作法的优越性，在今后的学习中读者是会逐步体会到的。

实验证实，点电荷放在空气中时，其相互作用的电力和在真空中的相差极小，故式(15.3)的库仑定律对空气中的点电荷亦成立。

库仑定律是关于一种基本力的定律，它的正确性不断经历着实验的考验。设定律分母中 r 的指数为 $2+\alpha$，人们曾设计了各种实验来确定(一般是间接地)α 的上限。1773 年，卡文迪许的静电实验给出 $|\alpha|\leqslant0.02$。约百年后麦克斯韦的类似实验给出 $|\alpha|\leqslant5\times10^{-5}$。1971 年威廉斯等人改进该实验得出 $|\alpha|\leqslant|2.7\pm3.1|\times10^{-16}$。这些都是在实验室范围($10^{-3}\sim10^{-1}$ m)内得出的结果。对于很小的范围，卢瑟福的 α 粒子散射实验(1910 年)已证实小到 10^{-15} m 的范围，现代高能电子散射实验进一步证实小到 10^{-17} m 的范围，库仑定律仍然精确地成立。大范围的结果是通过人造地球卫星研究地球磁场时得到的。它给出库仑定律精确地适用于大到 10^7 m 的范围，因此一般就认为在更大的范围内库仑定律仍然有效。

令人感兴趣的是，现代量子电动力学理论指出，库仑定律中分母 r 的指数与光子的静质量有关：如果光子的静质量为零，则该指数严格地为 2。现在的实验给出光子的静质量上限为 10^{-48} kg，这差不多相当于 $|\alpha|\leqslant10^{-16}$。

例 15.1

氢原子中电子和质子的距离为 5.3×10^{-11} m。求此二粒子间的静电力和万有引力各为多大？

解 由于电子的电荷是 $-e$，质子的电荷为 $+e$，而电子的质量 $m_e=9.1\times10^{-31}$ kg，质子的质量 $m_p=1.7\times10^{-27}$ kg，所以由库仑定律，求得两粒子间的静电力大小为

$$F_e=\frac{e^2}{4\pi\varepsilon_0 r^2}=\frac{9.0\times10^9\times(1.6\times10^{-19})^2}{(5.3\times10^{-11})^2}=8.1\times10^{-8}\ (\mathrm{N})$$

由万有引力定律，求得两粒子间的万有引力

$$F_g=G\frac{m_e m_p}{r^2}=\frac{6.7\times10^{-11}\times9.1\times10^{-31}\times1.7\times10^{-27}}{(5.3\times10^{-11})^2}=3.7\times10^{-47}\ (\mathrm{N})$$

由计算结果可以看出，氢原子中电子与质子的相互作用的静电力远较万有引力为大，前者约为后者的 10^{39} 倍。

---

① 单位 $\mathrm{C^2/(N\cdot m^2)}$ 就是 F/m，F(法)是电容的单位，见第 18 章。

例 15.2

卢瑟福(E. Rutherford,1871—1937年)在他的 α 粒子散射实验中发现,α 粒子具有足够高的能量,使它能达到与金原子核的距离为 2×10^{-14} m 的地方。试计算在这一距离时,α 粒子所受金原子核的斥力的大小。

解 α 粒子所带电量为 $2e$,金原子核所带电量为 $79e$,由库仑定律可得此斥力为

$$F=\frac{2e\times79e}{4\pi\varepsilon_0 r^2}=\frac{9.0\times10^9\times2\times79\times(1.6\times10^{-19})^2}{(2\times20^{-14})^2}=91\ (\mathrm{N})$$

此力约相当于10 kg物体所受的重力。此例说明,在原子尺度内电力是非常强的。

库仑定律只讨论两个静止的点电荷间的作用力,当考虑两个以上的静止的点电荷之间的作用时,就必须补充另一个实验事实:**两个点电荷之间的作用力并不因第三个点电荷的存在而有所改变**。因此,两个以上的点电荷对一个点电荷的作用力等于各个点电荷单独存在时对该点电荷的作用力的矢量和。这个结论叫**电力的叠加原理**。

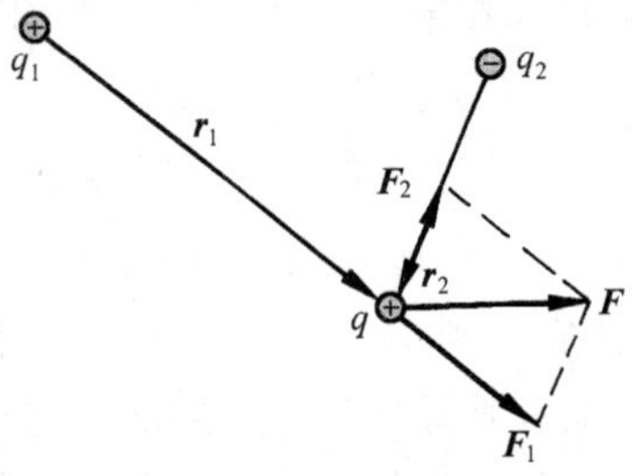

图 15.4 静电力叠加原理

图15.4画出了两个点电荷 q_1 和 q_2 对第三个点电荷 q 的作用力的叠加情况。电荷 q_1 和 q_2 单独作用在电荷 q 上的力分别为 $\boldsymbol{F}_1$ 和 $\boldsymbol{F}_2$,它们共同作用在 q 上的力 $\boldsymbol{F}$ 就是这两个力的合力,即

$$\boldsymbol{F}=\boldsymbol{F}_1+\boldsymbol{F}_2$$

对于由 n 个点电荷 $q_1,q_2,\cdots,q_n$ 组成的电荷系,若以 $\boldsymbol{F}_1,\boldsymbol{F}_2,\cdots,\boldsymbol{F}_n$ 分别表示它们单独存在时对另一点电荷 q 上的电力,则由电力的叠加原理可知,q 受到的总电力应为

$$\boldsymbol{F}=\boldsymbol{F}_1+\boldsymbol{F}_2+\cdots+\boldsymbol{F}_n=\sum_{i=1}^{n}\boldsymbol{F}_i \tag{15.4}$$

在 $q_1,q_2,\cdots,q_n$ 和 q 都静止的情况下,$\boldsymbol{F}_i$ 都可以用库仑定律式(15.3)计算,因而可得

$$\boldsymbol{F}=\sum_{i=1}^{n}\frac{qq_i}{4\pi\varepsilon_0 r_i^2}\boldsymbol{e}_{r_i} \tag{15.5}$$

式中,r_i 为 q 与 q_i 之间的距离,$\boldsymbol{e}_{ri}$ 为从点电荷 q_i 指向 q 的单位矢量。

15.3 电场和电场强度

设相对于惯性参考系,在真空中有一固定不动的点电荷系 $q_1,q_2,\cdots,q_n$。将另一点电荷 q 移至该电荷系周围的 $P(x,y,z)$ 点(称场点)处,现在求 q 受该电荷系的作用力。这力应该由式(15.5)给出。由于电荷系作用于电荷 q 上的合力与电荷 q 的电量成正比,所以比值 $\boldsymbol{F}/q$ 只取决于点电荷系的结构(包括每个点电荷的电量以及各点电荷之间的相对位置)和电荷 q 所在的位置 (x,y,z),而与电荷 q 的量值无关。因此,可以认为比值 $\boldsymbol{F}/q$ 反映了电荷系周围空间各点的一种特殊性质,它能给出该电荷系对静止于各点的其他电荷

q 的作用力。这时就说该点电荷系周围空间存在着由它所产生的**电场**。电荷 $q_1, q_2, \cdots, q_n$ 叫**场源电荷**,而比值 $\boldsymbol{F}/q$ 就表示电场中各点的强度,叫**电场强度**(简称**场强**)。通常用 $\boldsymbol{E}$ 表示电场强度,于是就有定义

$$\boldsymbol{E} = \frac{\boldsymbol{F}}{q} \tag{15.6}$$

此式表明,电场中任意点的电场强度等于位于该点的单位正电荷所受的电力。在电场中各点的 $\boldsymbol{E}$ 可以各不相同,因此一般地说,$\boldsymbol{E}$ 是空间坐标的矢量函数。在考察电场时,式(15.6)中的 q 起到检验电场的作用,叫**检验电荷**。

在国际单位制中,电场强度的单位名称为牛每库,符号为N/C。以后将证明,这个单位和 V/m 是等价的,即

$$1\ \mathrm{V/m} = 1\ \mathrm{N/C}$$

将式(15.4)代入式(15.6),可得

$$\boldsymbol{E} = \frac{\sum_{i=1}^{n} \boldsymbol{F}_i}{q} = \sum_{i=1}^{n} \frac{\boldsymbol{F}_i}{q}$$

式中,$\boldsymbol{F}_i/q$ 是电荷 q_i 单独存在时在 P 点产生的电场强度 $\boldsymbol{E}_i$。因此,上式可写成

$$\boldsymbol{E} = \sum_{i=1}^{n} \boldsymbol{E}_i \tag{15.7}$$

此式表示:**在 n 个点电荷产生的电场中某点的电场强度等于每个点电荷单独存在时在该点所产生的电场强度的矢量和**。这个结论叫**电场叠加原理**。

在场源电荷是静止的参考系中观察到的电场叫**静电场**,静电场对电荷的作用力叫**静电力**。在已知静电场中各点电场强度 $\boldsymbol{E}$ 的条件下,可由式(15.6)直接求得置于其中的任意点处的点电荷 q 受的力为

$$\boldsymbol{F} = q\boldsymbol{E} \tag{15.8}$$

这里,可以提出这样的问题:当用式(15.8)求电荷 q 受的力时,必须先求出 $\boldsymbol{E}$ 来,而 $\boldsymbol{E}$ 是由式(15.6)和式(15.5)求出的。再将这样求出的 $\boldsymbol{E}$ 代入式(15.8)求 $\boldsymbol{F}$,我们又回到了式(15.5)。既然如此,为什么要引入电场这一概念呢?

这涉及人们如何理解电荷间的相互作用。在法拉第之前,人们认为两个电荷之间的相互作用力和两个质点之间的万有引力一样,都是一种超距作用。即一个电荷对另一个电荷的作用力是隔着一定空间直接给予的,不需要什么中间媒质传递,也不需要时间,这种作用方式可表示为

$$\text{电荷} \rightleftharpoons \text{电荷}$$

在 19 世纪 30 年代,法拉第提出另一种观点,认为一个电荷周围存在着由它所产生的电场,另外的电荷受这一电荷的作用力就是通过这电场给予的。这种作用方式可以表示为

$$\text{电荷} \rightleftharpoons \text{电场} \rightleftharpoons \text{电荷}$$

这样引入的电场对电荷周围空间各点赋予一种**局域性**,即:如果知道了某一小区域的 $\boldsymbol{E}$,无需更多的要求,我们就可以知道任意电荷在此区域内的受力情况,从而可以进一

步知道它的运动。这时,也不需要知道是些什么电荷产生了这个电场。如果知道在空间各点的电场,我们就有了对这整个系统的完整的描述,并可由它揭示出所有电荷的位置和大小。这种局域性场的引入是物理概念上的重要发展。

近代物理学的理论和实验完全证实了场的观点的正确性。电场以及磁场已被证明是一种客观实在,它们运动(或传播)的速度是有限的,这个速度就是光速。电磁场还具有能量、质量和动量。

尽管如此,在研究静止电荷的相互作用时,电场的引入可以认为只是描述电荷相互作用的一种方便方法。而在研究有关运动电荷,特别是其运动迅速改变的电荷的现象时,电磁场的实在性就突出地显示出来了。

表 15.1 给出了一些典型的电场强度的数值。

表 15.1 一些电场强度的数值 N/C

铀核表面	2×10^{21}
中子星表面	约 10^{14}
氢原子电子内轨道处	6×10^{11}
X 射线管内	5×10^{6}
空气的电击穿强度	3×10^{6}
范德格拉夫静电加速器内	2×10^{6}
电视机的电子枪内	10^{5}
电闪内	10^{4}
雷达发射器近旁	7×10^{3}
太阳光内(平均)	1×10^{3}
晴天大气中(地表面附近)	1×10^{2}
小型激光器发射的激光束内(平均)	1×10^{2}
日光灯内	10
无线电波内	约 10^{-1}
家用电路线内	约 3×10^{-2}
宇宙背景辐射内(平均)	3×10^{-6}

15.4 静止的点电荷的电场及其叠加

现在讨论在场源电荷都是静止的参考系中电场强度的分布,先讨论一个静止的点电荷的电场强度分布。现计算距静止的场源电荷 q 的距离为 r 的 P 点处的场强。设想把一个检验电荷 q_0 放在 P 点,根据库仑定律,q_0 受到的电场力为

$$\boldsymbol{F}=\frac{qq_0}{4\pi\varepsilon_0 r^2}\boldsymbol{e}_r$$

式中,$\boldsymbol{e}_r$ 是从场源电荷 q 指向点 P 的单位矢量。由场强定义式(15.6),P 点场强为

$$\boldsymbol{E}=\frac{q}{4\pi\varepsilon_0 r^2}\boldsymbol{e}_r \tag{15.9}$$

这就是点电荷场强分布公式。式中,若 $q>0$,则 $\boldsymbol{E}$ 与 $\boldsymbol{r}$ 同向,即在正电荷周围的电场中,任意点的场强沿该点径矢方向(见图 15.5(a));若 $q<0$,则 $\boldsymbol{E}$ 与 $\boldsymbol{r}$ 反向,即在负电荷周围的电场

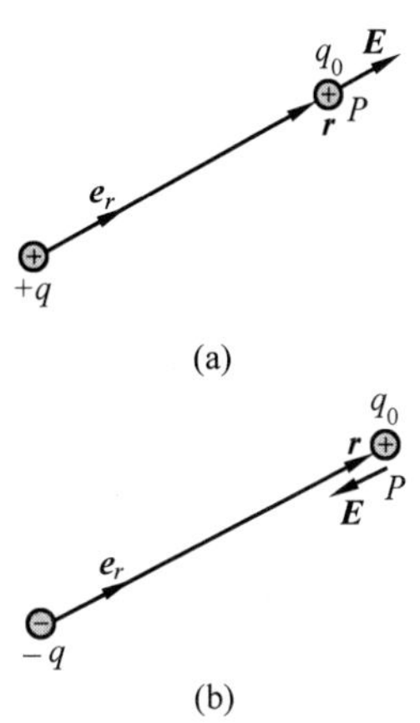

图 15.5 静止的点电荷的电场

中，任意点的场强沿该点径矢的反方向(见图 15.5(b))。此式还说明静止的点电荷的电场具有球对称性。在各向同性的自由空间内，一个本身无任何方向特征的点电荷的电场分布必然具有这种对称性。因为对任一场点来说，只有从点电荷指向它的径矢方向具有唯一确定的意义，而且距点电荷等远的各场点，场强大小应该相等。

将点电荷场强公式(15.9)代入式(15.7)可得点电荷系 $q_1, q_2, \cdots, q_n$ 的电场中任一点的场强为

$$\boldsymbol{E} = \sum_{i=1}^{n} \frac{q_i}{4\pi\varepsilon_0 r_i^2}\boldsymbol{e}_{ri} \tag{15.10}$$

式中，r_i 为 q_i 到场点的距离，$\boldsymbol{e}_{ri}$ 为从 q_i 指向场点的单位矢量。

若带电体的电荷是连续分布的，可认为该带电体的电荷是由许多无限小的电荷元 $\mathrm{d}q$ 组成的，而每个电荷元都可以当作点电荷处理。设其中任一个电荷元 $\mathrm{d}q$ 在 P 点产生的场强为 $\mathrm{d}\boldsymbol{E}$，按式(15.9)有

$$\mathrm{d}\boldsymbol{E} = \frac{\mathrm{d}q}{4\pi\varepsilon_0 r^2}\boldsymbol{e}_r$$

式中，r 是从电荷元 $\mathrm{d}q$ 到场点 P 的距离，而 $\boldsymbol{e}_r$ 是这一方向上的单位矢量。整个带电体在 P 点所产生的总场强可用积分计算为

$$\boldsymbol{E} = \int \mathrm{d}\boldsymbol{E} = \int \frac{\mathrm{d}q}{4\pi\varepsilon_0 r^2}\boldsymbol{e}_r \tag{15.11}$$

由上述可知，对于由许多电荷组成的电荷系来说，在它们都静止的参考系中，如果电荷分布为已知，那么根据场强叠加原理，并利用点电荷场强公式(15.9)，就可求出该参考系中任意点的场强，也就是求出静电场的空间分布。下面举几个例子。

例 15.3

求电偶极子中垂线上任一点的电场强度。

解 相隔一定距离的等量异号点电荷，当点电荷 $+q$ 和 $-q$ 的距离 l 比从它们到所讨论的场点的距离小得多时，此电荷系统称**电偶极子**。如图 15.6 所示，用 $\boldsymbol{l}$ 表示从负电荷到正电荷的矢量线段。

设 $+q$ 和 $-q$ 到偶极子中垂线上任一点 P 处的位置矢量分别为 $\boldsymbol{r}_+$ 和 $\boldsymbol{r}_-$，而 $r_+ = r_-$。由式(15.9)，$+q$，$-q$ 在 P 点处的场强 $\boldsymbol{E}_+$，$\boldsymbol{E}_-$ 分别为

$$\boldsymbol{E}_+ = \frac{q\boldsymbol{r}_+}{4\pi\varepsilon_0 r_+^3}$$

$$\boldsymbol{E}_- = \frac{-q\boldsymbol{r}_-}{4\pi\varepsilon_0 r_-^3}$$

以 r 表示电偶极子中心到 P 点的距离，则

$$r_+ = r_- = \sqrt{r^2 + \frac{l^2}{4}} = r\sqrt{1 + \frac{l^2}{4r^2}} = r\left(1 + \frac{l^2}{8r^2} + \cdots\right)$$

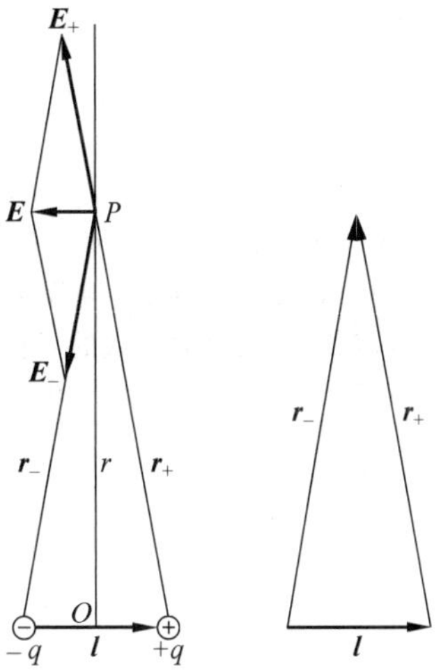

图 15.6 电偶极子的电场

在距电偶极子甚远时，即当 $r \gg l$ 时，取一级近似，有 $r_+ = r_- = r$，而 P 点的总场强为

$$\boldsymbol{E} = \boldsymbol{E}_+ + \boldsymbol{E}_- = \frac{q}{4\pi\varepsilon_0 r^3}(\boldsymbol{r}_+ - \boldsymbol{r}_-)$$

由于 $\boldsymbol{r}_+ - \boldsymbol{r}_- = -\boldsymbol{l}$，所以上式化为

$$\boldsymbol{E} = \frac{-q\boldsymbol{l}}{4\pi\varepsilon_0 r^3}$$

式中，$q\boldsymbol{l}$ 反映电偶极子本身的特征，叫做电偶极子的**电矩**(或电偶极矩)。以 $\boldsymbol{p}$ 表示电矩，则 $\boldsymbol{p} = q\boldsymbol{l}$。这样上述结果又可写成

$$\boldsymbol{E} = \frac{-\boldsymbol{p}}{4\pi\varepsilon_0 r^3} \tag{15.12}$$

此结果表明，电偶极子中垂线上距离电偶极子中心较远处，各点的电场强度与电偶极子的电矩成正比，与该点离电偶极子中心的距离的三次方成反比，方向与电矩的方向相反。

例 15.4

一根带电直棒，如果我们限于考虑离棒的距离比棒的截面尺寸大得多的地方的电场，则该带电直棒就可以看作一条带电直线。今设一均匀带电直线，长为 L(图 15.7)，线电荷密度(即单位长度上的电荷)为 λ(设 $\lambda > 0$)，求直线中垂线上一点的场强。

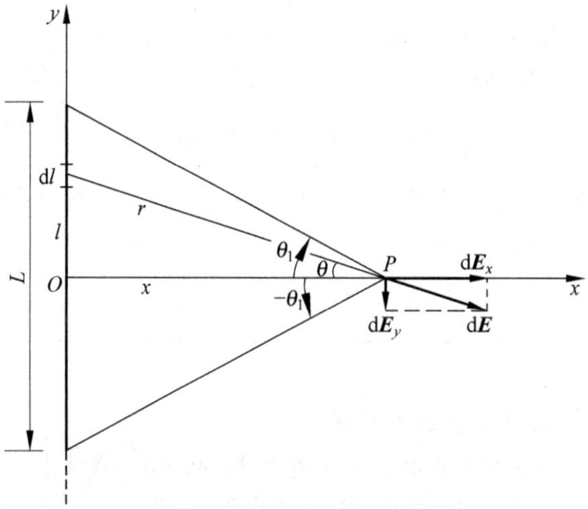

图 15.7 带电直线中垂线上的电场

解 在带电直线上任取一长为 $\mathrm{d}l$ 的电荷元，其电量 $\mathrm{d}q = \lambda \mathrm{d}l$。以带电直线中点 O 为原点，取坐标轴 Ox，Oy 如图 15.7 所示。电荷元 $\mathrm{d}q$ 在 P 点的场强为 $\mathrm{d}\boldsymbol{E}$，$\mathrm{d}\boldsymbol{E}$ 沿两个轴方向的分量分别为 $\mathrm{d}\boldsymbol{E}_x$ 和 $\mathrm{d}\boldsymbol{E}_y$。由于电荷分布对于 OP 直线的对称性，所以全部电荷在 P 点的场强沿 y 轴方向的分量之和为零，因而 P 点的总场强 $\boldsymbol{E}$ 应沿 x 轴方向，并且

$$E = \int \mathrm{d}E_x$$

而

$$\mathrm{d}E_x = \mathrm{d}E\cos\theta = \frac{\lambda \mathrm{d}l x}{4\pi\varepsilon_0 r^3}$$

由于 $l = x\tan\theta$，从而 $\mathrm{d}l = \frac{x}{\cos^2\theta}\mathrm{d}\theta$。由图 15.7 知 $r = \frac{x}{\cos\theta}$，所以

$$dE_x = \frac{\lambda dlx}{4\pi\varepsilon_0 r^3} = \frac{\lambda\cos\theta}{4\pi\varepsilon_0 x}d\theta$$

由于对整个带电直线来说，θ 的变化范围是从 $-\theta_1$ 到 $+\theta_1$，所以

$$E = \int_{-\theta_1}^{+\theta_1} \frac{\lambda\cos\theta}{4\pi\varepsilon_0 x}d\theta = \frac{\lambda\sin\theta_1}{2\pi\varepsilon_0 x}$$

将 $\sin\theta_1 = \dfrac{L/2}{\sqrt{(L/2)^2 + x^2}}$ 代入，可得

$$E = \frac{\lambda L}{4\pi\varepsilon_0 x(x^2 + L^2/4)^{1/2}}$$

此电场的方向垂直于带电直线而指向远离直线的一方。

上式中当 $x \ll L$ 时，即在带电直线中部近旁区域内，

$$E \approx \frac{\lambda}{2\pi\varepsilon_0 x} \tag{15.13}$$

此时相对于距离 x，可将该带电直线看作“无限长”。因此，可以说，在一无限长带电直线周围任意点的场强与该点到带电直线的距离成反比。

当 $x \gg L$ 时，即在远离带电直线的区域内，

$$E \approx \frac{\lambda L}{4\pi\varepsilon_0 x^2} = \frac{q}{4\pi\varepsilon_0 x^2}$$

其中 $q=\lambda L$ 为带电直线所带的总电量。此结果显示，离带电直线很远处，该带电直线的电场相当于一个点电荷 q 的电场。

例 15.5

一均匀带电细圆环，半径为 R，所带总电量为 q（设 $q>0$），求圆环轴线上任一点的场强。

解 如图 15.8 所示，把圆环分割成许多小段，任取一小段 dl，其上带电量为 dq。设此电荷元 dq 在 P 点的场强为 $d\boldsymbol{E}$，并设 P 点与 dq 的距离为 r，而 $OP=x$，$d\boldsymbol{E}$ 沿平行和垂直于轴线的两个方向的分量分别为 $d\boldsymbol{E}_{/\!/}$ 和 $d\boldsymbol{E}_\perp$。由于圆环电荷分布对于轴线对称，所以圆环上全部电荷的 $d\boldsymbol{E}_\perp$ 分量的矢量和为零，因而 P 点的场强沿轴线方向，且

$$E = \int_q dE_{/\!/}$$

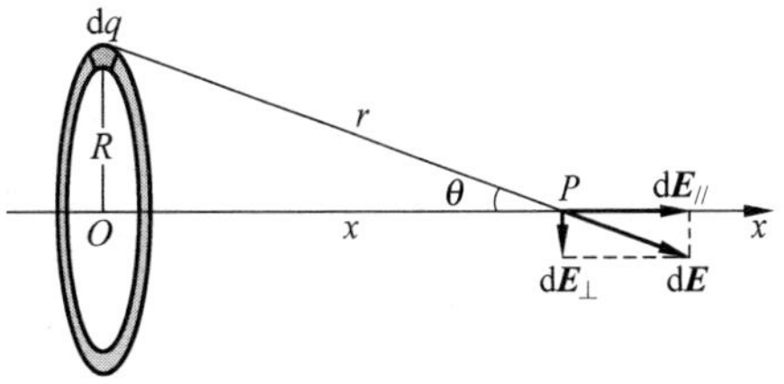

图 15.8 均匀带电细圆环轴上的电场

式中积分为对环上全部电荷 q 积分。

由于

$$dE_{/\!/} = dE\cos\theta = \frac{dq}{4\pi\varepsilon_0 r^2}\cos\theta$$

其中 θ 为 $d\boldsymbol{E}$ 与 x 轴的夹角，所以

$$E = \int_q dE_{/\!/} = \int_q \frac{dq}{4\pi\varepsilon_0 r^2}\cos\theta = \frac{\cos\theta}{4\pi\varepsilon_0 r^2}\int_q dq$$

此式中的积分值即为整个环上的电荷 q，所以

$$E = \frac{q\cos\theta}{4\pi\varepsilon_0 r^2}$$

考虑到 $\cos\theta = x/r$，而 $r=\sqrt{R^2+x^2}$，可将上式改写成

$$E=\frac{qx}{4\pi\varepsilon_0(R^2+x^2)^{3/2}}$$

E 的方向为沿着轴线指向远方。

当 $x\gg R$ 时，$(x^2+R^2)^{3/2}\approx x^3$，则 **E** 的大小为

$$E\approx\frac{q}{4\pi\varepsilon_0 x^2}$$

此结果说明，远离环心处的电场也相当于一个点电荷 q 所产生的电场。

例 15.6

一带电平板，如果我们限于考虑离板的距离比板的厚度大得多的地方的电场，则该带电板就可以看作一个带电平面。今设一均匀带电圆面，半径为 R(图 15.9)，面电荷密度(即单位面积上的电荷)为 σ(设 $\sigma>0$)，求圆面轴线上任一点的场强。

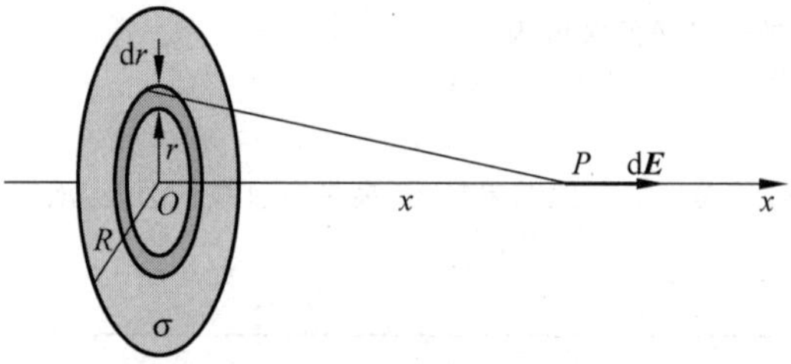

图 15.9 均匀带电圆面轴线上的电场

解 带电圆面可看成由许多同心的带电细圆环组成。取一半径为 r，宽度为 $\mathrm{d}r$ 的细圆环，由于此环带有电荷 $\sigma\cdot 2\pi r\mathrm{d}r$，所以由例 15.5 可知，此圆环电荷在 P 点的场强大小为

$$\mathrm{d}E=\frac{\sigma\cdot 2\pi r\mathrm{d}r\cdot x}{4\pi\varepsilon_0(r^2+x^2)^{3/2}}$$

方向沿着轴线指向远方。由于组成圆面的各圆环的电场 $\mathrm{d}\boldsymbol{E}$ 的方向都相同，所以 P 点的场强为

$$E=\int\mathrm{d}E=\frac{\sigma x}{2\varepsilon_0}\int_0^R\frac{r\mathrm{d}r}{(r^2+x^2)^{3/2}}=\frac{\sigma}{2\varepsilon_0}\left[1-\frac{x}{(R^2+x^2)^{1/2}}\right]$$

其方向也垂直于圆面指向远方。

当 $x\ll R$ 时，

$$E=\frac{\sigma}{2\varepsilon_0}\tag{15.14}$$

此时相对于 x，可将该带电圆面看作“无限大”带电平面。因此，可以说，在一无限大均匀带电平面附近，电场是一个均匀场，其大小由式(15.14)给出。

当 $x\gg R$ 时，

$$(R^2+x^2)^{-1/2}=\frac{1}{x}\left(1-\frac{R^2}{2x^2}+\cdots\right)\approx\frac{1}{x}\left(1-\frac{R^2}{2x^2}\right)$$

于是

$$E\approx\frac{\pi R^2\sigma}{4\pi\varepsilon_0 x^2}=\frac{q}{4\pi\varepsilon_0 x^2}$$

式中 $q=\sigma\pi R^2$ 为圆面所带的总电量。这一结果也说明，在远离带电圆面处的电场也相当于一个点电荷的电场。

例 15.7

计算电偶极子在均匀电场中所受的力矩。

解 一个电偶极子在外电场中要受到力矩的作用。以 $\boldsymbol{E}$ 表示均匀电场的场强，$\boldsymbol{l}$ 表示从 $-q$ 到 $+q$ 的矢量线段，偶极子中点 O 到 $+q$ 与 $-q$ 的径矢分别为 $\boldsymbol{r}_+$ 和 $\boldsymbol{r}_-$，如图 15.10 所示。正、负电荷所受力分别为 $\boldsymbol{F}_+=q\boldsymbol{E}_+$，$\boldsymbol{F}_-=-q\boldsymbol{E}$，它们对于偶极子中点 O 的力矩之和为

$$\begin{aligned}\boldsymbol{M}&=\boldsymbol{r}_+\times\boldsymbol{F}_++\boldsymbol{r}_-\times\boldsymbol{F}_-=q\boldsymbol{r}_+\times\boldsymbol{E}+(-q)\boldsymbol{r}_-\times\boldsymbol{E}\\&=q(\boldsymbol{r}_+-\boldsymbol{r}_-)\times\boldsymbol{E}=q\boldsymbol{l}\times\boldsymbol{E}\end{aligned}$$

即

$$\boldsymbol{M}=\boldsymbol{p}\times\boldsymbol{E} \tag{15.15}$$

力矩 $\boldsymbol{M}$ 的作用总是使电偶极子转向电场 $\boldsymbol{E}$ 的方向。当转到 $\boldsymbol{p}$ 平行于 $\boldsymbol{E}$ 时，力矩 $\boldsymbol{M}=0$。

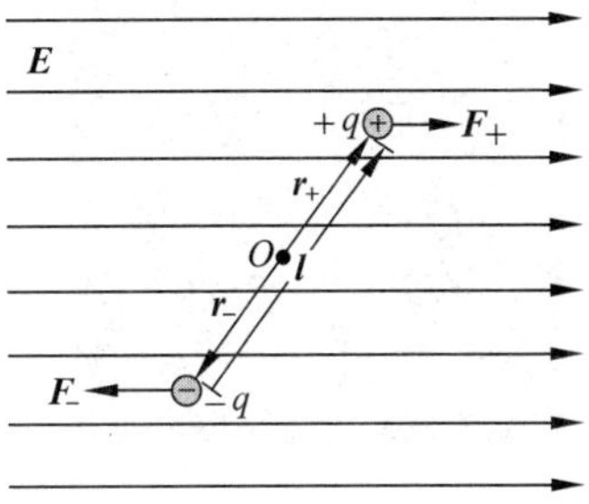

图 15.10 电偶极子在外电场中受力情况

15.5 电场线和电通量

为了形象地描绘电场在空间的分布，可以画电场线图。电场线是按下述规定在电场中画出的一系列假想的曲线：曲线上每一点的切线方向表示该点场强的方向，曲线的疏密表示场强的大小。定量地说，为了表示电场中某点场强的大小，设想通过该点画一个垂直于电场方向的面元 $\mathrm{d}S_\perp$，如图 15.11 所示，通过此面元画 $\mathrm{d}\Phi_e$ 条电场线，使得

$$E=\frac{\mathrm{d}\Phi_e}{\mathrm{d}S_\perp} \tag{15.16}$$

这就是说，电场中某点电场强度的大小等于该点处的电场线数密度，即该点附近垂直于电场方向的单位面积所通过的电场线条数。

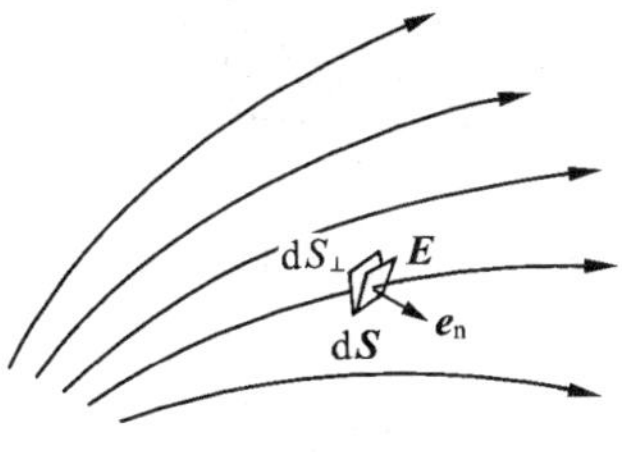

图 15.11 电场线数密度与场强大小的关系

图 15.12 画出了几种不同分布的电荷所产生的电场的电场线。

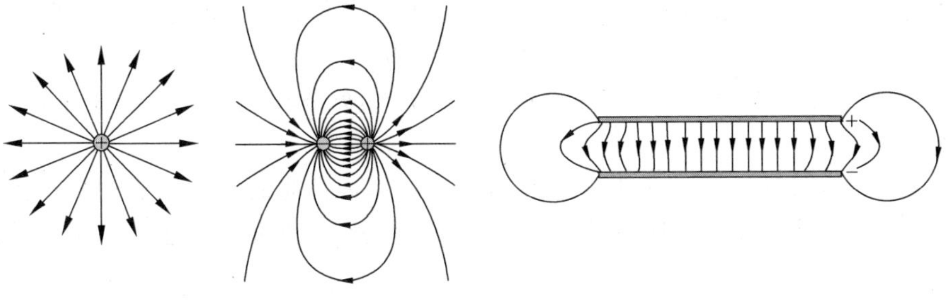
(a) (b) (c)

图 15.12 几种静止的电荷的电场线图

(a) 点电荷；(b) 电偶极子；(c) 带电平行板

电场线图形也可以通过实验显示出来。将一些针状晶体碎屑撒到绝缘油中使之悬浮起来，加以外电场后，这些小晶体会因感应而成为小的电偶极子。它们在电场力的作用下就会转到电场方向排列起来，于是就显示出了电场线的图形(图 15.13)。

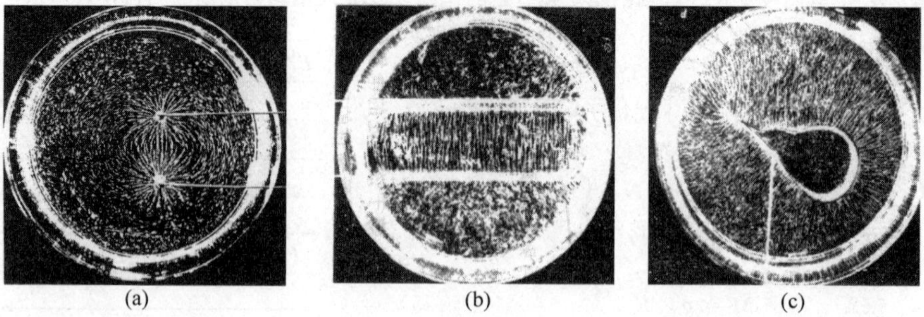

图 15.13 电场线的显示

(a) 两个等量的正负电荷；(b) 两个带等量异号电荷的平行金属板；(c) 有尖的异形带电导体

式(15.10)或式(15.11)给出了场源电荷和它们的电场分布的关系。利用电场线概念，可以用另一种形式——高斯定律——把这一关系表示出来。这后一种形式还有更普遍的理论意义，为了导出这一形式，我们引入电通量的概念。

如图 15.14 所示，以 $\mathrm{d}S$ 表示电场中某一个设想的面元。通过此面元的电场线条数就定义为通过这一面元的**电通量**。为了求出这一电通量，我们考虑此面元在垂直于场强方向的投影 $\mathrm{d}S_{\perp}$。很明显，通过 $\mathrm{d}S$ 和 $\mathrm{d}S_{\perp}$ 的电场线条数是一样的。由图可知，$\mathrm{d}S_{\perp}=\mathrm{d}S\cos\theta$。将此关系代入式(15.16)，可得通过 $\mathrm{d}S$ 的电场线的条数或电通量应为

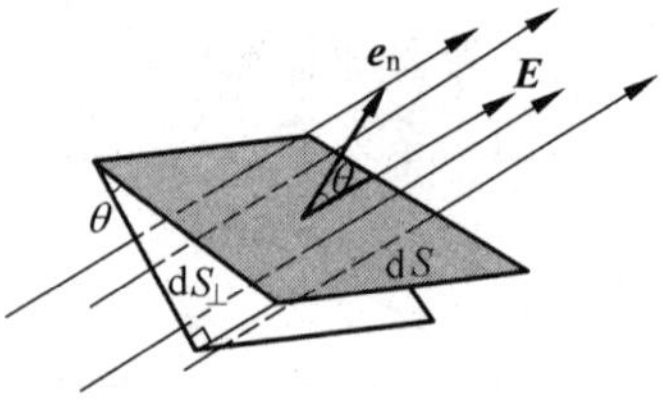

图 15.14 通过 $\mathrm{d}S$ 的电通量

$$\mathrm{d}\Phi_e = E\mathrm{d}S_{\perp} = E\mathrm{d}S\cos\theta \tag{15.17}$$

为了同时表示出面元的方位，我们利用面元的法向单位矢量 $\boldsymbol{e}_n$，这时面元就用矢量面元 $\mathrm{d}\boldsymbol{S}=\mathrm{d}S\boldsymbol{e}_n$ 表示。由图 15.14 可以看出，$\mathrm{d}S$ 和 $\mathrm{d}S_{\perp}$ 两面积之间的夹角也等于电场 $\boldsymbol{E}$ 和 $\boldsymbol{e}_n$ 之间的夹角。由矢量标积的定义，可得

$$\boldsymbol{E}\cdot\mathrm{d}\boldsymbol{S} = \boldsymbol{E}\cdot\boldsymbol{e}_n\mathrm{d}S = E\mathrm{d}S\cos\theta$$

将此式与式(15.17)对比，可得用矢量标积表示的通过面元 $\mathrm{d}\boldsymbol{S}$ 的电通量的公式

$$\mathrm{d}\Phi_e = \boldsymbol{E}\cdot\mathrm{d}\boldsymbol{S} \tag{15.18}$$

注意，由此式决定的电通量 $\mathrm{d}\Phi_e$ 有正、负之别。当 $0\leqslant\theta\leqslant\pi/2$ 时，$\mathrm{d}\Phi_e$ 为正；当 $\pi/2\leqslant\theta\leqslant\pi$ 时，$\mathrm{d}\Phi_e$ 为负。

为了求出通过任意曲面 S 的电通量(图 15.15)，可将曲面 S 分割成许多小面元 $\mathrm{d}S$。先计算通过每一小面元的电通量，然后对整个 S 面上所有面元的电通量相加。用数学式表示就有

$$\Phi_e = \int\mathrm{d}\Phi_e = \int_S\boldsymbol{E}\cdot\mathrm{d}\boldsymbol{S} \tag{15.19}$$

这样的积分在数学上叫**面积分**，积分号下标 S 表示此积分遍及整个曲面。

通过一个封闭曲面 S(图 15.16)的电通量可表示为

$$\Phi_e = \oint_S \boldsymbol{E} \cdot \mathrm{d}\boldsymbol{S} \tag{15.20}$$

积分符号“$\oint$”表示对整个封闭曲面进行面积分。

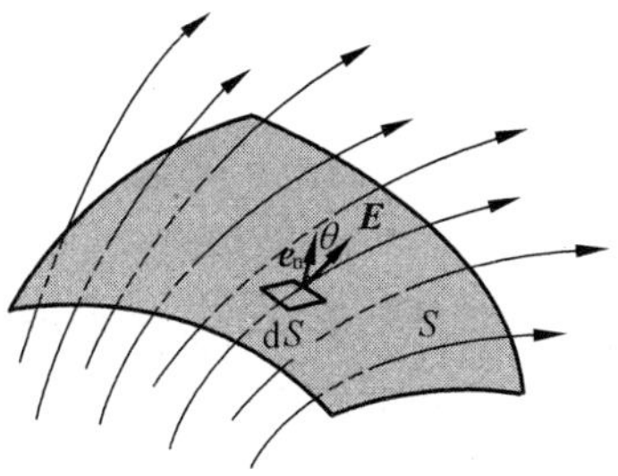

图 15.15　通过任意曲面的电通量

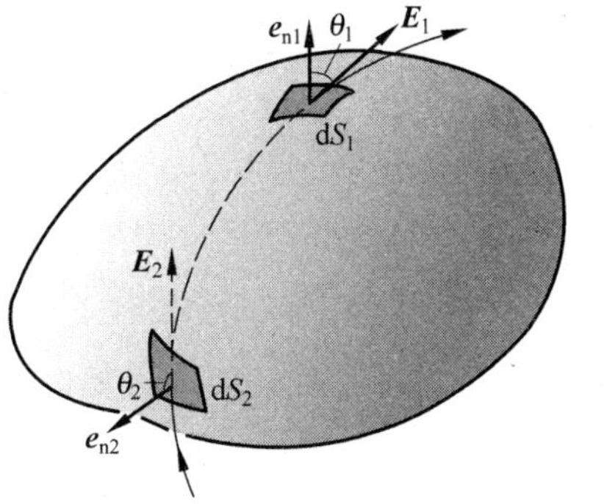

图 15.16　通过封闭曲面的电通量

对于不闭合的曲面，面上各处法向单位矢量的正向可以任意取这一侧或那一侧。对于闭合曲面，由于它使整个空间划分成内、外两部分，所以一般规定**自内向外**的方向为各处面元法向的正方向。因此，当电场线从内部穿出时(如在图 15.16 中面元 $\mathrm{d}S_1$ 处)，$0 \leqslant \theta_1 \leqslant \pi/2$，$\mathrm{d}\Phi_e$ 为正。当电场线由外面穿入时(如图 15.16 中面元 $\mathrm{d}S_2$ 处)，$\pi/2 \leqslant \theta_2 \leqslant \pi$，$\mathrm{d}\Phi_e$ 为负。式(15.20)中表示的通过整个封闭曲面的电通量 Φ_e 就等于穿出与穿入封闭曲面的电场线的条数之差，也就是**净穿出封闭面**的电场线的总条数。

15.6 高斯定律

高斯(K. F. Gauss，1777—1855 年)是德国物理学家和数学家，他在实验物理和理论物理以及数学方面都作出了很多贡献，他导出的高斯定律是电磁学的一条重要规律。

高斯定律是用电通量表示的电场和场源电荷关系的定律，它给出了通过任一封闭面的电通量与封闭面内部所包围的电荷的关系。下面我们利用电通量的概念根据库仑定律和场强叠加原理来导出这个关系。

我们先讨论一个静止的点电荷 q 的电场。以 q 所在点为中心，取任意长度 r 为半径作一球面 S 包围这个点电荷 q(图 15.17(a))。我们知道，球面上任一点的电场强度 $\boldsymbol{E}$ 的大小都是 $\frac{q}{4\pi\varepsilon_0 r^2}$，方向都沿着径矢 $\boldsymbol{r}$ 的方向，而处处与球面垂直。根据式(15.20)，可得通过这球面的电通量为

$$\Phi_e = \oint_S \boldsymbol{E} \cdot \mathrm{d}\boldsymbol{S} = \oint_S \frac{q}{4\pi\varepsilon_0 r^2}\mathrm{d}S = \frac{q}{4\pi\varepsilon_0 r^2}\oint_S \mathrm{d}S = \frac{q}{4\pi\varepsilon_0 r^2}4\pi r^2 = \frac{q}{\varepsilon_0}$$

此结果与球面半径 r 无关，只与它所包围的电荷的电量有关。这意味着，对以点电荷 q 为中心的任意球面来说，通过它们的电通量都一样，都等于 q/ε_0。用电场线的图像来说，这表示通过各球面的电场线总条数相等，或者说，**从点电荷 q 发出的电场线连续地延伸到无**

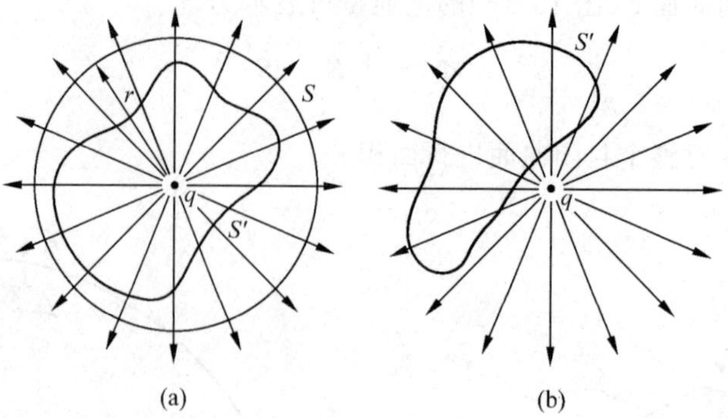

图 15.17 说明高斯定律用图

限远处。这实际上是 15.5 节开始时指出的可以用**连续**的线描绘电场分布的根据。

现在设想另一个任意的闭合面 S'，S'与球面 S 包围同一个点电荷 q(图 15.17(a))，由于电场线的连续性，可以得出通过闭合面 S 和 S'的电力线数目是一样的。因此通过任意形状的包围点电荷 q 的闭合面的电通量都等于 q/ε_0。

如果闭合面 S'不包围点电荷 q(图 15.17(b))，则由电场线的连续性可得出，由这一侧进入 S'的电场线条数一定等于从另一侧穿出 S'的电场线条数，所以净穿出闭合面 S'的电场线的总条数为零，亦即通过 S'面的电通量为零。用公式表示，就是

$$\Phi_e = \oint_S \boldsymbol{E} \cdot d\boldsymbol{S} = 0$$

以上是关于单个点电荷的电场的结论。对于一个由点电荷 $q_1, q_2, \cdots, q_n$ 等组成的电荷系来说，在它们的电场中的任意一点，由场强叠加原理可得

$$\boldsymbol{E} = \boldsymbol{E}_1 + \boldsymbol{E}_2 + \cdots + \boldsymbol{E}_n$$

其中 $\boldsymbol{E}_1, \boldsymbol{E}_2, \cdots, \boldsymbol{E}_n$ 为单个点电荷产生的电场，$\boldsymbol{E}$ 为总电场。这时通过任意封闭曲面 S 的电通量为

$$\begin{aligned}\Phi_e &= \oint_S \boldsymbol{E} \cdot d\boldsymbol{S} = \oint_S \boldsymbol{E}_1 \cdot d\boldsymbol{S} + \oint_S \boldsymbol{E}_2 \cdot d\boldsymbol{S} + \cdots + \oint_S \boldsymbol{E}_n \cdot d\boldsymbol{S} \\ &= \Phi_{e1} + \Phi_{e2} + \cdots + \Phi_{en}\end{aligned}$$

其中 $\Phi_{e1}, \Phi_{e2}, \cdots, \Phi_{en}$ 为单个点电荷的电场通过封闭曲面的电通量。由上述关于单个点电荷的结论可知，当 q_i 在封闭曲面内时，$\Phi_{ei} = q_i/\varepsilon_0$；当 q_i 在封闭曲面外时，$\Phi_{ei} = 0$，所以上式可以写成

$$\Phi_e = \oint_S \boldsymbol{E} \cdot d\boldsymbol{S} = \frac{1}{\varepsilon_0} \sum q_{in} \tag{15.21}$$

式中，$\sum q_{in}$ 表示在封闭曲面内的电量的代数和。式(15.21)就是高斯定律的数学表达式，它表明：**在真空中的静电场内，通过任意封闭曲面的电通量等于该封闭面所包围的电荷的电量的代数和的 $1/\varepsilon_0$ 倍**。

对高斯定律的理解应注意以下几点：①高斯定律表达式左方的场强 $\boldsymbol{E}$ 是曲面上各点的场强，它是由**全部电荷**(既包括封闭曲面内又包括封闭曲面外的电荷)共同产生的合场强，并非只由封闭曲面内的电荷 $\sum q_{in}$所产生。②通过封闭曲面的总电通量只决定于它

所包围的电荷，即只有封闭曲面**内部的电荷**才对这一总电通量有贡献，封闭曲面外部电荷对这一总电通量无贡献。

上面利用库仑定律(已暗含了自由空间的各向同性)和叠加原理导出了高斯定律。在电场强度定义之后，也可以把高斯定律作为基本定律结合自由空间的各向同性而导出库仑定律来(见例 15.8)。这说明，对静电场来说，库仑定律和高斯定律并不是互相独立的定律，而是用不同形式表示的电场与场源电荷关系的同一客观规律。二者具有“相逆”的意义：库仑定律使我们在电荷分布已知的情况下，能求出场强的分布；而高斯定律使我们在电场强度分布已知时，能求出任意区域内的电荷。尽管如此，当电荷分布具有某种对称性时，也可用高斯定律求出该种电荷系统的电场分布，而且，这种方法在数学上比用库仑定律简便得多。

可以附带指出的是，如上所述，对于静止电荷的电场，可以说库仑定律与高斯定律二者等价。但在研究**运动电荷**的电场或一般地随时间变化的电场时，人们发现，库仑定律不再成立，而高斯定律却仍然有效。所以说，高斯定律是关于电场的普遍的基本规律。

15.7 利用高斯定律求静电场的分布

在一个参考系内，当静止的电荷分布具有某种对称性时，可以应用高斯定律求场强分布。这种方法一般包含两步：首先，根据电荷分布的对称性分析电场分布的对称性；然后，再应用高斯定律计算场强数值。这一方法的决定性的技巧是选取合适的封闭积分曲面(常叫**高斯面**)以便使积分 $\oint \boldsymbol{E} \cdot \mathrm{d}\boldsymbol{S}$ 中的 $\boldsymbol{E}$ 能以标量形式从积分号内提出来。下面举几个例子，它们都要求求出在场源电荷静止的参考系内自由空间中的电场分布。

例 15.8

试由高斯定律求在点电荷 q 静止的参考系中自由空间内的电场分布。

解 由于自由空间是均匀而且各向同性的，因此，点电荷的电场应具有以该电荷为中心的球对称性，即各点的场强方向应沿从点电荷引向各点的径矢方向，并且在距点电荷等远的所有各点上，场强的数值应该相等。据此，可以选择一个以点电荷所在点为球心，半径为 r 的球面为高斯面 S。通过 S 面的电通量为

$$\Phi_e = \oint_S \boldsymbol{E} \cdot \mathrm{d}\boldsymbol{S} = \oint_S E\mathrm{d}S = E\oint_S \mathrm{d}S$$

最后的积分就是球面的总面积 $4\pi r^2$，所以

$$\Phi_e = E \cdot 4\pi r^2$$

S 面包围的电荷为 q。高斯定律给出

$$E \cdot 4\pi r^2 = \frac{1}{\varepsilon_0} q$$

由此得出

$$E = \frac{q}{4\pi\varepsilon_0 r^2}$$

由于 $\boldsymbol{E}$ 的方向沿径向，所以此结果又可以用下一矢量式表示：

$$\boldsymbol{E} = \frac{q}{4\pi\varepsilon_0 r^2}\boldsymbol{e}_r$$

这就是点电荷的场强公式。

若将另一电荷 q_0 放在距电荷 q 为 r 的一点上，则由场强定义可求出 q_0 受的力为

$$\boldsymbol{F} = \boldsymbol{E}q_0 = \frac{qq_0}{4\pi\varepsilon_0 r^2}\boldsymbol{e}_r$$

此式正是库仑定律。这样，我们就由高斯定律导出了库仑定律。

例 15.9

求均匀带电球面的电场分布。已知球面半径为 R，所带总电量为 q(设 $q>0$)。

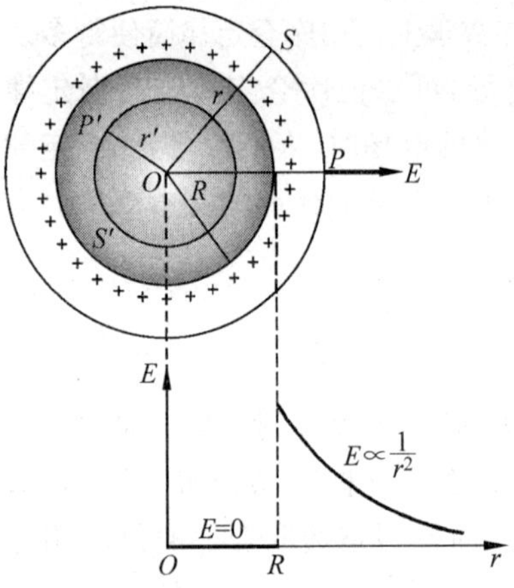

图 15.18 均匀带电球面的电场分析

解 先求球面外任一点 P 处的场强。设 P 距球心为 r(图 15.18)，并连接 OP 直线。由于**自由空间**的各向同性和电荷分布对于 O 点的球对称性，在 P 点唯一可能的确定方向是径矢 OP 的方向，因而此处场强 $\boldsymbol{E}$ 的方向只可能是沿此径向(反过来说，设 $\boldsymbol{E}$ 的方向在图中偏离 OP，例如，向下 30°，那么将带电球面连同它的电场以 OP 为轴转动 180°后，电场 $\boldsymbol{E}$ 的方向就将应偏离 OP 向上 30°。由于电荷分布并未因此转动而发生变化，所以电场方向的这种改变是不应该有的。带电球面转动时，P 点的电场方向只有在该方向沿 OP 径向时才能不变)。其他各点的电场方向也都沿各自的径矢方向。又由于电荷分布的球对称性，在以 O 为心的同一球面上各点的电场强度的大小都应该相等，因此可选球面 S 为高斯面，通过它的电通量为

$$\Phi_e = \oint_S \boldsymbol{E}\cdot d\boldsymbol{S} = \oint_S E\,dS = E\oint_S dS = E\cdot 4\pi r^2$$

此球面包围的电荷为 $\sum q_{in} = q$。高斯定律给出

$$E\cdot 4\pi r^2 = \frac{q}{\varepsilon_0}$$

由此得出

$$E = \frac{q}{4\pi\varepsilon_0 r^2} \quad (r>R)$$

考虑 $\boldsymbol{E}$ 的方向，可得电场强度的矢量式为

$$\boldsymbol{E} = \frac{q}{4\pi\varepsilon_0 r^2}\boldsymbol{e}_r \quad (r>R) \tag{15.22}$$

此结果说明，均匀带电球面外的场强分布正像球面上的电荷都集中在球心时所形成的一个点电荷在该区的场强分布一样。

对球面内部任一点 P'，上述关于场强的大小和方向的分析仍然适用。过 P' 点作半径为 r' 的同心球面为高斯面 S'。通过它的电通量仍可表示为 $4\pi r'^2 E$，但由于此 S' 面内没有电荷，根据高斯定律，应该有

$$E\cdot 4\pi r^2 = 0$$

即

$$E = 0 \quad (r<R) \tag{15.23}$$

这表明：均匀带电球面内部的场强处处为零。

根据上述结果，可画出场强随距离的变化曲线——E-r 曲线(图 15.18)。从 E-r 曲线中可看出，场强值在球面($r=R$)上是不连续的。

例 15.10

求均匀带电球体的电场分布。已知球半径为 R，所带总电量为 q。

铀核可视为带有 $92e$ 的均匀带电球体，半径为 7.4×10^{-15} m，求其表面的电场强度。

解 设想均匀带电球体是由一层层同心均匀带电球面组成。这样例 15.9 中关于场强方向和大小的分析在本例中也适用。因此，可以直接得出：在球体外部的场强分布和所有电荷都集中到球心时产生的电场一样，即

$$\boldsymbol{E}=\frac{q}{4\pi\varepsilon_0 r^2}\boldsymbol{e}_r \quad (r\geqslant R) \tag{15.24}$$

为了求出球体内任一点的场强，可以通过球内 P 点做一个半径为 r（$r<R$）的同心球面 S 作为高斯面（图 15.19），通过此面的电通量仍为 $E\cdot 4\pi r^2$。此球面包围的电荷为

$$\sum q_{\text{in}}=\frac{q}{\frac{4}{3}\pi R^3}\frac{4}{3}\pi r^3=\frac{qr^3}{R^3}$$

由此利用高斯定律可得

$$E=\frac{q}{4\pi\varepsilon_0 R^3}r \quad (r\leqslant R)$$

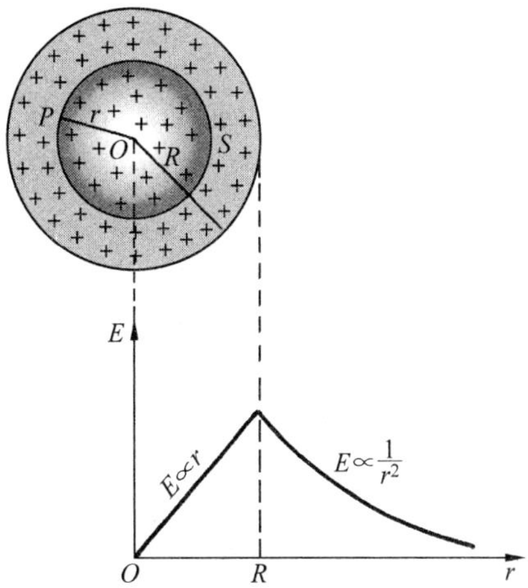

图 15.19 均匀带电球体的电场分析

这表明，在均匀带电球体内部各点场强的大小与径矢大小成正比。考虑到 $\boldsymbol{E}$ 的方向，球内电场强度也可以用矢量式表示为

$$\boldsymbol{E}=\frac{q}{4\pi\varepsilon_0 R^3}\boldsymbol{r} \quad (r\leqslant R) \tag{15.25}$$

以 ρ 表示体电荷密度，则式(15.25)又可写成

$$\boldsymbol{E}=\frac{\rho}{3\varepsilon_0}\boldsymbol{r} \tag{15.26}$$

均匀带电球体的 E-r 曲线绘于图 15.19 中。注意，在球体表面上，场强的大小是连续的。

由式(15.24)或式(15.25)，可得铀核表面的电场强度为

$$E=\frac{92e}{4\pi\varepsilon_0 R^2}=\frac{92\times1.6\times10^{-19}}{4\pi\times8.85\times10^{-12}\times(7.4\times10^{-15})^2}=2.4\times10^{21}\,(\text{N/C})$$

例 15.11

求无限长均匀带电直线的电场分布。已知线上线电荷密度为 λ。

输电线上均匀带电，线电荷密度为 4.2 nC/m，求距电线 0.50 m 处的电场强度。

解 带电直线的电场分布应具有轴对称性，考虑离直线距离为 r 的一点 P 处的场强 $\boldsymbol{E}$（图 15.20）。由于空间各向同性而带电直线为无限长，且均匀带电，所以电场分布具有轴对称性，因而 P 点的电场方向唯一的可能是垂直于带电直线而沿径向，并且和 P 点在同一圆柱面（以带电直线为轴）上的各点的场强大小也都相等，而且方向都沿径向。

作一个通过 P 点，以带电直线为轴，高为 l 的圆筒形封闭面为高斯面 S，通过 S 面的电通量为

$$\Phi_e=\oint_S\boldsymbol{E}\cdot d\boldsymbol{S}=\int_{S_1}\boldsymbol{E}\cdot d\boldsymbol{S}+\int_{S_t}\boldsymbol{E}\cdot d\boldsymbol{S}+\int_{S_b}\boldsymbol{E}\cdot d\boldsymbol{S}$$

在 S 面的上、下底面（S_t 和 S_b）上，场强方向与底面平行，因此，上式等号右侧后面两项等于零。而在侧

面(S_l)上各点 $\boldsymbol{E}$ 的方向与各该点的法线方向相同,所以有

$$\oint_S \boldsymbol{E}\cdot \mathrm{d}\boldsymbol{S} = \int_{S_l} \boldsymbol{E}\cdot \mathrm{d}\boldsymbol{S} = \int_{S_l} E\mathrm{d}S = E\int_{S_l} \mathrm{d}S = E\cdot 2\pi rl$$

此封闭面内包围的电荷 $\sum q_{\mathrm{in}} = \lambda l$。由高斯定律得

$$E\cdot 2\pi rl = \lambda l/\varepsilon_0$$

由此得

$$E = \frac{\lambda}{2\pi\varepsilon_0 r} \tag{15.27}$$

这一结果与式(15.13)相同。由此可见,当条件允许时,利用高斯定律计算场强分布要简便得多。

题中所述输电线周围 0.50 m 处的电场强度为

$$E = \frac{\lambda}{2\pi\varepsilon_0 r} = \frac{4.2\times 10^{-9}}{2\pi\times 8.85\times 10^{-12}\times 0.50} = 1.5\times 10^2\,(\mathrm{N/C})$$

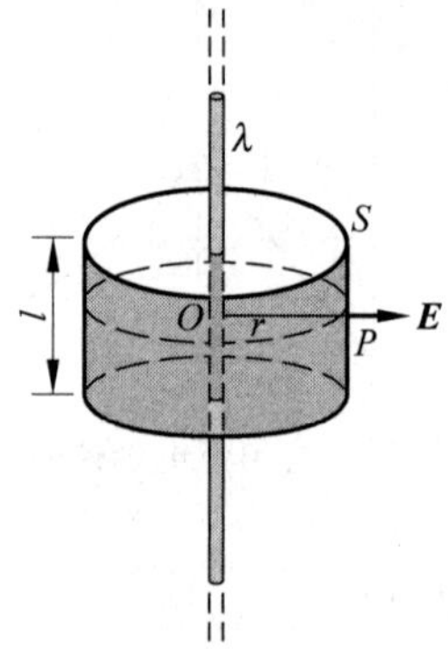

图 15.20 无限长均匀带电直线的场强分析

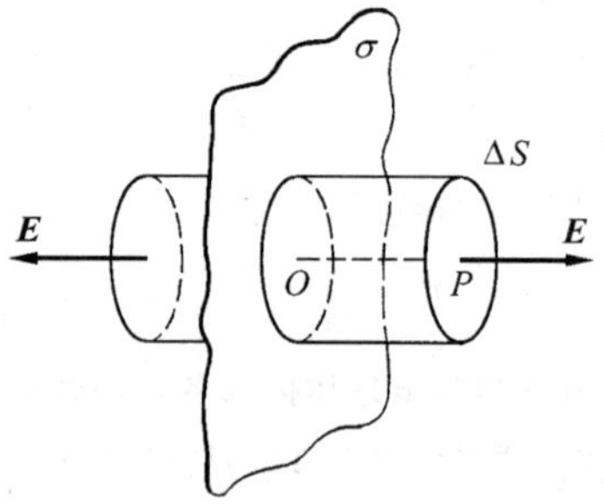

图 15.21 无限大均匀带电平面的电场分析

例 15.12

求无限大均匀带电平面的电场分布。已知带电平面上面电荷密度为 σ。

解 考虑距离带电平面为 r 的 P 点的场强 $\boldsymbol{E}$(图 15.21)。由于电荷分布对于垂线 OP 是对称的,所以 P 点的场强必然垂直于该带电平面。又由于电荷均匀分布在一个无限大平面上,所以电场分布必然对该平面对称,而且离平面等远处(两侧一样)的场强大小都相等,方向都垂直指离平面(当 $\sigma>0$ 时)。

我们选一个其轴垂直于带电平面的圆筒式的封闭面作为高斯面 S,带电平面平分此圆筒,而 P 点位于它的一个底上。

由于圆筒的侧面上各点的 $\boldsymbol{E}$ 与侧面平行,所以通过侧面的电通量为零。因而只需要计算通过两底面(S_{tb})的电通量。以 ΔS 表示一个底的面积,则

$$\Phi_{\mathrm{e}} = \oint_S \boldsymbol{E}\cdot \mathrm{d}\boldsymbol{S} = \int_{S_{\mathrm{tb}}} \boldsymbol{E}\cdot \mathrm{d}\boldsymbol{S} = 2E\Delta S$$

由于

$$\sum q_{\mathrm{in}} = \sigma\Delta S$$

高斯定律给出

$$2E\Delta S = \sigma\Delta S/\varepsilon_0$$

从而

$$E=\frac{\sigma}{2\varepsilon_0} \tag{15.28}$$

此结果说明，无限大均匀带电平面两侧的电场是均匀场。这一结果和式(15.14)相同。

上述各例中的带电体的电荷分布都具有某种对称性，利用高斯定律计算这类带电体的场强分布是很方便的。不具有特定对称性的电荷分布，其电场不能直接用高斯定律求出。当然，这绝不是说，高斯定律对这些电荷分布不成立。

对带电体系来说，如果其中每个带电体上的电荷分布都具有对称性，那么可以用高斯定律求出每个带电体的电场，然后再应用场强叠加原理求出带电体系的总电场分布。下面举个例子。

例 15.13

两个平行的无限大均匀带电平面(图 15.22)，其面电荷密度分别为 $\sigma_1=+\sigma$ 和 $\sigma_2=-\sigma$，而 $\sigma=4\times10^{-11}\ \mathrm{C/m^2}$。求这一带电系统的电场分布。

解 这两个带电平面的总电场不再具有前述的简单对称性，因而不能直接用高斯定律求解。但据例 15.12，两个面在各自的两侧产生的场强的方向如图 15.22 所示，其大小分别为

$$E_1=\frac{\sigma_1}{2\varepsilon_0}=\frac{\sigma}{2\varepsilon_0}=\frac{4\times10^{-11}}{2\times8.85\times10^{-12}}=2.26\ (\mathrm{V/m})$$

$$E_2=\frac{|\sigma_2|}{2\varepsilon_0}=\frac{\sigma}{2\varepsilon_0}=\frac{4\times10^{-11}}{2\times8.85\times10^{-12}}=2.26\ (\mathrm{V/m})$$

根据场强叠加原理可得

在Ⅰ区： $E_{\mathrm{I}}=E_1-E_2=0$；

在Ⅱ区： $E_{\mathrm{II}}=E_1+E_2=\dfrac{\sigma}{\varepsilon_0}=4.52\ \mathrm{V/m}$，方向向右；

在Ⅲ区： $E_{\mathrm{III}}=E_1-E_2=0$。

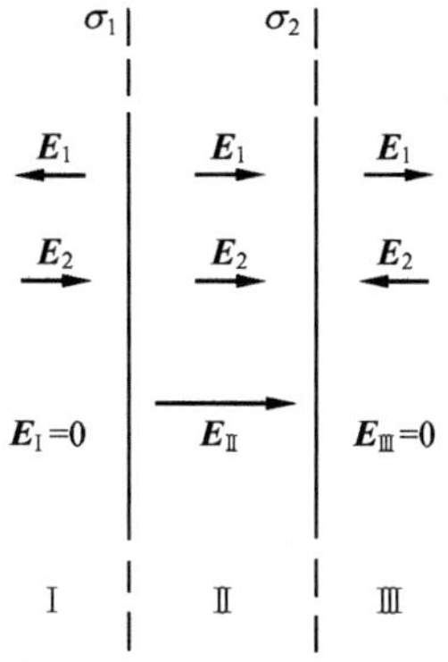

图 15.22 带电平行平面的电场分析

提要

1. **电荷的基本性质**：两种电荷，量子性，电荷守恒，相对论不变性。

2. **库仑定律**：两个静止的点电荷之间的作用力

$$\boldsymbol{F}=\frac{kq_1q_2}{r^2}\boldsymbol{e}_r=\frac{q_1q_2}{4\pi\varepsilon_0r^2}\boldsymbol{e}_r$$

其中的 $k=9\times10^9\ \mathrm{N\cdot m^2/C^2}$

真空介电常量 $\varepsilon_0=\dfrac{1}{4\pi k}=8.85\times10^{-12}\ \mathrm{C^2/(N\cdot m^2)}$

3. **电力叠加原理**：$\boldsymbol{F}=\sum\boldsymbol{F}_i$

4. 电场强度：$\boldsymbol{E}=\dfrac{\boldsymbol{F}}{q}$，$q$ 为检验电荷。

5. 场强叠加原理：$\boldsymbol{E}=\sum \boldsymbol{E}_i$

用叠加法求电荷系的静电场：

$$\boldsymbol{E}=\sum_i \frac{q_i}{4\pi\varepsilon_0 r_i^2}\boldsymbol{e}_{ri}$$

$$\boldsymbol{E}=\int_q \frac{\mathrm{d}q}{4\pi\varepsilon_0 r^2}\boldsymbol{e}_r$$

6. 电通量：$\Phi_e=\int_S \boldsymbol{E}\cdot\mathrm{d}\boldsymbol{S}$

7. 高斯定律：$\oint_S \boldsymbol{E}\cdot\mathrm{d}\boldsymbol{S}=\dfrac{1}{\varepsilon_0}\sum q_{\mathrm{in}}$

8. 典型静电场：

均匀带电球面：$\boldsymbol{E}=0$ （球面内），

$\boldsymbol{E}=\dfrac{q}{4\pi\varepsilon_0 r^2}\boldsymbol{e}_r$ （球面外）；

均匀带电球体：$\boldsymbol{E}=\dfrac{q}{4\pi\varepsilon_0 R^3}\boldsymbol{r}=\dfrac{\rho}{3\varepsilon_0}\boldsymbol{r}$ （球体内），

$\boldsymbol{E}=\dfrac{q}{4\pi\varepsilon_0 r^2}\boldsymbol{e}_r$ （球体外）；

均匀带电无限长直线：$E=\dfrac{\lambda}{2\pi\varepsilon_0 r}$，方向垂直于带电直线；

均匀带电无限大平面：$E=\dfrac{\sigma}{2\varepsilon_0}$，方向垂直于带电平面。

9. 电偶极子在电场中受到的力矩：

$$\boldsymbol{M}=\boldsymbol{p}\times\boldsymbol{E}$$

思考题

15.1 点电荷的电场公式为

$$\boldsymbol{E}=\frac{q}{4\pi\varepsilon_0 r^2}\boldsymbol{e}_r$$

从形式上看，当所考察的点与点电荷的距离 $r\to 0$ 时，场强 $E\to\infty$。这是没有物理意义的，你对此如何解释？

15.2 试说明电力叠加原理暗含了库仑定律的下述内容：两个静止的点电荷之间的作用力与两个电荷的电量成正比。

15.3 $\boldsymbol{E}=\dfrac{\boldsymbol{F}}{q_0}$ 与 $\boldsymbol{E}=\dfrac{q}{4\pi\varepsilon_0 r^2}\boldsymbol{e}_r$ 两公式有什么区别和联系？对前一公式中的 q_0 有何要求？

15.4 电场线、电通量和电场强度的关系如何？电通量的正、负表示什么意义？

15.5 三个相等的电荷放在等边三角形的三个顶点上，问是否可以以三角形中心为球心作一个球面，利用高斯定律求出它们所产生的场强？对此球面高斯定律是否成立？

15.6 如果通过闭合面 S 的电通量 Φ_e 为零,是否能肯定面 S 上每一点的场强都等于零?

15.7 如果在封闭面 S 上,E 处处为零,能否肯定此封闭面一定没有包围净电荷?

15.8 电场线能否在无电荷处中断?为什么?

15.9 高斯定律和库仑定律的关系如何?

15.10 在真空中有两个相对的平行板,相距为 d,板面积均为 S,分别带电量 $+q$ 和 $-q$。有人说,根据库仑定律,两板之间的作用力 $f=q^2/4\pi\varepsilon_0 d^2$。又有人说,因 $f=qE$,而板间 $E=\sigma/\varepsilon_0$,$\sigma=q/S$,所以 $f=q^2/\varepsilon_0 S$。还有人说,由于一个板上的电荷在另一板处的电场为 $E=\sigma/2\varepsilon_0$,所以 $f=qE=q^2/2\varepsilon_0 S$。试问这三种说法哪种对?为什么?

习题

15.1 在边长为 a 的正方形的四角,依次放置点电荷 q,$2q$,$-4q$ 和 $2q$,它的正中放着一个单位正电荷,求这个电荷受力的大小和方向。

15.2 三个电量为 $-q$ 的点电荷各放在边长为 r 的等边三角形的三个顶点上,电荷 $Q(Q>0)$ 放在三角形的重心上。为使每个负电荷受力为零,Q 之值应为多大?

15.3 如图 15.23 所示,用四根等长的线将四个带电小球相连,带电小球的电量分别是 $-q$,Q,$-q$ 和 Q。试证明当此系统处于平衡时,$\cot^3\alpha=q^2/Q^2$。

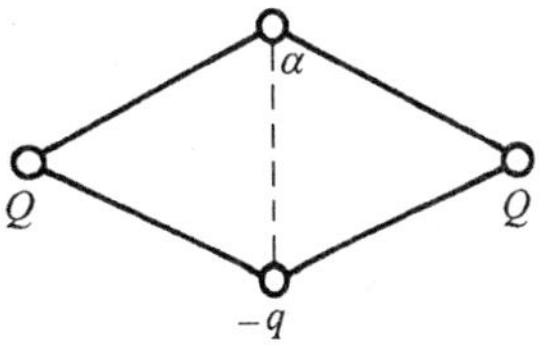

图 15.23 习题 15.3 用图

15.4 一个正 π 介子由一个 u 夸克和一个反 d 夸克组成。u 夸克带电量为 $\frac{2}{3}e$,反 d 夸克带电量为 $\frac{1}{3}e$。将夸克作为经典粒子处理,试计算正 π 介子中夸克间的电力(设它们之间的距离为 1.0×10^{-15} m)。

15.5 精密的实验已表明,一个电子与一个质子的电量在实验误差为 $\pm10^{-21}e$ 的范围内是相等的,而中子的电量在 $\pm10^{-21}e$ 的范围内为零。考虑这些误差综合的最坏情况,问一个氧原子(具有 8 个电子、8 个质子和 8 个中子)所带的最大可能净电荷是多少?若将原子看成质点,试比较两个氧原子间电力和万有引力的大小,其净力是相吸还是相斥?

15.6 一个电偶极子的电矩为 $\boldsymbol{p}=q\boldsymbol{l}$,证明此电偶极子轴线上距其中心为 $r(r\gg l)$ 处的一点的场强为 $\boldsymbol{E}=2\boldsymbol{p}/4\pi\varepsilon_0 r^3$。

15.7 电偶极子电场的一般表示式。将电矩为 $\boldsymbol{p}$ 的电偶极子所在位置取作原点,电矩方向取作 x 轴正向。由于电偶极子的电场具有对 x 轴的轴对称性,所以可以只求 xy 平面内的电场分布 $\boldsymbol{E}(x,y)$。以 $\boldsymbol{r}$ 表示场点 $P(x,y)$ 的径矢,将 $\boldsymbol{p}$ 分解为平行于 $\boldsymbol{r}$ 和垂直于 $\boldsymbol{r}$ 的两个分量,并用例 15.1 和习题 15.6 的结果证明

$$\boldsymbol{E}(x,y)=\frac{p(2x^2-y^2)}{4\pi\varepsilon_0(x^2+y^2)^{5/2}}\boldsymbol{i}+\frac{3pxy}{4\pi\varepsilon_0(x^2+y^2)^{5/2}}\boldsymbol{j}$$

15.8 两根无限长的均匀带电直线相互平行,相距为 $2a$,线电荷密度分别为 $+\lambda$ 和 $-\lambda$,求每单位长度的带电直线受的作用力。

15.9 一均匀带电直线长为 L,线电荷密度为 λ。求直线的延长线上距 L 中点为 $r(r>L/2)$ 处的场强。

15.10 如图 15.24,一个细的带电塑料圆环,半径为 R,所带线电荷密度 λ 和 θ 有 $\lambda=\lambda_0\sin\theta$ 的关系。求在圆心处的电场强度的方向和大小。

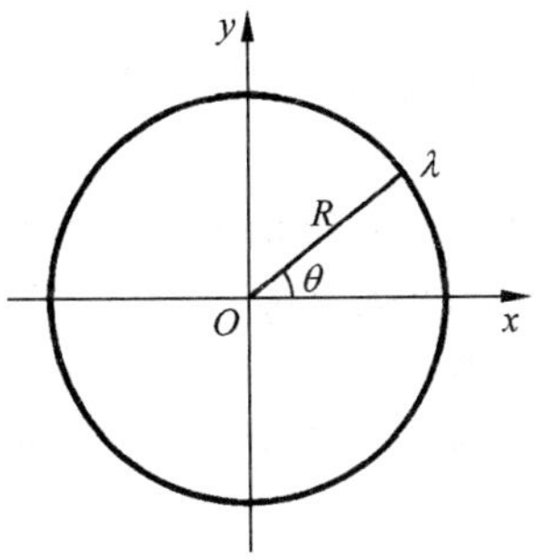

图 15.24 习题 15.10 用图

15.11 一根不导电的细塑料杆,被弯成近乎完整的圆,圆的半径为 0.5 m,杆的两端有 2 cm 的缝隙,3.12×10^{-9} C 的正电荷均匀地分

布在杆上，求圆心处电场的大小和方向。

15.12 如图 15.25 所示，两根平行长直线间距为 $2a$，一端用半圆形线连起来。全线上均匀带电，试证明在圆心 O 处的电场强度为零。

15.13 一个半球面上均匀带有电荷，试用对称性和叠加原理论证下述结论成立：在如鼓面似地蒙住半球面的假想圆面上各点的电场方向都垂直于此圆面。

15.14 (1) 点电荷 q 位于边长为 a 的正立方体的中心，通过此立方体的每一面的电通量各是多少？

(2) 若电荷移至正立方体的一个顶点上，那么通过每个面的电通量又各是多少？

15.15 实验证明，地球表面上方电场不为 0，晴天大气电场的平均场强约为 120 V/m，方向向下，这意味着地球表面上有多少过剩电荷？试以每平方厘米的额外电子数来表示。

15.16 地球表面上方电场方向向下，大小可能随高度改变(图 15.26)。设在地面上方 100 m 高处场强为 150 N/C，300 m 高处场强为 100 N/C。试由高斯定律求在这两个高度之间的平均体电荷密度，以多余的或缺少的电子数密度表示。

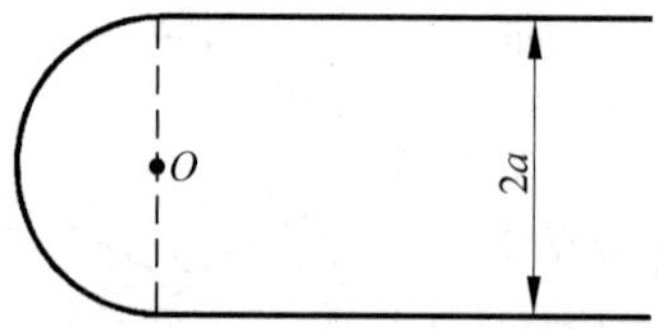

图 15.25 习题 15.12 用图

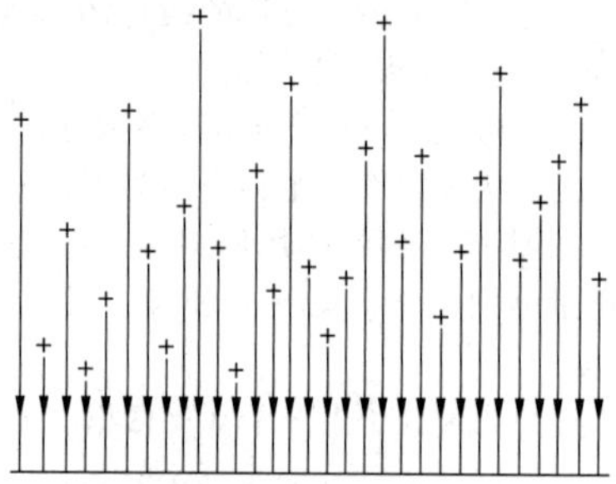

图 15.26 习题 15.16 用图

15.17 一无限长的均匀带电薄壁圆筒，截面半径为 a，面电荷密度为 σ，设垂直于筒轴方向从中心轴向外的径矢的大小为 r，求其电场分布并画出 E-r 曲线。

15.18 两个无限长同轴圆筒半径分别为 R_1 和 R_2，单位长度带电量分别为 $+\lambda$ 和 $-\lambda$。求内筒内、两筒间及外筒外的电场分布。

15.19 两个平行无限大均匀带电平面，面电荷密度分别为 $\sigma_1=4\times10^{-11}\ \mathrm{C/m^2}$ 和 $\sigma_2=-2\times10^{-11}\ \mathrm{C/m^2}$。求此系统的电场分布。

15.20 一无限大均匀带电厚壁，壁厚为 D，体电荷密度为 ρ，求其电场分布并画出 E-d 曲线。d 为垂直于壁面的坐标，原点在厚壁的中心。

15.21 一大平面中部有一半径为 R 的小孔，设平面均匀带电，面电荷密度为 σ_0，求通过小孔中心并与平面垂直的直线上的场强分布。

15.22 一均匀带电球体，半径为 R，体电荷密度为 ρ，今在球内挖去一半径为 $r(r<R)$ 的球体，求证由此形成的空腔内的电场是均匀的，并求其值。

15.23 通常情况下中性氢原子具有如下的电荷分布：一个大小为 $+e$ 的电荷被密度为 $\rho(r)=-Ce^{-2r/a_0}$ 的负电荷所包围，a_0 是“玻尔半径”，$a_0=0.53\times10^{-10}$ m，C 是为了使电荷总量等于 $-e$ 所需要的常量。试问在半径为 a_0 的球内净电荷是多少？距核 a_0 远处的电场强度多大？

15.24 质子的电荷并非集中于一点，而是分布在一定空间内。实验测知，质子的电荷分布可用下述指数函数表示其电荷体密度：

$$\rho=\frac{e}{8\pi b^3}e^{-r/b}$$

其中 b 为一常量，$b=0.23\times10^{-15}$ m。求电场强度随 r 变化的表示式和 $r=1.0\times10^{-15}$ m 处的电场强度的大小。

15.25 按照一种模型，中子是由带正电荷的内核与带负电荷的外壳所组成。假设正电荷电量为 $2e/3$，且均匀分布在半径为 0.50×10^{-15} m 的球内；而负电荷电量 $-2e/3$，分布在内、外半径分别为 0.50×10^{-15} m 和 1.0×10^{-15} m 的同心球壳内(图 15.27)。求在与中心距离分别为 1.0×10^{-15} m，0.75×10^{-15} m，0.50×10^{-15} m 和 0.25×10^{-15} m 处电场的大小和方向。

15.26 τ 子是与电子一样带有负电而质量却很大的粒子。它的质量为 3.17×10^{-27} kg，大约是电子质量的 3480 倍，τ 子可穿透核物质，因此，τ 子在核电荷的电场作用下在核内可作轨道运动。设 τ 子在铀核内的圆轨道半径为 2.9×10^{-15} m，把铀核看作是半径为 7.4×10^{-15} m 的球，并且带有 $92e$ 且均匀分布于其体积内的电荷。计算 τ 子的轨道运动的速率、动能、角动量和频率。

15.27 设在氢原子中，负电荷均匀分布在半径为 $r_0=0.53\times10^{-10}$ m 的球体内，总电量为 $-e$，质子位于此电子云的中心。求当外加电场 $E=3\times10^6$ V/m(实验室内很强的电场)时，负电荷的球心和质子相距多远？(设电子云不因外加电场而变形)此时氢原子的"感生电偶极矩"多大？

15.28 根据汤姆孙模型，氦原子由一团均匀的正电荷云和其中的两个电子构成。设正电荷云是半径为 0.05 nm 的球，总电量为 $2e$，两个电子处于和球心对称的位置，求两电子的平衡间距。

15.29 在图 15.28 所示的空间内电场强度分量为 $E_x=bx^{1/2}$，$E_y=E_z=0$，其中 $b=800\ \mathrm{N\cdot m^{-1/2}/C}$。试求：

(1) 通过正立方体的电通量；

(2) 正立方体的总电荷是多少？设 $a=10$ cm。

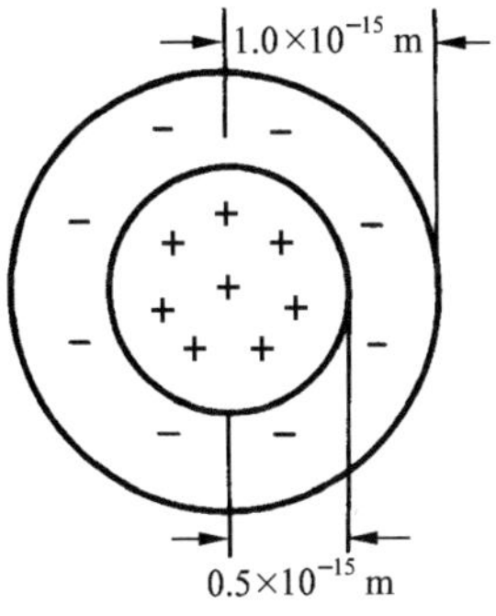

图 15.27 习题 15.25 用图

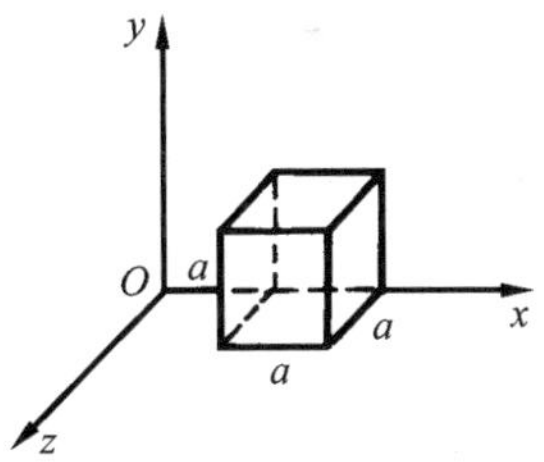

图 15.28 习题 15.29 用图

15.30 在 $x=+a$ 和 $x=-a$ 处分别放上一个电量都是 $+q$ 的点电荷。

(1) 试证明在原点 O 处 $(\mathrm{d}E/\mathrm{d}x)_{x=0}=-q/\pi\varepsilon_0 a^3$；

(2) 在原点处放置一电矩为 $\boldsymbol{p}=p\boldsymbol{i}$ 的电偶极子，试证它受的电场力为 $p(\mathrm{d}E/\mathrm{d}x)_{x=0}=-pq/\pi\varepsilon_0 a^3$。

15.31 证明：电矩为 $\boldsymbol{p}$ 的电偶极子在场强为 $\boldsymbol{E}$ 的均匀电场中，从与电场方向垂直的位置转到与电场方向成 θ 角的位置的过程中，电场力做的功为 $pE\cos\theta=\boldsymbol{p}\cdot\boldsymbol{E}$。

15.32 两个固定的点电荷电量分别为 $+1.0\times10^{-6}$ C 和 -4.0×10^{-6} C，相距 10 cm。

(1) 在何处放一点电荷 q_0 时，此点电荷受的电场力为零而处于平衡状态？

(2) q_0 在该处的平衡状态沿两点电荷的连线方向是否是稳定的？试就 q_0 为正负两种情况进行讨论。

(3) q_0 在该处的平衡状态沿垂直于该连线的方向又如何？

15.33 试证明：只是在静电力作用下，一个电荷不可能处于稳定平衡状态。(提示：假设在静电场中的 P 点放置一电荷 $+q$，如果它处于稳定平衡状态，则 P 点周围的电场方向应如何分布？然后应用高

斯定律)

15.34　喷墨打印机的结构简图如图15.29所示。其中墨盒可以发出墨汁微滴,其半径约10^{-5} m。(墨盒每秒钟可发出约10^5个微滴,每个字母约需百余滴。)此微滴经过带电室时被带上负电,带电的多少由计算机按字体笔画高低位置输入信号加以控制。带电后的微滴进入偏转板,由电场按其带电量的多少施加偏转电力,从而可沿不同方向射出,打到纸上即显示出字体来。无信号输入时,墨汁滴径直通过偏转板而注入回流槽流回墨盒。

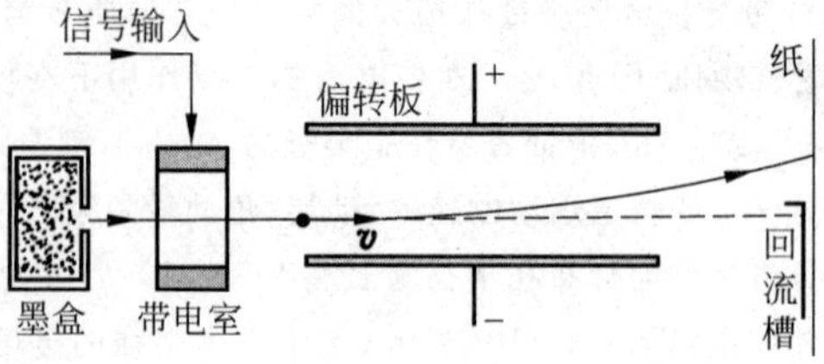

图15.29　习题15.34用图

设一个墨汁滴的质量为1.5×10^{-10} kg,经过带电室后带上了-1.4×10^{-13} C的电量,随后即以20 m/s的速度进入偏转板,偏转板长度为1.6 cm。如果板间电场强度为1.6×10^6 N/C,那么此墨汁滴离开偏转板时在竖直方向将偏转多大距离?(忽略偏转板边缘的电场不均匀性,并忽略空气阻力。)

第16章

电　　势

第15章介绍了电场强度，它说明电场对电荷有作用力。电场对电荷既然有作用力，那么，当电荷在电场中移动时，电场力就要做功。根据功和能量的联系，可知有能量和电场相联系。本章介绍和静电场相联系的能量。首先根据静电场的保守性，引入了电势的概念，并介绍了计算电势的方法以及电势和电场强度的关系。本章最后给出了由电场强度求静电能的方法并引入了电场能量密度的概念。

16.1　静电场的保守性

本章从功能的角度研究静电场的性质，我们先从库仑定律出发证明静电场是保守场。

图16.1中，以 q 表示固定于某处的一个点电荷，当另一电荷 q_0 在它的电场中由 P_1 点沿任一路径移到 P_2 点时，q_0 受的静电场力所做的功为

$$A_{12}=\int_{(P_1)}^{(P_2)}\boldsymbol{F}\cdot \mathrm{d}\boldsymbol{r}=\int_{(P_1)}^{(P_2)}q_0\boldsymbol{E}\cdot \mathrm{d}\boldsymbol{r}=q_0\int_{(P_1)}^{(P_2)}\boldsymbol{E}\cdot \mathrm{d}\boldsymbol{r} \tag{16.1}$$

上式两侧除以 q_0，得到

$$\frac{A_{12}}{q_0}=\int_{(P_1)}^{(P_2)}\boldsymbol{E}\cdot \mathrm{d}\boldsymbol{r} \tag{16.2}$$

式(16.2)等号右侧的积分 $\int_{(P_1)}^{(P_2)}\boldsymbol{E}\cdot \mathrm{d}\boldsymbol{r}$ 叫电场强度 $\boldsymbol{E}$ 沿任意路径 L 的**线积分**，它表示在

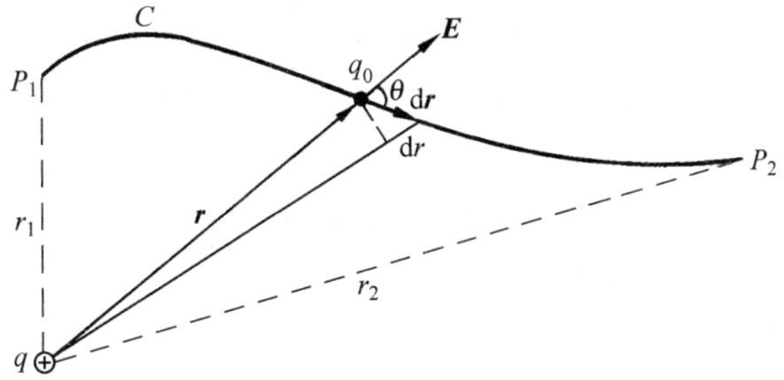

图16.1　电荷运动时电场力做功的计算

电场中从 P_1 点到 P_2 点移动单位正电荷时电场力所做的功。由于这一积分只由 q 的电场强度 $\boldsymbol{E}$ 的分布决定，而与被移动的电荷的电量无关，所以可以用它来说明电场的性质。

对于静止的点电荷 q 的电场来说，其电场强度公式为

$$\boldsymbol{E}=\frac{q}{4\pi\varepsilon_0 r^2}\boldsymbol{e}_r=\frac{q}{4\pi\varepsilon_0 r^3}\boldsymbol{r}$$

将此式代入到式(16.2)中，得场强 $\boldsymbol{E}$ 的线积分为

$$\int_{(P_1)}^{(P_2)}\boldsymbol{E}\cdot\mathrm{d}\boldsymbol{r}=\int_{(P_1)}^{(P_2)}\frac{q}{4\pi\varepsilon_0 r^3}\boldsymbol{r}\cdot\mathrm{d}\boldsymbol{r}$$

从图16.1看出，$\boldsymbol{r}\cdot\mathrm{d}\boldsymbol{r}=r\cos\theta|\mathrm{d}\boldsymbol{r}|=r\mathrm{d}r$，这里 θ 是从电荷 q 引到 q_0 的径矢与 q_0 的位移元 $\mathrm{d}\boldsymbol{r}$ 之间的夹角。将此关系代入上式，得

$$\int_{(P_1)}^{(P_2)}\boldsymbol{E}\cdot\mathrm{d}\boldsymbol{r}=\int_{r_1}^{r_2}\frac{q}{4\pi\varepsilon_0 r^2}\mathrm{d}r=\frac{q}{4\pi\varepsilon_0}\left(\frac{1}{r_1}-\frac{1}{r_2}\right)\tag{16.3}$$

由于 r_1 和 r_2 分别表示从点电荷 q 到起点和终点的距离，所以此结果说明，在静止的点电荷 q 的电场中，电场强度的线积分只与积分路径的起点和终点位置有关，而与积分路径无关。也可以说在静止的点电荷的电场中，移动单位正电荷时，电场力所做的功只取决于被移动的电荷的起点和终点的位置，而与移动的路径无关。

对于由许多静止的点电荷 $q_1,q_2,\cdots,q_n$ 组成的电荷系，由场强叠加原理可得到其电场强度 $\boldsymbol{E}$ 的线积分为

$$\begin{aligned}\int_{(P_1)}^{(P_2)}\boldsymbol{E}\cdot\mathrm{d}\boldsymbol{r}&=\int_{(P_1)}^{(P_2)}(\boldsymbol{E}_1+\boldsymbol{E}_2+\cdots+\boldsymbol{E}_n)\cdot\mathrm{d}\boldsymbol{r}\\&=\int_{(P_1)}^{(P_2)}\boldsymbol{E}_1\cdot\mathrm{d}\boldsymbol{r}+\int_{(P_1)}^{(P_2)}\boldsymbol{E}_2\cdot\mathrm{d}\boldsymbol{r}+\cdots+\int_{(P_1)}^{(P_2)}\boldsymbol{E}_n\cdot\mathrm{d}\boldsymbol{r}\end{aligned}$$

因为上述等式右侧每一项线积分都与路径无关，而取决于被移动电荷的始末位置，所以总电场强度 $\boldsymbol{E}$ 的线积分也具有这一特点。

对于静止的连续的带电体，可将其看作无数电荷元的集合，因而它的电场场强的线积分同样具有这样的特点。

因此我们可以得出结论：对任何**静电场**，电场强度的线积分 $\int_{(P_1)}^{(P_2)}\boldsymbol{E}\cdot\mathrm{d}\boldsymbol{r}$ **都只取决于起点 P_1 和终点 P_2 的位置而与连结 P_1 和 P_2 点间的路径无关**，静电场的这一特性叫**静电场的保守性**。

静电场的保守性还可以表述成另一种形式。如图16.2所示，在静电场中作一任意闭合路径 C，考虑场强 $\boldsymbol{E}$ 沿此闭合路径的线积分。在 C 上取任意两点 P_1 和 P_2，它们把 C 分成 C_1 和 C_2 两段，因此，沿 C 环路的场强的线积分为

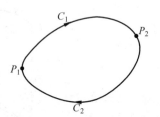

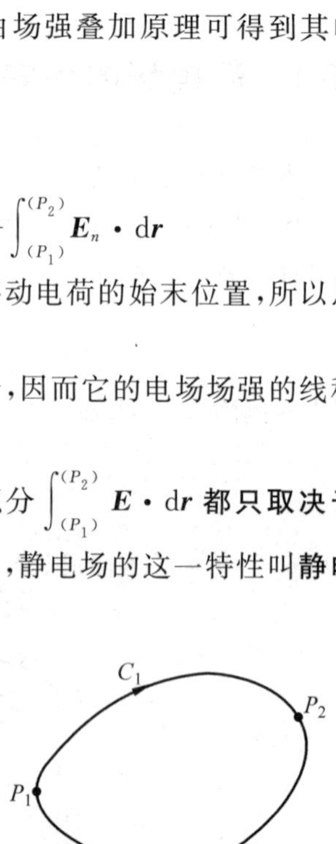

图16.2 静电场的环路定理

$$\begin{aligned}\oint_C\boldsymbol{E}\cdot\mathrm{d}\boldsymbol{r}&=\int_{C_1(P_1)}^{(P_2)}\boldsymbol{E}\cdot\mathrm{d}\boldsymbol{r}+\int_{C_2(P_2)}^{(P_1)}\boldsymbol{E}\cdot\mathrm{d}\boldsymbol{r}\\&=\int_{C_1(P_1)}^{(P_2)}\boldsymbol{E}\cdot\mathrm{d}\boldsymbol{r}-\int_{C_2(P_1)}^{(P_2)}\boldsymbol{E}\cdot\mathrm{d}\boldsymbol{r}\end{aligned}$$

由于场强的线积分与路径无关，所以上式最后的两个积分值相等。

因此

$$\oint_C \boldsymbol{E} \cdot \mathrm{d}\boldsymbol{r} = 0 \tag{16.4}$$

此式表明，**在静电场中，场强沿任意闭合路径的线积分等于零**。这就是静电场的保守性的另一种说法，称作**静电场环路定理**。

16.2 电势差和电势

静电场的保守性意味着，对静电场来说，存在着一个由电场中各点的位置所决定的标量函数，此函数在 P_1 和 P_2 两点的数值之差等于从 P_1 点到 P_2 点电场强度沿任意路径的线积分，也就等于从 P_1 点到 P_2 点移动单位正电荷时静电场力所做的功。这个函数叫**电场的电势**（或势函数），以 φ_1 和 φ_2 分别表示 P_1 和 P_2 点的电势，就可以有下述定义公式：

$$\varphi_1 - \varphi_2 = \int_{(P_1)}^{(P_2)} \boldsymbol{E} \cdot \mathrm{d}\boldsymbol{r} \tag{16.5}$$

$\varphi_1 - \varphi_2$ 叫做 P_1 和 P_2 两点间的**电势差**，也叫该两点间的电压，记作 U_{12}，$U_{12} = \varphi_1 - \varphi_2$。由于静电场的保守性，在一定的静电场中，对于给定的两点 P_1 和 P_2，其电势差具有完全确定的值。

式(16.5)只能给出静电场中任意两点的电势差，而不能确定任一点的电势值。为了给出静电场中各点的电势值，需要预先选定一个参考位置，并指定它的电势为零。这一参考位置叫**电势零点**。以 P_0 表示电势零点，由式(16.5)可得静电场中任意一点 P 的电势为

$$\varphi = \int_{(P)}^{(P_0)} \boldsymbol{E} \cdot \mathrm{d}\boldsymbol{r} \tag{16.6}$$

P 点的电势也就等于将单位正电荷自 P 点沿任意路径移到电势零点时，电场力所做的功。电势零点选定后，电场中所有各点的电势值就由式(16.6)唯一地确定了，由此确定的电势是空间坐标的标量函数，即 $\varphi = \varphi(x, y, z)$。

电势零点的选择只视方便而定。当电荷只分布在有限区域时，电势零点通常选在无限远处。这时式(16.6)可以写成

$$\varphi = \int_{(P)}^{\infty} \boldsymbol{E} \cdot \mathrm{d}\boldsymbol{r} \tag{16.7}$$

在实际问题中，也常常选地球的电势为零电势。

由式(16.6)明显看出，电场中各点电势的大小与电势零点的选择有关，相对于不同的电势零点，电场中同一点的电势会有不同的值。因此，在具体说明各点电势数值时，必须事先明确电势零点在何处。

电势和电势差具有相同的单位，在国际单位制中，电势的单位名称是伏[特]，符号为 V，

$$1\ \mathrm{V} = 1\ \mathrm{J/C}$$

当电场中电势分布已知时，利用电势差定义式(16.5)，可以很方便地计算出点电荷在静电场中移动时电场力做的功。由式(16.1)和式(16.5)可知，电荷 q_0 从 P_1 点移到 P_2 点时，静电场力做的功可用下式计算：

$$A_{12}=q_0\int_{(P_1)}^{(P_2)}\boldsymbol{E}\cdot \mathrm{d}\boldsymbol{r}=q_0(\varphi_1-\varphi_2) \tag{16.8}$$

根据定义式(16.7)，在式(16.3)中，选 P_2 在无限远处，即令 $r_2=\infty$，则距静止的点电荷 q 的距离为 $r(r=r_1)$ 处的电势为

$$\varphi=\frac{q}{4\pi\varepsilon_0 r} \tag{16.9}$$

这就是在真空中静止的点电荷的电场中各点电势的公式。此式中视 q 的正负，电势 φ 可正可负。在正电荷的电场中，各点电势均为正值，离电荷越远的点，电势越低。在负电荷的电场中，各点电势均为负值，离电荷越远的点，电势越高。

下面举例说明，在真空中，当静止的电荷分布已知时，如何求出电势的分布。利用式(16.6)进行计算时，首先要明确电势零点，其次是要先求出电场的分布，然后选一条路径进行积分。

例 16.1

求均匀带电球面的电场中的电势分布。球面半径为 R，总带电量为 q。

解 以无限远为电势零点。由于在球面外直到无限远处场强的分布都和电荷集中到球心处的一个点电荷的场强分布一样，因此，球面外任一点的电势应与式(16.9)相同，即

$$\varphi=\frac{q}{4\pi\varepsilon_0 r}\quad(r\geqslant R)$$

若 P 点在球面内($r<R$)，由于球面内、外场强的分布不同，所以由定义式(16.7)，积分要分两段，即

$$\varphi=\int_r^{\infty}\boldsymbol{E}\cdot\mathrm{d}\boldsymbol{r}=\int_r^{R}\boldsymbol{E}\cdot\mathrm{d}\boldsymbol{r}+\int_R^{\infty}\boldsymbol{E}\cdot\mathrm{d}\boldsymbol{r}$$

因为在球面内各点场强为零，而球面外场强为

$$\boldsymbol{E}=\frac{q}{4\pi\varepsilon_0 r^3}\boldsymbol{r}$$

所以上式结果为

$$\varphi=\int_R^{\infty}\boldsymbol{E}\cdot\mathrm{d}\boldsymbol{r}=\int_R^{\infty}\frac{q}{4\pi\varepsilon_0 r^2}\mathrm{d}r=\frac{q}{4\pi\varepsilon_0 R}\quad(r\leqslant R)$$

这说明均匀带电球面内各点电势相等，都等于球面上各点的电势。电势随 r 的变化曲线(φ-r 曲线)如图16.3所示。和场强分布 E-r 曲线(图15.18)相比，可看出，在球面处($r=R$)，场强不连续，而电势是连续的。

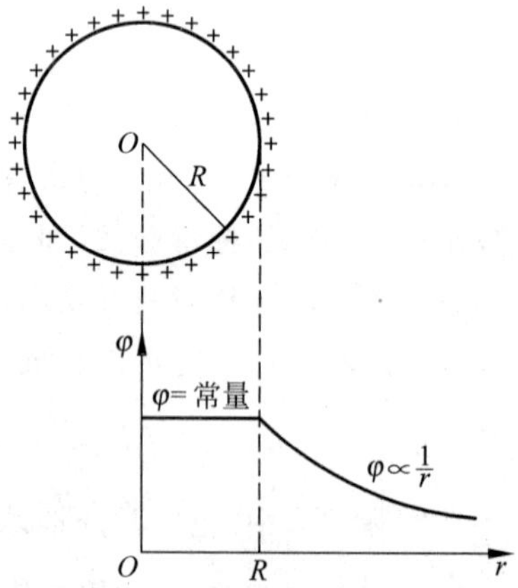

图 16.3 均匀带电球面的电势分布

例 16.2

求无限长均匀带电直线的电场中的电势分布。

解 无限长均匀带电直线周围的场强的大小为

$$E=\frac{\lambda}{2\pi\varepsilon_0 r}$$

方向垂直于带电直线。如果仍选无限远处作为电势零点，则由 $\int_{(P)}^{\infty}\boldsymbol{E}\cdot d\boldsymbol{r}$ 积分的结果可知各点电势都将为无限大值而失去意义。这时我们可选某一距带电直线为 r_0 的 P_0 点(图 16.4)为电势零点，则距带电直线为 r 的 P 点的电势为

$$\varphi=\int_{(P)}^{(P_0)}\boldsymbol{E}\cdot d\boldsymbol{r}=\int_{(P)}^{(P')}\boldsymbol{E}\cdot d\boldsymbol{r}+\int_{(P')}^{(P_0)}\boldsymbol{E}\cdot d\boldsymbol{r}$$

式中，积分路径 PP' 段与带电直线平行，而 $P'P_0$ 段与带电直线垂直。由于 PP' 段与电场方向垂直，所以上式等号右侧第一项积分为零。于是，

$$\varphi=\int_{(P')}^{(P_0)}\boldsymbol{E}\cdot d\boldsymbol{r}=\int_{r}^{r_0}\frac{\lambda}{2\pi\varepsilon_0 r}dr=-\frac{\lambda}{2\pi\varepsilon_0}\ln r+\frac{\lambda}{2\pi\varepsilon_0}\ln r_0$$

这一结果可以一般地表示为

$$\varphi=\frac{-\lambda}{2\pi\varepsilon_0}\ln r+C$$

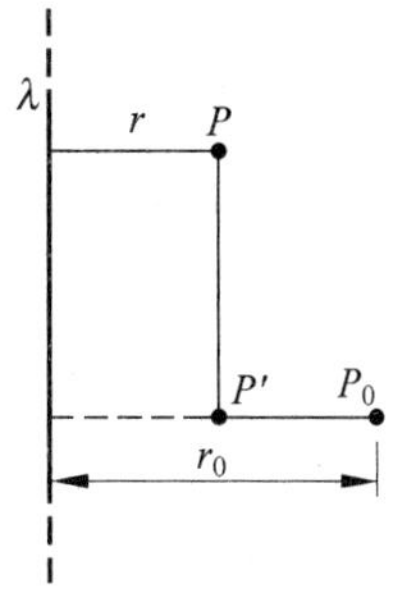

图 16.4 均匀带电直线的电势分布的计算

式中，C 为与电势零点的位置有关的常数。

由此例看出，当电荷的分布扩展到无限远时，电势零点不能再选在无限远处。

16.3 电势叠加原理

已知在真空中静止的电荷分布求其电场中的电势分布时，除了直接利用定义公式(16.6)以外，还可以在点电荷电势公式(16.9)的基础上应用叠加原理来求出结果。这后一方法的原理如下。

设场源电荷系由若干个带电体组成，它们各自分别产生的电场为 $\boldsymbol{E}_1,\boldsymbol{E}_2,\cdots$，由叠加原理知道总场强 $\boldsymbol{E}=\boldsymbol{E}_1+\boldsymbol{E}_2+\cdots$。根据定义公式(16.6)，它们的电场中 P 点的电势应为

$$\varphi=\int_{(P)}^{(P_0)}\boldsymbol{E}\cdot d\boldsymbol{r}=\int_{(P)}^{(P_0)}(\boldsymbol{E}_1+\boldsymbol{E}_2+\cdots)\cdot d\boldsymbol{r}$$
$$=\int_{(P)}^{(P_0)}\boldsymbol{E}_1\cdot d\boldsymbol{r}+\int_{(P)}^{(P_0)}\boldsymbol{E}_2\cdot d\boldsymbol{r}+\cdots$$

再由定义式(16.6)可知，上式最后面一个等号右侧的每一积分分别是各带电体单独存在时产生的电场在 P 点的电势 $\varphi_1,\varphi_2,\cdots$。因此就有

$$\varphi=\sum\varphi_i \tag{16.10}$$

此式称作**电势叠加原理**。它表示**一个电荷系的电场中任一点的电势等于每一个带电体单独存在时在该点所产生的电势的代数和**。

实际上应用电势叠加原理时，可以从点电荷的电势出发，先考虑场源电荷系由许多点电荷组成的情况。这时将点电荷电势公式(16.9)代入式(16.10)，可得点电荷系的电场中 P 点的电势为

$$\varphi=\sum\frac{q_i}{4\pi\varepsilon_0 r_i} \tag{16.11}$$

式中，r_i 为从点电荷 q_i 到 P 点的距离。

对一个电荷连续分布的带电体，可以设想它由许多电荷元 $\mathrm{d}q$ 所组成。将每个电荷元都当成点电荷，就可以由式(16.11)得出用叠加原理求电势的积分公式

$$\varphi=\int\frac{\mathrm{d}q}{4\pi\varepsilon_0 r}\tag{16.12}$$

应该指出的是：由于公式(16.11)或式(16.12)都是以点电荷的电势公式(16.9)为基础的，所以应用式(16.11)和式(16.12)时，电势零点都已选定在无限远处了。

下面举例说明电势叠加原理的应用。

例 16.3

求电偶极子的电场中的电势分布。已知电偶极子中两点电荷 $-q$，$+q$ 间的距离为 l。

解 设场点 P 离 $+q$ 和 $-q$ 的距离分别为 r_+ 和 r_-，P 离偶极子中点 O 的距离为 r(图 16.5)。根据电势叠加原理，P 点的电势为

$$\varphi=\varphi_++\varphi_-=\frac{q}{4\pi\varepsilon_0 r_+}+\frac{-q}{4\pi\varepsilon_0 r_-}=\frac{q(r_--r_+)}{4\pi\varepsilon_0 r_+r_-}$$

对于离电偶极子比较远的点，即 $r\gg l$ 时，应有

$$r_+r_-\approx r^2,\quad r_--r_+\approx l\cos\theta$$

θ 为 OP 与 $\boldsymbol{l}$ 之间夹角，将这些关系代入上一式，即可得

$$\varphi=\frac{ql\cos\theta}{4\pi\varepsilon_0 r^2}=\frac{p\cos\theta}{4\pi\varepsilon_0 r^2}=\frac{\boldsymbol{p}\cdot\boldsymbol{r}}{4\pi\varepsilon_0 r^3}$$

式中 $\boldsymbol{p}=q\boldsymbol{l}$ 是电偶极子的电矩。

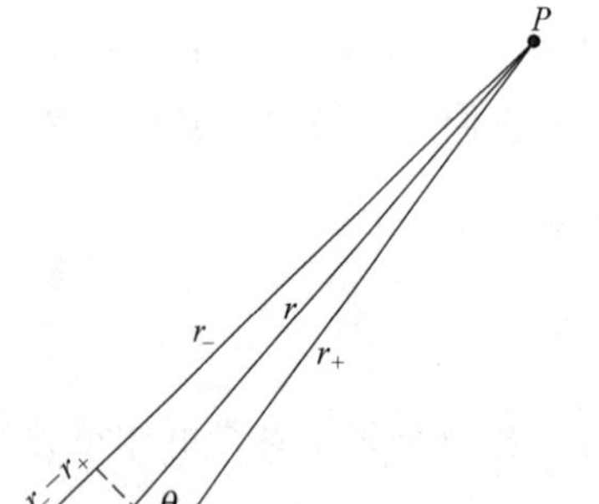

图 16.5 计算电偶极子的电势用图

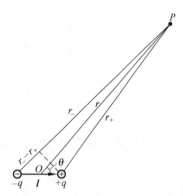

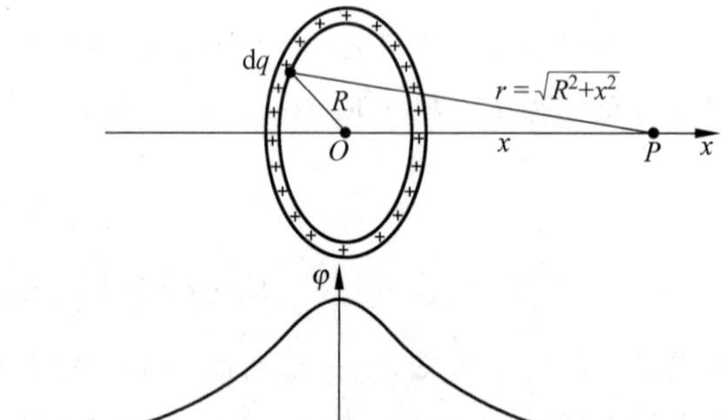

图 16.6 例 16.4 用图

例 16.4

一半径为 R 的均匀带电细圆环，所带总电量为 q，求在圆环轴线上任意点 P 的电势。

解 在图 16.6 中以 x 表示从环心到 P 点的距离，以 $\mathrm{d}q$ 表示在圆环上任一电荷元。由式(16.11)可得 P 点的电势为

$$\varphi=\int\frac{\mathrm{d}q}{4\pi\varepsilon_0 r}=\frac{1}{4\pi\varepsilon_0 r}\int_q\mathrm{d}q=\frac{q}{4\pi\varepsilon_0 r}=\frac{q}{4\pi\varepsilon_0(R^2+x^2)^{1/2}}$$

当 P 点位于环心 O 处时，$x=0$，则

$$\varphi=\frac{q}{4\pi\varepsilon_0 R}$$

例 16.5

图 16.7 表示两个同心的均匀带电球面，半径分别为 $R_A=5\ \text{cm}$，$R_B=10\ \text{cm}$，分别带有电量 $q_A=+2\times10^{-9}\ \text{C}$，$q_B=-2\times10^{-9}\ \text{C}$。求距球心距离为 $r_1=15\ \text{cm}$，$r_2=6\ \text{cm}$，$r_3=2\ \text{cm}$ 处的电势。

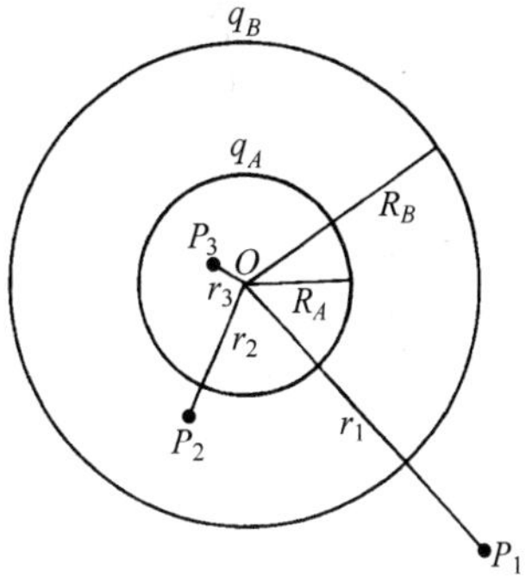

图 16.7　例 16.5 用图

解　这一带电系统的电场的电势分布可以由两个带电球面的电势相加求得。每一个带电球面的电势分布已在例 16.1 中求出。由此可得在外球外侧 $r=r_1$ 处，

$$\varphi_1=\varphi_{A1}+\varphi_{B1}=\frac{q_A}{4\pi\varepsilon_0 r_1}+\frac{q_B}{4\pi\varepsilon_0 r_1}=\frac{q_A+q_B}{4\pi\varepsilon_0 r_1}=0$$

在两球面中间 $r=r_2$ 处，

$$\begin{aligned}\varphi_2&=\varphi_{A2}+\varphi_{B2}=\frac{q_A}{4\pi\varepsilon_0 r_2}+\frac{q_B}{4\pi\varepsilon_0 R_B}\\&=\frac{9\times10^9\times2\times10^{-9}}{0.06}+\frac{9\times10^9\times(-2\times10^{-9})}{0.10}\\&=120\ (\text{V})\end{aligned}$$

在内球内侧 $r=r_3$ 处，

$$\begin{aligned}\varphi_3&=\varphi_{A3}+\varphi_{B3}=\frac{q_A}{4\pi\varepsilon_0 R_A}+\frac{q_B}{4\pi\varepsilon_0 R_B}\\&=\frac{9\times10^9\times2\times10^{-9}}{0.05}+\frac{9\times10^9\times(-2\times10^{-9})}{0.10}\\&=180\ (\text{V})\end{aligned}$$

我们常用等势面来表示电场中电势的分布，在电场中**电势相等的点所组成的曲面叫等势面**。不同的电荷分布的电场具有不同形状的等势面。对于一个点电荷 q 的电场，根据式(16.9)，它的等势面应是一系列以点电荷所在点为球心的同心球面(图 16.8(a))。

为了直观地比较电场中各点的电势，画等势面时，使相邻等势面的电势差为常数。图 16.8(b)中画出了均匀带正电圆盘的电场的等势面，图 16.8(c)中画出了等量异号电荷的电场的等势面，其中实线表示电场线，虚线代表等势面与纸面的交线。

根据等势面的意义可知它和电场分布有如下关系：

(1) 等势面与电场线处处正交；

(2) 两等势面相距较近处的场强数值大，相距较远处场强数值小。

等势面的概念在实际问题中也很有用，主要是因为在实际遇到的很多带电问题中等势面(或等势线)的分布容易通过实验条件描绘出来，并由此可以分析电场的分布。

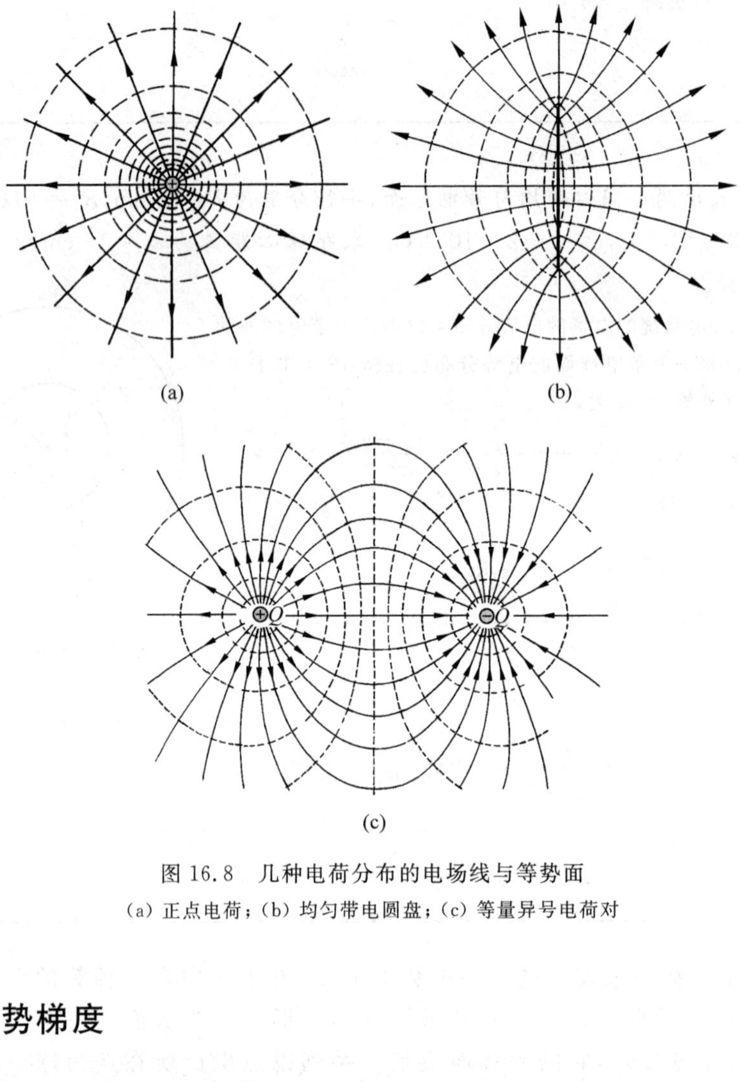

图 16.8 几种电荷分布的电场线与等势面

(a) 正点电荷；(b) 均匀带电圆盘；(c) 等量异号电荷对

16.4 电势梯度

电场强度和电势都是描述电场中各点性质的物理量，式(16.6)以积分形式表示了场强与电势之间的关系，即电势等于电场强度的线积分。反过来，场强与电势的关系也应该可以用微分形式表示出来，即场强等于电势的导数。但由于场强是一个矢量，这后一导数关系显得复杂一些。下面我们来导出场强与电势的关系的微分形式。

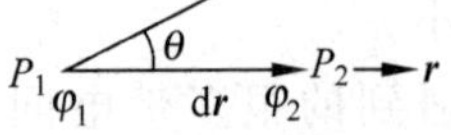

图 16.9 电势的空间变化率

在电场中考虑沿任意的 $\boldsymbol{r}$ 方向相距很近的两点 P_1 和 P_2（图 16.9），从 P_1 到 P_2 的微小位移矢量为 $\mathrm{d}\boldsymbol{r}$。根据定义式(16.6)，这两点间的电势差为

$$\varphi_1-\varphi_2=\boldsymbol{E}\cdot\mathrm{d}\boldsymbol{r}$$

由于 $\varphi_2=\varphi_1+\mathrm{d}\varphi$，其中 $\mathrm{d}\varphi$ 为 φ 沿 $\boldsymbol{r}$ 方向的增量，所以

$$\varphi_1-\varphi_2=-\mathrm{d}\varphi=\boldsymbol{E}\cdot\mathrm{d}\boldsymbol{r}=E\mathrm{d}r\cos\theta$$

式中，θ 为 $\boldsymbol{E}$ 与 $\boldsymbol{r}$ 之间的夹角。由此式可得

$$E\cos\theta = E_r = -\frac{\mathrm{d}\varphi}{\mathrm{d}r} \tag{16.13}$$

式中，$\frac{\mathrm{d}\varphi}{\mathrm{d}r}$为电势函数沿 $\boldsymbol{r}$ 方向经过单位长度时的变化，即电势对空间的变化率。式(16.13)说明，在电场中某点场强沿某方向的分量等于电势沿此方向的空间变化率的负值。

由式(16.13)可看出，当 $\theta=0$ 时，即 $\boldsymbol{r}$ 沿着 $\boldsymbol{E}$ 的方向时，变化率 $\mathrm{d}\varphi/\mathrm{d}r$ 有最大值，这时

$$E = -\left.\frac{\mathrm{d}\varphi}{\mathrm{d}r}\right|_{\max} \tag{16.14}$$

过电场中任意一点，沿不同方向其电势随距离的变化率一般是不等的。沿某一方向其电势随距离的变化率最大，此最大值称为该点的**电势梯度**，电势梯度是一个矢量，**它的方向是该点附近电势升高最快的方向**。

式(16.14)说明，电场中任意点的场强等于该点电势梯度的负值，负号表示该点场强方向和电势梯度方向相反，即场强指向电势降低的方向。

当电势函数用直角坐标表示，即 $\varphi=\varphi(x,y,z)$时，由式(16.13)可求得电场强度沿3个坐标轴方向的分量，它们是

$$E_x = -\frac{\partial \varphi}{\partial x},\quad E_y = -\frac{\partial \varphi}{\partial y},\quad E_z = -\frac{\partial \varphi}{\partial z} \tag{16.15}$$

将上式合在一起用矢量表示为

$$\boldsymbol{E} = -\left(\frac{\partial \varphi}{\partial x}\boldsymbol{i} + \frac{\partial \varphi}{\partial y}\boldsymbol{j} + \frac{\partial \varphi}{\partial z}\boldsymbol{k}\right) \tag{16.16}$$

这就是式(16.14)用直角坐标表示的形式。梯度常用 grad 或∇算符①表示，这样式(16.14)又常写作

$$\boldsymbol{E} = -\mathrm{grad}\varphi = -\nabla\varphi \tag{16.17}$$

上式就是电场强度与电势的微分关系，由它可方便地根据电势分布求出场强分布。

需要指出的是，场强与电势的关系的微分形式说明，电场中某点的场强决定于电势在该点的空间变化率，而与该点电势值本身无直接关系。

电势梯度的单位名称是伏每米，符号为 V/m。根据式(16.14)，场强的单位也可用 V/m 表示，它与场强的另一单位 N/C 是等价的。

例 16.6

根据例 16.4 中得出的在均匀带电细圆环轴线上任一点的电势公式

$$\varphi = \frac{q}{4\pi\varepsilon_0(R^2+x^2)^{1/2}}$$

求轴线上任一点的场强。

解 由于均匀带电细圆环的电荷分布对于轴线是对称的，所以轴线上各点的场强在垂直于轴线方

---

① 在直角坐标系中∇算符定义为

$$\nabla = \left(\boldsymbol{i}\frac{\partial}{\partial x} + \boldsymbol{j}\frac{\partial}{\partial y} + \boldsymbol{k}\frac{\partial}{\partial z}\right)$$

向的分量为零，因而轴线上任一点的场强方向沿 x 轴。由式(16.16)得

$$E=E_x=-\frac{\partial\varphi}{\partial x}=-\frac{\partial}{\partial x}\left[\frac{q}{4\pi\varepsilon_0(R^2+x^2)^{1/2}}\right]=\frac{qx}{4\pi\varepsilon_0(R^2+x^2)^{3/2}}$$

这一结果与例15.5的结果相同。

例 16.7

根据例16.3中已得出的电偶极子的电势公式

$$\varphi=\frac{p\cos\theta}{4\pi\varepsilon_0 r^2}$$

求电偶极子的场强分布。

解 建立坐标如图16.10。令偶极子中心位于坐标原点 O，并使电矩 $\boldsymbol{p}$ 指向 x 轴正方向。电偶极子的场强显然具有对于其轴线(x 轴)的对称性，因此我们可以只求在 xy 平面内的电场分布。

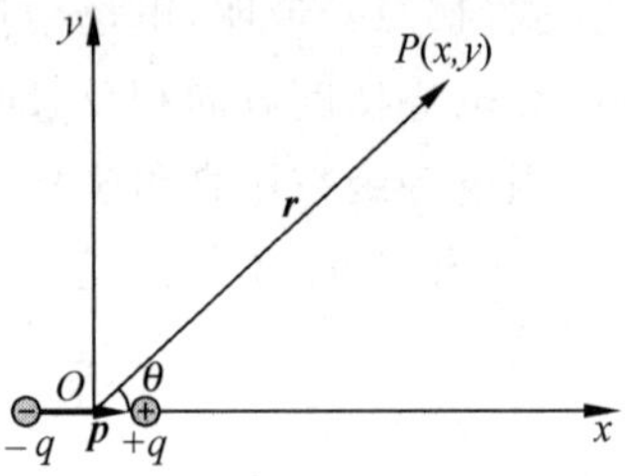

图 16.10 电偶极子的电场

由于
$$r^2=x^2+y^2$$
及
$$\cos\theta=\frac{x}{(x^2+y^2)^{1/2}}$$
所以
$$\varphi=\frac{px}{4\pi\varepsilon_0(x^2+y^2)^{3/2}}$$

对任一点 $P(x,y)$，由式(16.15)得出

$$E_x=-\frac{\partial\varphi}{\partial x}=\frac{p(2x^2-y^2)}{4\pi\varepsilon_0(x^2+y^2)^{5/2}}$$

$$E_y=-\frac{\partial\varphi}{\partial y}=\frac{3pxy}{4\pi\varepsilon_0(x^2+y^2)^{5/2}}$$

这一结果和习题15.7给出的结果相同，还可以用矢量式表示如下：

$$\boldsymbol{E}=\frac{1}{4\pi\varepsilon_0}\left[\frac{-\boldsymbol{p}}{r^3}+\frac{3\boldsymbol{p}\cdot\boldsymbol{r}}{r^5}\boldsymbol{r}\right] \tag{16.18}$$

由于电势是标量，因此根据电荷分布用叠加法求电势分布是标量积分，再根据式(16.16)由电势的空间变化率求场强分布是微分运算。这虽然经过两步运算，但是比起根据电荷分布直接利用场强叠加来求场强分布有时还是简单些，因为后一运算是矢量积分。

可以附带指出，在电磁学中，电势是一个重要的物理量，由它可以求出电场强度。由于电场强度能给出电荷受的力，从而可以根据经典力学求出电荷的运动，所以就认为电场强度是描述电场的一个**真实**的物理量，而电势不过是一个用来求电场强度的辅助量(这种观点现在已有所变化)。

16.5 电荷在外电场中的静电势能

由于静电场是保守场，也即在静电场中移动电荷时，静电场力做功与路径无关，所以任一电荷在静电场中都具有势能，这一势能叫**静电势能**(简称**电势能**)。电荷 q_0 在静电场

中移动时，它的电势能的减少就等于电场力所做的功。以 W_1 和 W_2 分别表示电荷 q_0 在静电场中 P_1 点和 P_2 点时具有的电势能，就应该有

$$A_{12} = W_1 - W_2$$

将此式和式(16.8)

$$A_{12} = q_0(\varphi_1 - \varphi_2) = q_0\varphi_1 - q_0\varphi_2$$

对比，可取 $W_1 = q_0\varphi_1$，$W_2 = q_0\varphi_2$，或者，一般地取

$$W = q_0\varphi \tag{16.19}$$

这就是说，一个电荷在电场中某点的电势能等于它的电量与电场中该点电势的乘积。在电势零点处，电荷的电势能为零。

应该指出，一个电荷在外电场中的电势能是属于该电荷与产生电场的电荷系所共有的，是一种相互作用能。

国际单位制中，电势能的单位就是一般能量的单位，符号为 J。还有一种常用的能量单位名称为电子伏，符号为 eV，1 eV 表示 1 个电子通过 1 V 电势差时所获得的动能，

$$1\ \text{eV} = 1.60 \times 10^{-19}\ \text{J}$$

例 16.8

求电矩 $\boldsymbol{p} = q\boldsymbol{l}$ 的电偶极子(图 16.11)在均匀外电场 $\boldsymbol{E}$ 中的电势能。

解 由式(16.19)可知，在均匀外电场中电偶极子中正、负电荷(分别位于 A，B 两点)的电势能分别为

$$W_+ = q\varphi_A, \quad W_- = -q\varphi_B$$

电偶极子在外电场中的电势能为

$$W = W_+ + W_- = q(\varphi_A - \varphi_B) = -qlE\cos\theta = -pE\cos\theta$$

式中 θ 是 $\boldsymbol{p}$ 与 $\boldsymbol{E}$ 的夹角。将上式写成矢量形式，则有

$$W = -\boldsymbol{p} \cdot \boldsymbol{E} \tag{16.20}$$

上式表明，当电偶极子取向与外电场一致时，电势能最低；取向相反时，电势能最高；当电偶极子取向与外电场方向垂直时，电势能为零。式(16.20)与习题 15.31 的结果是符合功能关系的。

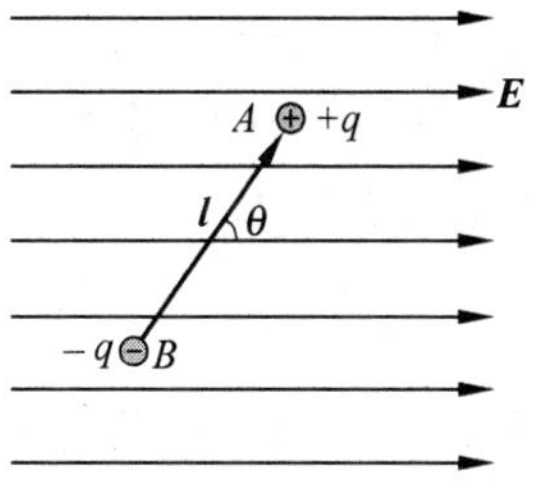

图 16.11 电偶极子在外电场中的电势能计算

例 16.9

电子与原子核距离为 r，电子带电量为 $-e$，原子核带电量为 Ze。求电子在原子核电场中的电势能。

解 以无限远为电势零点，在原子核的电场中，电子所在处的电势为

$$\varphi = \frac{Ze}{4\pi\varepsilon_0 r}$$

由式(16.19)知，电子在原子核电场中的电势能为

$$W = -e\varphi = \frac{-Ze^2}{4\pi\varepsilon_0 r}$$

16.6 静电场的能量

当谈到能量时，常常要说能量属于谁或存于何处。根据超距作用的观点，一组电荷系的静电能只能是属于系内那些电荷本身，或者说由那些电荷携带着。但也只能说静电能属于这电荷系整体，说其中某个电荷携带多少能量是完全没有意义的。因此也就很难说电荷带有能量。从**场**的观点看来，很自然地可以认为静电能就储存在电场中。下面定量地说明电场能量这一概念。

设想一个表面均匀带电的橡皮气球，所带总电量为 Q。由于电荷之间的斥力，此气球将会膨胀。设在某一时刻球的半径为 R，此带电气球的静电能量为

$$W=\frac{Q^2}{8\pi\varepsilon_0 R}$$

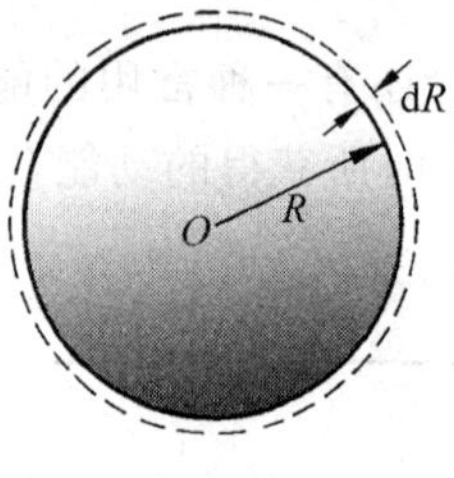

图 16.12 带电气球的膨胀

当气球继续膨胀使半径增大 dR 时(图 16.12)，由于电荷间斥力做了功，此带电气球的能量减少了。所减少的能量，由上式可得

$$-dW=\frac{Q^2}{8\pi\varepsilon_0 R^2}dR \tag{16.21}$$

由于均匀带电球体内部电场强度等于零而没有电场，所以气球半径增大 dR，就表示半径为 R，厚度为 dR 的球壳内的电场消失了，而球壳外的电场并没有任何改变。将此电场的消失和静电能量的减少 $-dW$ 联系起来，可以认为所减少的能量原来就储存在那个球壳内。去掉式(16.21)左侧的负号，可以得储存在那个球壳内的电场中的能量为

$$dW=\frac{Q^2}{8\pi\varepsilon_0 R^2}dR$$

这种根据场的概念引入的电场储能的看法由于此式可用电场强度表示出来而显得更为合理。已知球壳内的电场强度 $E=Q/4\pi\varepsilon_0 R^2$，所以上式又可写成

$$dW=\frac{\varepsilon_0}{2}\left(\frac{Q}{4\pi\varepsilon_0 R^2}\right)^2 4\pi R^2 dR=\frac{\varepsilon_0 E^2}{2}4\pi R^2 dR$$

或者

$$dW=\frac{\varepsilon_0 E^2}{2}dV$$

其中 $dV=4\pi R^2 dR$ 是球壳的体积。由于球壳内各处的电场强度的大小基本上都相同，所以可以进一步引入**电场能量密度**的概念。以 w_e 表示电场能量密度，则由上式可得

$$w_e=\frac{dW}{dV}=\frac{\varepsilon_0 E^2}{2} \tag{16.22}$$

此处关于电场能量的概念和能量密度公式虽然是由一个特例导出的，但可以证明它适用于静电场的一般情况。如果知道了一个带电系统的电场分布，则可将式(16.22)对全空间 V 进行积分以求出一个带电系统的电场的总能量，即

$$W=\int_V w_e dV=\int_V \frac{\varepsilon_0 E^2}{2}dV \tag{16.23}$$

这也就是该带电系统的总能量。

本节基于场的思想引入了电场能量的概念。对静电场来说，虽然可以应用它来理解电荷间的相互作用能量，但无法在实际上证明其正确性，因为不可能测量静电场中单独某一体积内的能量，只能通过电场力做功测得电场总能量的变化。这样，"电场储能"概念只不过是一种"说法"，正像用场的概念来说明两个静止电荷的相互作用那样(参看15.3节电场概念的引入)。不要小看了这种"说法"或"写法"的改变，物理学中有时看来只是一种说法或写法的改变，也能引发新思想的产生或对事物更深刻的理解。电场储能概念的引入就是这样一种变更，它有助于更深刻地理解电场的概念。对于运动的电磁场来说，电场能量的概念已被证明是非常必要、有用而且是非常真实的了。

例 16.10

在真空中一个均匀带电球体(图16.13)，半径为 R，总电量为 q，试利用电场能量公式求此带电系统的静电能。

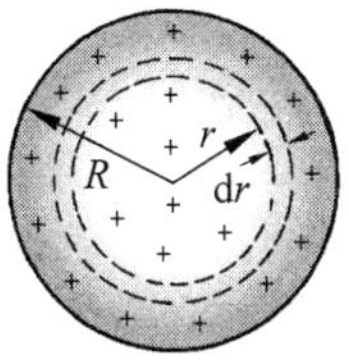

图 16.13 例 16.10 用图

解 由式(16.23)可得(注意要分区计算)

$$W=\int w_e \mathrm{d}V=\int_{r<R} w_{e1}\mathrm{d}V+\int_{r>R} w_{e2}\mathrm{d}V$$

$$=\int_0^R \frac{\varepsilon_0 E_1^2}{2}4\pi r^2 \mathrm{d}r+\int_R^\infty \frac{\varepsilon_0 E_2^2}{2}4\pi r^2 \mathrm{d}r$$

将所列电场强度的公式代入，可得

$$W=\int_0^R \frac{\varepsilon_0}{2}\left(\frac{qr}{4\pi\varepsilon_0 R^3}\right)^2 4\pi r^2 \mathrm{d}r+\int_R^\infty \frac{\varepsilon_0}{2}\left(\frac{q}{4\pi\varepsilon_0 r^2}\right)^2 4\pi r^2 \mathrm{d}r=\frac{3q^2}{20\pi\varepsilon_0 R}$$

提要

1. 静电场是保守场： $\oint_L \boldsymbol{E}\cdot \mathrm{d}\boldsymbol{r}=0$

2. 电势差： $\varphi_1-\varphi_2=\int_{(P_1)}^{(P_2)} \boldsymbol{E}\cdot \mathrm{d}\boldsymbol{r}$

电势： $\varphi_P=\int_{(P)}^{(P_0)} \boldsymbol{E}\cdot \mathrm{d}\boldsymbol{r}$ (P_0 是电势零点)

电势叠加原理： $\varphi=\sum \varphi_i$

3. 点电荷的电势： $\varphi=\frac{q}{4\pi\varepsilon_0 r}$

电荷连续分布的带电体的电势：

$$\varphi=\int \frac{\mathrm{d}q}{4\pi\varepsilon_0 r}$$

4. 电场强度 $\boldsymbol{E}$ 与电势 φ 的关系的微分形式：

$$\boldsymbol{E}=-\operatorname{grad}\varphi=-\nabla\varphi=-\left(\frac{\partial \varphi}{\partial x}\boldsymbol{i}+\frac{\partial \varphi}{\partial y}\boldsymbol{j}+\frac{\partial \varphi}{\partial z}\boldsymbol{k}\right)$$

电场线处处与等势面垂直，并指向电势降低的方向；电场线密处等势面间距小。

5. 电荷在外电场中的电势能： $W=q\varphi$

移动电荷时电场力做的功：

$$A_{12}=q(\varphi_1-\varphi_2)=W_1-W_2$$

电偶极子在外电场中的电势能： $W=-\boldsymbol{p}\cdot\boldsymbol{E}$

6. 静电场的能量： 静电能储存在电场中，带电系统总电场能量为

$$W=\int_V w_e \mathrm{d}V$$

其中 w_e 为电场能量体密度。在真空中，

$$w_e=\frac{\varepsilon_0 E^2}{2}$$

思考题

16.1 下列说法是否正确？请举一例加以论述。

(1) 场强相等的区域，电势也处处相等；

(2) 场强为零处，电势一定为零；

(3) 电势为零处，场强一定为零；

(4) 场强大处，电势一定高。

16.2 用电势的定义直接说明：为什么在正(或负)点电荷电场中，各点电势为正(或负)值，且离电荷越远，电势越低(或高)。

16.3 选一条方便路径直接从电势定义说明偶极子中垂面上各点的电势为零。

16.4 试用环路定理证明：静电场电场线永不闭合。

16.5 如果在一空间区域中电势是常数，对于这区域内的电场可得出什么结论？如果在一表面上的电势为常数，对于这表面上的电场强度又能得出什么结论？

16.6 同一条电场线上任意两点的电势是否相等？为什么？

16.7 电荷在电势高的地点的静电势能是否一定比在电势低的地点的静电势能大？

16.8 已知在地球表面以上电场强度方向指向地面，试分析在地面以上电势随高度增加还是减小？

16.9 如果已知给定点处的 $\boldsymbol{E}$，能否算出该点的 φ？如果不能，那么还需要知道些什么才能计算？

16.10 一只鸟停在一根 30 000 V 的高压输电线上，它是否会受到危害？

16.11 一段同轴传输线，内导体圆柱的外半径为 a，外导体圆筒的内半径为 b，末端有一短路圆盘，如图 16.14 所示。在传输线开路端的内外导体间加上一恒定电压 U，测得其内、外导体间的等势面与纸面的交线如图 16.14 中实线所示。试大致画出两导体间的电场线分布图形。

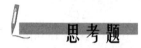

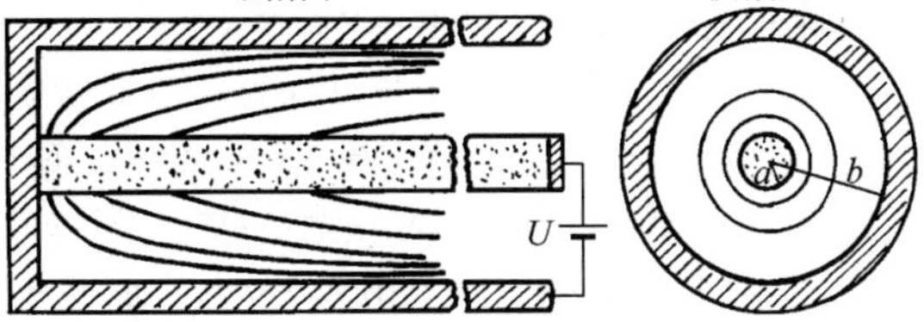

图 16.14　思考题 16.11 用图

习题

16.1　两个同心球面，半径分别为 10 cm 和 30 cm，小球均匀带有正电荷 1×10^{-8} C，大球均匀带有正电荷 1.5×10^{-8} C。求离球心分别为(1)20 cm，(2)50 cm 的各点的电势。

16.2　两均匀带电球壳同心放置，半径分别为 R_1 和 $R_2(R_1<R_2)$，已知内外球之间的电势差为 U_{12}，求两球壳间的电场分布。

16.3　两个同心的均匀带电球面，半径分别为 $R_1=5.0$ cm，$R_2=20.0$ cm，已知内球面的电势为 $\varphi_1=60$ V，外球面的电势 $\varphi_2=-30$ V。

(1) 求内、外球面上所带电量；

(2) 在两个球面之间何处的电势为零？

16.4　两个同心的球面，半径分别为 R_1，$R_2(R_1<R_2)$，分别带有总电量 q_1，q_2。设电荷均匀分布在球面上，求两球面的电势及二者之间的电势差。不管 q_1 大小如何，只要是正电荷，内球电势总高于外球；只要是负电荷，内球电势总低于外球。试说明其原因。

16.5　一细直杆沿 z 轴由 $z=-a$ 延伸到 $z=a$，杆上均匀带电，其线电荷密度为 λ，试计算 x 轴上 $x>0$ 各点的电势。

16.6　一均匀带电细杆，长 $l=15.0$ cm，线电荷密度 $\lambda=2.0\times10^{-7}$ C/m，求：

(1) 细杆延长线上与杆的一端相距 $a=5.0$ cm 处的电势；

(2) 细杆中垂线上与细杆相距 $b=5.0$ cm 处的电势。

16.7　求出习题 15.18 中两同轴圆筒之间的电势差。

16.8　一计数管中有一直径为 2.0 cm 的金属长圆筒，在圆筒的轴线处装有一根直径为 1.27×10^{-5} m 的细金属丝。设金属丝与圆筒的电势差为 1×10^3 V，求：

(1) 金属丝表面的场强大小；

(2) 圆筒内表面的场强大小。

16.9　一无限长均匀带电圆柱，体电荷密度为 ρ，截面半径为 a。

(1) 用高斯定律求出柱内外电场强度分布；

(2) 求出柱内外的电势分布，以轴线为势能零点；

(3) 画出 E-r 和 φ-r 的函数曲线。

16.10　半径为 R 的圆盘均匀带电，面电荷密度为 σ。求此圆盘轴线上的电势分布：(1)利用例 16.4 的结果用电势叠加法；(2)利用例 15.6 的结果用场强积分法。

16.11　一均匀带电的圆盘，半径为 R，面电荷密度为 σ，今将其中心半径为 $R/2$ 圆片挖去。试用叠加法求剩余圆环带在其垂直轴线上的电势分布，在中心的电势和电场强度各是多大？

16.12 (1)一个球形雨滴半径为0.40 mm,带有电量1.6 pC,它表面的电势多大?(2)两个这样的雨滴碰后合成一个较大的球形雨滴,这个雨滴表面的电势又是多大?

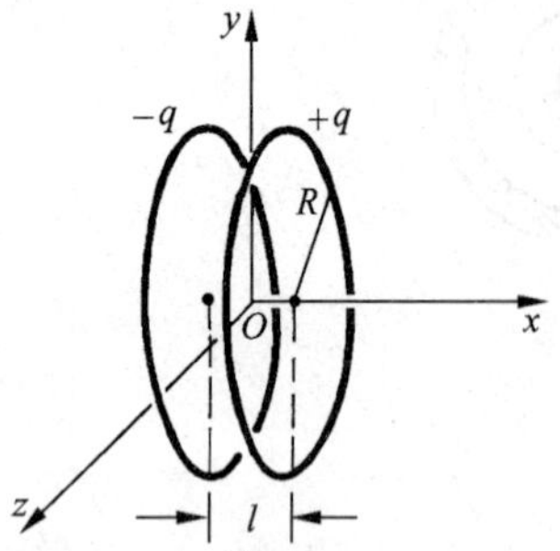

图16.15 习题16.14用图

16.13 金原子核可视为均匀带电球体,总电量为79e,半径为7.0×10^{-15} m。求金核表面的电势,它的中心的电势又是多少?

16.14 如图16.15所示,两个平行放置的均匀带电圆环,它们的半径为R,电量分别为$+q$及$-q$,其间距离为l,并有$l\ll R$的关系。

(1) 试求以两环的对称中心O为坐标原点时,垂直于环面的x轴上的电势分布;

(2) 证明:当$x\gg R$时,$\varphi=\dfrac{ql}{4\pi\varepsilon_0 x^2}$。

16.15 用电势梯度法求习题16.5中x轴上$x>0$各点的电场强度。

*16.16 符号相反的两个点电荷q_1和q_2分别位于$x=-b$和$x=+b$两点,试证$\varphi=0$的等势面为球面并求出球半径和球心的位置。如果二者电量相等,则此等势面又如何?

*16.17 两条无限长均匀带电直线的线电荷密度分别为$-\lambda$和$+\lambda$并平行于z轴放置,和x轴分别相交于$x=-a$和$x=+a$两点。

(1) 试证明:此系统的等势面和xy平面的交线都是圆,并求出这些圆的圆心的位置和半径;

(2) 试证明:电场线都是平行于xy平面的圆,并求出这些圆的圆心的位置和半径。

16.18 一次闪电的放电电压大约是1.0×10^9 V,而被中和的电量约是30 C。

(1) 求一次放电所释放的能量是多大?

(2) 一所希望小学每天消耗电能20 kW·h。上述一次放电所释放的电能够该小学用多长时间?

16.19 电子束焊接机中的电子枪如图16.16所示。K为阴极,A为阳极,其上有一小孔。阴极发射的电子在阴极和阳极电场作用下聚集成一细束,以极高的速率穿过阳极上的小孔,射到被焊接的金属上,使两块金属熔化而焊接在一起。已知,$\varphi_A-\varphi_K=2.5\times10^4$ V,并设电子从阴极发射时的初速率为零。求:

(1) 电子到达被焊接的金属时具有的动能(用电子伏表示);

(2) 电子射到金属上时的速率。

16.20 一边长为a的正三角形,其三个顶点上各放置q,$-q$和$-2q$的点电荷,求此三角形重心上的电势。将一电量为$+Q$的点电荷由无限远处移到重心上,外力要做多少功?

16.21 如图16.17所示,三块互相平行的均匀带电大平面,面电荷密度为$\sigma_1=1.2\times10^{-4}$ C/m^2,$\sigma_2=2.0\times10^{-5}$ C/m^2,$\sigma_3=1.1\times10^{-4}$ C/m^2。A点与平面Ⅱ相距为5.0 cm,B点与平面Ⅱ相距7.0 cm。

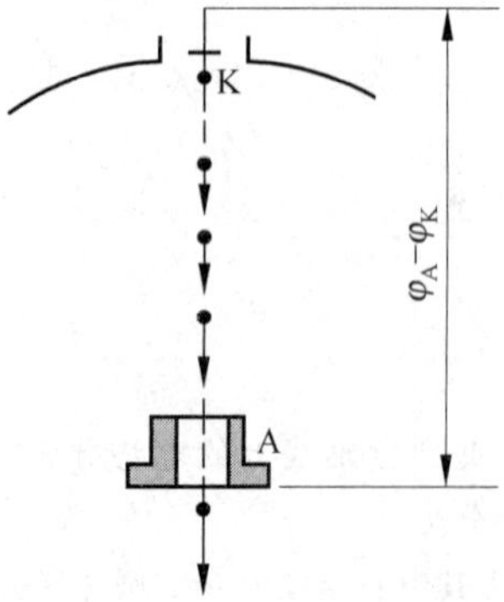

图16.16 习题16.19用图

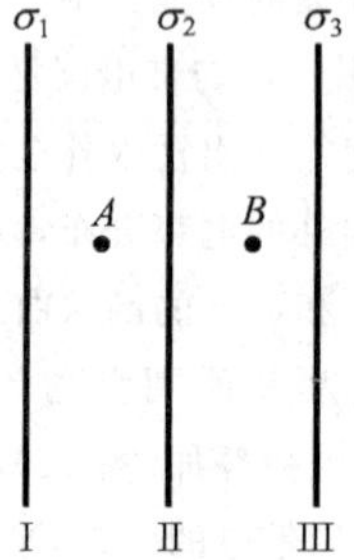

图16.17 习题16.21用图

(1) 计算 A,B 两点的电势差;

(2) 设把电量 $q_0=-1.0\times10^{-8}$ C 的点电荷从 A 点移到 B 点,外力克服电场力做多少功?

*16.22 电子直线加速器的电子轨道由沿直线排列的一长列金属筒制成,如图 16.18 所示。单数和双数圆筒分别连在一起,接在交变电源的两极上。由于电势差的正负交替改变,可以使一个电子团(延续几个微秒)依次越过两筒间隙时总能被电场加速(圆筒内没有电场,电子做匀速运动)。这要求各圆筒的长度必须依次适当加长。

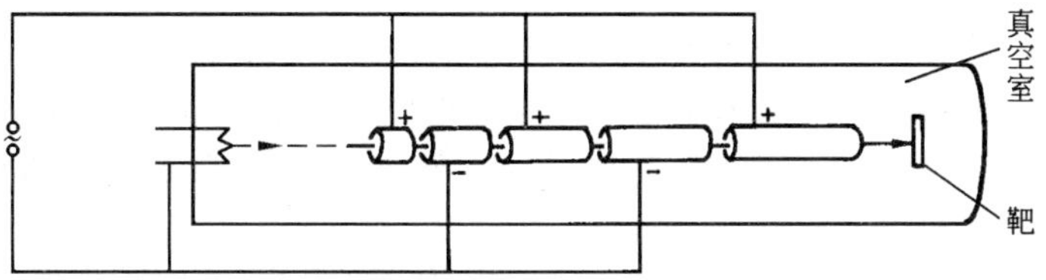

图 16.18 习题 16.22 用图

(1) 证明要使电子团发出和跨越每个筒间间隙时都能正好被电势差的峰值加速,圆筒长度应依次为 $L_1n^{1/2}$,其中 L_1 是第一个筒的长度,n 为圆筒序数。(考虑非相对论情况。)

(2) 设交变电势差峰值为 U_0,频率为 ν,求 L_1 的长度。

(3) 电子从第 n 个筒出来时,动能多大?

16.23 (1) 按牛顿力学计算,把一个电子加速到光速需要多大的电势差?

(2) 按相对论的正确公式,静质量为 m_0 的粒子的动能为

$$E_k=m_0c^2\left[\frac{1}{\sqrt{1-v^2/c^2}}-1\right]$$

试由此计算电子越过上一问所求的电势差时所能达到的速度是光速的百分之几?

*16.24 假设某一瞬时,氦原子的两个电子正在核的两侧,它们与核的距离都是 0.20×10^{-10} m。这种配置状态的静电势能是多少?(把电子与原子核看作点电荷。)

*16.25 根据原子核的 α 粒子模型,某些原子核是由 α 粒子的有规则的几何排列所组成。例如,^{12}C 的原子核是由排列成等边三角形的 3 个 α 粒子组成的。设每对粒子之间的距离都是 3.0×10^{-15} m,则这 3 个 α 粒子的这种配置的静电势能是多少电子伏?(将 α 粒子看作点电荷。)

*16.26 一条无限长的一维晶体由沿直线交替排列的正负离子组成,这些粒子的电量的大小都是 e,相邻离子的间隔都是 a。求证:

(1) 每一个正离子所处的电势都是 $-\frac{e}{2\pi\varepsilon_0 a}\ln 2$。(提示:利用 $\ln(1+x)$ 的展开式。)

(2) 任何一个离子的静电势能都是 $-\frac{e^2}{4\pi\varepsilon_0 a}\ln 2$。

*16.27 假设电子是一个半径为 R,电荷为 e 且均匀分布在其外表面上的球体。如果静电能等于电子的静止能量 m_ec^2,那么以电子的 e 和 m_e 表示的电子半径 R 的表达式是什么?R 在数值上等于多少?(此 R 是所谓电子的"经典半径"。现代高能实验确定,电子的电量集中分布在不超过 10^{-18} m 的线度范围内)

*16.28 如果把质子当成半径为 1.0×10^{-15} m 的均匀带电球体,它的静电势能是多大?这势能是质子的相对论静能的百分之几?

*16.29 铀核带电量为 $92e$,可以近似地认为它均匀分布在一个半径为 7.4×10^{-15} m 的球体内。求铀核的静电势能。

当铀核对称裂变后,产生两个相同的钯核,各带电 $46e$,总体积和原来一样。设这两个钯核也可以看

成球体，当它们分离很远时，它们的总静电势能又是多少？这一裂变释放出的静电能是多少？

按每个铀核都这样对称裂变计算，1 kg 铀裂变后释放出的静电能是多少？（裂变时释放的“核能”基本上就是这静电能。）

16.30 一个动能为 4.0 MeV 的 α 粒子射向金原子核，求二者最接近时的距离。α 粒子的电荷为 $2e$，金原子核的电荷为 $79e$，将金原子核视作均匀带电球体，并且认为它保持不动。

已知 α 粒子的质量为 6.68×10^{-27} kg，金核的质量为 3.29×10^{-25} kg，求在此距离时二者的万有引力势能多大？

*16.31 τ 子带有与电子一样多的负电荷，质量为 3.17×10^{-27} kg。它可以穿入核物质而只受电力的作用。设一个 τ 子原来静止在离铀核很远的地方，由于铀核的吸引而向铀核运动。求它越过铀核表面时的速度多大？到达铀核中心时的速度多大？铀核可看做带有 $92e$ 的均匀带电球体，半径为 7.4×10^{-15} m。

*16.32 两个电偶极子的电矩分别为 $\boldsymbol{p}_1$ 和 $\boldsymbol{p}_2$，相隔的距离为 r，方向相同，都沿着二者的连线。试证明二者的相互作用静电能为 $-\frac{p_1 p_2}{2\pi\varepsilon_0 r^3}$。

16.33 地球表面上空晴天时的电场强度约为 100 V/m。

(1) 此电场的能量密度多大？

(2) 假设地球表面以上 10 km 范围内的电场强度都是这一数值，那么在此范围内所储存的电场能共是多少 kW·h？

*16.34 按照**玻尔理论**，氢原子中的电子围绕原子核作圆运动，维持电子运动的力为库仑力。轨道的大小取决于角动量，最小的轨道角动量为 $\hbar=1.05\times10^{-34}$ J·s，其他依次为 $2\hbar$，$3\hbar$ 等。

(1) 证明：如果圆轨道有角动量 $n\hbar(n=1,2,3,\cdots)$，则其半径 $r=\frac{4\pi\varepsilon_0}{m_e e^2}n^2\hbar^2$；

(2) 证明：在这样的轨道中，电子的轨道能量（动能＋势能）为

$$W=-\frac{m_e e^4}{2(4\pi\varepsilon_0)^2\hbar^2}\frac{1}{n^2}$$

(3) 计算 $n=1$ 时的轨道能量（用 eV 表示）。

第17章

静电场中的导体

前两章中讲述了有关静电场的基本概念和一般规律。实际上，通常利用导体带电形成电场。本章讨论导体带电和它周围的电场有什么关系，也就是介绍静电场的一般规律在有导体存在的情况下的具体应用。作为基础知识，本章的讨论只限于各向同性的均匀的金属导体在电场中的情况。

17.1 导体的静电平衡条件

金属导体的电结构特征是在它内部有可以自由移动的电荷——**自由电子**，将金属导体放在静电场中，它内部的自由电子将受静电场的作用而产生定向运动。这一运动将改变导体上的电荷分布，这电荷分布的改变又将反过来改变导体内部和周围的电场分布。这种电荷和电场的分布将一直改变到导体达到静电平衡状态为止。

所谓**导体的静电平衡状态是指导体内部和表面都没有电荷定向移动的状态**。这种状态只有在导体内部电场强度处处为零时才有可能达到和维持。否则，导体内部的自由电子在电场的作用下将发生定向移动。同时，**导体表面紧邻处的电场强度必定和导体表面垂直**。否则电场强度沿表面的分量将使自由电子沿表面作定向运动。因此，导体处于静电平衡的条件是

$$\boldsymbol{E}_{\text{in}} = 0, \quad \boldsymbol{E}_S \perp \text{表面} \tag{17.1}$$

应该指出，这一静电平衡条件是由导体的电结构特征和静电平衡的要求所决定的，与导体的形状无关。

图 17.1 画出了两个导体处于静电平衡时电荷和电场分布的情况(图中实线为电场线，虚线为等势面和纸面的交线)。球形导体 A 上原来带有正电荷而且均匀分布，原来不带电的导体 B 引入后，其中自由电子在 A 上电荷的电场作用下向靠近 A 的那一端移动，使 B 上出现等量异号的**感生电荷**。与此同

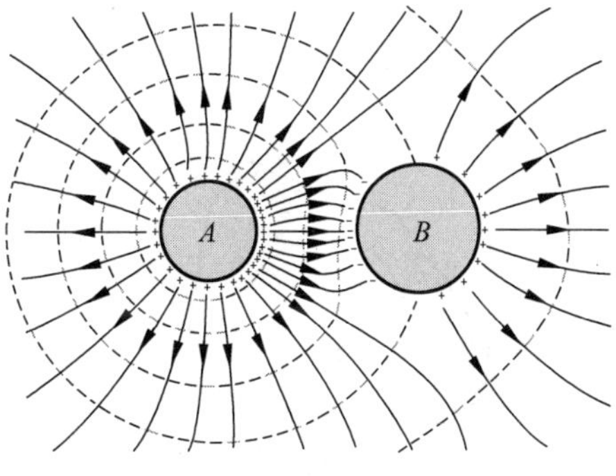

图 17.1 处于静电平衡的导体的电荷和电场的分布

时，A 上的电荷分布也发生了改变。这些电荷分布的改变将一直进行到它们在导体内部的合场强等于零为止。这时导体外的电场分布和原来相比也发生了改变。

导体处于静电平衡时，既然其内部电场强度处处为零，而且表面紧邻处的电场强度都垂直于表面，所以导体中以及表面上任意两点间的电势差必然为零。这就是说，**处于静电平衡的导体是等势体，其表面是等势面**。这是导体静电平衡条件的另一种说法。

17.2 静电平衡的导体上的电荷分布

处于静电平衡的导体上的电荷分布有以下的规律。

(1) **处于静电平衡的导体，其内部各处净电荷为零，电荷只能分布在表面。**

这一规律可以用高斯定律证明，为此可在导体内部围绕任意 P 点作一个小封闭曲面 S，如图 17.2 所示。由于静电平衡时导体内部场强处处为零，因此通过此封闭曲面的电通量必然为零。由高斯定律可知，此封闭面内电荷的代数和为零。由于这个封闭面很小，而且 P 点是导体内任意一点，所以可得出在整个导体内无净电荷，电荷只能分布在导体表面上的结论。

(2) **处于静电平衡的导体，其表面上各处的面电荷密度与当地表面紧邻处的电场强度的大小成正比。**

这个规律也可以用高斯定律证明，为此，在导体表面紧邻处取一点 P，以 $\boldsymbol{E}$ 表示该处的电场强度，如图 17.3 所示。过 P 点作一个平行于导体表面的小面积元 ΔS，以 ΔS 为底，以过 P 点的导体表面法线为轴作一个封闭的扁筒，扁筒的另一底面 $\Delta S'$ 在导体的内部。由于导体内部场强为零，而表面紧邻处的场强又与表面垂直，所以通过此封闭扁筒的电通量就是通过 ΔS 面的电通量，即等于 $E\Delta S$，以 σ 表示导体表面上 P 点附近的面电荷密度，则扁筒包围的电荷就是 $\sigma\Delta S$。根据高斯定律可得

$$E\Delta S = \frac{\sigma\Delta S}{\varepsilon_0}$$

由此得

$$\sigma = \varepsilon_0 E \tag{17.2}$$

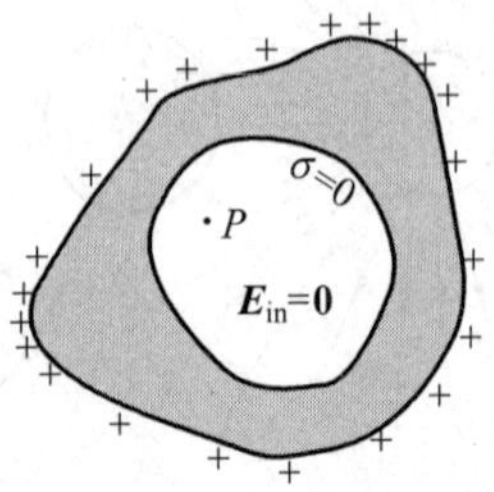

图 17.2 导体内无净电荷

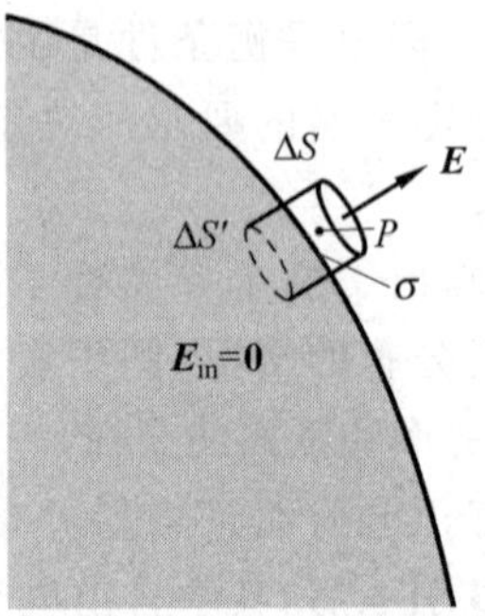

图 17.3 导体表面电荷与场强的关系

此式就说明处于静电平衡的导体表面上各处的面电荷密度与当地表面紧邻处的场强大小成正比。

利用式(17.2)也可以由导体表面某处的面电荷密度 σ 求出当地表面紧邻处的场强 E。这样做时，这一公式容易被误解为导体表面紧邻某处的电场仅仅是由当地导体表面上的电荷产生的，其实不然。此处电场实际上是所有电荷(包括该导体上的全部电荷以及导体外现有的其他电荷)产生的，而 $\boldsymbol{E}$ 是这些电荷的合场强。只要回顾一下在式(17.2)的推导过程中利用了高斯定律就可以明白这一点。当导体外的电荷位置发生变化时，导体上的电荷分布也会发生变化，而导体外面的合电场分布也要发生变化。这种变化将一直继续到它们满足式(17.2)的关系使导体又处于静电平衡为止。

(3) **孤立的导体处于静电平衡时，它的表面各处的面电荷密度与各处表面的曲率有关，曲率越大的地方，面电荷密度也越大。**

图 17.4 画出一个有尖端的导体表面的电荷和场强分布的情况，尖端附近的面电荷密度最大。

尖端上电荷过多时，会引起**尖端放电**现象。这种现象可以这样来解释。由于尖端上面电荷密度很大，所以它周围的电场很强。那里空气中散存的带电粒子(如电子或离子)在这强电场的作用下作加速运动时就可能获得足够大的能量，以至它们和空气分子碰撞时，能使后者离解成电子和离子。这些新的电子和离子与其他空气分子相碰，又能产生新的带电粒子。这样，就会产生大量的带电粒子。与尖端上电荷异号的带电粒子受尖端电荷的吸引，飞向尖端，使尖端上的电荷被中和掉；与尖端上电荷同号的带电粒子受到排斥而从尖端附近飞开。图 17.5 从外表上看，就好像尖端上的电荷被“喷射”出来放掉一样，所以叫做尖端放电。

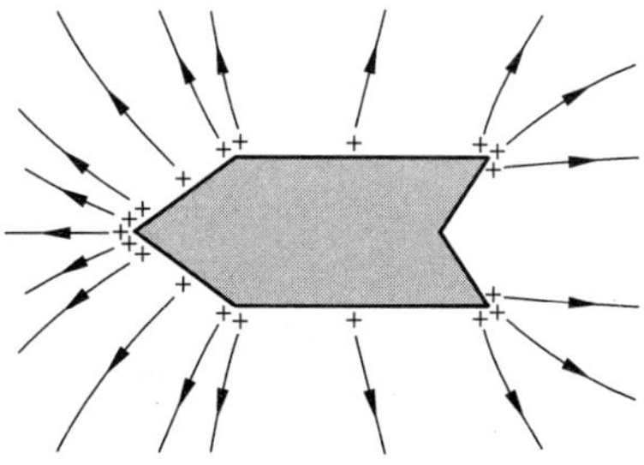

图 17.4　导体尖端处电荷多

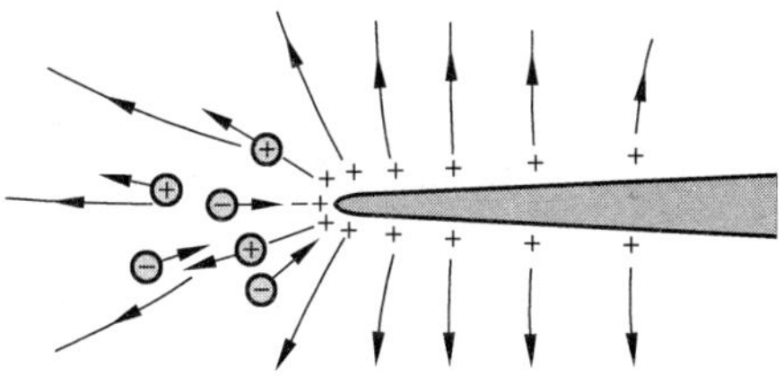

图 17.5　尖端放电示意图

在高电压设备中，为了防止因尖端放电而引起的危险和漏电造成的损失，输电线的表面应是光滑的。具有高电压的零部件的表面也必须做得十分光滑并尽可能做成球面。与此相反，在很多情况下，人们还利用尖端放电。例如，火花放电设备的电极往往做成尖端形状。避雷针也是利用其尖端的电场强度大，空气被电离，形成放电通道，使云地间电流通过导线流入地下而避免“雷击”的。(雷击实际上是天空中大量异号电荷急剧中和所产生的恶果。)

17.3　有导体存在时静电场的分析与计算

导体放入静电场中时，电场会影响导体上电荷的分布，同时，导体上的电荷分布也会影响电场的分布。这种相互影响将一直继续到达到静电平衡时为止，这时导体上的电荷分布以及周围的电场分布就不再改变了。这时的电荷和电场的分布可以根据静电场的基本规律、电荷守恒以及导体静电平衡条件加以分析和计算。下面举几个例子。

例 17.1

有一块大金属平板，面积为 S，带有总电量 Q，今在其近旁平行地放置第二块大金属平板，此板原来不带电。(1)求静电平衡时，金属板上的电荷分布及周围空间的电场分布；(2)如果把第二块金属板接地，最后情况又如何？（忽略金属板的边缘效应。）

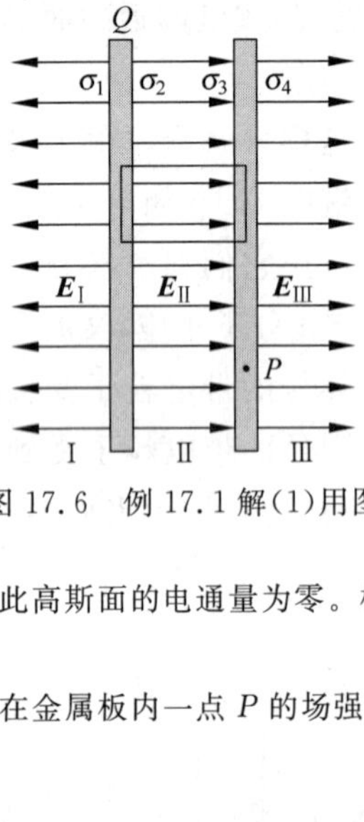

图 17.6　例 17.1 解(1)用图

解　(1) 由于静电平衡时导体内部无净电荷，所以电荷只能分布在两金属板的表面上。不考虑边缘效应，这些电荷都可当作是均匀分布的。设 4 个表面上的面电荷密度分别为 $\sigma_1,\sigma_2,\sigma_3$ 和 σ_4，如图 17.6 所示。由电荷守恒定律可知

$$\sigma_1+\sigma_2=\frac{Q}{S}$$

$$\sigma_3+\sigma_4=0$$

由于板间电场与板面垂直，且板内的电场为零，所以选一个两底分别在两个金属板内而侧面垂直于板面的封闭面作为高斯面，则通过此高斯面的电通量为零。根据高斯定律就可以得出

$$\sigma_2+\sigma_3=0$$

在金属板内一点 P 的场强应该是 4 个带电面的电场的叠加，因而有

$$E_P=\frac{\sigma_1}{2\varepsilon_0}+\frac{\sigma_2}{2\varepsilon_0}+\frac{\sigma_3}{2\varepsilon_0}-\frac{\sigma_4}{2\varepsilon_0}$$

由于静电平衡时，导体内各处场强为零，所以 $E_P=0$，因而有

$$\sigma_1+\sigma_2+\sigma_3-\sigma_4=0$$

将此式和上面 3 个关于 $\sigma_1,\sigma_2,\sigma_3$ 和 σ_4 的方程联立求解，可得电荷分布的情况为

$$\sigma_1=\frac{Q}{2S},\quad \sigma_2=\frac{Q}{2S},\quad \sigma_3=-\frac{Q}{2S},\quad \sigma_4=\frac{Q}{2S}$$

由此可根据式(17.2)求得电场的分布如下：

在Ⅰ区，　$E_{\rm I}=\dfrac{Q}{2\varepsilon_0 S}$，方向向左

在Ⅱ区，　$E_{\rm II}=\dfrac{Q}{2\varepsilon_0 S}$，方向向右

在Ⅲ区，　$E_{\rm III}=\dfrac{Q}{2\varepsilon_0 S}$，方向向右

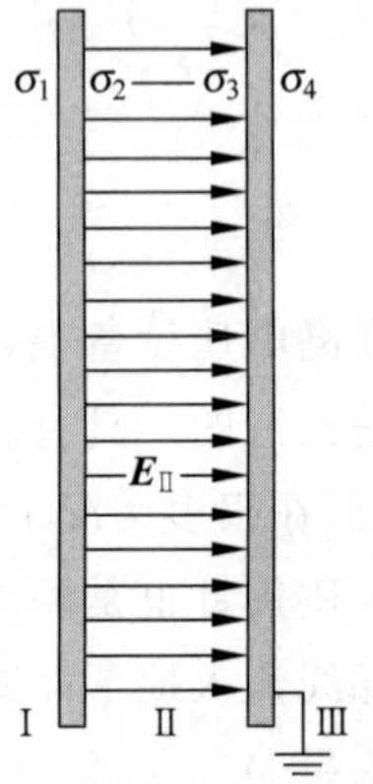

图 17.7　例 17.1 解(2)用图

(2) 如果把第二块金属板接地(图 17.7)，它就与地这个大导体连成一体。这块金属板右表面上的电荷就会分散到更远的地球表面上

而使得这右表面上的电荷实际上消失，因而

$$\sigma_4 = 0$$

第一块金属板上的电荷守恒仍给出

$$\sigma_1 + \sigma_2 = \frac{Q}{S}$$

由高斯定律仍可得

$$\sigma_2 + \sigma_3 = 0$$

为了使得金属板内 P 点的电场为零，又必须有

$$\sigma_1 + \sigma_2 + \sigma_3 = 0$$

以上 4 个方程式给出

$$\sigma_1 = 0, \quad \sigma_2 = \frac{Q}{S}, \quad \sigma_3 = -\frac{Q}{S}, \quad \sigma_4 = 0$$

和未接地前相比，电荷分布改变了。这一变化是负电荷通过接地线从地里跑到第二块金属板上的结果。这负电荷的电量一方面中和了金属板右表面上的正电荷（这是正电荷跑入地球的另一种说法），另一方面又补充了左表面上的负电荷使其面密度增加一倍。同时第一块板上的电荷全部移到了右表面上。只有这样，才能使两导体内部的场强为零而达到静电平衡状态。

这时的电场分布可根据上面求得的电荷分布求出，即有

$$E_{\text{I}} = 0; \quad E_{\text{II}} = \frac{Q}{\varepsilon_0 S}, \text{向右}; \quad E_{\text{III}} = 0$$

例 17.2

一个金属球 A，半径为 R_1。它的外面套一个同心的金属球壳 B，其内外半径分别为 R_2 和 R_3。二者带电后电势分别为 φ_A 和 φ_B。求此系统的电荷及电场的分布。如果用导线将球和壳连接起来，结果又将如何？

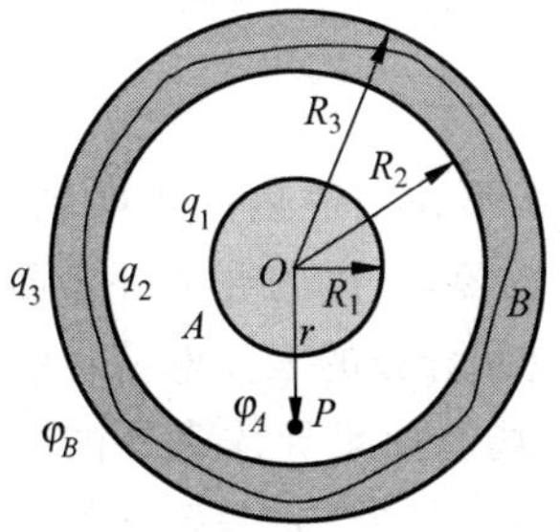

图 17.8　例 17.2 用图

解　导体球和壳内的电场应为零，而电荷均匀分布在它们的表面上。如图 17.8 所示，设 q_1, q_2, q_3 分别表示半径为 R_1, R_2, R_3 的金属球面上所带的电量。由例 16.1 的结果和电势叠加原理可得

$$\varphi_A = \frac{q_1}{4\pi\varepsilon_0 R_1} + \frac{q_2}{4\pi\varepsilon_0 R_2} + \frac{q_3}{4\pi\varepsilon_0 R_3}$$

$$\varphi_B = \frac{q_1 + q_2 + q_3}{4\pi\varepsilon_0 R_3}$$

在壳内作一个包围内腔的高斯面，由高斯定律就可得

$$q_1 + q_2 = 0$$

联立解上述 3 个方程，可得

$$q_1 = \frac{4\pi\varepsilon_0(\varphi_A - \varphi_B)R_1R_2}{R_2 - R_1}, \quad q_2 = \frac{4\pi\varepsilon_0(\varphi_B - \varphi_A)R_1R_2}{R_2 - R_1}, \quad q_3 = 4\pi\varepsilon_0\varphi_B R_3$$

由此电荷分布可求得电场分布如下：

$$E = 0 \qquad (r < R_1)$$

$$E = \frac{(\varphi_A - \varphi_B)R_1R_2}{(R_2 - R_1)r^2} \qquad (R_1 < r < R_2)$$

$$E = 0 \qquad (R_2 < r < R_3)$$

$$E = \frac{\varphi_B R_3}{r^2} \qquad (r > R_3)$$

如果用导线将球和球壳连接起来，则壳的内表面和球表面的电荷会完全中和而使两个表面都不再带电，二者之间的电场变为零，而二者之间的电势差也变为零。在球壳的外表面上电荷仍保持为 q_3，而且均匀分布，它外面的电场分布也不会改变而仍为$\varphi_B R_3/r^2$。

17.4 静电屏蔽

静电平衡时导体内部的场强为零这一规律在技术上用来作静电屏蔽。用一个金属空壳就能使其内部不受外面的静止电荷的电场的影响，下面我们来说明其中的道理。

如图 17.9 所示，一金属空壳 A 外面放有带电体 B，当空壳处于静电平衡时，金属壳体内的场强为零。这时如果在壳体内作一个封闭曲面 S 包围住空腔，可以由高斯定律推知空腔内表面上的净电荷为零。但是会不会在内表面上某处有正电荷，另一处有等量的负电荷呢？不会的。因为如果是这样，则空腔内将有电场。这一电场将使得内表面上带正电荷和带负电荷的地方有电势差，这与静电平衡时导体是等势体的性质就相矛盾了。所以空壳的内表面上必然处处无净电荷而空腔内的电场强度也就必然为零。这个结论是和壳外的电荷和电场的分布无关的，因此金属壳就起到了屏蔽外面电荷的电场的作用。

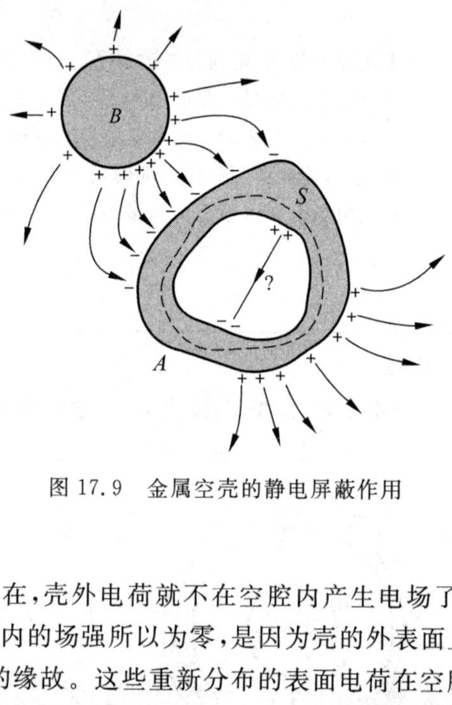

图 17.9 金属空壳的静电屏蔽作用

应该指出，这里不要误认为由于导体壳的存在，壳外电荷就不在空腔内产生电场了。实际上，壳外电荷在空腔内同样产生电场。空腔内的场强所以为零，是因为壳的外表面上的电荷分布发生了变化（或说产生了感生电荷）的缘故。这些重新分布的表面电荷在空腔内也产生电场，这电场正好抵消了壳外电荷在空腔内产生的电场。如果导体壳外的带电体的位置改变了，那么导体壳外表面上的电荷分布也会跟着改变，其结果将是始终保持壳内的总场强为零。

在电子仪器中，为了使电路不受外界带电体的干扰，就把电路封闭在金属壳内。实用上常常用金属网罩代替全封闭的金属壳。传送微弱电信号的导线，其外表就是用金属丝编成的网包起来的。这样的导线叫**屏蔽线**。

导体空壳内电场为零的结论还有重要的理论意义。对于库仑定律中的反比指数"2"，库仑曾用扭秤实验直接地确定过，但是扭秤实验不可能做得非常精确。处于静电平衡的导体空壳内无电场的结论是由高斯定律和静电场的电势概念导出的，而这些又都是库仑定律的直接结果。因此在实验上检验导体空壳内是否有电场存在可以间接地验证库仑定律的正确性。卡文迪许和麦克斯韦以及威廉斯等人都是利用这一原理做实验来验证库仑定律的。

提要

1. 导体的静电平衡条件：

$$\boldsymbol{E}_{\text{in}} = 0,\text{表面外紧邻处 } \boldsymbol{E}_S \perp \text{表面}$$

或导体是个等势体。

2. 静电平衡的导体上电荷的分布：

$$q_{\text{in}} = 0, \quad \sigma = \varepsilon_0 E$$

3. 计算有导体存在时的静电场分布问题的基本依据：

高斯定律，电势概念，电荷守恒，导体静电平衡条件。

4. 静电屏蔽：金属空壳的外表面上及壳外的电荷在壳内的合场强总为零，因而对壳内无影响。

思考题

17.1 各种形状的带电导体中，是否只有球形导体其内部场强才为零？为什么？

17.2 一带电为 Q 的导体球壳中心放一点电荷 q，若此球壳电势为 φ_0，有人说："根据电势叠加，任一 P 点（距中心为 r）的电势 $\varphi_P = \dfrac{q}{4\pi\varepsilon_0 r} + \varphi_0$"，这说法对吗？

17.3 使一孤立导体球带正电荷，这孤立导体球的质量是增加、减少还是不变？

17.4 在一孤立导体球壳的中心放一点电荷，球壳内、外表面上的电荷分布是否均匀？如果点电荷偏离球心，情况如何？

17.5 把一个带电物体移近一个导体壳，带电体单独在导体壳的腔内产生的电场是否为零？静电屏蔽效应是如何发生的？

17.6 设一带电导体表面上某点附近面电荷密度为 σ，则紧靠该处表面外侧的场强为 $E=\sigma/\varepsilon_0$。若将另一带电体移近，该处场强是否改变？这场强与该处导体表面的面电荷密度的关系是否仍具有 $E=\sigma/\varepsilon_0$ 的形式？

17.7 空间有两个带电导体，试说明其中至少有一个导体表面上各点所带电荷都是同号的。

17.8 无限大均匀带电平面（面电荷密度为 σ）两侧场强为 $E=\dfrac{\sigma}{2\varepsilon_0}$，而在静电平衡状态下，导体表面（该处表面面电荷密度为 σ）附近场强 $E=\dfrac{\sigma}{\varepsilon_0}$，为什么前者比后者小一半？

17.9 两块平行放置的导体大平板带电后，其相对的两表面上的面电荷密度是否一定是大小相等，符号相反？为什么？

17.10 在距一个原来不带电的导体球的中心 r 处放置一电量为 q 的点电荷。此导体球的电势多大？

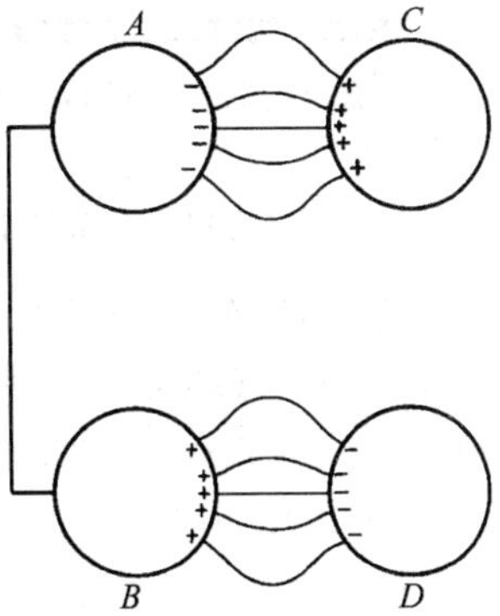

图 17.10 思考题 17.11 用图

17.11 如图 17.10 所示，用导线连接着的金属球 A 和 B 原来都不带电，今在其近旁各放一金属球 C 和 D，并使二者分别带上等量异号电荷，则 A 和 B 上感生出电荷。如果用导线将 C 和 D 连起来，各导体球带电情况是否改变？可能由于正负电荷相互吸引而保持带电状态不变吗？

习题

17.1 求导体外表面紧邻处场强的另一方法。设导体面上某处面电荷密度为σ，在此处取一小面积ΔS，将ΔS面两侧的电场看成是ΔS面上的电荷的电场（用无限大平面算）和导体上其他地方以及导体外的电荷的电场（这电场在ΔS附近可以认为是均匀的）的叠加，并利用导体内合电场应为零求出导体表面处紧邻处的场强为σ/ε_0（即式(17.2)）。

17.2 一导体球半径为R_1，其外同心地罩以内、外半径分别为R_2和R_3的厚导体壳，此系统带电后内球电势为φ_1，外球所带总电量为Q。求此系统各处的电势和电场分布。

17.3 在一半径为$R_1=6.0\ \text{cm}$的金属球A外面套有一个同心的金属球壳B。已知球壳B的内、外半径分别为$R_2=8.0\ \text{cm}$，$R_3=10.0\ \text{cm}$。设A球带有总电量$Q_A=3\times10^{-8}\ \text{C}$，球壳$B$带有总电量$Q_B=2\times10^{-8}\ \text{C}$。

(1) 求球壳B内、外表面上各带有的电量以及球A和球壳B的电势；

(2) 将球壳B接地然后断开，再把金属球A接地。求金属球A和球壳B内、外表面上各带有的电量以及金属球A和球壳B的电势。

17.4 一个接地的导体球，半径为R，原来不带电。今将一点电荷q放在球外距球心的距离为r的地方，求球上的感生电荷总量。

17.5 如图17.11所示，有三块互相平行的导体板，外面的两块用导线连接，原来不带电。中间一块上所带总面电荷密度为$1.3\times10^{-5}\ \text{C/m}^2$。求每块板的两个表面的面电荷密度各是多少？（忽略边缘效应。）

17.6 一球形导体A含有两个球形空腔，这导体本身的总电荷为零，但在两空腔中心分别有一点电荷q_b和q_c，导体球外距导体球很远的r处有另一点电荷q_d（图17.12）。试求q_b，q_c和q_d各受到多大的力。哪个答案是近似的？

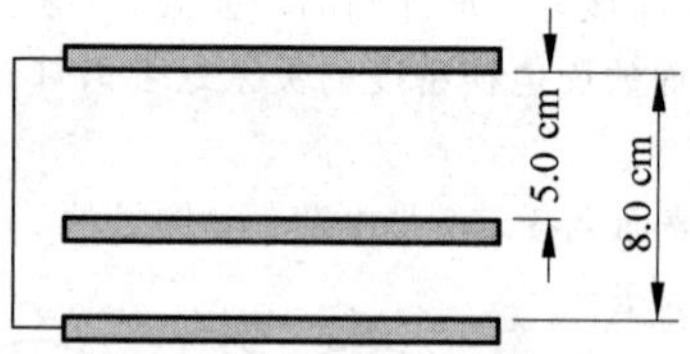

图17.11 习题17.5用图

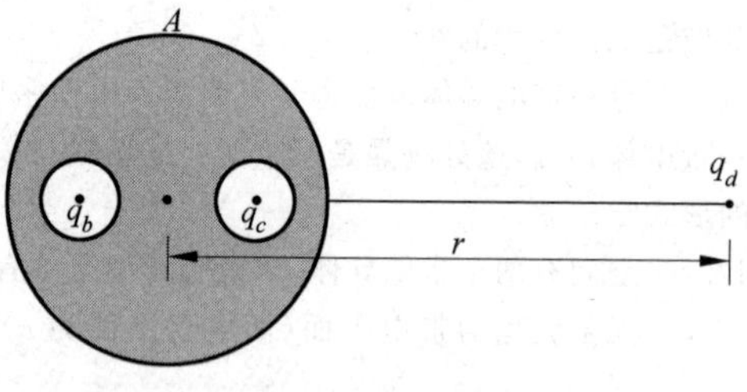

图17.12 习题17.6用图

17.7 试证静电平衡条件下导体表面单位面积受的力为$\boldsymbol{f}=\dfrac{\sigma^2}{2\varepsilon_0}\boldsymbol{e}_\text{n}$，其中$\sigma$为面电荷密度，$\boldsymbol{e}_\text{n}$为表面的外法线方向的单位矢量。此力方向与电荷的符号无关，总指向导体外部。

17.8 在范德格拉夫静电加速器中，是利用绝缘传送带向一个金属球壳输送电荷而使球的电势升高的。如果这金属球壳电势要求保持9.15 MV，

(1) 球周围气体的击穿强度为100 MV/m，这对球壳的半径有何限制？

(2) 由于气体泄漏电荷，要维持此电势不变，需用传送带以320 μC/s的速率向球壳运送电荷。这时所需最小功率多大？

(3) 传送带宽 48.5 cm，移动速率 33.0 m/s。试求带上的面电荷密度和面上的电场强度。

*17.9 一个点电荷 q 放在一无限大接地金属平板上方 h 处，考虑到板面上紧邻处电场垂直于板面，且板面上感生电荷产生的电场在板面上下具对称性，试根据电场叠加原理求出板面上感生面电荷密度的分布。

*17.10 点电荷 q 位于一无限大接地金属板上方 h 处。当问及将 q 移到无限远需要做的功时，第一个学生回答是这功等于分开两个相距 $2h$ 的电荷 q 和 $-q$ 到无限远时做的功，即 $A=q^2/(4\pi\varepsilon_0\cdot 2h)$。第二个学生求出 q 受的力再用 $F\mathrm{d}r$ 积分计算，从而得出了不同的结果。第二个学生的结果是什么？他们谁的结果对？

*17.12 一条长直导线，均匀地带有电量 1.0×10^{-8} C/m，平行于地面放置，且距地面 5.0 m。导线正下方地面上的电场强度和面电荷密度各如何？导线单位长度上受多大电力？

17.13 帕塞尔教授在他的《电磁学》中写道："如果从地球上移去一滴水中的所有电子，则地球的电势将会升高几百万伏。"请用数字计算证实他这句话。

*17.14 求半径为 R，带有总电量 q 的导体球的两半球之间的相互作用电力。

今日物理趣闻 E

大气电学

地球周围的大气是一部大电机，雷暴是大气中电活动最为壮观的显示（图 E.1）。即使在晴朗的天气，大气中也到处有电场和电流。雷暴好似一部静电起电机，能产生负电荷并将其送到地面，同时把正电荷送到大气的上层。大气的上层是电离层，它是良导体，流入它的电流很快向四周流开，遍及整个电离层。在晴天区域，这电流逐渐向地面泄漏，这样就形成了一个完整的大气电路（图 E.2）。

图 E.1　2007 年 6 月 27 日上午北京突然一场暴风雨（陆锡增）

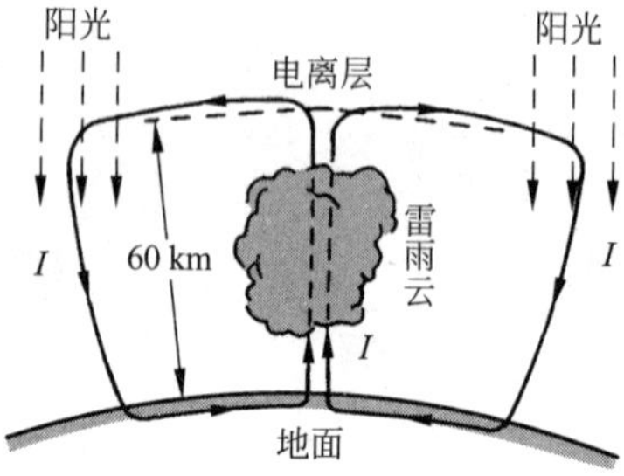

图 E.2　大气电流示意图

在任何时刻，整个地球上大约有 2 000 个雷暴在活动。一次雷暴所产生的电流的时间平均值约为 1 A（当然，瞬时值可以非常大——在一次闪电中可高达 200 000 A）。这样，在大气电路中，所有雷暴产生的总电流就大约为 2 000 A。

电离层和地球表面都是良导体，它们是两个等势面，它们之间的电势差平均约为 300 000 V。电离层和地表之间的整个晴天大气电阻大约为 200 Ω。这电阻大部分集中在稠密的大气底层从地表到几千米的高度以内，相应地，300 000 V 的电势降落大部分也发生在大气底层。平均来讲，由于雷暴活动而在大气电路中释放能量的总功率约为 $2\,000\times300\,000=6\times10^8$ W，即差不多是 100 万 kW。

E.1　晴天大气电场

在晴天区域的大气电流是由离子的运动形成的，大气中经常存在有带电粒子。引起空气分子电离的主要原因是贯穿整个大气的宇宙射线、高层大气中的太阳紫外辐射以及低层大气中由地壳内的天然放射性物质发出的射线以及人工放射性等。在空气分子由于这些原因不断电离的同时，已生成的正、负离子相遇时也会复合成中性分子。电离作用和复合作用的平衡使大气中总保持有相当数量的带电粒子。正离子向下运动，负离子向上运动，就构成了晴天区域的大气电流。

正像在导线中形成电流是由于导线中有电场一样，大气电流的形成也是由于大气中存在有电场。晴天区域的大气电场都指向下方。在地表附近的平坦地面上，晴天大气电场强度在 100～200 V/m 之间。各地电场的实际数值决定于当地的条件，如大气中的灰尘、污染情况、地貌以及季节和时间等，全球平均值约为 130 V/m。

这样，比地面高 2 m 的一点到地面之间的电势差就有几百伏。我们能否利用这一电势差在竖立的导体棒中得到持续电流呢？不能！因为如果你把一根 2 m 长的金属棒立在地上，大气电场只能在其中产生一个非常小的瞬时电流，紧接着金属棒的电势就和地球电势相等而不再产生电流了。其结果只是改变了地表附近电势和电场的分布(图 E.3)而不能有持续电流产生。树木、房屋或者人体都是相当好的导体，它们对地球的电场都会发生类似的影响，而它们本身不会遭受电击。

由于大气电场指向地球表面，所以地球表面必然带有负电荷。若大气电场按 $E=100$ V/m 计算，地球表面单位面积上所带的电荷应为

$$\sigma=\varepsilon_0 E=-8.85\times10^{-12}\times100\approx-1\times10^{-9}\,(\mathrm{C/m^2})$$

由此可推算整个地球表面带的负电荷约为 5×10^5C，即

$$Q=4\pi R_{\mathrm{E}}^2\sigma\approx4\times3.14\times(6\,400\times10^3)^2\times1\times10^{-9}\approx5\times10^5\,(\mathrm{C})$$

地表附近的大气电场可以用一个**电场强度计**测量。一种简单的电场强度计用到一个平行于地面因而垂直于电场的金属板，该金属板通过一个灵敏电流计用导线接地(图 E.4)。大气电场的电场线终止于该金属板的上表面，因此，该金属板的上表面必定带有电荷。当将另一块接地的金属板突然移到这块金属板的上方时，电场线就要终止于这第二块板上，也就是说第二块金属板要屏蔽掉作用于第一块板的电场。此时，第一块板上的电荷将挣脱电场的吸引迅速通过导线流入地面，而灵敏电流计也就显示出一瞬时电流。由这一电流可以算出通过的电量，从而可以进一步求出电场强度的数值。

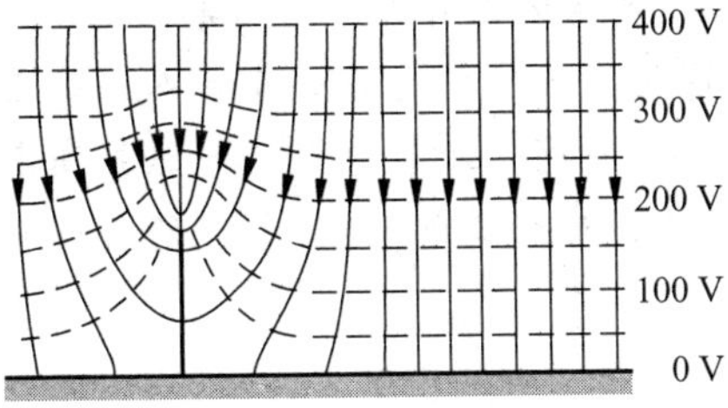

图 E.3 导体改变了地表附近的电场分布

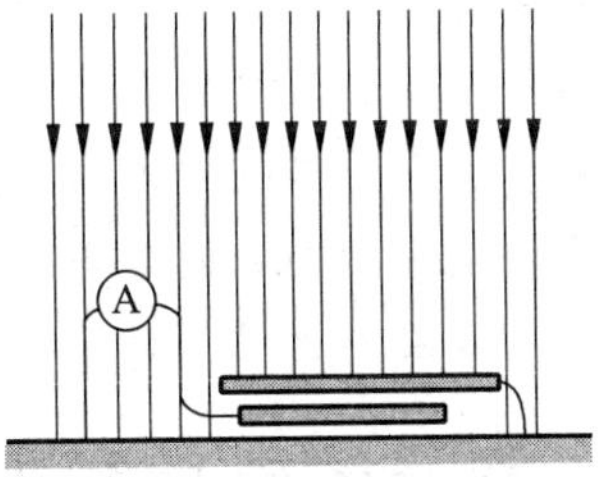

图 E.4 两块接地的水平金属板

在实际使用的电场强度计中，上述两块金属板常做成十字轮形状(图 E.5 是一种电场强度计(或叫电场磨)的外形照片)。上板由电机带动在水平面内转动，其四臂交替地遮盖和敞露下板的四臂，每次遮盖和敞露都将在下板接地的导线中产生一次脉冲电流。由这脉冲电流的强度就可求出大气电场的电场强度。

大气电场强度随高度的增加而减小，在10 km高处的电场强度约为地面值的3%。大气电场的减弱和大气电阻的减小有关。低空大气电阻比高空的大，因而产生同样的大气电流在低空就需要比高空更强的电场。大气电场的这一变化是由于大气中正电荷的密度分布所致。在低空（几千米高处）有相当多的正电荷分布，大气电场的电场线多由此发出。只有很少一部分电场线是由电离层的正电荷发出的（见图E.6）。晴天大气中的正电荷总量和地面上的负电荷总量相等。大气中的电场分布使得电势分布具有下述特点：电势随高度的增加而升高，在低层大气中升高得最快，到20 km以上的大气中，电势几乎保持不变，平均约为300 000 V。

图E.5 电场磨外形照片

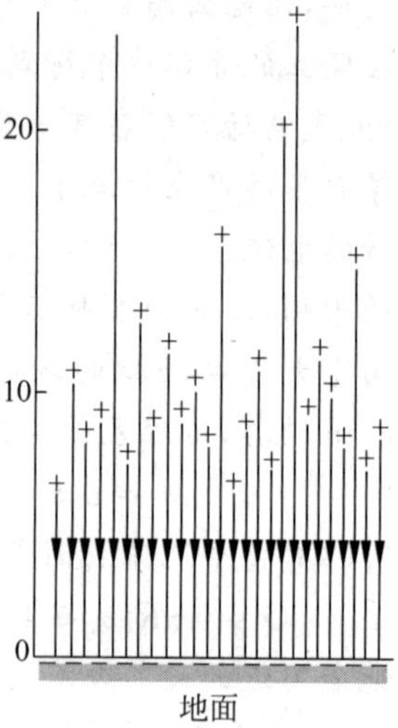

图E.6 大气电场的电场线

晴天大气电场还随时间变化。除了由于空间电荷密度和空气电导率的局部变化造成的短时不规则脉动以外，晴天电场还有按日按季的周期性变化。按日的周期性变化的幅度可达20%。除了大气污染对局部的电场有影响以外，经测定，晴天电场的变化与地方时无关，即全球大气电场的变化是同步发生的。一天之内，大约在格林威治时间18:00左右出现一极大值，在4:00左右出现一极小值。大气电场的这种按日的周期性变化是和大气中的雷暴活动的按日的周期性变化相联系的，因为大气中的电荷分布基本上是雷暴活动产生的。在全世界范围内，雷暴活动约在格林威治时间14:00到20:00达到高潮。这一高潮主要是由于南美洲亚马孙河盆地的中午雷暴集中形成的，由它产生的大气电荷就使得在18:00左右出现了大气电场的极大值。

E.2 雷暴的电荷和电场

如上所述，地球表面带有约5×10^5 C的负电荷，而大气中的泄漏电流约为2 000 A。这样，如果电荷没有补充的话，地球表面的负电荷将在几分钟内被中和完。地球表面电荷明显维持恒定的事实说明大气中存在着一个电荷分布再生的机制。人们普遍认为：大气中的电荷分布是由雷暴产生的。一个雷暴往往包含几个活跃中心，每个中心由一片雷雨云构成,叫**雷暴云泡**。每个云泡都有其完整的生命史,可分成生长阶段、成熟阶段和消散阶段。一个**云泡**的总寿命约为1小时,而在成熟阶段有降水和闪电产生时,其维持时间约15到20分钟。一次巨大持久的雷暴常常是由几个云泡交替出现而形成的。

雷暴的激烈活动所需要的能量都来自潮湿空气中水分的凝结热。例如在17℃、1个大气压下,1 km^3 相对湿度为100%的空气中含有 1.6×10^7 kg 的水汽。在17℃时水的汽化热为 2.45×10^6 J,所以1 km^3 空气中的水汽全部凝结成水时,将放出 3.9×10^{13} J 的热量,这相当于9 200吨TNT爆炸时所释放出的能量。一次典型的雷暴涉及很多立方千米的潮湿空气,因此可以释放出非常巨大的能量。

一个雷暴云泡的宽约1.5 km到8 km,底部距地面约1.5 km,顶部可达7.5 km高度并可发展到12 km到18 km的高空。云泡在形成阶段首先是由于一些水汽的凝结放热而使周围空气变暖、变轻因而形成上升的气流。这种气流夹杂着水汽,其上升的速度可达10 m/s。在高空,气流中的水分凝结成水滴,有些水滴进一步凝固成冰屑或雹粒,也形成雪花。雨、雪、冰雹大到不能为上升气流所支持时,就开始下落。它们的下落又携带着周围空气下降。这些下降的混有水滴的湿空气会由于水滴蒸发吸热而变冷、变重而继续下降。这样在云泡中就又形成了下降的气流。强的上升气流和强的下降气流的并存是云泡成熟的标志(图E.7)。这时云泡顶部扩张为砧状,其上部可插入平流层。这一期间,云泡内各处获得了不同的电荷,闪电开始发生。在云泡底部,雨或雹开始下降到地面,同时伴随着大风。此后不久,云泡内上升气流停止,整个云泡内只剩下下降气流。接着雷暴逐渐消散。

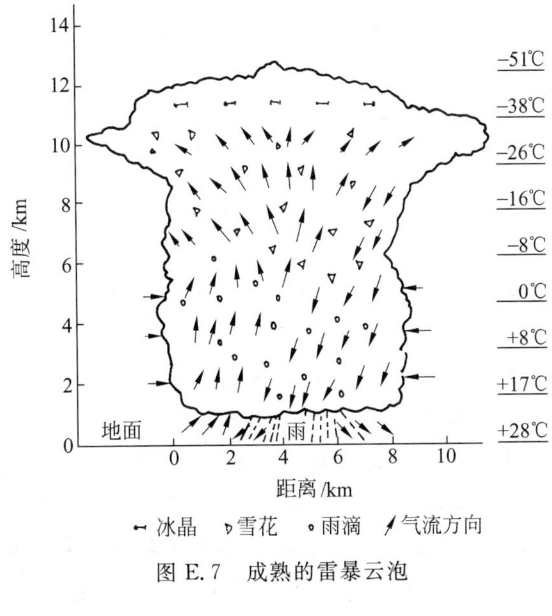

图E.7 成熟的雷暴云泡

成熟阶段的雷暴云泡中典型的电荷分布如图E.8所示。上部是正电荷,下部是负电荷,在最底部还有一些局部的少量正电荷。这些电荷的载体可能是雨滴、冰晶、雹粒或空气粒子。至于怎么产生这些电荷的,至今没有详细准确的理论说明。许多理论推测,这种电荷的产生大概是雨滴、冰晶或雹粒在上升和下降气流中不断受到摩擦、碰撞,或熔解、凝固,或热电作用的结果。至于正、负电荷的分开,多数理论都归因于正、负电荷载体的大小不同。正电荷载体较小、较轻，因而被上升气流带至上部，负电荷载体较大、较重，因而不动或下降到底部。

雷暴云泡中的电荷在大气中产生电场，可粗略地按下面的模型进行估算。忽略云泡底层的少量正电荷的存在，云泡上部的正电荷可以用一个在 10 km 高度的正点电荷 Q_2 代替，而云泡下部的负电荷用一个在 5 km 高度的负点电荷 Q_1 代替，它们带的电量，譬如说，分别是＋40 C 和－40 C(图 E.9)。

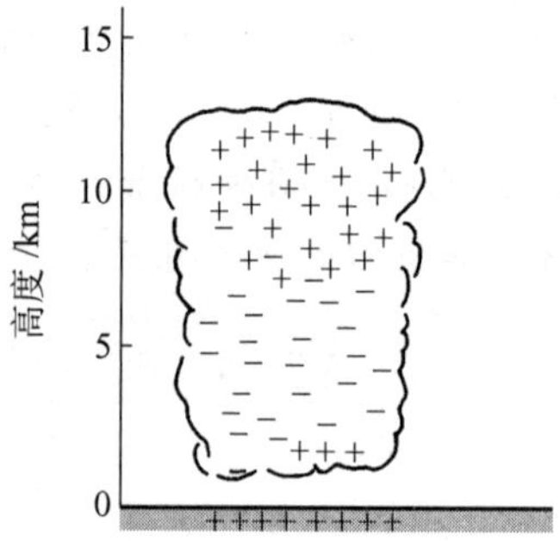

图 E.8 雷暴云中的电荷分布

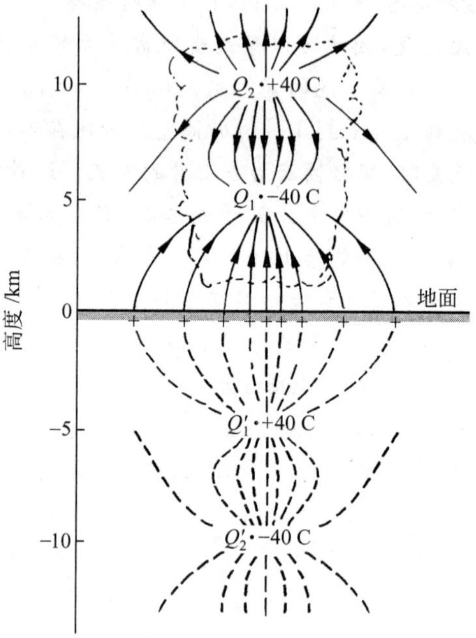

图 E.9 雷暴云泡电场的粗略计算

在这些电荷正下方的地面上，由它们所产生的向上的电场数值为

$$E=\frac{1}{4\pi\varepsilon_0}\left(\frac{Q_1}{r_1^2}+\frac{Q_2}{r_2^2}\right)=9.0\times10^9\times\left[\frac{40}{(5\times10^3)^2}-\frac{40}{(10\times10^3)^2}\right]$$
$$=11\times10^3\,(\mathrm{V/m})$$

但这还不是总电场。因为地球是导体，所以云泡内电荷将在地面上产生感生电荷，这感生电荷将产生附加的电场。在雷暴云泡的下方，分布在地面上的感生电荷将覆盖在大约 100 km^2 的大面积上，在此面积内电荷密度将以云泡电荷的正下方为最大。

我们采用下述三个步骤来计算感生电荷的效果：第一，用一薄导体板代替地面，这不会改变地面上空的电场，因为导体板的厚度并不影响其表面上感生电荷的分布。第二，在导体板下方空间放置两个＋40 C 和－40 C 的电荷 Q_1' 和 Q_2'(图 E.9)，它们分别位于导体板下方距离为 5 km 和 10 km 处，它们叫云内原有电荷的镜像电荷。由于导体板的屏蔽隔离作用，所以镜像电荷的存在也不会改变板上方的电场。第三，沿水平方向把导体板移走，这也不会影响导体板上方的电场。因为对图 E.9 所示的电荷配置来说，中间平面是一个等势面，而与等势面重合地加上或去掉一个金属面是不会影响电场分布的。

经过这三个步骤之后，我们认为云泡内电荷和地面感生电荷的总电场正好与云泡内的电荷和它们的镜像电荷的总电场(在地面以上部分)相同。这样我们就可由图E.9所示的4个电荷的电场的矢量相加来计算地面上空任何给定点的电场了。在地表面任何给定的点,镜像电荷与云泡内电荷产生的电场是相等的。因此,在云泡中电荷的正下方的地面上,这电场应该是云内电荷所产生的电场的两倍,即$2\times11\times10^3=22\times10^3$(V/m)。

我们可以用这种方法计算地面与雷暴云底部任何高度处的电势差。设地面电势为零,对应于图E.9中的4个点电荷,雷雨云下方距地面高度为2 km处的电势为

$$\begin{aligned}\varphi&=\frac{1}{4\pi\varepsilon_0}\left(\frac{40}{8\times10^3}-\frac{40}{3\times10^3}+\frac{40}{7\times10^3}-\frac{40}{12\times10^3}\right)\\&=-5.4\times10^7(\text{V})\end{aligned}$$

由此可见,雷暴产生的电场和电势差是相当大的!

在上述计算中,我们已假设了地球表面是完全平坦的。事实上,地表上处处有山岳起伏,在那些隆起地区附近,电场便要增强。遇有尖形导体时,在其尖端附近,电场更是急剧增强。图E.10表示上方有雷雨云时避雷针附近的电场线分布(它和图E.3相似,但电场线方向相反)。在地面上任何尖形物体附近,当雷暴云到来时,由于强电场的作用,都要出现尖端放电现象,尖端放电电流方向向上。对树木所作的测量表明,雷暴云下方的树将从地面引出约1 A的电流通过树顶而流入大气。

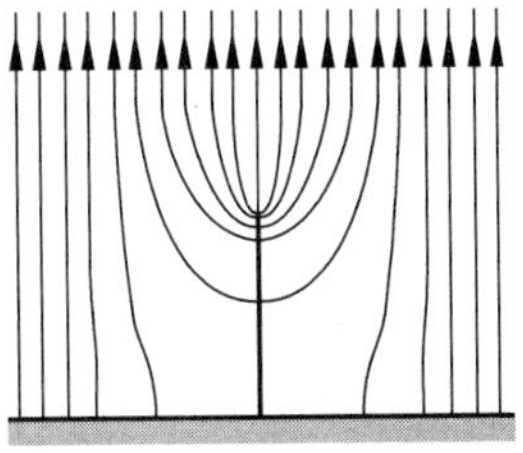

图E.10　接地避雷针周围的电场

除了尖端放电外,地球和雷雨云之间的放电还可以通过其他几种形式,如电晕放电、火花放电、闪电放电和降水放电等。虽然闪电看起来最为壮观,但在许多雷暴中,尖端放电起着主要作用。它对大气电路的电流的贡献要比闪电电流大若干倍。这几种放电的总效果与晴天区域大气中的由上到下的泄漏电流相平衡。

E.3　闪电

闪电是大气中的激烈的放电现象,它是大气被强电场击穿的结果。干燥空气的击穿场强是3×10^6 V/m。但是,在雷雨云中,由于有水滴存在,而且气压比大气压为小,所以空气的击穿不需要这样强的电场。要产生一次闪电,只需在云的近旁的某一小区域内有很强的电场就够了。这强电场会引起电子雪崩,即由于高速带电粒子对空气分子的碰撞作用使空气分子大量急速电离而产生大量电子。一旦某处电子雪崩开始,它会向电场较弱的区域传播。闪电可能发生在雷雨云内的正、负电荷之间,也可能发生在雷雨云与纯净空气之间或雷雨云与地之间。云地之间的闪电常是发生在雷雨云的负电区与地之间,很少发生在云中正电区与地之间。研究还指出,大部分闪电发生在大陆区,这说明陆地在产生雷暴中有重要作用。

闪电的发展过程很快,人眼不能细察,但是利用高速摄影技术可以进行详细研究。典型的云地之间的闪电从接近雷雨云的负电荷处的强电场中的电子雪崩开始。电子雪崩向下移时,在它后方留下一条离子通道,云中的电子流入此通道使之带负电。在通道的前端

聚集的电子产生的强电场使通道继续向前延伸。实际观察到的这种延伸不是持续的，而是一步一步的。电子雪崩下窜的速度可高达 1/6 光速，但每一步只窜进约 50 m，接着停止约 50 μs，然后再向下窜。下窜的方向不固定，因而所形成的离子通道一般是弯弯曲曲的，并且还有分支(图 E.11)，这是空气中各处自由电子密度不同的结果。这样的通道叫**梯级先导**，它的半径约几米(可能是 5 m)，但只有它的中心区域才暗暗地发光。

当梯级先导的前端靠近地面或地面上某尖形物时，它的强电场便从地面引起一次火花放电，这火花从地面向上移动，在 20 m 到 100 m 高处与先导前端相遇。在这一时刻，云地之间的电路接通，负电荷就沿着这条电阻很小的通路从雷雨云向大地泄漏。这一泄流过程是从先导的接地的一段开始的。这一段电子入地后，留下的正电荷吸引上面一段中的电子使它们下泄。这些电子下泄后，它上面的电子又接替着下泄。这样便形成了一个下泄的“前锋”不断沿着先导形成的离子通道向上延伸直达云底(图 E.12)，其延伸的速度极快，可达光速的 1/2。这前锋的上升实际上是一股向上的强大的电流。这股电流叫**回击或回闪**，它急剧地加热这通道中的空气使之发出我们看到的强烈闪光。这一股电流的半径很小，大约一厘米或几厘米。

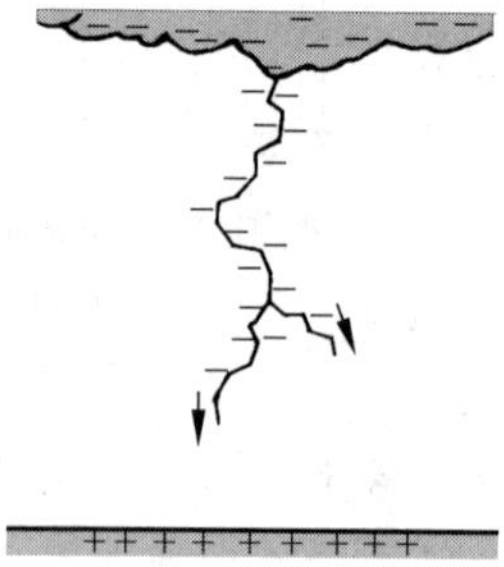

图 E.11　梯级先导

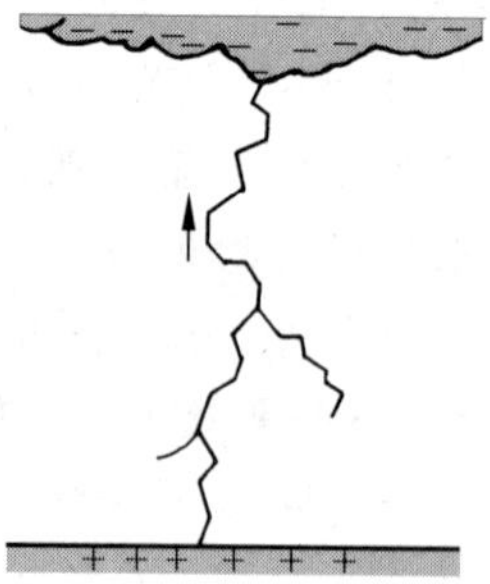

图 E.12　回击电流

回击电流的峰值约 10 000 A 到 20 000 A，它大约延续 100 μs，因此它传下的电量约几库仑，一次回击完毕之后，一个约几百安培的较小电流继续流几个毫秒。接着又沿着原来形成而且暂时保留的离子通道形成又一个先导，不过这个先导不是梯级式的，而是连续向下的，叫做**下窜先导**。这先导中也充满了负电荷，于是又引起一次强烈的回击，之后，还可以再形成一次下窜先导并再次引起回击。一次闪电实际上是由若干次回击组成的，两次回击之间相隔约 40 ms。

一次闪电的各次回击导入地的总电荷约 −20 C。由于云地之间的电势差约为 5×10^7 V，所以一次闪电释放的能量约为 10^9 J。这能量的大部分变为热(焦耳热)，只有少量变为光能或无线电波的能量。强大的回击电流刚刚流过的瞬间，闪电通道中的等离子体的温度可升至非常高(约 30 000 K，太阳表面是 6 000 K)，相应地具有很大的压强。这高温高压使闪电通道的任何物体都遭到严重的破坏。高压等离子体爆炸性地向四处膨胀因而形成激波，在几米之外，这激波逐渐减弱为声波脉冲。这声波脉冲传到我们的耳朵里，我们就听到雷声。

陆上龙卷风中的电闪特别壮观，人眼可以看到在有些陆龙卷的漏斗内连续不断地发出闪光。根据对从陆龙卷内部发出的无线电波的测量估计大概每秒钟有 20 次闪电。由于每次闪电释放能量约 10^9 J，陆龙卷所释放的电功率就是 $10^9 \times 20 = 2 \times 10^{10}$ W $= 2 \times 10^7$ kW，大约相当于 10 个大型水电站的功率。陆龙卷的破坏力之大，由此可见一斑。

除了枝杈形闪电之外，人们也观察到球形闪电，其时只见有一个大球在空中漂移，大球的尺寸大约从 10 cm 到 100 cm，有些飞行员说曾见到过 15 m 到 30 m 直径的闪电火球。火球有时在一次闪电回击之后发生，有时也自发地产生，它们大约只延续几秒钟。有的火球由天空直落地面，有的则在地面上空水平游行，有的甚至通过门窗或烟囱进入室内。作者就曾在一次农场的大雷暴中亲眼看到一火球沿着电线杆窜下。许多火球无声无息地逝去，也有些火球爆炸而带来巨响。这些火球看来是大气电造成的，但至今还不了解它们形成的机制。已提出了一些理论来解释，例如，一种理论说火球是被磁场聚集到一起的一团等离子体，另一种理论说是由尘粒形成的小型雷雨云。但是，由于缺乏精细的数据与仔细的计算，所以这种现象至今仍是个谜。

雷暴与人类生活有直接关系，例如它可以引起森林火灾，击毁建筑物，当前它还是影响航空航天安全的重要因素。飞机遭雷击的事故时有发生，如 1987 年 1 月美国国防部部长温伯格的座机在华盛顿附近的安德鲁斯空军基地南面被闪电击中，45 kg 的天线罩被击落，机身有的地方被烧焦，幸亏机长镇静沉着才使飞机安全落地。同年 6 月在位于弗吉尼亚州瓦罗普斯岛发射场上的小型火箭在即将升空前被雷电击中，有三枚自行点火升空，旋即坠毁。

目前，有些国家已建立了雷击预测系统，它将有助于民航的安全和火箭发射精度的提高。它对预防森林火灾，保护危险物资、高压线和气体管道等也有重要意义。

第 18 章

静电场中的电介质

电介质就是通常所说的绝缘体，实际上并没有完全电绝缘的材料。本章只讨论一种典型的情况，即理想的电介质。理想的电介质内部没有可以自由移动的电荷，因而完全不能导电。但把一块电介质放到电场中，它也要受电场的影响，即发生电极化现象，处于电极化状态的电介质也会影响原有电场的分布。本章讨论这种相互影响的规律，所涉及的电介质只限于各向同性的材料。

18.1 电介质对电场的影响

电介质对电场的影响可以通过下述实验观察出来。图 18.1(a)画出了两个平行放置的金属板，分别带有等量异号电荷 $+Q$ 和 $-Q$。板间是空气，可以非常近似地当成真空处理。两板分别连到静电计的直杆和外壳上，这样就可以由直杆上指针偏转的大小测出两带电板之间的电压来。设此时的电压为 U_0，如果保持两板距离和板上的电荷都不改变，而在板间充满电介质(图 18.1(b))，或把两板插入绝缘液体如油中，则可由静电计的偏转减小发现两板间的电压变小了。以 U 表示插入电介质后两板间的电压，则它与 U_0 的关系可以写成

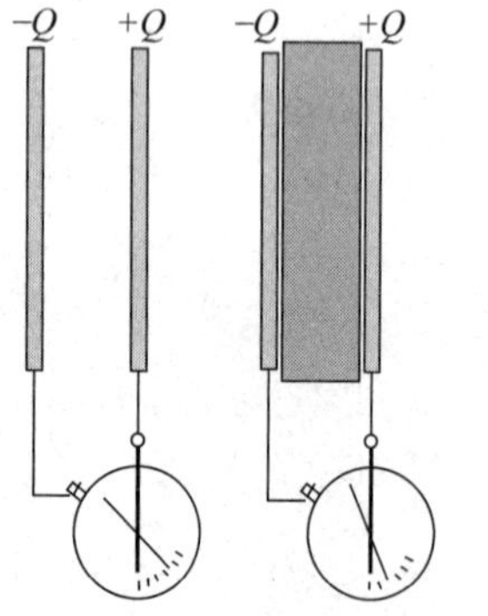

图 18.1 电介质对电场的影响

$$U = U_0/\varepsilon_r \tag{18.1}$$

式中 ε_r 为一个大于 1 的数，它的大小随电介质的种类和状态(如温度)的不同而不同，是电介质的一种特性常数，叫做电介质的**相对介电常量**(或**相对电容率**)。几种电介质的相对介电常量列在表 18.1 中。

在上述实验中，电介质插入后两板间的电压减小，说明由于电介质的插入使板间的电场减弱了。由于 $U=Ed$，$U_0=E_0d$，所以

$$E = E_0/\varepsilon_r \tag{18.2}$$

表 18.1 几种电介质的相对介电常量

电 介 质	相对介电常量 ε_r
真空	1
氦(20℃,1 atm)[①]	1.000 064
空气(20℃,1 atm)	1.000 55
石蜡	2
变压器油(20℃)	2.24
聚乙烯	2.3
尼龙	3.5
云母	4～7
纸	约为 5
瓷	6～8
玻璃	5～10
水(20℃,1 atm)	80
钛酸钡	10^3～10^4

① 1 atm=101 325 Pa。

即电场强度减小到板间为真空时的 $1/\varepsilon_r$。为什么会有这个结果呢？我们可以用电介质受电场的影响而发生的变化来说明，而这又涉及电介质的微观结构。下面我们就来说明这一点。

*18.2 电介质的极化

电介质中每个分子都是一个复杂的带电系统，有正电荷，有负电荷。它们分布在一个线度为 10^{-10} m 的数量级的体积内，而不是集中在一点。但是，在考虑这些电荷离分子较远处所产生的电场时，或是考虑一个分子受外电场的作用时，都可以认为其中的正电荷集中于一点，这一点叫正电荷的“重心”。而负电荷也集中于另一点，这一点叫负电荷的“重心”。对于中性分子，由于其正电荷和负电荷的电量相等，所以一个分子就可以看成是一个由正、负点电荷相隔一定距离所组成的电偶极子。在讨论电场中的电介质的行为时，可以认为电介质是由大量的这种微小的电偶极子所组成的。

以 q 表示一个分子中的正电荷或负电荷的电量的数值，以 $\boldsymbol{l}$ 表示从负电荷“重心”指到正电荷“重心”的矢量距离，则这个分子的电矩应是

$$\boldsymbol{p} = q\boldsymbol{l}$$

按照电介质的分子内部的电结构的不同，可以把电介质分子分为两大类：极性分子和非极性分子。

有一类分子，如 HCl，H_2O，CO 等，在正常情况下，它们内部的电荷分布就是不对称的，因而其正、负电荷的重心不重合。这种分子具有**固有电矩**(图 18.2(a))，它们统称为**极性分子**。几种极性分子的固有电矩列于表 18.2 中。

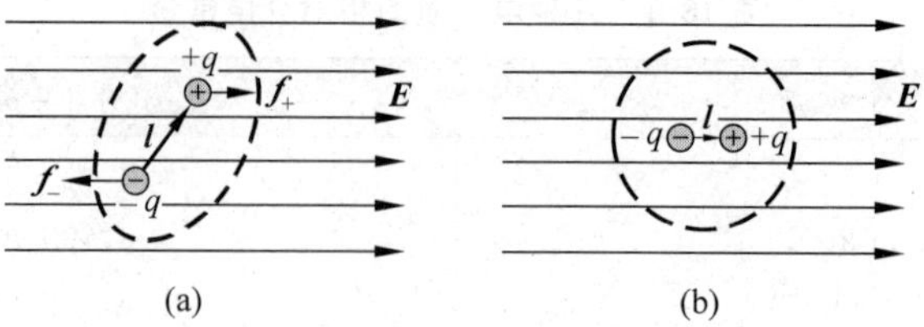

图 18.2 在外电场中的电介质分子

表 18.2 几种极性分子的固有电矩

电 介 质	电矩/(C·m)	电 介 质	电矩/(C·m)
HCl	3.4×10^{-30}	CO	0.9×10^{-30}
NH_3	4.8×10^{-30}	H_2O	6.1×10^{-30}

另一类分子，如 He，H_2，N_2，O_2，CO_2 等，在正常情况下，它们内部的电荷分布具有对称性，因而正、负电荷的重心重合，这样的分子就没有固有电矩，这种分子叫**非极性分子**。但如果把这种分子置于外电场中，则由于外电场的作用，两种电荷的重心会分开一段微小距离，因而使分子具有了电矩（图 18.2(b)）。这种电矩叫**感生电矩**。在实际可以得到的电场中，感生电矩比极性分子的固有电矩小得多，约为后者的 10^{-5}（参考习题 15.27）。很明显，感生电矩的方向总与外加电场的方向相同。

当把一块均匀的电介质放到静电场中时，它的分子将受到电场的作用而发生变化，但最后也会达到一个平衡状态。如果电介质是由非极性分子组成，这些分子都将沿电场方向产生感生电矩，如图 18.3(a)所示。外电场越强，感生电矩越大。如果电介质是由极性分子组成，这些分子的固有电矩将受到外电场的力矩作用而沿着外电场方向取向，如图 18.3(b)所示。由于分子的无规则热运动总是存在的，这种取向不可能完全整齐。外电场越强，固有电矩排列越整齐。

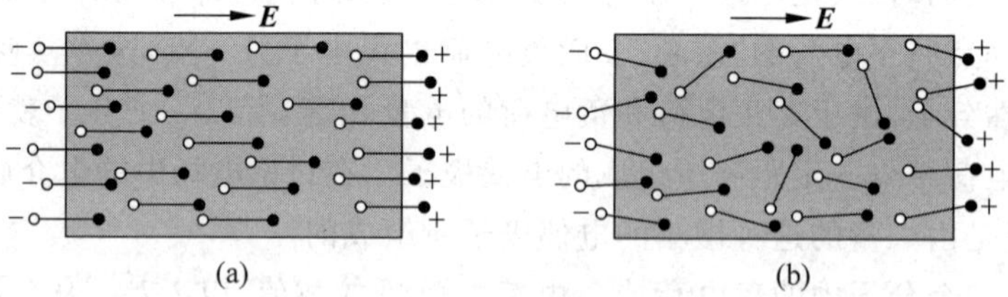

图 18.3 在外电场中的电介质

虽然两种电介质受外电场的影响所发生的变化的微观机制不同，但其宏观总效果是一样的。在电介质内部的宏观微小的区域内，正负电荷的电量仍相等，因而仍表现为中性。但是，在电介质的表面上却出现了只有正电荷或只有负电荷的电荷层，如图 18.3 所示。这种出现在电介质表面的电荷叫**面束缚电荷**（或**面极化电荷**），因为它不像导体中的自由电荷那样能用传导的方法引走。在外电场的作用下，电介质表面出现束缚电荷的现象，叫做**电介质的极化**①。显然，外电场越强，电介质表面出现的束缚电荷越多。

电介质的电极化状态，可用电介质的**电极化强度**来表示。电极化强度的定义是单位体积内的分子的电矩的矢量和。以 $\boldsymbol{p}_i$ 表示在电介质中某一小体积 ΔV 内的某个分子的电矩（固有的或感生的），则该处的电极化强度 $\boldsymbol{P}$ 为

$$\boldsymbol{P}=\frac{\sum \boldsymbol{p}_i}{\Delta V} \tag{18.3}$$

对非极性分子构成的电介质，由于每个分子的感生电矩都相同，所以，若以 n 表示电介质单位体积内的分子数，则有

$$\boldsymbol{P}=n\boldsymbol{p}$$

国际单位制中电极化强度的单位名称是库每平方米，符号为 $\mathrm{C/m^2}$，它的量纲与面电荷密度的量纲相同。

由于一个分子的感生电矩随外电场的增强而增大，而分子的固有电矩随外电场的增强而排列得更加整齐，所以，不论哪种电介质，它的电极化强度都随外电场的增强而增大。实验证明：当电介质中的电场 $\boldsymbol{E}$ 不太强时，各种**各向同性**的电介质（我们以后仅限于讨论此种电介质）的电极化强度与 $\boldsymbol{E}$ 成正比，方向相同，其关系可表示为

$$\boldsymbol{P}=\varepsilon_0(\varepsilon_r-1)\boldsymbol{E} \tag{18.4}$$

式中的 ε_r 即电介质的相对介电常量②。

由于电介质的束缚电荷是电介质极化的结果，所以束缚电荷与电极化强度之间一定存在某种定量的关系，这一定量关系可如下求得。以非极性分子电介质为例，考虑电介质内部某一小面元 $\mathrm{d}\boldsymbol{S}$ 处的电极化。设电场 $\boldsymbol{E}$ 的方向（因而 $\boldsymbol{P}$ 的方向）和 $\mathrm{d}\boldsymbol{S}$ 的正法线方向 $\boldsymbol{e}_n$ 成 θ 角，如图 18.4 所示。由于电场 $\boldsymbol{E}$ 的作用，分子的正、负电荷的重心将沿电场方向分离。为简单起见，假定负电荷不动，而正电荷沿 $\boldsymbol{E}$ 的方向发生位移 $\boldsymbol{l}$。在面元 $\mathrm{d}\boldsymbol{S}$ 后侧取一斜高为 l，底面积为 $\mathrm{d}S$ 的体积元 $\mathrm{d}V$。由于电场 $\boldsymbol{E}$ 的作用，此体积内所有分子的正电荷重心将越过 $\mathrm{d}\boldsymbol{S}$ 到前侧去。以 q 表示每个分子的正电荷量，以 n 表示电介质单位体积内的分子数，则由于电极化而越过 $\mathrm{d}\boldsymbol{S}$ 面的总电荷为

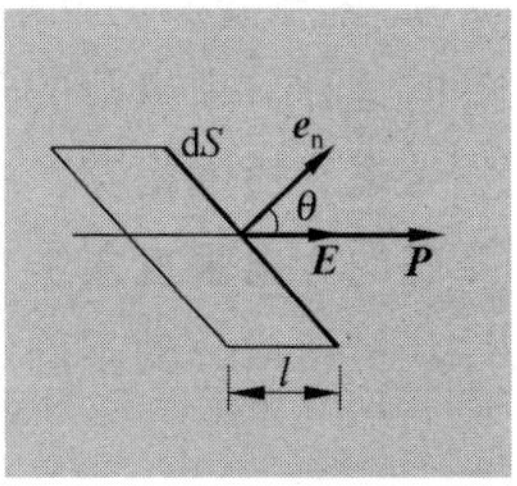

图 18.4 极化电荷的产生

$$\mathrm{d}q'=qn\mathrm{d}V=qnl\,\mathrm{d}S\cos\theta$$

由于 $ql=p$，而 $np=P$，所以

$$\mathrm{d}q'=P\cos\theta\mathrm{d}S$$

因此，$\mathrm{d}S$ 面上因电极化而越过单位面积的电荷应为

$$\frac{\mathrm{d}q'}{\mathrm{d}S}=P\cos\theta=\boldsymbol{P}\cdot\boldsymbol{e}_n$$

这一关系式虽然是利用非极性分子电介质推出的，但对极性分子电介质同样适用。

---

① 非均匀电介质放到外电场中时，电介质内部的宏观微小区域内还会出现多余的正的或负的体束缚电荷，这也是电极化的表现。

② 式(18.4)也常写成 $\boldsymbol{P}=\varepsilon_0\chi\boldsymbol{E}$ 的形式，其中 $\chi=\varepsilon_r-1$，叫做电介质的**电极化率**。

在上述论证中，如果 d$\boldsymbol{S}$ 面碰巧是电介质的面临真空的表面，而 $\boldsymbol{e}_n$ 是其外法线方向的单位矢量，则上式就给出因电极化而在电介质表面单位面积上显露出的面束缚电荷，即面束缚电荷密度。以 σ' 表示面束缚电荷密度，则由上述可得

$$\sigma' = P\cos\theta = \boldsymbol{P}\cdot\boldsymbol{e}_n \tag{18.5}$$

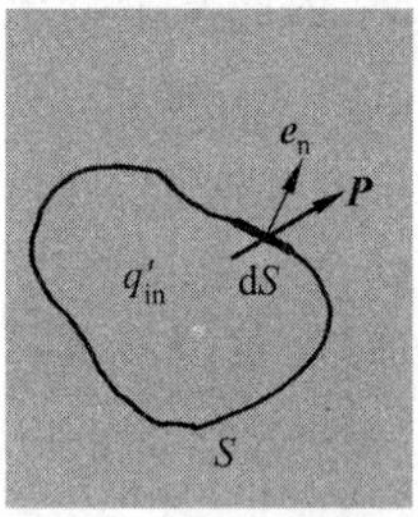

图 18.5 体束缚电荷的产生

电介质内部体束缚电荷的产生可以根据式(18.5)进一步求出。为此可设想电介质内部任一封闭曲面 S(图 18.5)。如上已求得由于电极化而越过 d$\boldsymbol{S}$ 面向外移出封闭面的电荷为

$$\mathrm{d}q'_{\mathrm{out}} = P\cos\theta\mathrm{d}S = \boldsymbol{P}\cdot\mathrm{d}\boldsymbol{S}$$

通过整个封闭面向外移出的电荷应为

$$q'_{\mathrm{out}} = \oint_S \mathrm{d}q'_{\mathrm{out}} = \oint_S \boldsymbol{P}\cdot\mathrm{d}\boldsymbol{S}$$

因为电介质是中性的，根据电荷守恒，由于电极化而在封闭面内留下的多余的电荷，即体束缚电荷，应为

$$q'_{\mathrm{in}} = -q'_{\mathrm{out}} = -\oint_S \boldsymbol{P}\cdot\mathrm{d}\boldsymbol{S} \tag{18.6}$$

这就是电介质内由于电极化而产生的体束缚电荷与电极化强度的关系：封闭面内的体束缚电荷等于通过该封闭面的电极化强度通量的负值。

当外加电场不太强时，它只是引起电介质的极化，不会破坏电介质的绝缘性能(实际的各种电介质中总有数目不等的少量自由电荷，所以总有微弱的导电能力)。如果外加电场很强，则电介质的分子中的正负电荷有可能被拉开而变成可以自由移动的电荷。由于大量的这种自由电荷的产生，电介质的绝缘性能就会遭到明显的破坏而变成导体。这种现象叫**电介质的击穿**。一种电介质材料所能承受的不被击穿的最大电场强度，叫做这种电介质的**介电强度**或击穿场强。表 18.3 给出了几种电介质的介电强度的数值(由于实验条件及材料成分的不确定，这些数值只是大致的)。

表 18.3 几种电介质的介电强度

电 介 质	介电强度/(kV/mm)	电 介 质	介电强度/(kV/mm)
空气(1 atm)	3	胶木	20
玻璃	10～25	石蜡	30
瓷	6～20	聚乙烯	50
矿物油	15	云母	80～200
纸(油浸过的)	15	钛酸钡	3

18.3 *D* 的高斯定律

电介质放在电场中时，受电场的作用而极化，产生了束缚电荷，这束缚电荷又会反过来影响电场的分布。有电介质存在时的电场应该由电介质上的束缚电荷和其他电荷共同决定。其他电荷包括金属导体上带的电荷，统称**自由电荷**。设自由电荷为 q_0，它产生的

电场用 $\boldsymbol{E}_0$ 表示，电介质上的束缚电荷为 q'，它产生的电场用 $\boldsymbol{E}'$ 表示，则有电介质存在时的总场强为

$$\boldsymbol{E} = \boldsymbol{E}_0 + \boldsymbol{E}' \tag{18.7}$$

一般问题中，只给出自由电荷的分布和电介质的分布，束缚电荷的分布是未知的。由于束缚电荷由电场的分布 $\boldsymbol{E}$ 决定，而 $\boldsymbol{E}$ 又通过上式由束缚电荷的分布决定，这样，问题就相当复杂。但这种复杂关系可以通过引入适当的物理量来简明地表示，下面就用高斯定律来导出这种表示式。

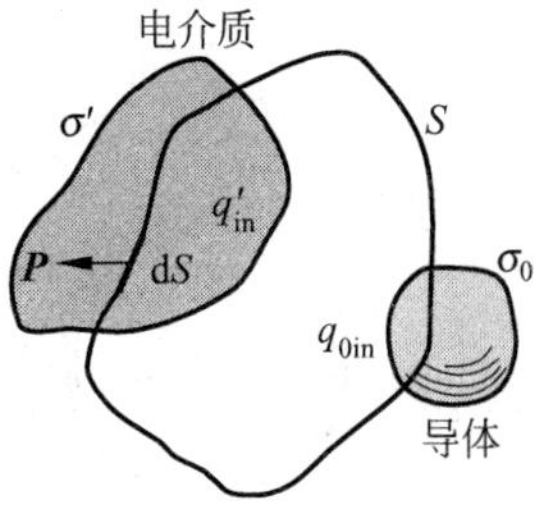

图 18.6 推导 **D** 的高斯定律用图

如图 18.6 所示，带电的导体和电极化了的电介质组成的系统可视为由一定的束缚电荷 $q'(\sigma')$ 和自由电荷 $q_0(\sigma_0)$ 分布组成的电荷系统，所有这些电荷产生一电场分布 $\boldsymbol{E}$。由高斯定律可知，对封闭面 S 来说，

$$\oint_S \boldsymbol{E} \cdot \mathrm{d}\boldsymbol{S} = \frac{1}{\varepsilon_0}\left(\sum q_{0\mathrm{in}} + q'_{\mathrm{in}}\right)$$

将式(18.6)的 q'_{in}代入此式，移项后可得

$$\oint_S (\varepsilon_0 \boldsymbol{E} + \boldsymbol{P}) \cdot \mathrm{d}\boldsymbol{S} = \sum q_{0\mathrm{in}}$$

在此，引入一个辅助物理量——**电位移**——表示积分号内的合矢量，并以 $\boldsymbol{D}$ 表示，即定义

$$\boldsymbol{D} = \varepsilon_0 \boldsymbol{E} + \boldsymbol{P} \tag{18.8}$$

则上式就可简洁地表示为

$$\oint_S \boldsymbol{D} \cdot \mathrm{d}\boldsymbol{S} = \sum q_{0\mathrm{in}} \tag{18.9}$$

此式说明**通过任意封闭曲面的电位移通量等于该封闭面包围的自由电荷的代数和**。这一关系式叫 **D 的高斯定律**，是电磁学的一条基本定律。在无电介质的情况下，$\boldsymbol{P}=0$，式(18.9)还原为式(15.21)。

将式(18.4)的 $\boldsymbol{P}$ 代入式(18.8)，可得

$$\boldsymbol{D} = \varepsilon_0 \varepsilon_r \boldsymbol{E} \tag{18.10}$$

通常还用 ε 代表乘积 $\varepsilon_0\varepsilon_r$，即

$$\varepsilon = \varepsilon_0 \varepsilon_r \tag{18.11}$$

并叫做电介质的**介电常量**(或**电容率**)，它的单位与 ε_0 的单位相同。这样，式(18.10)可以写成

$$\boldsymbol{D} = \varepsilon \boldsymbol{E} \tag{18.12}$$

这一关系式是点点对应的关系，即电介质中某点的 $\boldsymbol{D}$ 等于该点的 $\boldsymbol{E}$ 与电介质在该点的介电常量的乘积，二者的方向相同①。

在国际单位制中电位移的单位名称为库每平方米，符号为 $\mathrm{C/m^2}$。

利用 $\boldsymbol{D}$ 的高斯定律，可以先由自由电荷的分布求出 $\boldsymbol{D}$ 的分布，然后再用式(18.10)或式(18.12)求出 E 的分布。当然，具体来说，还是只有对那些自由电荷和电介质的分布都

① 在各向异性的电介质(例如某些晶体)中，同一地点的 $\boldsymbol{D}$ 和 $\boldsymbol{E}$ 的方向可能不同，它们的关系不能用式(18.12)简单地表示。

具有一定对称性的系统，才可能用 $\boldsymbol{D}$ 的高斯定律简便地求解。下面举两个例子。

例 18.1

如图 18.7 所示，一个带正电的金属球，半径为 R，电量为 q，浸在一个大油箱中，油的相对介电常量为 ε_r，求球外的电场分布以及贴近金属球表面的油面上的束缚电荷总量 q'。

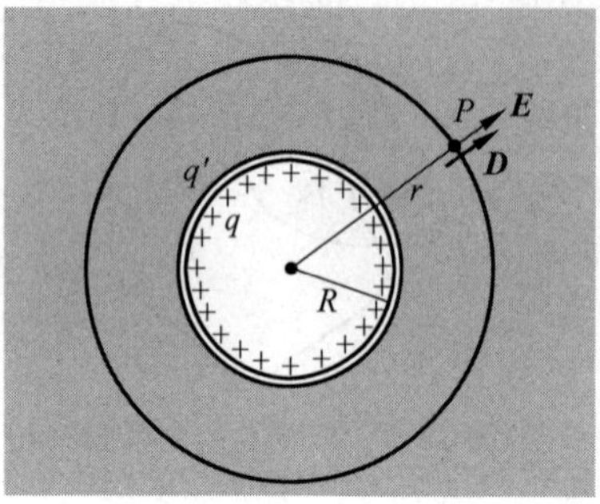

图 18.7 例 18.1 用图

解 由自由电荷 q 和电介质分布的球对称性可知，$\boldsymbol{E}$ 和 $\boldsymbol{D}$ 的分布也具有球对称性。为了求出在油内距球心距离为 r 处的电场强度 $\boldsymbol{E}$，可以作一个半径为 r 的球面并计算通过此球面的 $\boldsymbol{D}$ 通量。这一通量是

$$\oint_S \boldsymbol{D}\cdot \mathrm{d}\boldsymbol{S} = D\cdot 4\pi r^2$$

由 $\boldsymbol{D}$ 的高斯定律可知

$$D\cdot 4\pi r^2 = q$$

由此得

$$D = \frac{q}{4\pi r^2}$$

考虑到 $\boldsymbol{D}$ 的方向沿径向向外，此式可用矢量式表示为

$$\boldsymbol{D} = \frac{q}{4\pi r^2}\boldsymbol{e}_r$$

根据式(18.10)可得油中的电场分布公式为

$$\boldsymbol{E} = \frac{\boldsymbol{D}}{\varepsilon_0\varepsilon_r} = \frac{q}{4\pi\varepsilon_0\varepsilon_r r^2}\boldsymbol{e}_r \tag{18.13}$$

由于在真空情况下，电荷 q 周围的电场为 $\boldsymbol{E}_0 = \frac{q}{4\pi\varepsilon_0 r^2}\boldsymbol{e}_r$ 可见，当电荷周围充满电介质时，场强减弱到真空时的 ε_r 分之一。这减弱的原因是在贴近金属球表面的油面上出现了束缚电荷。

现在来求束缚电荷总量 q'。由于 q' 在贴近球面的介质表面上均匀分布，它在 r 处产生的电场应为

$$\boldsymbol{E}' = \frac{q'}{4\pi\varepsilon_0 r^2}\boldsymbol{e}_r$$

自由电荷 q 在 r 处产生的电场为

$$\boldsymbol{E}_0 = \frac{q}{4\pi\varepsilon_0 r^2}\boldsymbol{e}_r$$

将此二式和式(18.13)代入式(18.7)，可得

$$q' = \left(\frac{1}{\varepsilon_r} - 1\right)q$$

由于 $\varepsilon_r > 1$，所以 q' 总与 q 反号，而其数值则小于 q。

例 18.2

如图 18.8 所示，两块靠近的平行金属板间原为真空。使它们分别带上等量异号电荷直至两板上面电荷密度分别为 $+\sigma_0$ 和 $-\sigma_0$，而板间电压 $U_0 = 300$ V。这时保持两板上的电量不变，将板间一半空间充以相对介电常量为 $\varepsilon_r = 5$ 的电介质，求板间电压变为多少？电介质上、下表面的面束缚电荷密度多大(计算时忽略边缘效应)？

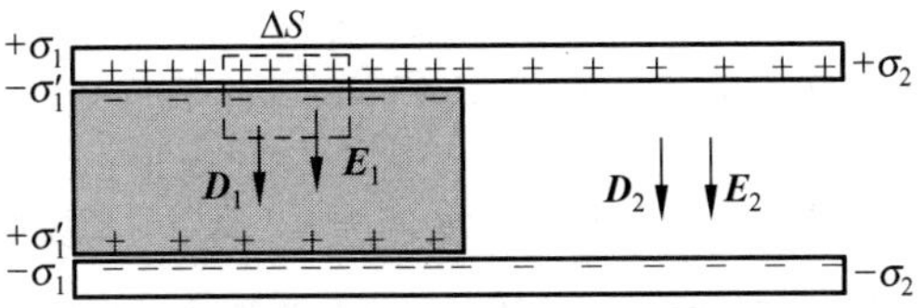

图 18.8　例 18.2 用图

解　设金属板的面积为 S，板间距离为 d，在未充电介质之前板的面电荷密度是 σ_0，这时板间电场为 $E_0=\sigma_0/\varepsilon_0$，而两板间电压为 $U_0=E_0d$。

板间一半充以电介质后，若不考虑边缘效应，则板间各处的电场 $\boldsymbol{E}$ 与电位移 $\boldsymbol{D}$ 的方向都垂直于板面且在两半内部分布均匀。以 σ_1 和 σ_2 分别表示金属板上左半及右半部的面电荷密度，以 $\boldsymbol{E}_1$，$\boldsymbol{E}_2$ 和 $\boldsymbol{D}_1$，$\boldsymbol{D}_2$ 分别表示板间左半和右半部的电场强度和电位移。为了求出此时板间的电压，需要先求出电场分布，而这又需要先求出 $\boldsymbol{D}$ 的分布。为此，先在板间左半部作一底面积为 ΔS 的封闭柱面作为高斯面，其轴线与板面垂直，两底面与金属板平行，而且上底面在金属板内。通过这一封闭面的 $\boldsymbol{D}$ 的通量为通过封闭柱面的上底面、下底面和侧面的通量之和，即有

$$\oint_S \boldsymbol{D}_1\cdot d\boldsymbol{S}=\int_{S_t}\boldsymbol{D}_1\cdot d\boldsymbol{S}+\int_{S_b}\boldsymbol{D}_1\cdot d\boldsymbol{S}+\int_{S_l}\boldsymbol{D}_1\cdot d\boldsymbol{S}$$

由于在上底面处场强为零，$\boldsymbol{D}$ 也为零；在侧面上 $\boldsymbol{D}$ 与 $d\boldsymbol{S}$ 垂直，所以通过上底面和侧面的 $\boldsymbol{D}$ 的通量为零。通过整个封闭面的 $\boldsymbol{D}$ 的通量就是通过下底面的 $\boldsymbol{D}$ 的通量，即

$$\oint_S \boldsymbol{D}_1\cdot d\boldsymbol{S}=\boldsymbol{D}_1\Delta S$$

包围在此封闭面内的自由电荷为 $\sigma_1\Delta S$，由 $\boldsymbol{D}$ 的高斯定律可得

$$D_1=\sigma_1$$

而

$$E_1=\frac{D_1}{\varepsilon_0\varepsilon_r}=\frac{\sigma_1}{\varepsilon_0\varepsilon_r}$$

同理，对于右半部，

$$D_2=\sigma_2$$

$$E_2=\frac{D_2}{\varepsilon_0}=\frac{\sigma_2}{\varepsilon_0}$$

由于静电平衡时两导体都是等势体，所以左右两部分两板间的电势差是相等的，即

$$E_1d=E_2d$$

所以

$$E_1=E_2$$

将上面的 E_1 和 E_2 的值代入可得

$$\sigma_2=\frac{\sigma_1}{\varepsilon_r}$$

此外，因为金属板上总电量保持不变，所以有

$$\sigma_1\frac{S}{2}+\sigma_2\frac{S}{2}=\sigma_0S$$

由此得

$$\sigma_1+\sigma_2=2\sigma_0$$

将上面关于 σ_1 和 σ_2 的两个方程联立求解，可得

$$\sigma_1=\frac{2\varepsilon_r}{1+\varepsilon_r}\sigma_0>\sigma_0$$

$$\sigma_2=\frac{2}{1+\varepsilon_r}\sigma_0<\sigma_0$$

这时板间的电场强度为

$$E_1 = E_2 = \frac{\sigma_2}{\varepsilon_0} = \frac{2\sigma_0}{\varepsilon_0(1+\varepsilon_r)} = \frac{2}{1+\varepsilon_r}E_0$$

由于 $1>\frac{2}{1+\varepsilon_r}>\frac{1}{\varepsilon_r}$，所以这一结果说明两板间电场比板间全部为真空时的场强减弱了，但并不像式(18.2)表示的那样减弱到 ε_r 分之一，这是因为电介质并未充满两板间的空间的缘故。

求出了场强，就可以求出板间充有电介质时两板间的电压为

$$U = Ed = \frac{2}{1+\varepsilon_r}E_0 d = \frac{2}{1+\varepsilon_r}U_0 = \frac{2}{1+5}\times 300 = 100\ (\text{V})$$

可以如下求出电介质上、下表面的束缚面电荷密度 σ_1'。电介质的电极化强度为

$$P_1 = \varepsilon_0(\varepsilon_r - 1)E_1 = \varepsilon_0(\varepsilon_r - 1)\frac{\sigma_1}{\varepsilon_0\varepsilon_r} = \frac{2(\varepsilon_r - 1)}{\varepsilon_r + 1}\sigma_0$$

由于 $\boldsymbol{P}_1$ 的方向与 $\boldsymbol{E}_1$ 相同，即垂直于电介质表面，所以

$$\sigma_1' = P_n = P = \frac{2(\varepsilon_r - 1)}{\varepsilon_r + 1}\sigma_0$$

静电场的边界条件

在电场中两种介质的交界面两侧，由于相对介电常量的不同，电极化强度也不同，因而界面两侧的电场也不同，但两侧的电场有一定的关系。下面根据静电场的基本规律导出这一关系。设两种介质的相对介电常量分别为 ε_{r1} 和 ε_{r2}，而且在交界面上并无自由电荷存在。

如图 18.9(a)所示，在介质分界面上取一狭长的矩形回路，长度为 Δl 的两长对边分别在两介质内并平行于界面。以 $\boldsymbol{E}_{1t}$ 和 $\boldsymbol{E}_{2t}$ 分别表示界面两侧的电场强度的切向分量，则由静电场的环路定理式(16.4)(忽略两短边的积分值)可得

$$\oint \boldsymbol{E}\cdot d\boldsymbol{r} = E_{1t}\Delta l - E_{2t}\Delta l = 0$$

由此得

$$E_{1t} = E_{2t} \tag{18.14}$$

即分界面两侧电场强度的切向分量相等。

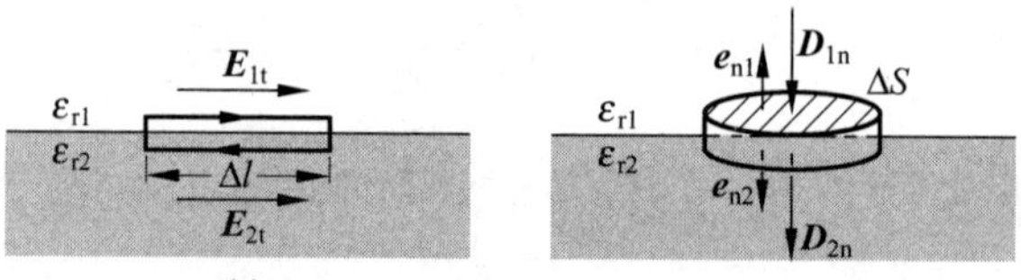

图 18.9 静电场的边界条件

(a) 切向电场强度相等；(b) 法向电位移相等

又如图 18.9(b)所示，在介质分界面上作一扁筒式封闭面，面积为 ΔS 的两底面分别在两介质内并平行于界面。以 $\boldsymbol{D}_{1n}$ 和 $\boldsymbol{D}_{2n}$ 分别表示界面两侧电位移矢量的法向分量，则由 $\boldsymbol{D}$ 的高斯定律式(18.9)(忽略筒侧面的积分值)可得

$$\oint \boldsymbol{D}\cdot d\boldsymbol{S} = -D_{1n}\Delta S + D_{2n}\Delta S = 0$$

由此得

$$D_{1n} = D_{2n} \tag{18.15}$$

即分界面两侧电位移矢量的法向分量相等。这实际上是在界面上无自由电荷存在时 $\boldsymbol{D}$ 线连续地越过界面的表示。

式(18.14)和式(18.15)统称静电场的**边界条件**，由它们还可求出电位移矢量越过两种电介质时方

向的改变。如图 18.10 所示,以 θ_1 和 θ_2 分别表示两介质中的电位移矢量 $\boldsymbol{D}_1$ 和 $\boldsymbol{D}_2$ 与分界面法线的夹角,则由图可看出

$$\frac{\tan\theta_1}{\tan\theta_2}=\frac{D_{1t}/D_{1n}}{D_{2t}/D_{2n}}=\frac{D_{1t}}{D_{2t}}=\frac{\varepsilon_{r1}E_{1t}}{\varepsilon_{r2}E_{2t}}$$

根据式(18.14),可得

$$\frac{\tan\theta_1}{\tan\theta_2}=\frac{\varepsilon_{r1}}{\varepsilon_{r2}} \tag{18.16}$$

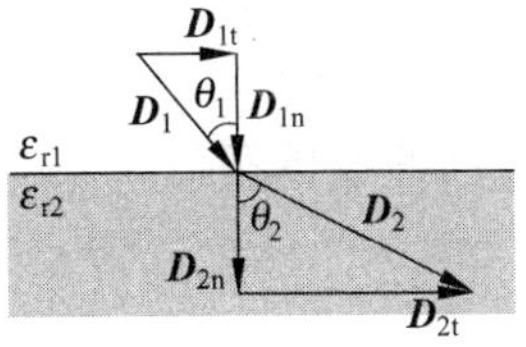

图 18.10 **D** 线的方向改变

由于 $\boldsymbol{D}$ 线是连续的,所以这一表示 $\boldsymbol{D}$ 线越过界面时方向改变的关系被称做 **D 线的折射定律**。

18.4 电容器和它的电容

电容器是一种常用的电学和电子学元件,它由两个用电介质隔开的金属导体组成。电容器的最基本的形式是平行板电容器,它是用两块平行的金属板或金属箔,中间夹以电介质薄层如云母片、浸了油或蜡的纸等构成的(图 18.11)。电容器工作时它的两个金属板的相对的两个表面上总是分别带上等量异号的电荷 $+Q$ 和 $-Q$,这时两板间有一定的电压 $U=\varphi_+-\varphi_-$。一个电容器所带的电量 Q 总与其电压 U 成正比,比值 Q/U 叫电容器的**电容**。以 C 表示电容器的电容,就有

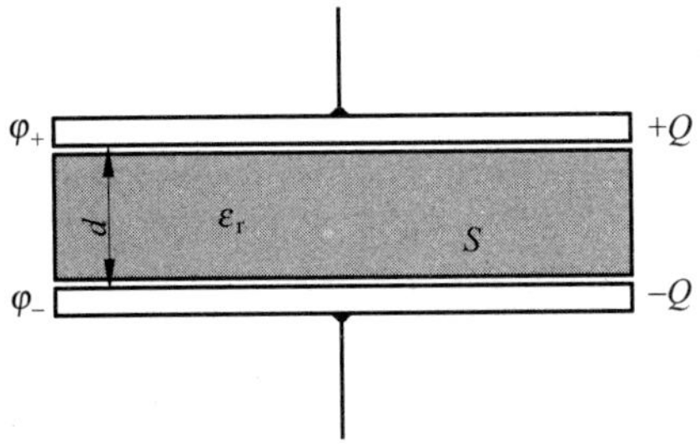

图 18.11 平行板电容器

$$C=\frac{Q}{U} \tag{18.17}$$

电容器的电容决定于电容器本身的结构,即两导体的形状、尺寸以及两导体间电介质的种类等,而与它所带的电量无关。

在国际单位制中,电容的单位名称是法[拉],符号为 F,

$$1\ \mathrm{F}=1\ \mathrm{C/V}$$

实际上 1 F 是非常大的,常用的单位是 μF 或 pF 等较小的单位,

$$1\ \mu\mathrm{F}=10^{-6}\ \mathrm{F}$$

$$1\ \mathrm{pF}=10^{-12}\ \mathrm{F}$$

从式(18.17)可以看出,在电压相同的条件下,电容 C 越大的电容器,所储存的电量越多。这说明电容是反映电容器储存电荷本领大小的物理量。实际上除了储存电量外,电容器在电工和电子线路中起着很大的作用。交流电路中电流和电压的控制,发射机中振荡电流的产生,接收机中的调谐,整流电路中的滤波,电子线路中的时间延迟等都要用到电容器。

简单电容器的电容可以容易地计算出来,下面举几个例子。对如图 18.11 所示的平行板电容器,以 S 表示两平行金属板相对着的表面积,以 d 表示两板之间的距离,并设两板间充满了相对介电常数为 ε_r 的电介质。为了求它的电容,我们假设它带上电量 Q(即两板上相对的两个表面分别带上 $+Q$ 和 $-Q$ 的电荷)。忽略边缘效应,它的两板间的电场是

$$E=\frac{\sigma}{\varepsilon_0\varepsilon_r}=\frac{Q}{\varepsilon_0\varepsilon_r S}$$

两板间的电压就是

$$U=Ed=\frac{Qd}{\varepsilon_0\varepsilon_r S}$$

将此电压代入电容的定义式(18.17)就可得出平行板电容器的电容为

$$C=\frac{\varepsilon_0\varepsilon_r S}{d} \tag{18.18}$$

此结果表明电容的确只决定于电容器的结构,而且板间充满电介质时的电容是板间为真空($\varepsilon_r=1$)时的电容的 ε_r 倍。

圆柱形电容器由两个同轴的金属圆筒组成。如图 18.12 所示,设筒的长度为 L,两筒的半径分别为 R_1 和 R_2,两筒之间充满相对介电常数为 ε_r 的电介质。为了求出这种电容器的电容,我们也假设它带有电量 Q(即外筒的内表面和内筒的外表面分别带有电量 $-Q$ 和 $+Q$)。忽略两端的边缘效应,根据自由电荷和电介质分布的轴对称性可以利用 $\boldsymbol{D}$ 的高斯定律求出电场分布来。距离轴线为 r 的电介质中一点的电场强度为

$$E=\frac{Q}{2\pi\varepsilon_0\varepsilon_r rL}$$

场强的方向垂直于轴线而沿径向,由此可以求出两圆筒间的电压为

$$U=\int \boldsymbol{E}\cdot \mathrm{d}\boldsymbol{r}=\int_{R_1}^{R_2}\frac{Q}{2\pi\varepsilon_0\varepsilon_r rL}\mathrm{d}r=\frac{Q}{2\pi\varepsilon_0\varepsilon_r L}\ln\frac{R_2}{R_1}$$

将此电压代入电容的定义式(18.17),就可得圆柱形电容器的电容为

$$C=\frac{2\pi\varepsilon_0\varepsilon_r L}{\ln(R_2/R_1)} \tag{18.19}$$

球形电容器是由两个同心的导体球壳组成。如果两球壳间充满相对介电常量为 ε_r 的电介质(图 18.13),则可用与上面类似的方法求出球形电容器的电容为

$$C=\frac{4\pi\varepsilon_0\varepsilon_r R_1R_2}{R_2-R_1} \tag{18.20}$$

式中 R_1 和 R_2 分别表示内球壳外表面和外球壳内表面的半径。

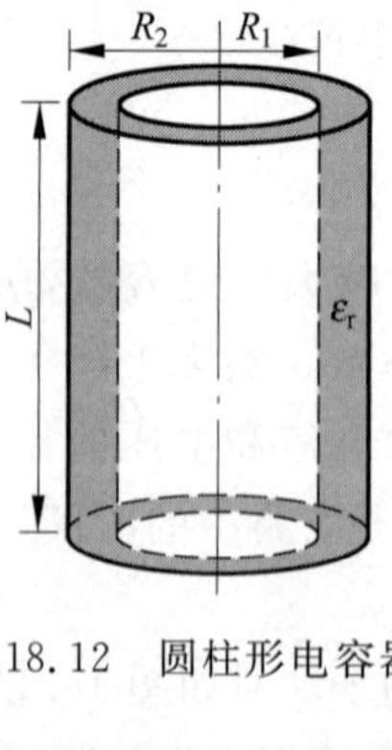

图 18.12 圆柱形电容器

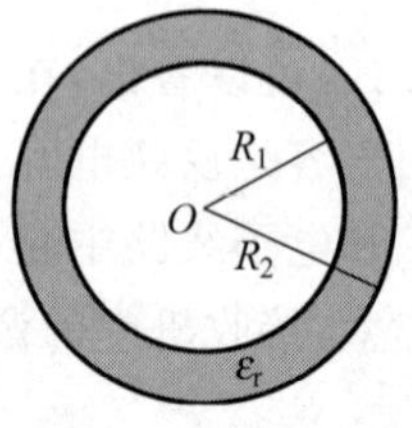

图 18.13 球形电容器

实际的电工和电子装置中任何两个彼此隔离的导体之间都有电容,例如两条输电线之间,电子线路中两段靠近的导线之间都有电容。这种电容实际上反映了两部分导体之间通过电场的相互影响,有时叫做"杂散电容"。在有些情况下(如高频率的变化电流),这

种杂散电容对电路的性质产生明显的影响。

对一个孤立导体，可以认为它和无限远处的另一导体组成一个电容器。这样一个电容器的电容就叫做这个孤立导体的电容。例如对一个在空气中的半径为 R 的孤立的导体球，就可以认为它和一个半径为无限大的同心导体球组成一个电容器。这样，利用式(18.20)，使 $R_2 \to \infty$，将 R_1 改写为 R，又因为空气的 ε_r 可取作 1，所以这个导体球的电容就是

$$C = 4\pi\varepsilon_0 R \tag{18.21}$$

衡量一个实际的电容器的性能有两个主要的指标：一个是它的电容的大小；另一个是它的耐(电)压能力。使用电容器时，所加的电压不能超过规定的耐压值，否则在电介质中就会产生过大的场强，而使它有被击穿的危险。

在实际电路中当遇到单独一个电容器的电容或耐压能力不能满足要求时，就把几个电容器连接起来使用。电容器连接的基本方式有并联和串联两种。

并联电容器组如图 18.14(a)所示。这时各电容器的电压相等，即总电压 U，而总电量 Q 为各电容器所带的电量之和。以 $C=Q/U$ 表示电容器组的总电容或等效电容，则可证明，对并联电容器组，

$$C = \sum C_i \tag{18.22}$$

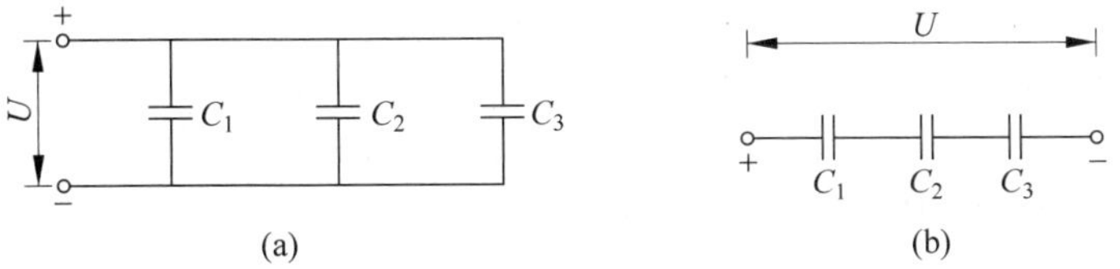

图 18.14 电容器连接

(a) 三个电容器并联；(b) 三个电容器串联

串联电容器组如图 18.14(b)所示。这时各电容器所带电量相等，也就是电容器组的总电量 Q，总电压 U 等于各个电容器的电压之和。仍以 $C=Q/U$ 表示总电容，则可以证明，对于串联电容器组

$$\frac{1}{C} = \sum \frac{1}{C_i} \tag{18.23}$$

并联和串联比较如下。并联时，总电容增大了，但因每个电容器都直接连到电压源上，所以电容器组的耐压能力受到耐压能力最低的那个电容器的限制。串联时，总电容比每个电容器都减小了，但是，由于总电压分配到各个电容器上，所以电容器组的耐压能力比每个电容器都提高了。

18.5 电容器的能量

电容器带电时具有能量可以从下述实验看出。将一个电容器 C、一个直流电源 $\mathscr{E}$ 和一个灯泡 B 连成如图 18.15(a)的电路，先将开关 K 倒向 a 边，当再将开关倒向 b 边时，灯

泡会发出一次强的闪光。有的照相机上附装的闪光灯就是利用了这样的装置。

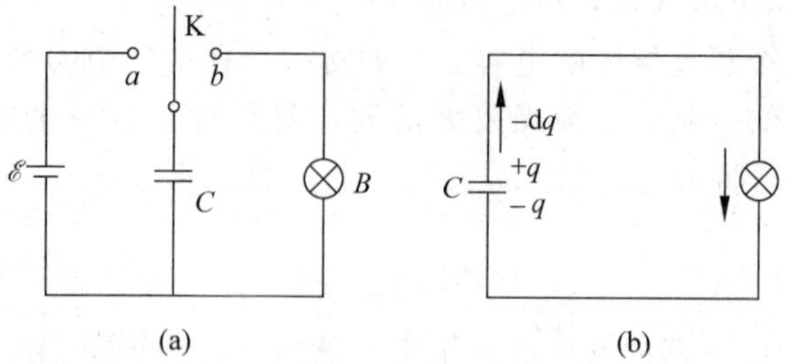

图 18.15 电容器充放电电路图(a)和电容器放电过程(b)

可以这样来分析这个实验现象。开关倒向 a 边时,电容器两板和电源相连,使电容器两板带上电荷。这个过程叫电容器的**充电**。当开关倒向 b 边时,电容器两板上的正负电荷又会通过有灯泡的电路中和。这一过程叫电容器的**放电**。灯泡发光是电流通过它的显示,灯泡发光所消耗的能量是从哪里来的呢?是从电容器释放出来的,而电容器的能量则是它充电时由电源供给的。

现在我们来计算电容器带有电量 Q,相应的电压为 U 时所具有的能量,这个能量可以根据电容器在放电过程中电场力对电荷做的功来计算。设在放电过程中某时刻电容器两极板所带的电量为 q。以 C 表示电容,则这时两板间的电压为 $u=q/C$。以 $-\mathrm{d}q$ 表示在此电压下电容器由于放电而减小的微小电量(由于放电过程中 q 是减小的,所以 q 的增量 $\mathrm{d}q$ 本身是负值),也就是说,有 $-\mathrm{d}q$ 的正电荷在电场力作用下沿导线从正极板经过灯泡与负极板等量的负电荷 $\mathrm{d}q$ 中和,如图 18.15(b)所示。在这一微小过程中电场力做的功为

$$\mathrm{d}A=(-\mathrm{d}q)u=-\frac{q}{C}\mathrm{d}q$$

从原有电量 Q 到完全中和的整个放电过程中,电场力做的总功为

$$A=\int \mathrm{d}A=-\int_Q^0 \frac{q}{C}\mathrm{d}q=\frac{1}{2}\frac{Q^2}{C}$$

这也就是电容器原来带有电量 Q 时所具有的能量。用 W 表示电容器的能量,并利用 $Q=CU$ 的关系,可以得到电容器的能量公式为

$$W=\frac{1}{2}\frac{Q^2}{C}=\frac{1}{2}CU^2=\frac{1}{2}QU \tag{18.24}$$

电容器的能量同样可以认为是储存在电容器内的电场之中,可以用下面的分析把这个能量和电场强度 E 联系起来。

仍以平行板电容器为例,设板的面积为 S,板间距离为 d,板间充满相对介电常量为 ε_r 的电介质。此电容器的电容由式(18.18)给出,即

$$C=\frac{\varepsilon_0\varepsilon_r S}{d}$$

将此式代入式(18.24)可得

$$W=\frac{1}{2}\frac{Q^2}{C}=\frac{1}{2}\frac{Q^2 d}{\varepsilon_0\varepsilon_r S}=\frac{\varepsilon_0\varepsilon_r}{2}\left(\frac{Q}{\varepsilon_0\varepsilon_r S}\right)^2 Sd$$

由于电容器的两板间的电场为

$$E=\frac{Q}{\varepsilon_0\varepsilon_r S}$$

所以可得

$$W=\frac{\varepsilon_0\varepsilon_r}{2}E^2 Sd$$

由于电场存在于两板之间，所以 Sd 也就是电容器中电场的体积，因而这种情况下的电场能量体密度 w_e 应表示为

$$w_e=\frac{W}{Sd}=\frac{1}{2}\varepsilon_0\varepsilon_r E^2$$

或

$$w_e=\frac{1}{2}\varepsilon E^2=\frac{1}{2}DE \tag{18.25}$$

式(18.25)虽然是利用平行板电容器推导出来的，但是可以证明，它对于任何电介质内的电场都是成立的。在真空中，由于 $\varepsilon_r=1,\varepsilon=\varepsilon_0$，所以式(18.25)就还原为式(16.28)，即 $w_e=\frac{1}{2}\varepsilon_0 E^2$。比较式(18.25)和式(16.28)可知，在电场强度相同的情况下，电介质中的电场能量密度将增大到 ε_r 倍。这是因为在电介质中，不但电场 $\boldsymbol{E}$ 本身像式(16.28)那样储有能量，而且电介质的极化过程也吸收并储存了能量。

一般情况下，有电介质时的电场总能量 W 应该是对式(18.25)的能量密度积分求得，即

$$W=\int w_e \mathrm{d}V=\int\frac{\varepsilon E^2}{2}\mathrm{d}V \tag{18.26}$$

此积分应遍及电场分布的空间。

例 18.3

一球形电容器，内外球的半径分别为 R_1 和 R_2（图 18.16），两球间充满相对介电常量为 ε_r 的电介质，求此电容器带有电量 Q 时所储存的电能。

解 由于此电容器的内外球分别带有 $+Q$ 和 $-Q$ 的电量，根据高斯定律可求出内球内部和外球外部的电场强度都是零。两球间的电场分布为

$$E=\frac{Q}{4\pi\varepsilon_0\varepsilon_r r^2}$$

将此电场分布代入式(18.26)可得此球形电容器储存的电能为

$$W=\int w_e \mathrm{d}V=\int_{R_1}^{R_2}\frac{\varepsilon_0\varepsilon_r}{2}\left(\frac{Q}{4\pi\varepsilon_0\varepsilon_r r^2}\right)^2 4\pi r^2\mathrm{d}r$$

$$=\frac{Q^2}{8\pi\varepsilon_0\varepsilon_r}\left(\frac{1}{R_1}-\frac{1}{R_2}\right)$$

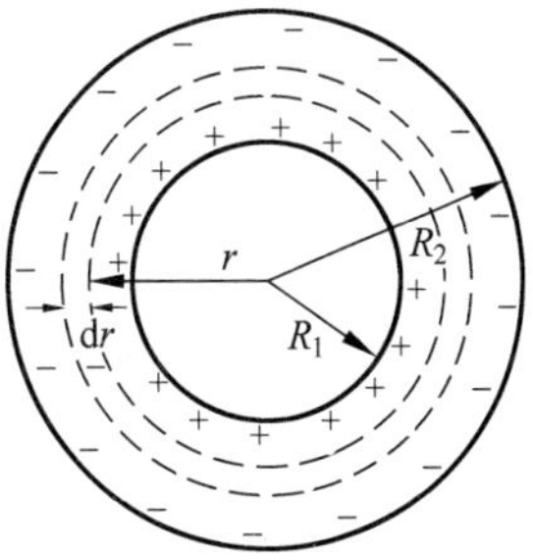

图 18.16 例 18.3 用图

此电能应该和用式(18.24)计算的结果相同。和式(18.24)中的 $W=\frac{1}{2}\frac{Q^2}{C}$ 比较，可得球形电容器的电容为

$$C=4\pi\varepsilon_0\varepsilon_r\frac{R_1R_2}{R_2-R_1}$$

此式和式(18.20)相同。这里利用了能量公式，这是计算电容器电容的另一种方法。

提要

1. 电介质分子的电矩：极性分子有固有电矩，非极性分子在外电场中产生感生电矩。

2. 电介质的极化：在外电场中固有电矩的取向或感生电矩的产生使电介质的表面(或内部)出现束缚电荷。

电极化强度：对各向同性的电介质，在电场不太强的情况下

$$\boldsymbol{P}=\varepsilon_0(\varepsilon_r-1)\boldsymbol{E}=\varepsilon_0\chi\boldsymbol{E}$$

面束缚电荷密度：$\sigma'=\boldsymbol{P}\cdot\boldsymbol{e}_n$

3. 电位移：$\boldsymbol{D}=\varepsilon_0\boldsymbol{E}+\boldsymbol{P}$

对各向同性电介质：$\boldsymbol{D}=\varepsilon_0\varepsilon_r\boldsymbol{E}=\varepsilon\boldsymbol{E}$

$\boldsymbol{D}$ 的高斯定律：$\oint_S\boldsymbol{D}\cdot d\boldsymbol{S}=q_{0in}$

静电场的边界条件：$E_{1t}=E_{2t}$，$D_{1n}=D_{2n}$

4. 电容器的电容：

$$C=\frac{Q}{U}$$

平行板电容器：$C=\frac{\varepsilon_0\varepsilon_r S}{d}$

并联电容器组：$C=\sum C_i$

串联电容器组：$\frac{1}{C}=\sum\frac{1}{C_i}$

5. 电容器的能量：

$$W=\frac{1}{2}\frac{Q^2}{C}=\frac{1}{2}CU^2=\frac{1}{2}QU$$

6. 电介质中电场的能量密度：$w_e=\frac{\varepsilon_0\varepsilon_r E^2}{2}=\frac{DE}{2}$

思考题

18.1 通过计算可知地球的电容约为 700 μF，为什么实验室内有的电容器的电容(如 1000 μF)比地球的还大？

18.2 平行板电容器的电容公式表示，当两板间距 $d\to0$ 时，电容 $C\to\infty$，在实际中我们为什么不能用尽量减小 d 的办法来制造大电容(提示：分析当电势差 ΔV 保持不变而 $d\to0$ 时，场强 $\boldsymbol{E}$ 会发生什么变化)？

18.3 如果你在平行板电容器的一板上放上比另一板更多的电荷，这额外的电荷将会怎样？

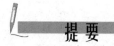

18.4 根据静电场环路积分为零证明：平行板电容器边缘的电场不可能像图 18.17 所画的那样，突然由均匀电场变到零，一定存在着逐渐减弱的电场，即边缘电场。

18.5 如果考虑平行板电容器的边缘场，那么其电容比不考虑边缘场时的电容大还是小？

18.6 图 18.18 所示为一电介质板置于平行板电容器的两板之间。作用在电介质板上的电力是把它拉进还是推出电容器两板间的区域(这时必须考虑边缘电场的作用)？

18.7 图 18.19 画出了一个具有保护环的电容器，两个保护环分别紧靠地包围着电容器的两个极板，但并没有和它们连接在一起。给电容器带电的同时使两保护环分别与电容器两极板的电势相等。试说明为什么这样就可以有效地消除电容器的边缘效应。

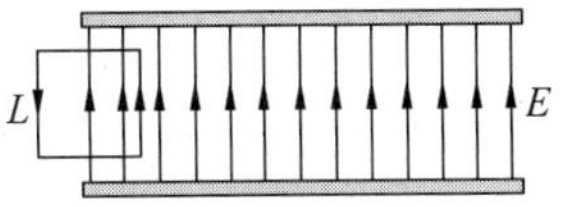

图 18.17 思考题 18.4 用图

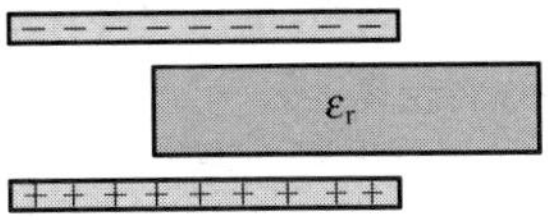

图 18.18 思考题 18.6 用图

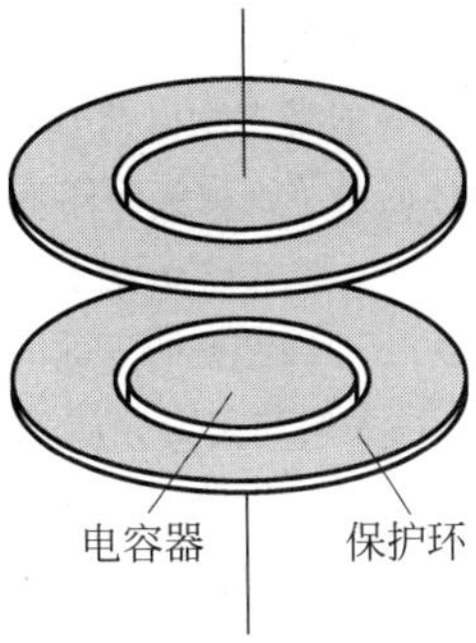

图 18.19 思考题 18.7 用图

18.8 两种电介质的分界面两侧的电极化强度分别是 $\boldsymbol{P}_1$ 和 $\boldsymbol{P}_2$，在这一分界面上的面束缚电荷密度多大？

18.9 在有固定分布的自由电荷的电场中放有一块电介质。当移动此电介质的位置后，电场中 $\boldsymbol{D}$ 的分布是否改变？$\boldsymbol{E}$ 的分布是否改变？通过某一特定封闭曲面的 $\boldsymbol{D}$ 的通量是否改变？$\boldsymbol{E}$ 的通量是否改变？

18.10 由极性分子组成的液态电介质，其相对介电常量在温度升高时是增大还是减小？

18.11 为什么带电的胶木棒能把中性的纸屑吸引起来？

18.12 用 $\boldsymbol{D}$ 的高斯定律证明图 18.1 的实验结果式(18.1)。

18.13 用式(18.26)求圆柱形电容器带电 Q 时储存的能量，并和式(18.24)对比求出圆柱形电容器的电容来。

*18.14 一长直导线电阻率为 ρ。在面积为 A 的截面上均匀通有电流 I 时，导线外紧临表面处的电场强度的大小和方向各如何？

习题

18.1 在 HCl 分子中，氯核和质子(氢核)的距离为 0.128 nm，假设氢原子的电子完全转移到氯原子上并与其他电子构成一球对称的负电荷分布而其中心就在氯核上。此模型的电矩多大？实测的 HCl 分子的电矩为 3.4×10^{-30} C·m，HCl 分子中的负电分布的“重心”应在何处？(氯核的电量为 $17e$。)

18.2 两个同心的薄金属球壳，内、外球壳半径分别为 $R_1=0.02$ m 和 $R_2=0.06$ m。球壳间充满两层均匀电介质，它们的相对介电常量分别为 $\varepsilon_{r1}=6$ 和 $\varepsilon_{r2}=3$。两层电介质的分界面半径 $R=0.04$ m。设内球壳带电量 $Q=-6\times10^{-8}$ C，求：

(1) $\boldsymbol{D}$ 和 $\boldsymbol{E}$ 的分布，并画 D-r，E-r 曲线；

(2) 两球壳之间的电势差；

(3) 贴近内金属壳的电介质表面上的面束缚电荷密度。

18.3 两共轴的导体圆筒的内、外筒半径分别为 R_1 和 R_2，$R_2<2R_1$。其间有两层均匀电介质，分界面半径为 r_0。内层介质相对介电常量为 ε_{r1}，外层介质相对介电常量为 ε_{r2}，且 $\varepsilon_{r2}=\varepsilon_{r1}/2$。两层介质的击穿场强都是 E_{max}。当电压升高时，哪层介质先击穿？两筒间能加的最大电势差多大？

18.4 一平板电容器板间充满相对介电常量为 ε_r 的电介质而带有电量 Q。试证明：与金属板相靠的电介质表面所带的面束缚电荷的电量为

$$Q'=\left(1-\frac{1}{\varepsilon_r}\right)Q$$

18.5 空气的介电强度为 3 kV/mm，试求空气中半径分别为 1.0 cm，1.0 mm，0.1 mm 的长直导线上单位长度最多各能带多少电荷？

18.6 人体的某些细胞壁两侧带有等量的异号电荷。设某细胞壁厚为 5.2×10^{-9} m，两表面所带面电荷密度为 $\pm0.52\times10^{-3}$ C/m^2，内表面为正电荷。如果细胞壁物质的相对介电常量为 6.0，求：(1)细胞壁内的电场强度；(2)细胞壁两表面间的电势差。

*18.7 一块大的均匀电介质平板放在一电场强度为 $\boldsymbol{E}_0$ 的均匀电场中，电场方向与板的夹角为 θ，如图 18.20 所示。已知板的相对介电常量为 ε_r，求板面的面束缚电荷密度。

18.8 有的计算机键盘的每一个键下面连一小块金属片，它下面隔一定空气隙是一块小的固定金属片。这样两片金属片就组成一个小电容器(图 18.21)。当键被按下时，此小电容器的电容就发生变化，与之相连的电子线路就能检测出是哪个键被按下了，从而给出相应的信号。设每个金属片的面积为 50.0 mm^2，两金属片之间的距离是 0.600 mm。如果电子线路能检测出的电容变化是 0.250 pF，那么键需要按下多大的距离才能给出必要的信号？

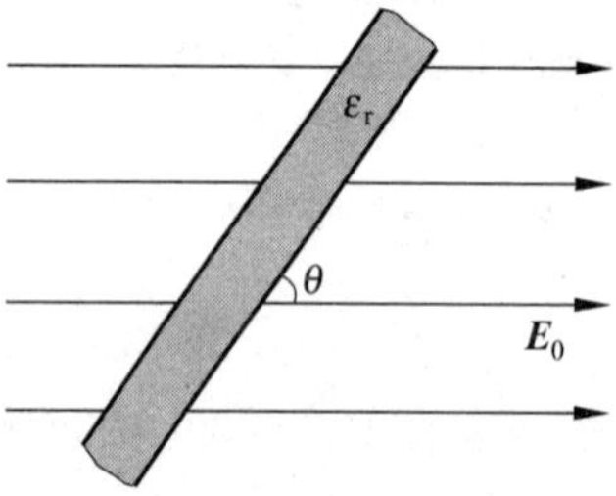

图 18.20 习题 18.7 用图

图 18.21 习题 18.8 用图

18.9 用两面夹有铝箔的厚为 5×10^{-2} mm，相对介电常量为 2.3 的聚乙烯膜做一电容器。如果电容为 3.0 μF，则膜的面积要多大？

18.10 空气的击穿场强为 3×10^3 kV/m。当一个平行板电容器两极板间是空气而电势差为 50 kV 时，每平方米面积的电容最大是多少？

18.11 范德格拉夫静电加速器的球形电极半径为 18 cm。

(1) 这个球的电容多大？

(2) 为了使它的电势升到 2.0×10^5 V，需给它带多少电量？

18.12 盖革计数管由一根细金属丝和包围它的同轴导电圆筒组成。丝直径为 2.5×10^{-2} mm，圆筒内直径为 25 mm，管长 100 mm。设导体间为真空，计算盖革计数管的电容(可用无限长导体圆筒的场强公式计算电场)。

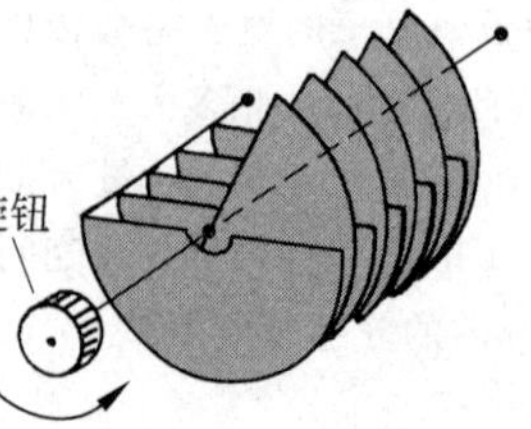

图 18.22 习题 18.13 用图

18.13 图 18.22 所示为用于调频收音机的一种可变空气电

容器。这里奇数极板和偶数极板分别连在一起，其中一组的位置是固定的，另一组是可以转动的。假设极板的总数为 n，每块极板的面积为 S，相邻两极板之间的距离为 d。证明这个电容器的最大电容为

$$C=\frac{(n-1)\varepsilon_0 S}{d}$$

18.14 一个平行板电容器的每个板的面积为 0.02 m^2，两板相距 0.5 mm，放在一个金属盒子中(图 18.23)。电容器两板到盒子上下底面的距离各为 0.25 mm，忽略边缘效应，求此电容器的电容。如果将一个板和盒子用导线连接起来，电容器的电容又是多大？

18.15 一个电容器由两块长方形金属平板组成(图 18.24)，两板的长度为 a，宽度为 b。两宽边相互平行，两长边的一端相距为 d，另一端略微抬起一段距离 l ($l \ll d$)。板间为真空。求此电容器的电容。

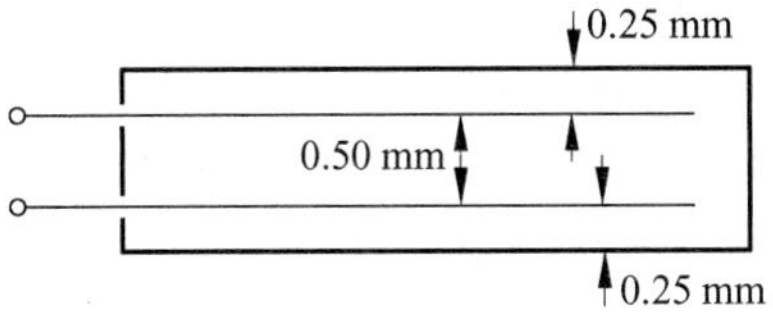

图 18.23 习题 18.14 用图

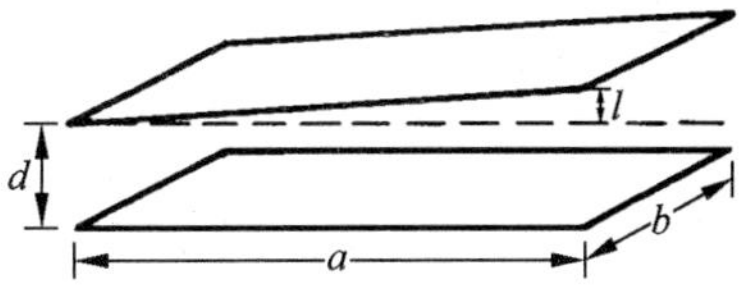

图 18.24 习题 18.15 用图

18.16 为了测量电介质材料的相对介电常量，将一块厚为 1.5 cm 的平板材料慢慢地插进一电容器的距离为 2.0 cm 的两平行板之间。在插入过程中，电容器的电荷保持不变。插入之后，两板间的电势差减小为原来的 60%，求电介质的相对介电常量多大？

18.17 两个同心导体球壳，内、外球壳半径分别为 R_1 和 R_2，求两者组成的电容器的电容。把 $\Delta R=(R_2-R_1)\ll R_1$ 的极限情形与平行板电容器的电容做比较以核对你所得到的结果。

18.18 将一个 12 μF 和两个 2 μF 的电容器连接起来组成电容为 3 μF 的电容器组。如果每个电容器的击穿电压都是 200 V，则此电容器组能承受的最大电压是多大？

18.19 一平行板电容器面积为 S，板间距离为 d，板间以两层厚度相同而相对介电常量分别为 ε_{r1} 和 ε_{r2} 的电介质充满(图 18.25)。求此电容器的电容。

18.20 一种利用电容器测量油箱中油量的装置示意图如图 18.26 所示。附接电子线路能测出等效相对介电常量 $\varepsilon_{r,eff}$(即电容相当而充满板间的电介质的相对介电常量)。设电容器两板的高度都是 a，试导出等效相对介电常量和油面高度的关系，以 ε_r 表示油的相对介电常量。就汽油($\varepsilon_r=1.95$)和甲醇($\varepsilon_r=33$)相比，哪种燃料更适宜用此种油量计？

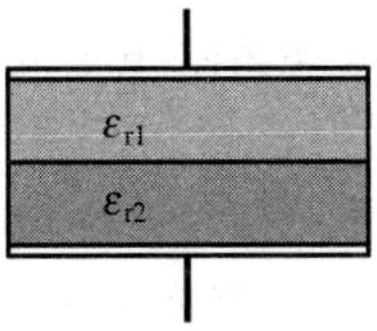

图 18.25 习题 18.19 用图

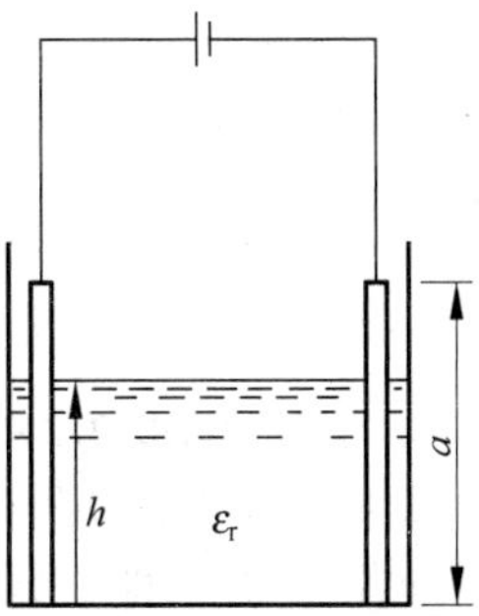

图 18.26 习题 18.20 用图

18.21 一球形电容器的两球间下半部充满了相对介电常量为 ε_r 的油，它的电容较未充油前变化了多少？

18.22 将一个电容为 4 μF 的电容器和一个电容为 6 μF 的电容器串联起来接到 200 V 的电源上，

充电后，将电源断开并将两电容器分离。在下列两种情况下，每个电容器的电压各变为多少？

(1) 将每一个电容器的正板与另一电容器的负板相连；

(2) 将两电容器的正板与正板相连，负板与负板相连。

18.23 将一个 100 pF 的电容器充电到 100 V，然后把它和电源断开，再把它和另一电容器并联，最后电压为 30 V。第二个电容器的电容多大？并联时损失了多少电能？这电能哪里去了？

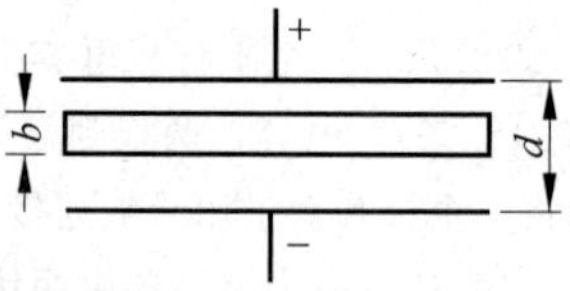

图 18.27 习题 18.24 用图

*18.24 一个平行板电容器，板面积为 S，板间距为 d(图 18.27)。

(1) 充电后保持其电量 Q 不变，将一块厚为 b 的金属板平行于两极板插入。与金属板插入前相比，电容器储能增加多少？

(2) 导体板进入时，外力(非电力)对它做功多少？是被吸入还是需要推入？

(3) 如果充电后保持电容器的电压 U 不变，则(1)，(2)两问结果又如何？

*18.25 如图 18.28 所示，桌面上固定一半径为 7 cm 的金属圆筒，其中共轴地吊一半径为 5 cm 的另一金属圆筒。今将两筒间加 5 kV 的电压后将电源撤除，求内筒受的向下的电力(注意利用功能关系)。

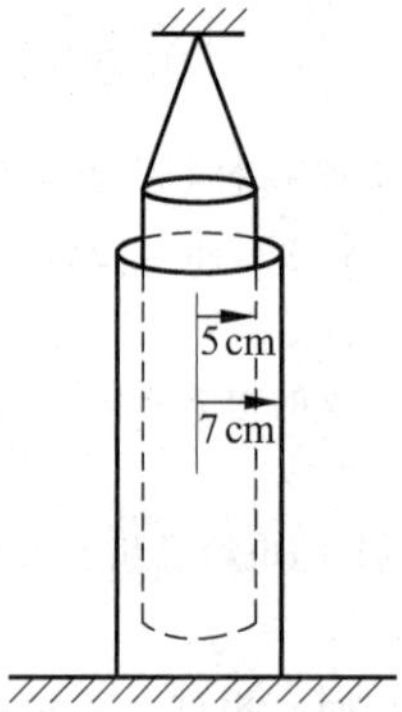

图 18.28 习题 18.25 用图

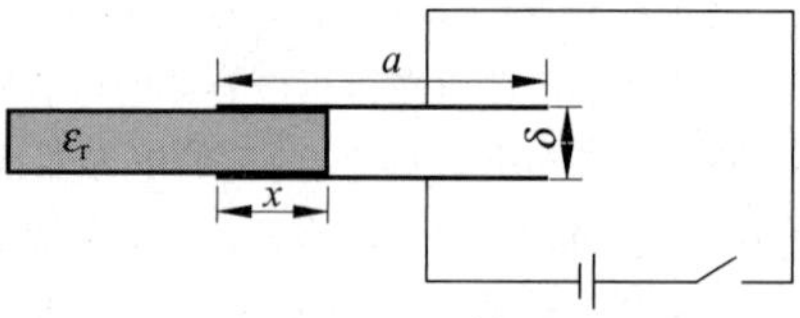

图 18.29 习题 18.26 用图

*18.26 一平行板电容器的极板长为 a，宽为 b，两板相距为 δ(图 18.29)。对它充电使带电量为 Q 后把电源断开。

(1) 两板间为真空时，电容器储存的电能是多少？

(2) 板间插入一块宽为 b，厚为 δ，相对介电常量为 ε_r 的均匀电介质板。当介质板插入一段距离 x 时，电容器储存的电能是多少？

(3) 当电介质板插入距离 x 时，它受的电力的大小和方向各如何？

(4) 在 x 从 0 增大到 a 的过程中，此系统的能量转化情况如何(设电介质板与电容器极板没有摩擦)？

(5) 如果电介质板插入时电容器两极板保持与电压恒定为 U 的电源相连，其他条件不变，以上(2)到(4)问的解答又如何(还利用功能关系但注意电源在能量上的作用)？

*18.27 证明：球形电容器带电后，其电场的能量的一半储存在内半径为 R_1，外半径为 $2R_1R_2/(R_1+R_2)$ 的球壳内，式中 R_1 和 R_2 分别为电容器内球和外球的半径。一个孤立导体球带电后其电场能的一半储存在多大的球壳内？

*18.28 一个平行板电容器板面积为 S，板间距离为 y_0，下板在 $y=0$ 处，上板在 $y=y_0$ 处。充满两板间的电介质的相对介电常量随 y 而改变，其关系为

$$\varepsilon_r = 1+\frac{3}{y_0}y$$

(1) 此电容器的电容多大?

(2) 此电容器带有电量 Q(上极板带 $+Q$)时,电介质上下表面的面束缚电荷密度多大?

(3) 用高斯定律求电介质内体束缚电荷密度。

(4) 证明体束缚电荷总量加上面束缚电荷其总和为零。

*18.29 一个中空铜球浮在相对介电常量为 3.0 的大油缸中,一半没入油内。如果铜球所带总电量为 2.0×10^{-6} C,它的上半部和下半部各带多少电量?

*18.30 在具有杂质离子的半导体中,电子围绕这些离子作轨道运动。若该轨道的尺寸大于半导体的原子间的距离,则可认为电子是在介电常量近似均匀的电介质的空间中运动。

(1) 按照在习题 16.34 中所描述的玻尔理论,计算一个电子的轨道能;

(2) 半导体锗的相对介电常量为 $\varepsilon_r=15.8$,估算一个电子围绕嵌在锗中的离子运动的轨道能,假定电子处在最小的玻尔轨道。所得的结果与真空中电子围绕离子运动的最小轨道能相比如何?

第19章

磁场和它的源

本章开始讲解，电荷之间的另一种相互作用——磁力，它是运动电荷之间的一种相互作用。利用场的概念，就认为这种相互作用是通过另一种场——**磁场**实现的。本章在引入描述磁场的物理量，即磁感应强度之后，就介绍磁场的源，如运动电荷(包括电流)产生磁场的规律。先介绍这一规律的宏观基本形式，即表明电流元的磁场的毕奥-萨伐尔定律。接着在这一基础上导出了关于恒定磁场的一条基本定理：安培环路定理。然后利用这两个定理求解有一定对称性的电流分布的磁场分布。这一求解方法类似于利用电场的高斯定律来求有一定对称性的电荷分布的静电场分布。

19.1 磁力与电荷的运动

一般情况下，磁力是指电流和磁体之间的相互作用力。我国古籍《吕氏春秋》(成书于公元前 3 世纪战国时期)所载的“慈石召铁”，即天然磁石对铁块的吸引力，就是磁力。这种磁力现在很容易用两条磁铁棒演示出来。如图 19.1(a)，(b)所示，两根磁铁棒的同极相斥，异极相吸。

还有下述实验可演示磁力。

如图 19.2 所示，把导线悬挂在蹄形磁铁的两极之间，当导线中通入电流时，导线会被排开或吸入，显示了通有电流的导线受到了磁铁的作用力。

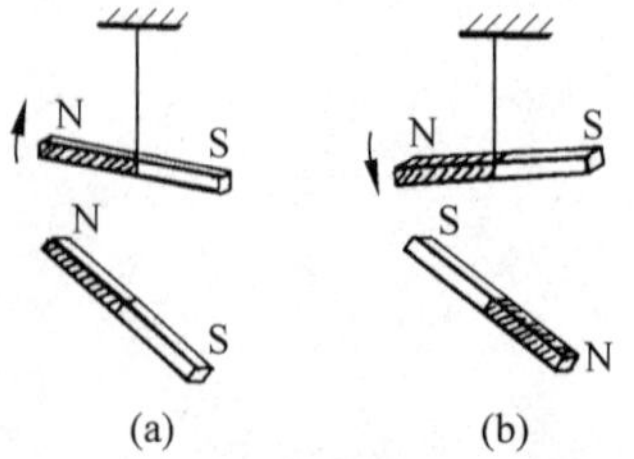

图 19.1 永磁体同极相斥，异极相吸

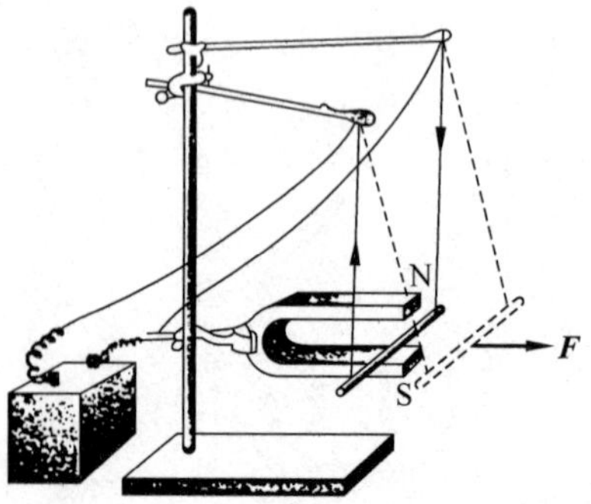

图 19.2 磁体对电流的作用

如图 19.3 所示，一个阴极射线管的两个电极之间加上电压后，会有电子束从阴极 K 射向阳极 A。当把一个蹄形磁铁放到管的近旁时，会看到电子束发生偏转。这显示运动的电子受到了磁铁的作用力。

如图 19.4 所示，一个磁针沿南北方向静止在那里，如果在它上面平行地放置一根导线，当导线中通入电流时，磁针就要转动。这显示了磁针受到了电流的作用力。1820 年奥斯特做的这个实验，在历史上第一次揭示了电现象和磁现象的联系，对电磁学的发展起了重要的作用。

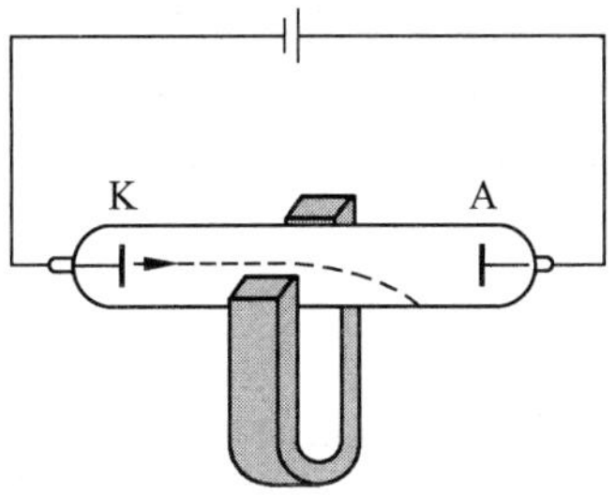

图 19.3 磁体对运动电子的作用

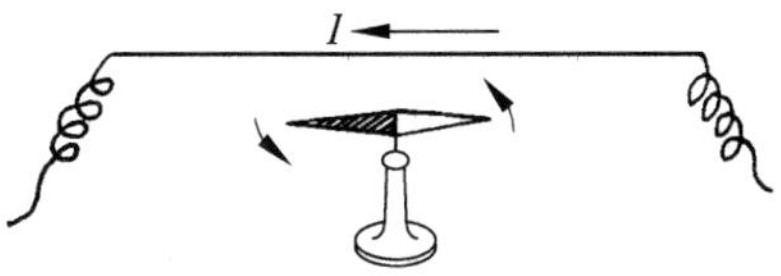

图 19.4 奥斯特实验

如图 19.5 所示，有两段平行放置并两端固定的导线，当它们通以方向相同的电流时，互相吸引(图 19.5(a))。当它们通以相反方向的电流时，互相排斥(图 19.5(b))。这说明电流与电流之间有相互作用力。

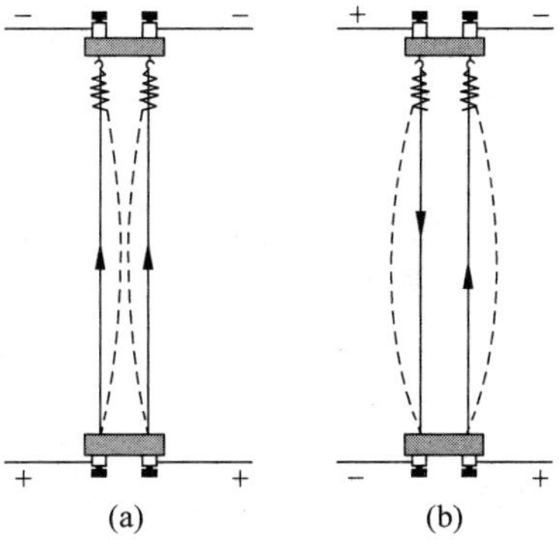

图 19.5 平行电流间的相互作用

在这些实验中，图 19.5 所示的电流之间的相互作用可以说是运动电荷之间的相互作用，因为电流是电荷的定向运动形成的。其他几类现象都用到永磁体，为什么说它们也是运动电荷相互作用的表现呢？这是因为，永磁体也是由分子和原子组成的，在分子内部，电子和质子等带电粒子的运动也形成微小的电流，叫**分子电流**。当成为磁体时，其内部的分子电流的方向都按一定的方式**排列**起来了。一个永磁体与其他永磁体或电流的相互作用，实际上就是这些已排列整齐了的分子电流之间或它们与导线中定向运动的电荷之间的相互作用，因此它们之间的相互作用也是运动电荷之间的相互作用的表现。

总之，在所有情况下，**磁力都是运动电荷之间相互作用的表现**。

19.2 磁场与磁感应强度

为了说明磁力的作用，我们也引入场的概念。产生磁力的场叫**磁场**。一个运动电荷在它的周围除产生电场外，还产生磁场。另一个在它附近运动的电荷受到的磁力就是该磁场对它的作用。但因前者还产生电场，所以后者还受到前者的电场力的作用。

为了研究磁场，需要选择一种只有磁场存在的情况。通有电流的导线的周围空间就是这种情况。在这里一个电荷是不会受到电场力的作用的，这是因为导线内既有正电荷，即金属正离子，也有负电荷，即自由电子。在通有电流时，导线也是中性的，其中的正负电荷密度相等，在导线外产生的电场相互抵消，合电场为零了。在电流的周围，一个**运动的**带电粒子是要受到作用力的，这力和该粒子的速度直接有关。这力就是**磁力**，它就是导线内定向运动的自由电子所产生的磁场对运动的电荷的作用力。下面我们就利用这种情况先说明如何对磁场加以描述。

对应于用电场强度对电场加以描述，我们用**磁感应强度**（矢量）对磁场加以描述。通常用 $\boldsymbol{B}$ 表示磁感应强度，它用下述方法定义。

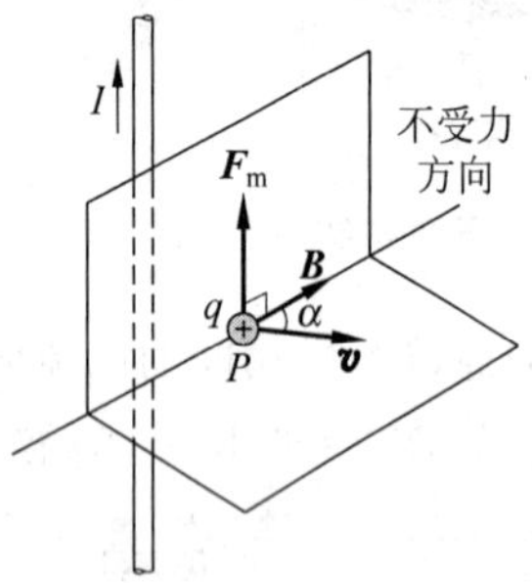

图 19.6 $\boldsymbol{B}$ 的定义

如图 19.6 所示，一电荷 q 以速度 $\boldsymbol{v}$ 通过电流周围某场点 P。我们把这一运动电荷当作检验（磁场的）电荷。实验指出，q 沿不同方向通过 P 点时，它受磁力的大小不同，但当 q 沿某一特定方向（或其反方向）通过 P 点时，它受的磁力为零而与 q 无关。磁场中各点都有各自的这种特定方向。这说明磁场本身具有"方向性"。我们就可以用这个特定方向（或其反方向）来规定磁场的方向。当 q 沿其他方向运动时，实验发现 q 受的磁力 $\boldsymbol{F}$ 的方向总与此"不受力方向"以及 q 本身的速度 $\boldsymbol{v}$ 的方向垂直。这样我们就可以进一步具体地**规定 $\boldsymbol{B}$ 的方向使得 $\boldsymbol{v}\times\boldsymbol{B}$ 的方向正是 $\boldsymbol{F}$ 的方向**，如图 19.6 所示。

以 α 表示 q 的速度 $\boldsymbol{v}$ 与 $\boldsymbol{B}$ 的方向之间的夹角。实验给出，在不同的场点，不同的 q 以不同的大小 v 和方向 α 的速度越过时，它受的磁力 $\boldsymbol{F}$ 的大小一般不同；但在同一场点，实验给出比值 $F/qv\sin\alpha$ 是一个恒量，与 q,v,α 无关。只决定于场点的位置。根据这一结果，可以用 $F/qv\sin\alpha$ 表示磁场本身的性质而把 $\boldsymbol{B}$ 的大小规定为

$$B=\frac{F}{qv\sin\alpha} \tag{19.1}$$

这样，就有磁力的大小

$$F=Bqv\sin\alpha \tag{19.2}$$

将式(19.2)关于 $\boldsymbol{B}$ 的大小的规定和上面关于 $\boldsymbol{B}$ 的方向的规定结合到一起，可得到磁感应强度（矢量）$\boldsymbol{B}$ 的定义式为

$$\boldsymbol{F}=q\boldsymbol{v}\times\boldsymbol{B} \tag{19.3}$$

这一公式在中学物理中被称为**洛伦兹力**公式，现在我们用它根据运动的检验电荷受力来定义磁感应强度。在已经测知或理论求出磁感应强度分布的情况下，就可以用式(19.3)求任意运动电荷在磁场中受的磁场力。

在国际单位制中磁感应强度的单位名称叫特[斯拉]，符号为 T。几种典型的磁感应

强度的大小如表 19.1 所示。

表 19.1 一些磁感应强度的大小 T

原子核表面	约 10^{12}
中子星表面	约 10^{8}
目前实验室值：瞬时	1×10^{3}
恒定	37
大型气泡室内	2
太阳黑子中	约 0.3
电视机内偏转磁场	约 0.1
太阳表面	约 10^{-2}
小型条形磁铁近旁	约 10^{-2}
木星表面	约 10^{-3}
地球表面	约 5×10^{-5}
太阳光内(地面上，均方根值)	3×10^{-6}
蟹状星云内	约 10^{-8}
星际空间	10^{-10}
人体表面(例如头部)	3×10^{-10}
磁屏蔽室内	3×10^{-14}

磁感应强度的一种非国际单位制的(但目前还常见的)单位名称叫高斯，符号为 G，它和 T 在数值上有下述关系：

$$1\ \mathrm{T} = 10^4\ \mathrm{G}$$

在电磁学中，表示同一规律的数学形式常随所用单位制的不同而不同，式(19.3)的形式只用于国际单位制。

产生磁场的运动电荷或电流可称为磁场源。实验指出，在有若干个磁场源的情况下，它们产生的磁场服从叠加原理。以 $\boldsymbol{B}_i$ 表示第 i 个磁场源在某处产生的磁场，则在该处的总磁场 $\boldsymbol{B}$ 为

$$\boldsymbol{B} = \sum \boldsymbol{B}_i \tag{19.4}$$

为了形象地描绘磁场中磁感应强度的分布，类比电场中引入电场线的方法引入磁感线(或叫 $\boldsymbol{B}$ 线)。磁感线的画法规定与电场线画法一样。实验上可用铁粉来显示磁感线图形，如图 19.7 所示。

在说明磁场的规律时，类比电通量，也引入**磁通量**的概念。通过某一面积的磁通量 Φ 的定义是

$$\Phi = \int_S \boldsymbol{B} \cdot \mathrm{d}\boldsymbol{S} \tag{19.5}$$

它就等于通过该面积的磁感线的总条数。

在国际单位制中，磁通量的单位名称是韦[伯]，符号为 Wb。$1\ \mathrm{Wb}=1\ \mathrm{T}\cdot\mathrm{m}^2$。据此，磁感应强度的单位 T 也常写作 $\mathrm{Wb/m^2}$。

我们已用电流周围的磁场定义了磁感应强度，在给定电流周围不同的场点磁感应强度一般是不同的。下面就介绍恒定电流周围磁场分布的规律。由于恒定电流是不随时间

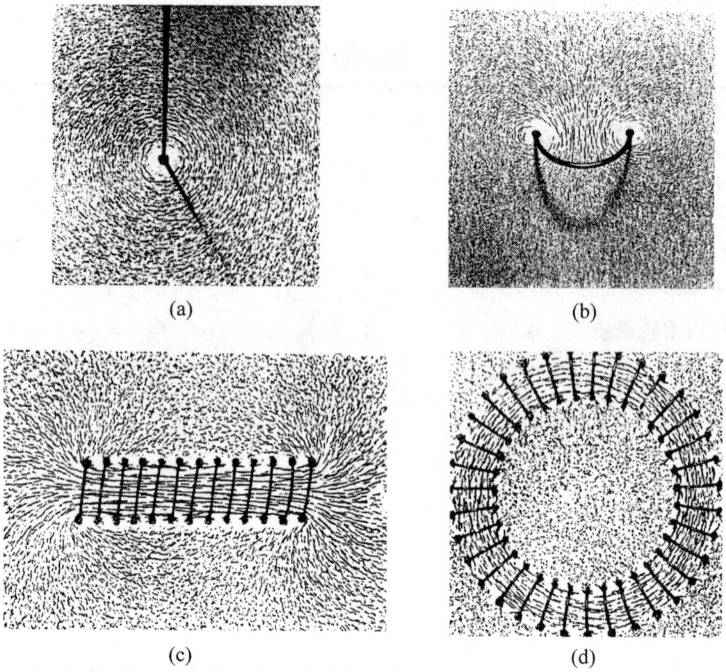

图 19.7 铁粉显示的磁感线图

(a) 直电流；(b) 圆电流；(c) 载流螺线管；(d) 载流螺绕环

改变的，所以它产生的磁场在各处的分布也不随时间改变。这样的磁场叫**恒定磁场**或**静磁场**。

19.3 毕奥-萨伐尔定律

恒定电流在其周围产生磁场，其规律的基本形式是电流元产生的磁场和该电流元的关系。以 $I\mathrm{d}\boldsymbol{l}$ 表示恒定电流的一电流元，以 $\boldsymbol{r}$ 表示从此电流元指向某一场点 P 的径矢（图 19.8），实验给出，此电流元在 P 点产生的磁场 $\mathrm{d}\boldsymbol{B}$ 由下式决定：

$$\mathrm{d}\boldsymbol{B} = \frac{\mu_0}{4\pi}\frac{I\mathrm{d}\boldsymbol{l}\times\boldsymbol{e}_r}{r^2} \tag{19.6}$$

式中

$$\mu_0 = \frac{1}{\varepsilon_0 c^2} = 4\pi\times10^{-7}\ \mathrm{N/A^2}\text{①} \tag{19.7}$$

叫**真空磁导率**。由于电流元不能孤立地存在，所以式(19.6)不是直接对实验数据的总结。它是 1820 年首先由毕奥和萨伐尔根据对电流的磁作用的实验结果分析得出的，现在就叫**毕奥-萨伐尔定律**。

有了电流元的磁场公式(19.6)，根据叠加原理，对这一公式进行积分，就可以求出任

---

① 此单位 $\mathrm{N/A^2}$ 就是 $\mathrm{H/m}$，H(亨) 是电感的单位，见 22.4 节。

意电流的磁场分布。

根据式(19.6)中的矢量积关系可知，电流元的磁场的磁感线也都是圆心在电流元轴线上的同心圆(图19.8)。由于这些圆都是闭合曲线，所以通过任意封闭曲面的磁通量都等于零。又由于任何电流都是一段段电流元组成的，根据叠加原理，在它的磁场中通过一个封闭曲面的磁通量应是各个电流元的磁场通过该封闭曲面的磁通量的代数和。既然每一个电流元的磁场通过该封闭面的磁通量为零，所以在**任何磁场中通过任意封闭曲面的磁通量总等于零**。这个关于磁场的结论叫**磁通连续定理**，或磁场的高斯定律。它的数学表示式为

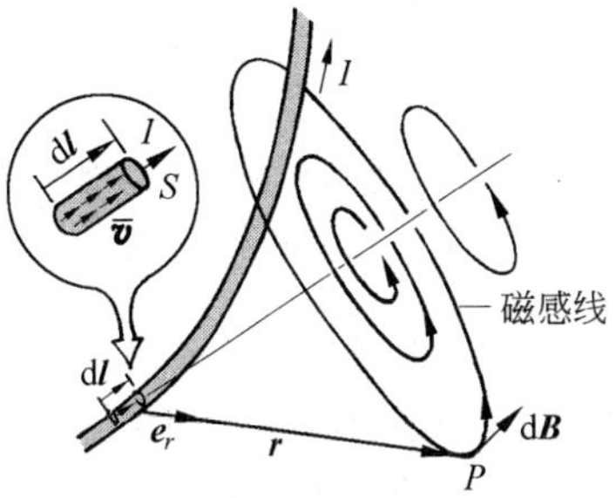

图 19.8 电流元的磁场

$$\oint_S \boldsymbol{B} \cdot \mathrm{d}\boldsymbol{S} = 0 \tag{19.8}$$

和电场的高斯定律相比，可知磁通连续反映自然界中没有与电荷相对应的“磁荷”即单独的磁极或磁单极子存在。近代关于基本粒子的理论研究早已预言有磁单极子存在，也曾企图在实验中找到它。但至今除了个别事件可作为例证外，还不能说完全肯定地发现了它。

下面举几个例子，说明如何用毕奥-萨伐尔定律求电流的磁场分布。

例 19.1

直线电流的磁场。如图19.9所示，导电回路中通有电流 I，求长度为 L 的直线段的电流在它周围某点 P 处的磁感应强度，P 点到导线的距离为 r。

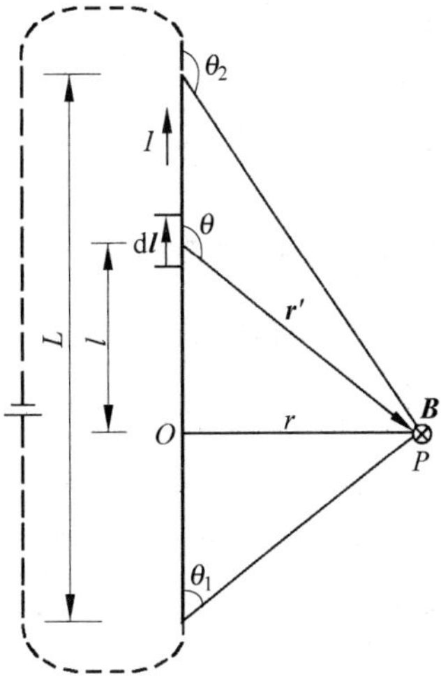

图 19.9 直线电流的磁场

解 以 P 点在直导线上的垂足为原点 O，选坐标如图。由毕奥-萨伐尔定律可知，L 段上任意一电流元 $I\mathrm{d}\boldsymbol{l}$ 在 P 点所产生的磁场为

$$\mathrm{d}\boldsymbol{B} = \frac{\mu_0}{4\pi}\frac{I\mathrm{d}\boldsymbol{l} \times \boldsymbol{e}_{r'}}{r'^2}$$

其大小为

$$\mathrm{d}B = \frac{\mu_0}{4\pi}\frac{I\mathrm{d}l\sin\theta}{r'^2}$$

式中 r' 为电流元到 P 点的距离。由于直导线上各个电流元在 P 点的磁感应强度的方向相同，都垂直于纸面向里，所以合磁感应强度也在这个方向，它的大小等于上式 $\mathrm{d}B$ 的标量积分，即

$$B = \int \mathrm{d}B = \int \frac{\mu_0 I\mathrm{d}l\sin\theta}{4\pi r'^2}$$

由图19.9可以看出，$r' = r/\sin\theta$，$l = -r\cot\theta$，$\mathrm{d}l = r\mathrm{d}\theta/\sin^2\theta$。把此 r' 和 $\mathrm{d}l$ 代入上式，可得

$$B = \int_{\theta_1}^{\theta_2} \frac{\mu_0 I}{4\pi r}\sin\theta\mathrm{d}\theta$$

由此得

$$B=\frac{\mu_0 I}{4\pi r}(\cos\theta_1-\cos\theta_2) \tag{19.9}$$

上式中 θ_1 和 θ_2 分别是直导线两端的电流元和它们到 P 点的径矢之夹角。

对于无限长直电流来说，式(19.9)中 $\theta_1=0,\theta_2=\pi$，于是有

$$B=\frac{\mu_0 I}{2\pi r} \tag{19.10}$$

此式表明，无限长载流直导线周围的磁感应强度 B 与导线到场点的距离成反比，与电流成正比。它的磁感应线是在垂直于导线的平面内以导线为圆心的一系列同心圆，如图 19.10 所示。这和用铁粉显示的图形(图 19.7(a))相似。

例 19.2

圆电流的磁场。一圆形载流导线，电流强度为 I，半径为 R。求圆形导线轴线上的磁场分布。

解 如图 19.11 所示，把圆电流轴线作为 x 轴，并令原点在圆心上。在圆线圈上任取一电流元 $I\mathrm{d}\boldsymbol{l}$，它在轴上任一点 P 处的磁场 $\mathrm{d}\boldsymbol{B}$ 的方向垂直于 $\mathrm{d}\boldsymbol{l}$ 和 $\boldsymbol{r}$，亦即垂直于 $\mathrm{d}\boldsymbol{l}$ 和 $\boldsymbol{r}$ 组成的平面。由于 $\mathrm{d}\boldsymbol{l}$ 总与 $\boldsymbol{r}$ 垂直，所以 $\mathrm{d}\boldsymbol{B}$ 的大小为

$$\mathrm{d}B=\frac{\mu_0 I\mathrm{d}l}{4\pi r^2}$$

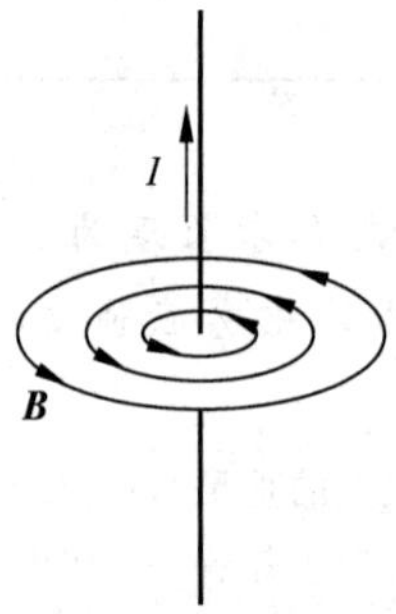

图 19.10 无限长直电流的磁感应线

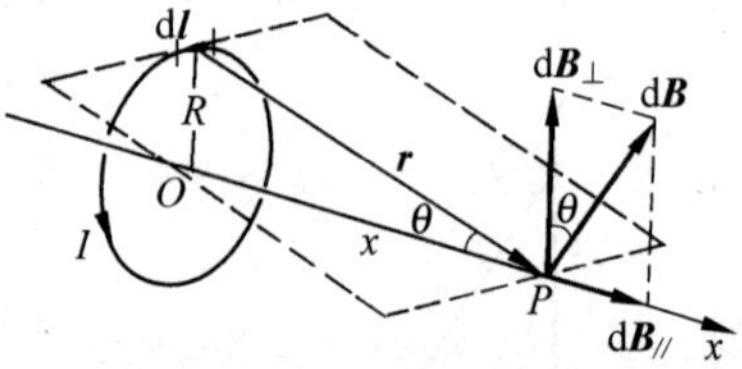

图 19.11 圆电流的磁场

将 $\mathrm{d}\boldsymbol{B}$ 分解成平行于轴线的分量 $\mathrm{d}\boldsymbol{B}_{/\!/}$ 和垂直于轴线的分量 $\mathrm{d}\boldsymbol{B}_{\perp}$ 两部分，它们的大小分别为

$$\mathrm{d}B_{/\!/}=\mathrm{d}B\sin\theta=\frac{\mu_0 IR}{4\pi r^3}\mathrm{d}l$$

$$\mathrm{d}B_{\perp}=\mathrm{d}B\cos\theta$$

式中 θ 是 $\boldsymbol{r}$ 与 x 轴的夹角。考虑电流元 $I\mathrm{d}\boldsymbol{l}$ 所在直径另一端的电流元在 P 点的磁场，可知它的 $\mathrm{d}\boldsymbol{B}_{\perp}$ 与 $I\mathrm{d}l$ 的大小相等、方向相反，因而相互抵消。由此可知，整个圆电流垂直于 x 轴的磁场 $\int\mathrm{d}\boldsymbol{B}_{\perp}=0$，因而 P 点的合磁场的大小为

$$B=\int\mathrm{d}B_{/\!/}=\oint\frac{\mu_0 RI}{4\pi r^3}\mathrm{d}l=\frac{\mu_0 RI}{4\pi r^3}\oint\mathrm{d}l$$

因为 $\oint\mathrm{d}l=2\pi R$，所以上述积分为

$$B=\frac{\mu_0 R^2 I}{2r^3}=\frac{\mu_0 IR^2}{2(R^2+x^2)^{3/2}} \tag{16.11}$$

$\boldsymbol{B}$ 的方向沿 x 轴正方向，其指向与圆电流的电流流向符合右手螺旋定则。

定义一个闭合通电线圈的**磁偶极矩**或**磁矩**为

$$\boldsymbol{p}_m = IS\boldsymbol{e}_n \tag{19.12}$$

其中 $\boldsymbol{e}_n$ 为线圈平面的正法线方向，它和线圈中电流的方向符合右手螺旋定则。磁矩的 SI 单位为 $A \cdot m^2$。对本例的圆电流来说，其磁矩的大小为 $p_m = IS = I\pi R^2$。这样就可将式(19.11)写成

$$B = \frac{\mu_0 m}{2\pi r^3} \tag{19.13}$$

如果用矢量式表示圆电流轴线上的磁场，则由于它的方向与圆电流磁矩 $\boldsymbol{p}_m$ 的方向相同，所以上式可写成

$$\boldsymbol{B} = \frac{\mu_0 \boldsymbol{p}_m}{2\pi r^3} = \frac{\mu_0 \boldsymbol{p}_m}{2\pi(R^2 + x^2)^{3/2}} \tag{19.14}$$

在圆电流中心处，$r=R$，式(19.11)给出

$$B = \frac{\mu_0 I}{2R} \tag{19.15}$$

式(19.14)给出了磁矩为 $\boldsymbol{p}_m$ 的线圈在其轴线上产生的磁场。这一公式与习题 15.6 给出的电偶极子在其轴线上产生的电场的公式形式相同，只是将其中 μ_0 换成 $1/\varepsilon_0$。可以一般地证明，磁矩为 $\boldsymbol{p}_m$ 的小线圈在其周围较远的距离 $\boldsymbol{r}$ 处产生的磁场为

$$\boldsymbol{B} = \frac{\mu_0}{4\pi}\left(\frac{-\boldsymbol{p}_m}{r^3} + \frac{3\boldsymbol{p}_m \cdot \boldsymbol{r}}{r^5}\boldsymbol{r}\right) \tag{19.16}$$

这一公式和电偶极子的电场的一般公式(16.18)的形式也相同。由式(19.16)给出的磁感线图形如图 19.12 所示。它和图 19.7(b)中电偶极子的电场线图形是类似的(电偶极子所在处除外)。

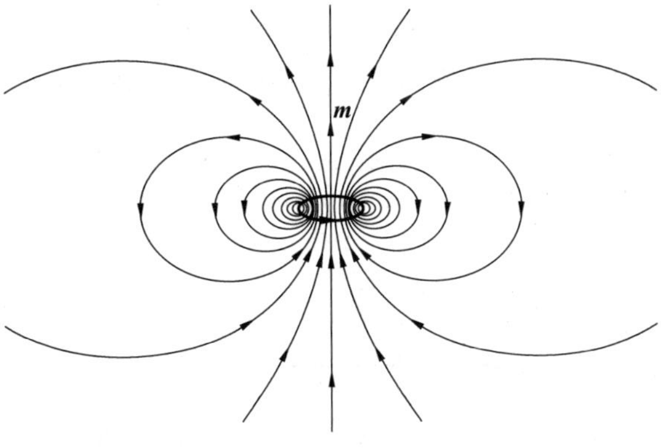

图 19.12　磁矩的磁感线图

例 19.3

载流直螺线管轴线上的磁场。图 19.13 所示为一均匀密绕螺线管，管的长度为 L，半径为 R，单位长度上绕有 n 匝线圈，通有电流 I。求螺线管轴线上的磁场分布。

解　螺线管各匝线圈都是螺旋形的，但在密绕的情况下，可以把它看成是许多匝圆形线圈紧密排列组成的。载流直螺线管在轴线上某点 P 处的磁场等于各匝线圈的圆电流在该处磁场的矢量和。

如图 19.14 所示，在距轴上任一点 P 为 l 处，取螺线管上长为 dl 的一元段，将它看成一个圆电流，其电流为

$$dI = nIdl$$

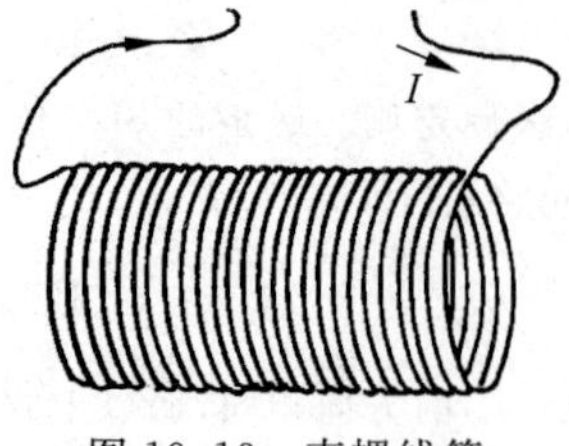

图 19.13 直螺线管

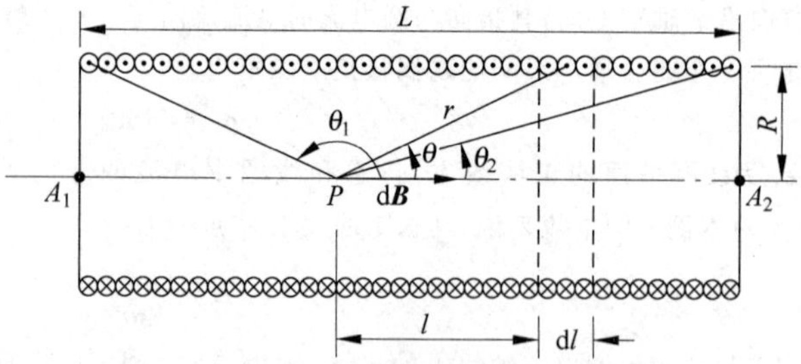

图 19.14 直螺线管轴线上磁感应强度计算

磁矩为

$$\mathrm{d}p_{\mathrm{m}}=S\mathrm{d}I=\pi R^2\mathrm{d}I=\pi R^2 nI\,\mathrm{d}l$$

它在 P 点的磁场，据式(19.13)为

$$\mathrm{d}B=\frac{\mu_0 nIR^2\,\mathrm{d}l}{2r^3}$$

由图 19.14 中可看出，$R=r\sin\theta$，$l=R\cot\theta$，而 $\mathrm{d}l=-\frac{R}{\sin^2\theta}\mathrm{d}\theta$，式中 θ 为螺线管轴线与 P 点到元段 $\mathrm{d}l$ 周边的距离 r 之间的夹角。将这些关系代入上式，可得

$$\mathrm{d}B=-\frac{\mu_0 nI}{2}\sin\theta\mathrm{d}\theta$$

由于各元段在 P 点产生的磁场方向相同，所以将上式积分即得 P 点磁场的大小为

$$B=\int\mathrm{d}B=-\int_{\theta_1}^{\theta_2}\frac{\mu_0 nI}{2}\sin\theta\mathrm{d}\theta$$

或

$$B=\frac{\mu_0 nI}{2}(\cos\theta_2-\cos\theta_1)\tag{19.17}$$

此式给出了螺线管轴线上任一点磁场的大小，磁场的方向如图 19.14 所示，应与电流的绕向成右手螺旋定则。

由式(19.17)表示的磁场分布(在 $L=10\,R$ 时)如图 19.15 所示，在螺线管中心附近轴线上各点磁场基本上是均匀的。到管口附近 B 值逐渐减小，出口以后磁场很快地减弱。在距管轴中心约等于 7 个管半径处，磁场就几乎等于零了。

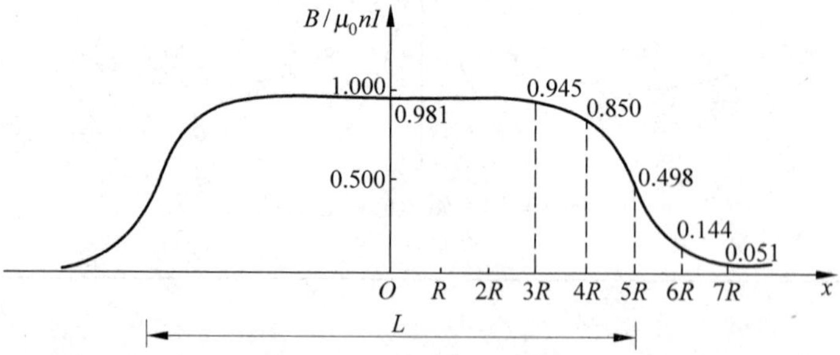

图 19.15 直螺线管轴线上的磁场分布

在一无限长直螺线管(即管长比半径大很多的螺线管)内部轴线上的任一点，$\theta_2=0$，$\theta_1=\pi$，由式(19.17)可得

$$B=\mu_0 nI\tag{19.18}$$

在长螺线管任一端口的中心处，例如图 19.14 中的 A_2 点，$\theta_2=\pi/2$，$\theta_1=\pi$，式(19.17)给出此处的磁场为

$$B=\frac{1}{2}\mu_0 nI\tag{19.19}$$

一个载流螺线管周围的磁感线分布如图 19.16 所示，这和用铁粉显示的磁感线图 19.7(c)相符合。管外磁场非常弱，而管内基本上是均匀场。螺线管越长，这种特点越显著。

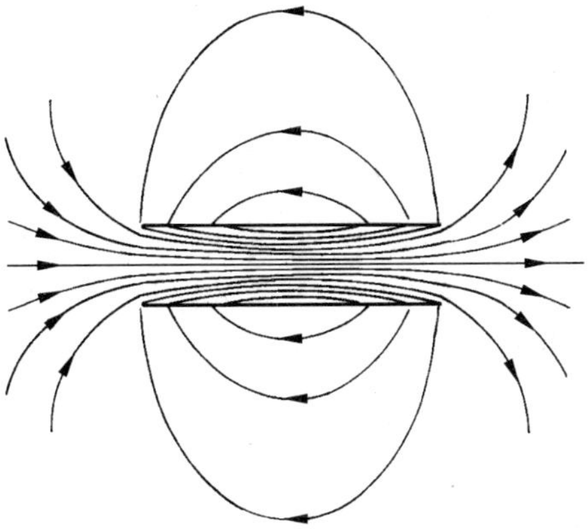

图 19.16　螺线管的 **B** 线分布示意图

19.4　安培环路定理

由毕奥-萨伐尔定律表示的恒定电流和它的磁场的关系，可以导出表示恒定电流的磁场的一条基本规律。这一规律叫**安培环路定理**，它表述为：**在恒定电流的磁场中，磁感应强度 B 沿任何闭合路径 C 的线积分**（即环路积分）**等于路径 C 所包围的电流强度的代数和的 μ_0 倍**，它的数学表示式为

$$\oint_C \boldsymbol{B}\cdot \mathrm{d}\boldsymbol{r} = \mu_0 \sum I_{\text{in}} \tag{19.20}$$

为了说明此式的正确性，让我们先考虑载有恒定电流 I 的无限长直导线的磁场。

根据式(19.10)，与一无限长直电流相距为 r 处的磁感应强度为

$$B = \frac{\mu_0 I}{2\pi r}$$

B 线为在垂直于导线的平面内围绕该导线的同心圆，其绕向与电流方向符合右手螺旋定则。在上述平面内围绕导线作一任意形状的闭合路径 C（图 19.17），沿 C 计算 **B** 的环路积分 $\oint_C \boldsymbol{B}\cdot \mathrm{d}\boldsymbol{r}$ 的值。先计算 $\boldsymbol{B}\cdot \mathrm{d}\boldsymbol{r}$ 的值。如图 19.17 所示，在路径上任一点 P 处，$\mathrm{d}\boldsymbol{r}$ 与 **B** 的夹角为 θ，它对电流通过点所张的角为 $\mathrm{d}\alpha$。由于 **B** 垂直于径矢 $\boldsymbol{r}$，因而 $|\mathrm{d}\boldsymbol{r}|\cos\theta$ 就是 $\mathrm{d}\boldsymbol{r}$ 在垂直于 $\boldsymbol{r}$ 方向上的投影，它等于 $\mathrm{d}\alpha$ 所对的以 r 为半径的弧长。由于此弧长等于 $r\mathrm{d}\alpha$，所以

$$\boldsymbol{B}\cdot \mathrm{d}\boldsymbol{r} = Br\mathrm{d}\alpha$$

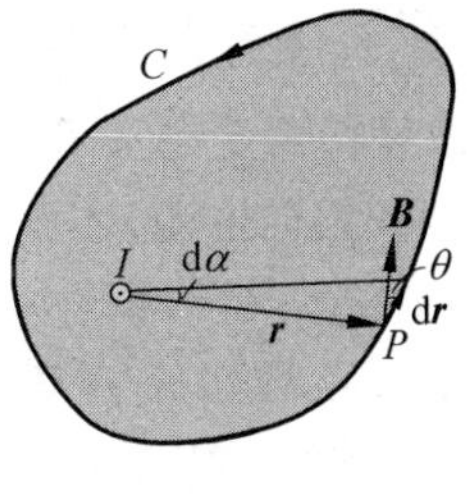

图 19.17　安培环路定理的说明

沿闭合路径 C 的 **B** 的环路积分为

$$\oint_C \boldsymbol{B}\cdot \mathrm{d}\boldsymbol{r} = \oint_C Br\mathrm{d}\alpha$$

将前面的 $\boldsymbol{B}$ 值代入上式,可得

$$\oint_C \boldsymbol{B}\cdot \mathrm{d}\boldsymbol{r} = \oint_C \frac{\mu_0 I}{2\pi r} r\,\mathrm{d}\alpha = \frac{\mu_0 I}{2\pi}\oint_C \mathrm{d}\alpha$$

沿整个路径一周积分,$\oint_C \mathrm{d}\alpha = 2\pi$,所以

$$\oint_C \boldsymbol{B}\cdot \mathrm{d}\boldsymbol{r} = \mu_0 I \tag{19.21}$$

此式说明,当闭合路径 C 包围电流 I 时,这个电流对该环路上 $\boldsymbol{B}$ 的环路积分的贡献为 $\mu_0 I$。

如果电流的方向相反,仍按如图 19.17 所示的路径 C 的方向进行积分时,由于 $\boldsymbol{B}$ 的方向与图示方向相反,所以应该得

$$\oint_C \boldsymbol{B}\cdot \mathrm{d}\boldsymbol{r} = -\mu_0 I$$

可见积分的结果与电流的方向有关。如果对于电流的正负作如下的规定,即电流方向与 C 的绕行方向符合右手螺旋定则时,此电流为正,否则为负,则 $\boldsymbol{B}$ 的环路积分的值可以统一地用式(19.21)表示。

如果闭合路径不包围电流,例如,图 19.18 中 C 为在垂直于直导线平面内的任一不围绕导线的闭合路径,那么可以从导线与上述平面的交点作 C 的切线,将 C 分成 C_1 和 C_2 两部分,再沿图示方向取 $\boldsymbol{B}$ 的环流,于是有

$$\begin{aligned}\oint_C \boldsymbol{B}\cdot \mathrm{d}\boldsymbol{r} &= \int_{C_1} \boldsymbol{B}\cdot \mathrm{d}\boldsymbol{r} + \int_{C_2} \boldsymbol{B}\cdot \mathrm{d}\boldsymbol{r} \\ &= \frac{\mu_0 I}{2\pi}\left(\int_{C_1} \mathrm{d}\alpha + \int_{C_2} \mathrm{d}\alpha\right) \\ &= \frac{\mu_0 I}{2\pi}[\alpha + (-\alpha)] = 0\end{aligned}$$

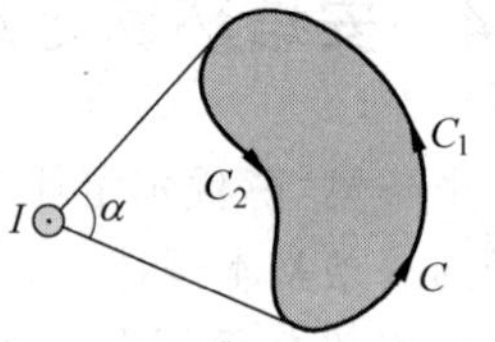

图 19.18 C 不包围电流的情况

可见,闭合路径 C 不包围电流时,该电流对沿这一闭合路径的 $\boldsymbol{B}$ 的环路积分无贡献。

上面的讨论只涉及在垂直于长直电流的平面内的闭合路径。可以比较容易地论证在长直电流的情况下,对非平面闭合路径,上述讨论也适用。还可以进一步证明(步骤比较复杂,证明略去),对于任意的闭合恒定电流,上述 $\boldsymbol{B}$ 的环路积分和电流的关系仍然成立。这样,再根据磁场叠加原理可得到,当有若干个闭合恒定电流存在时,沿任一闭合路径 C 的合磁场 $\boldsymbol{B}$ 的环路积分应为

$$\oint_C \boldsymbol{B}\cdot \mathrm{d}\boldsymbol{r} = \mu_0 \sum I_{\mathrm{in}}$$

式中 $\sum I_{\mathrm{in}}$ 是环路 C 所包围的电流的代数和。这就是我们要说明的安培环路定理。

这里特别要注意闭合路径 C"包围"的电流的意义。对于闭合的恒定电流来说,只有与 C 相**铰链**的电流,才算被 C 包围的电流。在图 19.19 中,电流 I_1,I_2 被回路 C 所包围,而且 I_1 为正,I_2 为负;I_3 和 I_4 没有被 C 所包围,它们对沿 C 的 $\boldsymbol{B}$ 的环路积分无贡献。

如果电流回路为螺旋形,而积分环路 C 与数匝电流铰链,则可作如下处理。如图 19.20 所示,设电流有 2 匝,C 为积分路径。可以设想将 cf 用导线连接起来,并想象在这一段导线中有两支方向相反,大小都等于 I 的电流流通。这样的两支电流不影响原来的电流和磁场的分布。这时 $abcfa$ 组成了一个电流回路,$cdefc$ 也组成了一个电流回路,对 C 计算 $\boldsymbol{B}$ 的环路积分时,应有

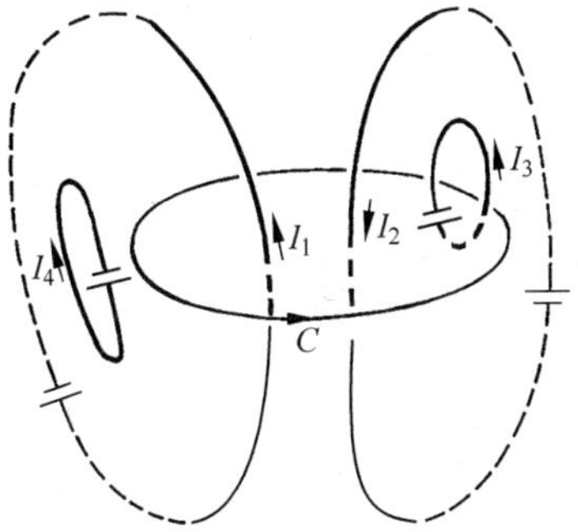

图 19.19 电流回路与环路 C 铰链

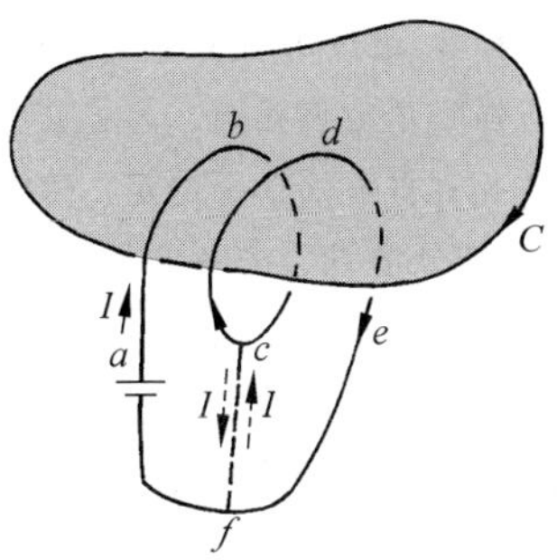

图 19.20 积分回路 C 与 2 匝电流铰链

$$\oint_C \boldsymbol{B}\cdot \mathrm{d}\boldsymbol{r}=\mu_0(I+I)=\mu_0\cdot 2I$$

此式就是上述情况下实际存在的电流所产生的磁场 $\boldsymbol{B}$ 沿 C 的环路积分。

如果电流在螺线管中流通，而积分环路 C 与 N 匝线圈铰链，则同理可得

$$\oint_C \boldsymbol{B}\cdot \mathrm{d}\boldsymbol{r}=\mu_0 NI \tag{19.22}$$

应该强调指出，安培环路定理表达式中右端的 $\sum I_{\text{in}}$ 中包括闭合路径 C 所包围的电流的代数和，但在式左端的 $\boldsymbol{B}$ 却代表空间所有电流产生的磁感应强度的矢量和，其中也包括那些不被 C 所包围的电流产生的磁场，只不过后者的磁场对沿 C 的 $\boldsymbol{B}$ 的环路积分无贡献罢了。

还应明确的是，安培环路定理中的电流都应该是**闭合**恒定电流，对于一段恒定电流的磁场，安培环路定理不成立。对于变化电流的磁场，式(19.20)的定理形式也不成立，其推广的形式见 19.6 节。

19.5 利用安培环路定理求磁场的分布

正如利用高斯定律可以方便地计算某些具有对称性的带电体的电场分布一样，利用安培环路定理也可以方便地计算出某些具有一定对称性的载流导线的磁场分布。

利用安培环路定理求磁场分布一般也包含两步：首先依据电流的对称性分析磁场分布的对称性，然后再利用安培环路定理计算磁感应强度的数值和方向。此过程中决定性的技巧是选取合适的闭合路径 C(也称**安培环路**)，以便使积分 $\oint_C \boldsymbol{B}\cdot \mathrm{d}\boldsymbol{r}$ 中的 $\boldsymbol{B}$ 能以标量形式从积分号内提出来。

下面举几个例子。

例 19.4

无限长圆柱面电流的磁场分布。设圆柱面半径为 R，面上均匀分布的轴向总电流为 I。求这一电流系统的磁场分布。

解 如图19.21所示，P为距柱面轴线距离为r处的一点。由于圆柱无限长，根据电流沿轴线分布的平移对称性，通过P而且平行于轴线的直线上各点的磁感应强度$\boldsymbol{B}$应该相同。为了分析P点的磁场，将$\boldsymbol{B}$分解为相互垂直的3个分量：径向分量$\boldsymbol{B}_r$，轴向分量$\boldsymbol{B}_a$和切向分量$\boldsymbol{B}_t$。先考虑径向分量$\boldsymbol{B}_r$。设想与圆柱同轴的一段半径为r，长为l的两端封闭的圆柱面。根据电流分布的柱对称性，在此封闭圆柱面侧面(S_1)上各点的B_r应该相等。通过此封闭圆柱面上底下底的磁通量由$\boldsymbol{B}_a$决定，一正一负相消为零。因此通过封闭圆柱面的磁通量为

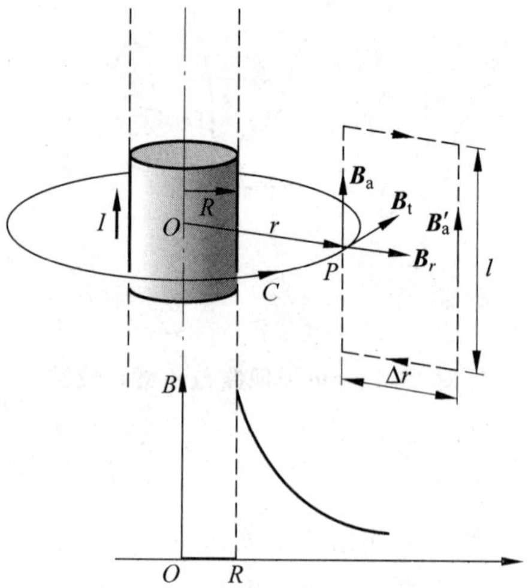

图19.21 无限长圆柱面电流的磁场的对称性分析

$$\oint_S \boldsymbol{B}\cdot d\boldsymbol{S} = \int_{S_1} B_r dS = 2\pi r l B_r$$

由磁通连续定理公式(19.8)可知此磁通量应等于零，于是$B_r=0$。这就是说，无限长圆柱面电流的磁场不能有径向分量。

其次考虑轴向分量$\boldsymbol{B}_a$。设想通过P点的一个长为l，宽为Δr的，与圆柱轴线共面的闭合矩形回路C，以$\boldsymbol{B}'_a$表示另一边处的磁场的轴向分量。沿此回路的磁场的环路积分为

$$\oint_C \boldsymbol{B}\cdot d\boldsymbol{r} = B_a l - B'_a l$$

由于此回路并未包围电流，所以此环路积分应等于零，于是得$B_a=B'_a$。但是这意味着B_a到处一样而且其大小无定解，即对于给定的电流，B_a可以等于任意值。这是不可能的。因此，对于任意给定的电流I值，只能有$\boldsymbol{B}_a=0$。这就是说，无限长直圆柱面电流的磁场不可能有轴向分量。

这样，无限长直圆柱面电流的磁场就只可能有切向分量了，即$\boldsymbol{B}=\boldsymbol{B}_t$。由电流的轴对称性可知，在通过$P$点，垂直于圆柱面轴线的圆周$C$上各点的$\boldsymbol{B}$的指向都沿同一绕行方向，而且大小相等。于是沿此圆周(取与电流成右手螺线关系的绕向为正方向)的$\boldsymbol{B}$的环路积分为

$$\oint_C \boldsymbol{B}\cdot d\boldsymbol{r} = B\cdot 2\pi r$$

由此得

$$B=\frac{\mu_0 I}{2\pi r}\quad (r>R) \tag{19.23}$$

这一结果说明，在无限长圆柱面电流外面的磁场分布与电流都汇流在轴线中的直线电流产生的磁场相同。

如果选$r<R$的圆周作安培环路，上述分析仍然适用，但由于$\sum I_{in}=0$，所以有

$$B=0\quad (r<R) \tag{19.24}$$

即在无限长圆柱面电流内的磁场为零。图19.21中也画出了B-r曲线。

例19.5

通电螺绕环的磁场分布。如图19.22(a)所示的环状螺线管叫**螺绕环**。设环管的轴线半径为R，环上均匀密绕N匝线圈(图19.22(b))，线圈中通有电流I。求线圈中电流

的磁场分布。

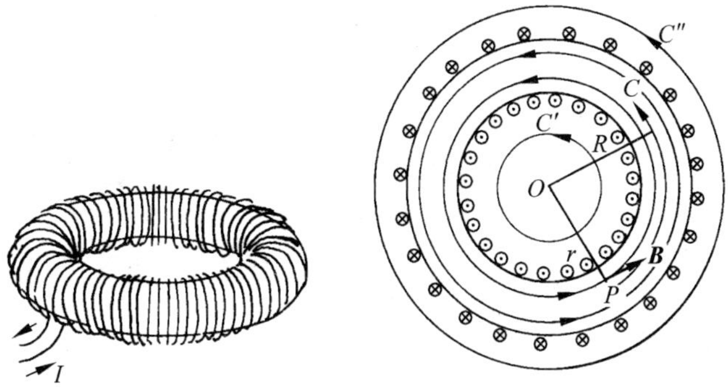

图 19.22 螺绕环及其磁场

(a) 螺绕环；(b) 螺绕环磁场分布

解 根据电流分布的对称性，仿照例 19.4 的对称性分析方法，可得与螺绕环共轴的圆周上各点 $\boldsymbol{B}$ 的大小相等，方向沿圆周的切线方向。以在环管内顺着环管的，半径为 r 的圆周为安培环路 C，则

$$\oint_C \boldsymbol{B} \cdot \mathrm{d}\boldsymbol{r} = B \cdot 2\pi r$$

该环路所包围的电流为 NI，故安培环路定理给出

$$B \cdot 2\pi r = \mu_0 NI$$

由此得

$$B = \frac{\mu_0 NI}{2\pi r} \quad (\text{在环管内}) \tag{19.25}$$

在环管横截面半径比环半径 R 小得多的情况下，可忽略从环心到管内各点的 r 的区别而取 $r=R$，这样就有

$$B = \frac{\mu_0 NI}{2\pi R} = \mu_0 nI \tag{19.26}$$

其中 $n=N/2\pi R$ 为螺绕环单位长度上的匝数。

对于管外任一点，过该点作一与螺绕环共轴的圆周为安培环路 C' 或 C''，由于这时 $\sum I_{\mathrm{in}} = 0$，所以有

$$B = 0 \quad (\text{在环管外}) \tag{19.27}$$

上述两式的结果说明，密绕螺绕环的磁场集中在管内，外部无磁场。这也和用铁粉显示的通电螺绕环的磁场分布图像(图 19.7(d))一致。

例 19.6

无限大平面电流的磁场分布。如图 19.23 所示，一无限大导体薄平板垂直于纸面放置，其上有方向指向读者的电流流通，**面电流密度**(即通过与电流方向垂直的单位长度的电流)到处均匀，大小为 j。求此电流板的磁场分布。

解 先分析任一点 P 处的磁场 $\boldsymbol{B}$。如图 19.23 所示，将 $\boldsymbol{B}$ 分解为相互垂直的3个分量：垂直于电流平面的分量 $\boldsymbol{B}_n$，与电流平行的分量 $\boldsymbol{B}_p$ 以及与电流平面平行且与电流方向垂直的分量 $\boldsymbol{B}_t$。类似例 19.4 的分析，利用平面对称和磁通连续定理可得 $\boldsymbol{B}_n=0$，利用安培环路定理可得 $\boldsymbol{B}_p=0$。因此 $\boldsymbol{B}=\boldsymbol{B}_t$。根据这一结果，可以作矩形回路 $PabcP$，其中 Pa 和 bc 两边与电流平面平行，长为 l，ab 和 cP 与电流平面垂直而且被电流平面等分。该回路所包围的电流为 jl，由安培环路定理，有

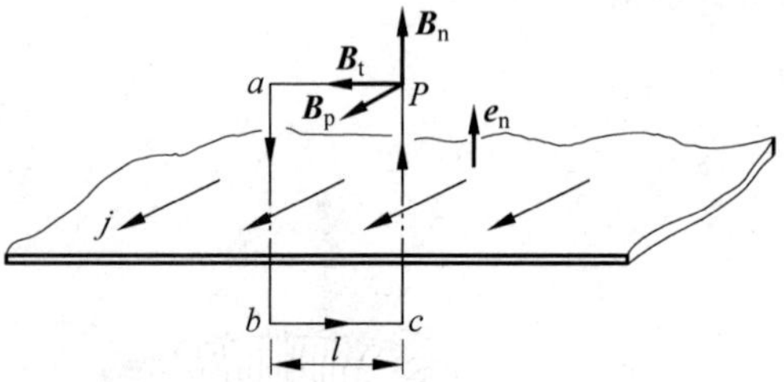

图 19.23 无限大平面电流的磁场分析

$$\oint_C \boldsymbol{B}\cdot \mathrm{d}\boldsymbol{r} = B\cdot 2l = \mu_0 jl$$

由此得

$$B=\frac{1}{2}\mu_0 j \tag{19.28}$$

这个结果说明，在无限大均匀平面电流两侧的磁场都是均匀磁场，并且大小相等，但方向相反。

19.6 与变化电场相联系的磁场

在安培环路定理公式(19.20)的说明中，曾指出闭合路径所包围的电流是指与该闭合路径所**铰链**的闭合电流。由于电流是闭合的，所以与闭合路径“铰链”也意味着该电流穿过以该闭合路径为边的**任意形状**的曲面。例如，在图 19.24 中，闭合路径 C 环绕着电流 I，该电流通过以 L 为边的平面 S_1，它也同样通过以 C 为边的口袋形曲面 S_2，由于恒定电流总是闭合的，所以安培环路定理的正确性与所设想的曲面 S 的形状无关，只要闭合路径是确定的就可以了。

实际上也常遇到并不闭合的电流，如电容器充电(或放电)时的电流(图 19.25)。这时电流随时间改变，也不再是恒定的了，那么安培环路定理是否还成立呢？由于电流不闭合，所以不能再说它与闭合路径铰链了。实际上这时通过 S_1 和通过 S_2 的电流不相等了。如果按面 S_1 计算电流，沿闭合路径 C 的 $\boldsymbol{B}$ 的环路积分等于 $\mu_0 I$。但如果按面 S_2 计算电流，则由于没有电流通过面 S_2，沿闭合路径 C 的 $\boldsymbol{B}$ 的环路积分按式(19.20)就要等于零。由于沿同一闭合路径 $\boldsymbol{B}$ 的环流只能有一个值，所以这里明显地出现了矛盾。它说明以式(19.20)的形式表示的安培环路定理不适用于非恒定电流的情况。

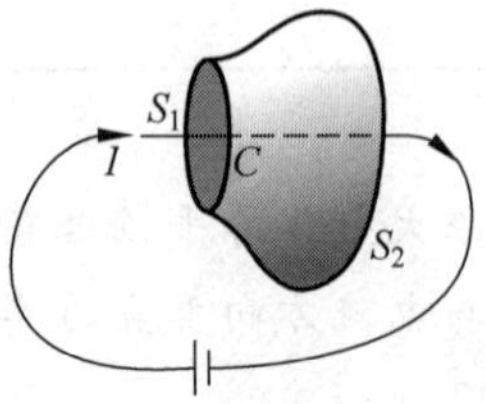

图 19.24 C 环路环绕闭合电流

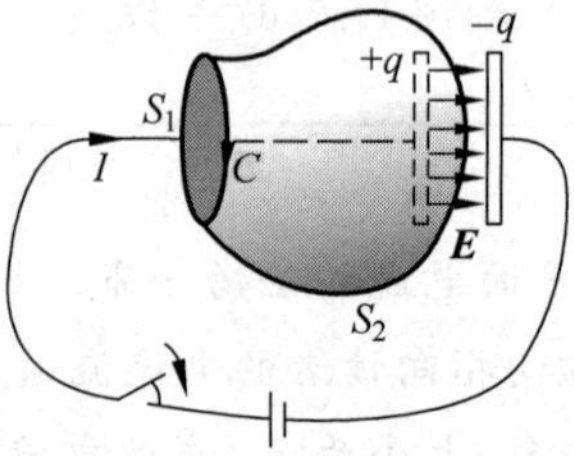

图 19.25 C 环路环绕不闭合电流

1861年麦克斯韦研究电磁场的规律时，想把安培环路定理推广到非恒定电流的情况。他注意到如图19.25所示的电容器充电的情况下，在电流断开处，随着电容器被充电，这里总有电荷的不断积累或散开，如在电容器充电时，两平行板上的电量是不断变化的，因而在电流断开处的**电场总是变化的**。他大胆地假设这电场的变化和磁场相联系，并从他的理论的要求出发给出在没有电流的情况下这种联系的定量关系为

$$\oint_C \boldsymbol{B} \cdot \mathrm{d}\boldsymbol{r} = \mu_0 \varepsilon_0 \frac{\mathrm{d}\Phi_\mathrm{e}}{\mathrm{d}t} = \mu_0 \varepsilon_0 \frac{\mathrm{d}}{\mathrm{d}t}\int_S \boldsymbol{E} \cdot \mathrm{d}\boldsymbol{S} \tag{19.29}$$

式中 S 是以闭合路径 C 为边线的任意形状的曲面。此式说明和变化电场相联系的磁场沿闭合路径 C 的环路积分等于以该路径为边线的任意曲面的电通量 Φ_e 的变化率的 $\mu_0\varepsilon_0$（即 $1/c^2$）倍（国际单位制）。电场和磁场的这种**联系**常被称为变化的电场产生磁场，式(19.29)就成了**变化电场产生磁场的规律**。

如果一个面 S 上有传导电流（即电荷运动形成的电流）I_c 通过而且还同时有变化的电场存在，则沿此面的边线 L 的磁场的环路积分由下式决定：

$$\begin{aligned}\oint_C \boldsymbol{B} \cdot \mathrm{d}\boldsymbol{r} &= \mu_0 \left(I_{c,\mathrm{in}} + \varepsilon_0 \frac{\mathrm{d}}{\mathrm{d}t}\int_S \boldsymbol{E} \cdot \mathrm{d}\boldsymbol{S} \right) \\ &= \mu_0 \int_S \left(\boldsymbol{J}_\mathrm{c} + \varepsilon_0 \frac{\partial \boldsymbol{E}}{\partial t} \right) \cdot \mathrm{d}\boldsymbol{S}\end{aligned} \tag{19.30}$$

这一公式被称做**推广了的或普遍的安培环路定理**。事后的实验证明，麦克斯韦的假设和他提出的定量关系是完全正确的，而式(19.30)也就成了一条电磁学的基本定律。

由于式(19.30)中第一个等号右侧括号内第二项具有电流的量纲，所以也可以把它叫做“电流”。麦克斯韦在引进这一项时曾把它和“以太粒子”的运动联系起来，并把它叫做**位移电流**。以 I_d 表示通过 S 面的位移电流，则有

$$I_\mathrm{d} = \varepsilon_0 \frac{\mathrm{d}\Phi_\mathrm{e}}{\mathrm{d}t} = \varepsilon_0 \frac{\mathrm{d}}{\mathrm{d}t}\int_S \boldsymbol{E} \cdot \mathrm{d}\boldsymbol{S} \tag{19.31}$$

而位移电流密度 $\boldsymbol{J}_\mathrm{d}$ 则直接和电场的变化相联系，即

$$\boldsymbol{J}_\mathrm{d} = \varepsilon_0 \frac{\partial \boldsymbol{E}}{\partial t} \tag{19.32}$$

现在，从本质上看来，真空中的位移电流不过是变化电场的代称，并不是电荷的运动①，而且除了在产生磁场方面与电荷运动形成的传导电流等效外，和传导电流并无其他共同之处。

传导电流与位移电流之和，即式(19.30)第一个等号右侧括号中两项之和称做“**全电流**”。以 I 表示全电流，则通过 S 面的全电流为

$$I = I_\mathrm{c} + I_\mathrm{d} = \int_S \boldsymbol{J}_\mathrm{c} \cdot \mathrm{d}\boldsymbol{S} + \int_S \boldsymbol{J}_\mathrm{d} \cdot \mathrm{d}\boldsymbol{S} = \int_S \left(\boldsymbol{J}_\mathrm{c} + \varepsilon_0 \frac{\partial \boldsymbol{E}}{\partial t} \right) \cdot \mathrm{d}\boldsymbol{S} \tag{19.33}$$

现在再来讨论图19.25所示的情况。对口袋形面积 S_2 来说，并没有传导电流 I 通过，但由于电场的变化而有位移电流通过。由于板间 $E=\sigma/\varepsilon_0$，所以 $\Phi_\mathrm{e}=q/\varepsilon_0$，其中 q 是一

---

① 位移电流的一般定义是电位移通量的变化率，即 $I_\mathrm{d} = \frac{\mathrm{d}}{\mathrm{d}t}\Phi_\mathrm{d} = \frac{\mathrm{d}}{\mathrm{d}t}\int_S \boldsymbol{D} \cdot \mathrm{d}\boldsymbol{S}$。在电介质内部，位移电流中确有一部分是电荷（束缚电荷）的定向运动。

个板上已积累的电荷。因此通过 S_2 面的位移电流为

$$I_d = \varepsilon_0 \frac{d\Phi_e}{dt} = \frac{dq}{dt}$$

由于单位时间内极板上电荷的增量 dq/dt 等于通过导线流入极板的电流 I，所以上式给出 $I_d = I$。这就是说，对于和磁场的关系来说，**全电流是连续的**，而式(19.30)中 $\boldsymbol{B}$ 的环路积分也就和以积分回路 L 为边的面积 S 的形状无关了。

现在考虑全电流的一般情况。对于有全电流分布的空间，通过任一封闭曲面的全电流为

$$I = \oint_S \boldsymbol{J}_c \cdot d\boldsymbol{S} + \varepsilon_0 \frac{d}{dt}\oint_S \boldsymbol{E} \cdot d\boldsymbol{S} = \oint_S \boldsymbol{J}_c \cdot d\boldsymbol{S} + \frac{dq_{in}}{dt}$$

此式后一等式应用了高斯定律 $\oint_S \boldsymbol{E} \cdot d\boldsymbol{S} = q_{in}/\varepsilon_0$。此式第二个等号后第一项表示流出封闭面的总电流，即单位时间内流出封闭面的电量。第二项表示单位时间内封闭面内电荷的增量。根据表示电荷守恒的连续性方程式(19.7)，这两项之和应该等于零。这就是说，通过任意封闭曲面的全电流等于零，也就是说，全电流总是连续的。上述电容器充电时全电流的连续正是这个结论的一个特例。

例 19.7

一板面半径为 $R=0.2$ m 的圆形平行板电容器，正以 $I_c=10$ A 的传导电流充电。求在板间距轴线 $r_1=0.1$ m 处和 $r_2=0.3$ m 处的磁场(忽略边缘效应)。

解 两板之间的电场为

$$E = \sigma/\varepsilon_0 = \frac{q}{\pi\varepsilon_0 R^2}$$

由此得

$$\frac{dE}{dt} = \frac{1}{\pi\varepsilon_0 R^2}\frac{dq}{dt} = \frac{I_c}{\pi\varepsilon_0 R^2}$$

如图 19.26(a)所示，由于两板间的电场对圆形平板具有轴对称性，所以磁场的分布也具有轴对称性。磁感线都是垂直于电场而圆心在圆板中心轴线上的同心圆，其绕向与 $\frac{d\boldsymbol{E}}{dt}$ 的方向符合右手螺旋定则。

取半径为 r_1 的圆周为安培环路 C_1，$\boldsymbol{B}_1$ 的环路积分为

$$\oint_C \boldsymbol{B}_1 \cdot d\boldsymbol{r} = 2\pi r_1 B_1$$

而

$$\frac{d\Phi_{e1}}{dt} = \pi r_1^2 \frac{dE}{dt} = \frac{\pi r_1^2 I_c}{\pi\varepsilon_0 R^2} = \frac{r_1^2 I_c}{\varepsilon_0 R^2}$$

式(19.29)给出

$$2\pi r_1 B_1 = \mu_0\varepsilon_0 \frac{r_1^2 I_c}{\varepsilon_0 R^2} = \mu_0 \frac{r_1^2 I_c}{R^2}$$

由此得

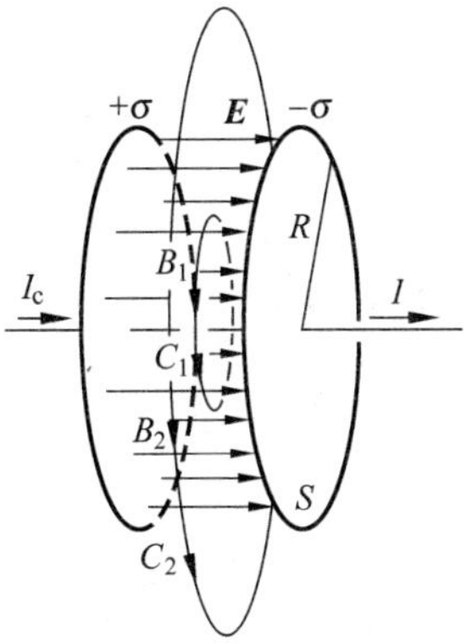

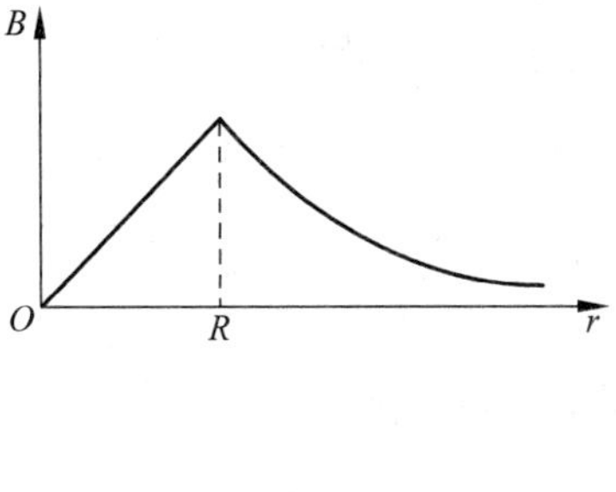

图 19.26　平行板电容器充电时，板间的磁场分布(a)和 B 随 r 变化的曲线(b)

$$B_1=\frac{\mu_0 r_1 I_c}{2\pi R^2}=\frac{4\pi\times10^{-7}\times0.1\times10}{2\pi\times0.2^2}=5\times10^{-6}(\mathrm{T})$$

对于 r_2，由于 $r_2>R$，取半径为 r_2 的圆周 C_2 为安培环路时，

$$\frac{\mathrm{d}\Phi_{e2}}{\mathrm{d}t}=\pi R^2\frac{\mathrm{d}E}{\mathrm{d}t}=\frac{I_c}{\varepsilon_0}$$

式(19.29)给出

$$2\pi r_2 B_2=\mu_0 I_c$$

由此得

$$B_2=\frac{\mu_0 I_c}{2\pi r_2}=\frac{4\pi\times10^{-7}\times10}{2\pi\times0.3}=6.67\times10^{-6}(\mathrm{T})$$

磁场的方向如图 19.26(a)所示。图 19.26(b)中画出了板间磁场的大小随离中心轴的距离变化的关系曲线。

提要

1. 磁力：磁力是运动电荷之间的相互作用，它是通过磁场实现的。

2. 磁感应强度 $\boldsymbol{B}$：用洛伦兹力公式定义 $\boldsymbol{F}=q\boldsymbol{v}\times\boldsymbol{B}$。

3. 毕奥-萨伐尔定律：电流元的磁场

$$\mathrm{d}\boldsymbol{B}=\frac{\mu_0 I\mathrm{d}\boldsymbol{l}\times\boldsymbol{e}_r}{4\pi r^2}$$

其中真空磁导率：$\mu_0=4\pi\times10^{-7}\ \mathrm{N/A^2}$。

4. 磁通连续定理：$\oint_S \boldsymbol{B}\cdot\mathrm{d}\boldsymbol{S}=0$ 此定理表明没有单独的“磁场”存在。

5. 典型磁场：无限长直电流的磁场：$B=\frac{\mu_0 I}{2\pi r}$

载流长直螺线管内的磁场：$B=\mu_0 nI$

匀速运动($v\ll c$)电荷的磁场：$\boldsymbol{B}=\frac{\mu_0 q\ \boldsymbol{v}\times\boldsymbol{e}_r}{4\pi r^2}$

6. 安培环路定理(适用于恒定电流)：

$$\oint_L \boldsymbol{B} \cdot \mathrm{d}\boldsymbol{r} = \mu_0 \sum I_{\text{in}}$$

7. 与变化电场相联系的磁场：

$$\oint_L \boldsymbol{B} \cdot \mathrm{d}\boldsymbol{r} = \mu_0 \varepsilon_0 \frac{\mathrm{d}}{\mathrm{d}t}\int_S \boldsymbol{E} \cdot \mathrm{d}\boldsymbol{S}$$

位移电流：$I_{\mathrm{d}} = \varepsilon_0 \dfrac{\mathrm{d}}{\mathrm{d}t}\int_S \boldsymbol{E} \cdot \mathrm{d}\boldsymbol{S}$

位移电流密度：$\boldsymbol{J}_{\mathrm{d}} = \varepsilon_0 \dfrac{\partial \boldsymbol{E}}{\partial t}$

全电流：$I = I_{\mathrm{c}} + I_{\mathrm{d}}$，总是连续的。

8. 普遍的安培环路定理：

$$\oint_L \boldsymbol{B} \cdot \mathrm{d}\boldsymbol{r} = \mu_0 \left(I + \varepsilon_0 \frac{\mathrm{d}}{\mathrm{d}t}\int_S \boldsymbol{E} \cdot \mathrm{d}\boldsymbol{S} \right)$$

思考题

19.1 在电子仪器中，为了减弱与电源相连的两条导线的磁场，通常总是把它们扭在一起。为什么？

19.2 两根通有同样电流 I 的长直导线十字交叉放在一起，交叉点相互绝缘(图 19.27)。试判断何处的合磁场为零。

19.3 一根导线中间分成相同的两支，形成一菱形(图 19.28)。通入电流后菱形的两条对角线上的合磁场如何？

19.4 解释等离子体电流的箍缩效应，即等离子柱中通以电流时(图 19.29)，它会受到自身电流的磁场的作用而向轴心收缩的现象。

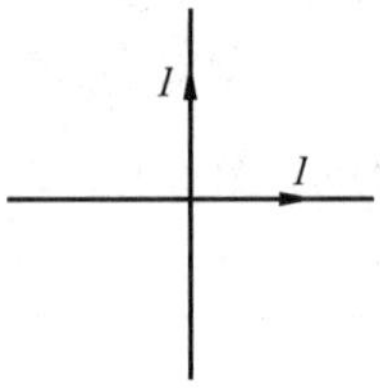

图 19.27 思考题 19.2 用图

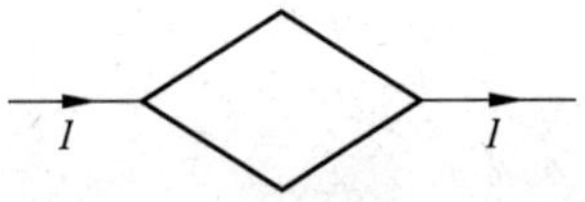

图 19.28 思考题 19.3 用图

图 19.29 思考题 19.4 用图

19.5 研究受控热核反应的托卡马克装置中，等离子体除了受到螺绕环电流的磁约束外也受到自身的感应电流(由中心感应线圈中的变化电流引起，等离子体中产生的感应电流常超过 10^6 A)的磁场的约束(图 19.30)。试说明这两种磁场的合磁场的磁感线是绕着等离子体环轴线的螺旋线(这样的磁场更有利于约束等离子体)。

19.6 考虑一个闭合的面，它包围磁铁棒的一个磁极。通过该闭合面的磁通量是多少？

19.7 磁场是不是保守场？

19.8 在无电流的空间区域内，如果磁力线是平行直线，那么磁场一定是均匀场。试证明之。

19.9 试证明：在两磁极间的磁场不可能像图 19.31 那样突然降到零。

19.10 如图 19.32 所示，一长直密绕螺线管，通有电流 I。对于闭合回路 L，求 $\oint_L \boldsymbol{B} \cdot \mathrm{d}\boldsymbol{r} = ?$

19.11 像图 19.33 那样的截面是任意形状的密绕长直螺线管，管内磁场是否是均匀磁场？其磁感应强度是否仍可按 $B = \mu_0 nI$ 计算？

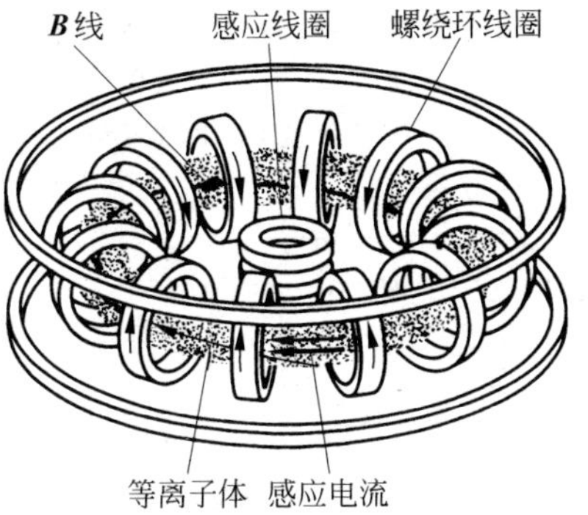

图 19.30　等离子体的约束

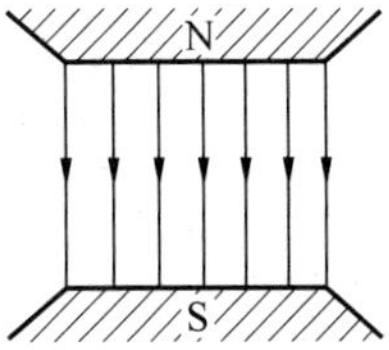

图 19.31　思考题 19.9 用图

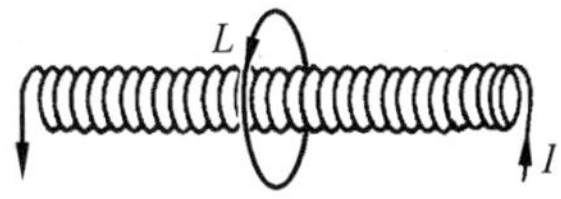

图 19.32　思考题 19.10 用图

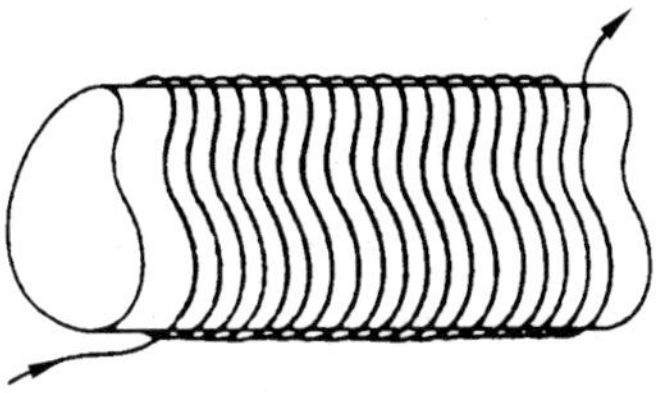

图 19.33　思考题 19.11 用图

19.12　图 19.26 中的电容器充电（电流 I_c 方向如图示）和放电（电流 I_c 的方向与图示方向相反）时，板间位移电流的方向各如何？r_1 处的磁场方向又各如何？

习题

19.1　求图 19.34 各图中 P 点的磁感应强度 $\boldsymbol{B}$ 的大小和方向。

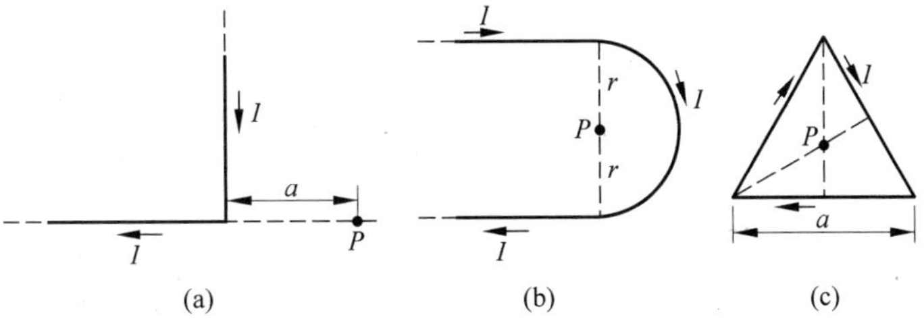

图 19.34　习题 19.1 用图

（a）P 在水平导线延长线上；（b）P 在半圆中心处；（c）P 在正三角形中心

19.2　高压输电线在地面上空 25 m 处，通过电流为 1.8×10^3 A。

（1）求在地面上由这电流所产生的磁感应强度多大？

（2）在上述地区，地磁场为 0.6×10^{-4} T，问输电线产生的磁场与地磁场相比如何？

19.3　在汽船上，指南针装在相距载流导线 0.80 m 处，该导线中电流为 20 A。

（1）该电流在指南针所在处的磁感应强度多大（导线作为长直导线处理）？

（2）地磁场的水平分量（向北）为 0.18×10^{-4} T。由于导线中电流的磁场作用，指南针的指向要偏离正北方向。如果电流的磁场是水平的而且与地磁场垂直，指南针将偏离正北方向多少度？求在最坏情况下，上述汽船中的指南针偏离正北方向多少度。

19.4 两根导线沿半径方向被引到铁环上 A,C 两点,电流方向如图19.35所示。求环中心 O 处的磁感应强度是多少?

19.5 两平行直导线相距 $d=40$ cm,每根导线载有电流 $I_1=I_2=20$ A,如图19.36所示。求:

(1) 两导线所在平面内与该两导线等距离的一点处的磁感应强度;

(2) 通过图中灰色区域所示面积的磁通量(设 $r_1=r_3=10$ cm,$l=25$ cm)。

19.6 如图19.37所示,求半圆形电流 I 在半圆的轴线上离圆心距离 x 处的 $\boldsymbol{B}$。

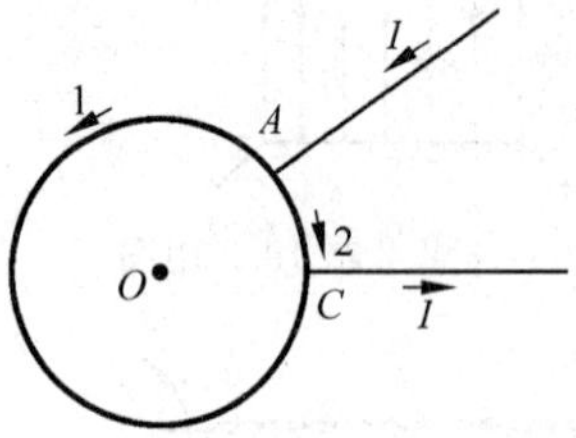

图19.35 习题19.4用图

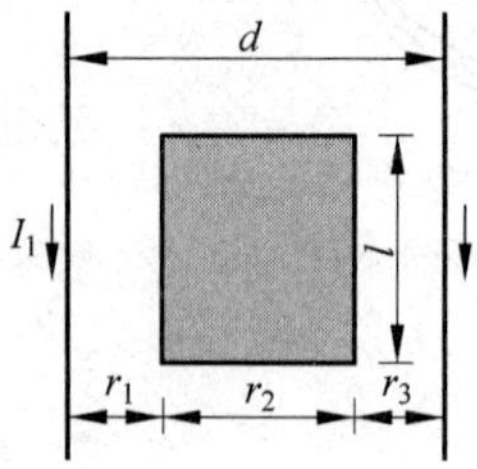

图19.36 习题19.5用图

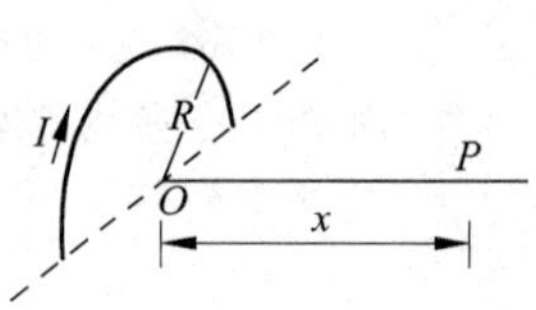

图19.37 习题19.6用图

19.7 连到一个大电磁铁,通有 $I=5.0\times10^3$ A 的电流的长引线构造如下:中间是一直径为5.0 cm的铝棒,周围同轴地套以内直径为7.0 cm,外直径为9.0 cm的铝筒作为电流的回程(筒与棒间充以油类并使之流动以散热)。在每件导体的截面上电流密度均匀。计算从轴心到圆筒外侧的磁场分布(铝和油本身对磁场分布无影响),并画出相应的关系曲线。

19.8 根据长直电流的磁场公式(19.10),用积分法求:

(1) 无限长圆柱均匀面电流 I 内外的磁场分布;

(2) 无限大平面均匀电流(面电流密度 $\boldsymbol{j}$)两侧的磁场分布。

19.9 图19.11圆电流 I 在其轴线上磁场由式(19.11)表示。试计算此磁场沿轴线从 $-\infty$ 到 $+\infty$ 的线积分以验证安培环路定理式(19.20)。为什么可忽略此电流"回路"的"回程"部分?

19.10 试设想一矩形回路(图19.38)并利用安培环路定理导出长直螺线管内的磁场为 $B=\mu_0 nI$。

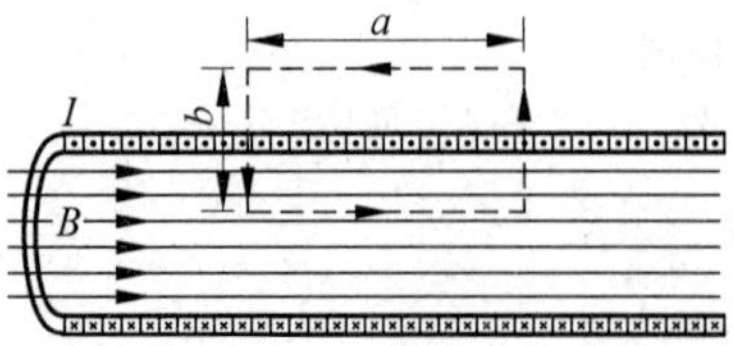

图19.38 习题19.10用图

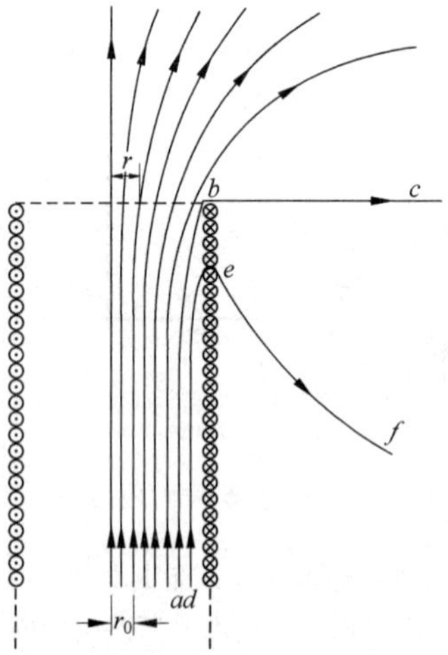

图19.39 习题19.11用图

*19.11 两个半无限长直螺线管对接起来就形成一无限长直螺线管。对于半无限长直螺线管(图19.39),试用叠加原理证实:

(1) 通过管口的磁通量正好是通过远离管口内部截面的磁通量的一半;

(2) 紧靠管口的那条磁感线 abc 的管外部分是一条垂直于管轴的直线;

(3) 从管侧面"漏出"的磁感线在管外弯离管口，如图中 def 线所表示的那样；

(4) 在管内深处离管轴 r_0 的那条磁感线通过管口时离管轴的距离为 $r=\sqrt{2}r_0$。

19.12 研究受控热核反应的托卡马克装置中，用螺绕环产生的磁场来约束其中的等离子体。设某一托卡马克装置中环管轴线的半径为 2.0 m，管截面半径为 1.0 m，环上均匀绕有 10 km 长的水冷铜线。求铜线内通入峰值为 7.3×10^4 A 的脉冲电流时，管内中心的磁场峰值多大(近似地按恒定电流计算)？

19.13 如图 19.40 所示，线圈均匀密绕在截面为长方形的整个木环上(木环的内外半径分别为 R_1 和 R_2，厚度为 h，木料对磁场分布无影响)，共有 N 匝，求通入电流 I 后，环内外磁场的分布。通过管截面的磁通量是多少？

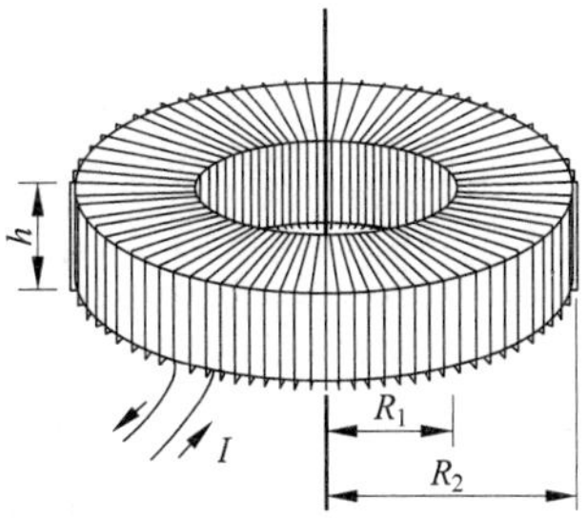

图 19.40 习题 19.13 用图

19.14 两块平行的大金属板上有均匀电流流通，面电流密度都是 j，但方向相反。求板间和板外的磁场分布。

19.15 无限长导体圆柱沿轴向通以电流 I，截面上各处电流密度均匀分布，柱半径为 R。求柱内外磁场分布。在长为 l 的一段圆柱内环绕中心轴线的磁通量是多少？

19.16 有一长圆柱形导体，截面半径为 R。今在导体中挖去一个与轴平行的圆柱体，形成一个截面半径为 r 的圆柱形空洞，其横截面如图 19.41 所示。在有洞的导体柱内有电流沿柱轴方向流通。求洞中各处的磁场分布。设柱内电流均匀分布，电流密度为 J，从柱轴到空洞轴之间的距离为 d。

19.17 亥姆霍兹(Helmholtz)线圈常用于在实验室中产生均匀磁场。这线圈由两个相互平行的共轴的细线圈组成(图 19.42)。线圈半径为 R，两线圈相距也为 R，线圈中通以同方向的相等电流。

(1) 求 z 轴上任一点的磁感应强度；

(2) 证明在 $z=0$ 处 $\frac{\mathrm{d}B}{\mathrm{d}z}$ 和 $\frac{\mathrm{d}^2B}{\mathrm{d}z^2}$ 两者都为零。

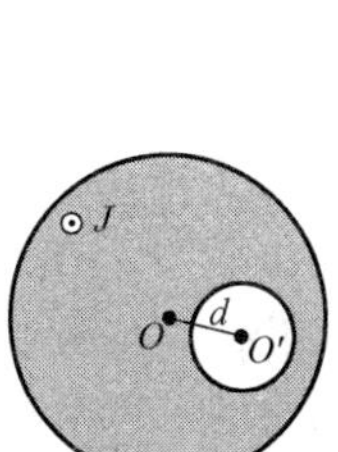

图 19.41 习题 19.16 用图

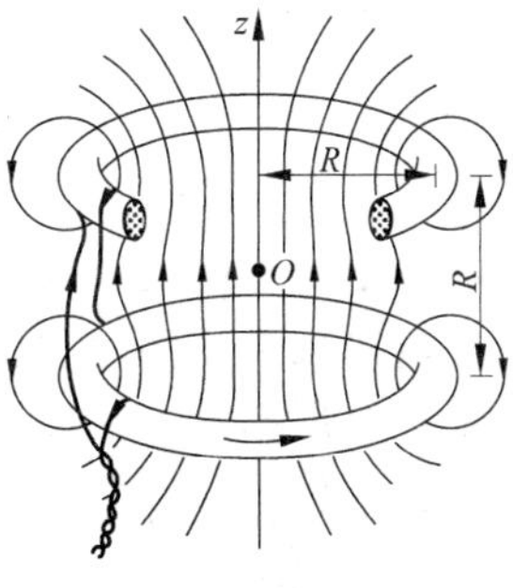

图 19.42 习题 19.17 用图

19.18 一个塑料圆盘，半径为 R，表面均匀分布电量 q。试证明：当它绕通过盘心而垂直于盘面的轴以角速度 ω 转动时，盘心处的磁感应强度 $B=\frac{\mu_0\omega q}{2\pi R}$。

19.19 一平行板电容器的两板都是半径为 5.0 cm 的圆导体片，在充电时，其中电场强度的变化率为 $\frac{\mathrm{d}E}{\mathrm{d}t}=1.0\times10^{12}$ V/(m·s)。

(1) 求两极板间的位移电流；

(2) 求极板边缘的磁感应强度 $\boldsymbol{B}$。

19.20 在一对平行圆形极板组成的电容器(电容 $C=1\times10^{-12}$ F)上，加上频率为 50 Hz，峰值为 1.74×10^5 V 的交变电压，计算极板间的位移电流的最大值。

科学家介绍

麦克斯韦

(James Clerk Maxwell,1831—1879 年)

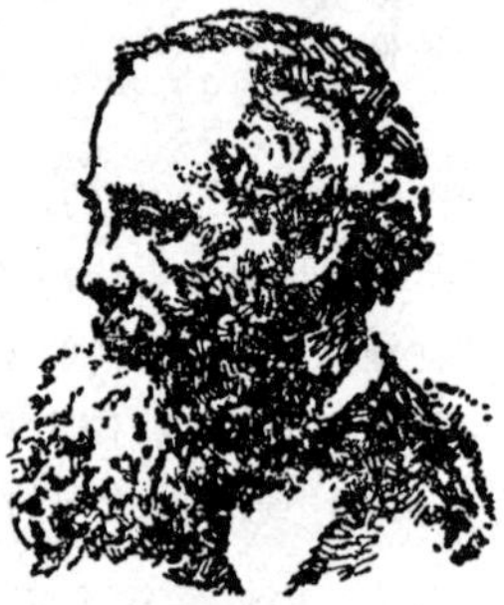

麦克斯韦像

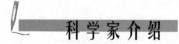

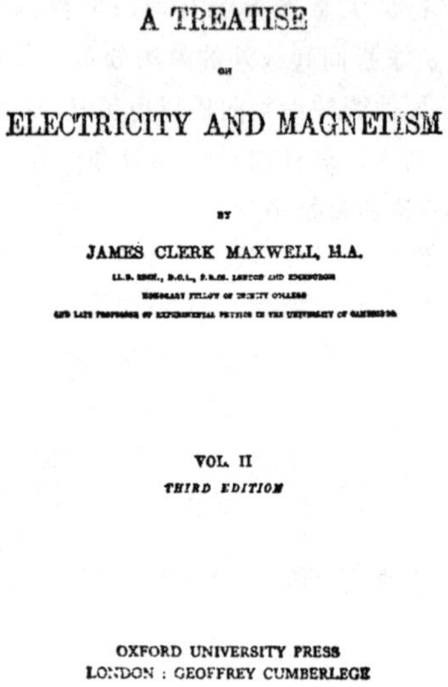

《电学和磁学通论》一书的扉页

在法拉第发现电磁感应现象的 1831 年,麦克斯韦在英国的爱丁堡出生了。他从小聪敏好问。父亲是位机械设计师,很赏识自己儿子的才华,常带他去听爱丁堡皇家学会的科学讲座,10 岁时送他进爱丁堡中学。在中学阶段,麦克斯韦就显示了在数学和物理方面的才能,15 岁那年就写了一篇关于卵形线作图法的论文,被刊登在《爱丁堡皇家学会学报》上。1847 年,16 岁的麦克斯韦考入爱丁堡大学,1850 年又转入剑桥大学。他学习勤奋,成绩优异,经著名数学家霍普金斯和斯托克斯的指点,很快就掌握了当时先进的数学理论,这为他以后的发展打下了良好的基础。1854 年在剑桥大学毕业后,麦克斯韦曾先后任亚伯丁马里夏尔学院、伦敦皇家学院和剑桥大学物理学教授。他的口才不行,讲课效果较差。

麦克斯韦在电磁学方面的贡献是总结了库仑、高斯、安培、法拉第、诺埃曼、汤姆孙等人的研究成果,特别是把法拉第的力线和场的概念用数学方法加以描述、论证、推广和提升,创立了一套完整的电磁场理论。他自己在 1873 年谈论他的巨著《电学和磁学通论》时曾说过:“主要是怀着给(法拉第的)这些概念提供数学方法基础的愿望,我开始写作这部论著。”

1855—1856 年,麦克斯韦发表了关于电磁场的第一篇论文《论法拉第的力线》。在这篇文章中，他把法拉第的力线和不可压缩流体中的流线进行类比，用数学形式——矢量场——来描述电磁场，并总结了 6 个数学公式(有代数式、微分式和积分式)来表示电流、电场、磁场、磁通量以及矢势之间的关系。这是他把法拉第的直观图像数学化的第一次尝试，此后麦克斯韦电磁场理论就是在这个基础上发展起来的。

1860 年麦克斯韦转到伦敦皇家学院任教。一到伦敦，他就带着这篇论文拜访年近古稀的法拉第。法拉第 4 年前看到过这篇论文，会见时对麦克斯韦大加赞赏地说："我不认为自己的学说一定是真理，但你是真正理解它的人。""这是一篇出色的文章，但你不应该停留在用数学来解释我的观点，而应该突破它。"麦克斯韦大受鼓舞，而且后来也确实没有辜负老人的期望。

1861 年麦克斯韦对法拉第电磁感应现象进行深入分析时，认为即使没有导体回路，变化的磁场也应在其周围产生电场。他把这种电场称做**感应电场**。有导体回路时，这电场就在回路中产生感生电动势从而激起感应电流。这一假设是对法拉第实验结论的第一个突破，它揭示了变化的磁场和电场相联系。

同年 12 月，在给汤姆孙的信中，麦克斯韦提出了**位移电流**的概念，认为对变化的电磁现象来说，安培定律的电流项中必须加入电场变化率一项才能与电荷守恒无矛盾，这一提法又是一个一流的独创，它揭示了变化的电场和磁场相联系。

1862 年，麦克斯韦发表了《论物理的力线》一文。这篇论文除了更仔细地阐述位移电流概念(先是电介质中的，再是真空即以太中的)外，主要是提出一种以太管模型来构造法拉第的力线并用以解释排斥、吸引、电流产生磁场、电磁感应等现象。这个模型现在看来比较勉强，麦克斯韦本人此后也再没有使用这样的模型。

1864 年，麦克斯韦发表了《电磁场动力论》。在这篇论文中，他明确地把自己的理论叫做"场的动力理论"，而且定义"电磁场是包含和围绕着处于电或磁的状态之下的一些物体的那一部分空间，它可以充满着某种物质，也可以被抽成真空"。在这一篇论文中他提出一套完整的方程组(共有 20 个方程式)，并由此方程组导出了电场和磁场相互垂直而且和传播方向相垂直的电磁波。他给出了电磁波的能量密度以及能流密度公式。更奇妙的是，从这一方程组中，他得出了电磁波的传播速度是 $1/\sqrt{\mu\varepsilon}$，在真空中是 $1/\sqrt{\mu_0\varepsilon_0}$，而其值等于 3×10^{10} cm/s，正好等于由实验测得的光速(这一巧合，在 1863 年他和詹金研究电磁学单位制时也得到过)。这一结果促使麦克斯韦提出"光是一种按照电磁规律在场内传播的电磁扰动"的结论。这一点在 1868 年他发表的《关于光的电磁理论》中更明确地肯定下来了。20 年后赫兹用实验证实了这个论断。就这样，原来被认为是互相独立的光现象和电磁现象互相联系起来了。这是在牛顿之后人类对自然的认识史上的又一次大综合。

1873 年，麦克斯韦出版了他的关于电磁学研究的总结性论著《电学和磁学通论》。在这本书中他汇集了前人的发现和他自己的独创，对电磁场的规律作了全面系统而严谨的论述，写下了 11 个方程(以矢量形式表示)。他还证明了"唯一性定理"，从而说明了这一方程组是完整而充分地反映了电磁场运动的规律(现代教科书中用 4 个公式表示的完整方程组是 1890 年赫兹写出的)。就这样，麦克斯韦从法拉第的力线概念出发，经过坚持不懈的研究得到了一套完美的数学理论。这一理论概括了当时已发现的所有电磁现象和光现象的规律，它是在牛顿建立力学理论之后的又一光辉成就。

《电学和磁学通论》出版后，麦克斯韦即转入筹建卡文迪什实验室的工作并担任了它的第一任主任(该实验室后来出了汤姆孙、卢瑟福等一流的物理学家)。整理卡文迪什遗作的繁重工作耗费了他很大的精力。1879年，年仅48岁的麦克斯韦由于肺结核不治而过早地离开了人间。

除了在电磁学方面的伟大贡献外，麦克斯韦还是气体动理论的奠基人之一。他第一次用概率的数学概念导出了气体分子的速率分布律，还用分子的刚性球模型研究了气体分子的碰撞和输运过程。他的关于内摩擦的理论结论和他自己做的实验结果相符，有力地支持了气体动理论。

第20章

磁　　力

磁场对其中的运动电荷，根据洛伦兹力公式 $\boldsymbol{F}=q\boldsymbol{v}\times\boldsymbol{B}$，有磁力的作用。大家在中学物理中已学过带电粒子在磁场中作匀速圆周运动，磁场对电流的作用力（安培力），磁场对载流线圈的力矩作用（电动机的原理）等知识。本章将对这些规律做简要但更系统全面的讲述。关于磁力矩，本章特别着重于讲解载流线圈所受的磁力矩与其磁矩的关系。

20.1　带电粒子在磁场中的运动

一个带电粒子以一定速度 $\boldsymbol{v}$ 进入磁场后，它会受到由式(19.3)所表示的洛伦兹力的作用，因而改变其运动状态。下面先讨论均匀磁场的情形。

设一个质量为 m 带有电量为 q 的正离子，以速度 $\boldsymbol{v}$ 沿**垂直**于磁场方向进入一均匀磁场中(图 20.1)。由于它受的力 $\boldsymbol{F}=q\boldsymbol{v}\times\boldsymbol{B}$ 总与速度垂直，因而它的速度的大小不改变，而只是方向改变。又因为这个 $\boldsymbol{F}$ 也与磁场方向垂直，所以正离子将在垂直于磁场平面内作圆周运动。用牛顿第二定律[①]可以容易地求出这一圆周运动的半径 R 为

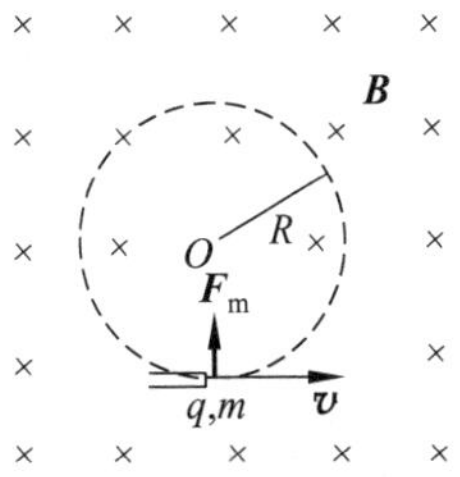

图 20.1　带电粒子在均匀磁场中作圆周运动

$$R=\frac{mv}{qB}=\frac{p}{qB} \tag{20.1}$$

而圆运动的周期，即**回旋周期** T 为

$$T=\frac{2\pi m}{qB} \tag{20.2}$$

由上述两式可知，回旋半径与粒子速度成正比，但回旋周期与粒子速度无关，这一点被用在回旋加速器中来加速带电粒子。

---

① 在回旋加速器内，带电粒子的速率可被加速到与光速十分接近的程度。但因洛伦兹力总与粒子速度垂直，所以此时相对论给出的结果与牛顿第二定律给出的结果（式(20.1)）形式上相同，只是式中 m 应该用相对论质量 $m_0/\sqrt{l-v^2/c^2}$ 代替。

如果一个带电粒子进入磁场时的速度 $\boldsymbol{v}$ 的方向不与磁场垂直，则可将此入射速度分解为沿磁场方向的分速度 $\boldsymbol{v}_{/\!/}$ 和垂直于磁场方向的分速度 $\boldsymbol{v}_{\perp}$（图 20.2）。后者使粒子产生垂直于磁场方向的圆运动，使其不能飞开，其圆周半径由式(20.1)得出，为

$$R = \frac{mv_{\perp}}{qB} \tag{20.3}$$

而回旋周期仍由式(20.2)给出。粒子平行于磁场方向的分速度 $\boldsymbol{v}_{/\!/}$ 不受磁场的影响，因而粒子将具有沿磁场方向的匀速分运动。上述两种分运动的合成是一个轴线沿磁场方向的螺旋运动，这一螺旋轨迹的**螺距**为

$$h = v_{/\!/}\, T = \frac{2\pi m}{qB} v_{/\!/} \tag{20.4}$$

如果在均匀磁场中某点 A 处（图 20.3）引入一发散角不太大的带电粒子束，其中粒子的速度又大致相同；则这些粒子沿磁场方向的分速度大小几乎一样，因而其轨迹有几乎相同的螺距。这样，经过一个回旋周期后，这些粒子将重新会聚穿过另一点 A'。这种发散粒子束汇聚到一点的现象叫做**磁聚焦**。它广泛地应用于电真空器件中，特别是电子显微镜中。

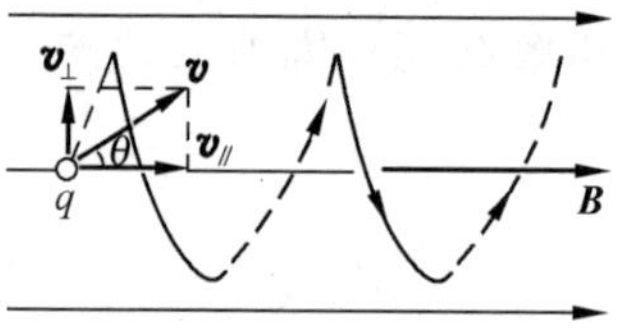

图 20.2 螺旋运动

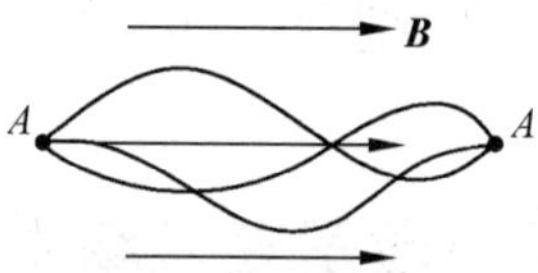

图 20.3 磁聚焦

在非均匀磁场中，速度方向和磁场不同的带电粒子，也要作螺旋运动，但半径和螺距都将不断发生变化。特别是当粒子具有一分速度向磁场较强处螺旋前进时，它受到的磁场力，根据式(19.3)，有一个和前进方向相反的分量（图 20.4）。这一分量有可能最终使粒子的前进速度减小到零，并继而沿反方向前进。强度逐渐增加的磁场能使粒子发生“反射”，因而把这种磁场分布叫做**磁镜**。

可以用两个电流方向相同的线圈产生一个中间弱两端强的磁场（图 20.5）。这一磁场区域的两端就形成两个磁镜，平行于磁场方向的速度分量不太大的带电粒子将被约束在两个磁镜间的磁场内来回运动而不能逃脱。这种能约束带电粒子的磁场分布叫**磁瓶**。在现代研究受控热核反应的实验中，需要把很高温度的等离子体限制在一定空间区域内。在这样的高温下，所有固体材料都将化为气体而不能用作为容器。上述**磁约束**就成了达到这种目的的常用方法之一。

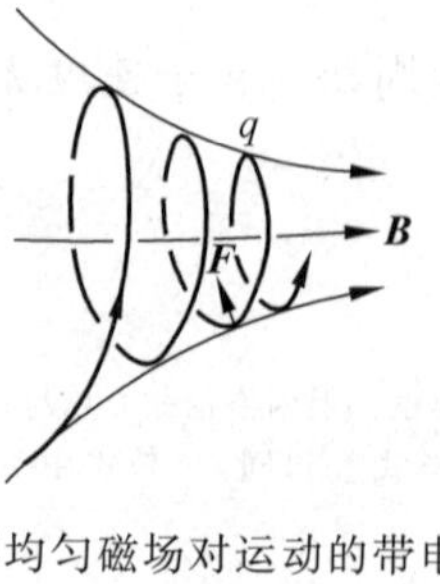

图 20.4 不均匀磁场对运动的带电粒子的力

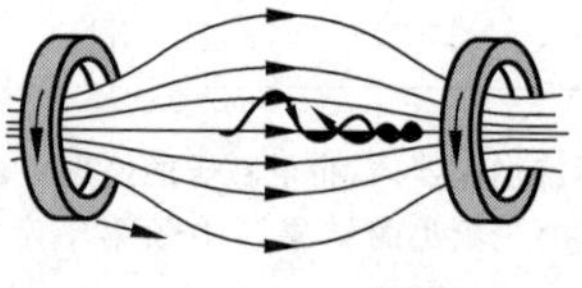

图 20.5 磁瓶

磁约束现象也存在于宇宙空间中，地球的磁场是一个不均匀磁场，从赤道到地磁的两极磁场逐渐增强。因此地磁场是一个天然的磁捕集器，它能俘获从外层空间入射的电子或质子形成一个带电粒子区域。这一区域叫**范艾仑辐射带**(图 20.6)。它有两层，内层在地面上空 800 km 到 4 000 km 处，外层在 60 000 km 处。在范艾仑辐射带中的带电粒子就围绕地磁场的磁感线作螺旋运动而在靠近两极处被反射回来。这样，带电粒子就在范艾仑带中来回振荡直到由于粒子间的碰撞而被逐出为止。这些运动的带电粒子能向外辐射电磁波。在地磁两极附近由于磁感线与地面垂直，由外层空间入射的带电粒子可直射入高空大气层内。它们和空气分子的碰撞产生的辐射就形成了绚丽多彩的**极光**。

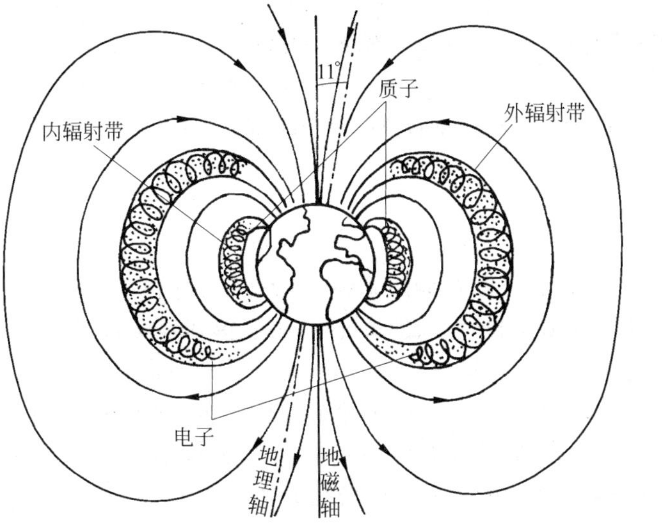

图 20.6　地磁场内的范艾仑辐射带

据宇宙飞行探测器证实，在土星、木星周围也有类似地球的范艾仑辐射带存在。

20.2　霍尔效应

如图 20.7 所示，在一个金属窄条(宽度为 h，厚度为 b)中，通以电流。这电流是外加电场 $\boldsymbol{E}$ 作用于电子使之向右作定向运动(漂移速度为 $\boldsymbol{v}$)形成的。当加以外磁场 $\boldsymbol{B}$ 时，由于洛伦兹力的作用，电子的运动将向下偏(图 20.7(a))，当它们跑到窄条底部时，由于表面所限，它们不能脱离金属因而就聚集在窄条的底部，同时在窄条的顶部显示出有多余的正电荷。这些多余的正、负电荷将在金属内部产生一横向电场 $\boldsymbol{E}_{\mathrm{H}}$。随着底部和顶部多余电荷的增多，这一电场也迅速地增大到它对电子的作用力 $(-e)\boldsymbol{E}_{\mathrm{H}}$ 与磁场对电子的作用力 $(-e)\boldsymbol{v}\times\boldsymbol{B}$ 相平衡。这时电子将恢复原来水平方向的漂移运动而电流又重新恢复为恒定电流。由平衡条件 $(-e\boldsymbol{E}_{\mathrm{H}}+(-e)\boldsymbol{v}\times\boldsymbol{B}=0)$ 可知所产生横向电场的大小为

$$E_{\mathrm{H}} = vB \tag{20.5}$$

由于横向电场 $\boldsymbol{E}_{\mathrm{H}}$ 的出现，在导体的横向两侧会出现电势差(图 20.7(b))，这一电势差的数值为

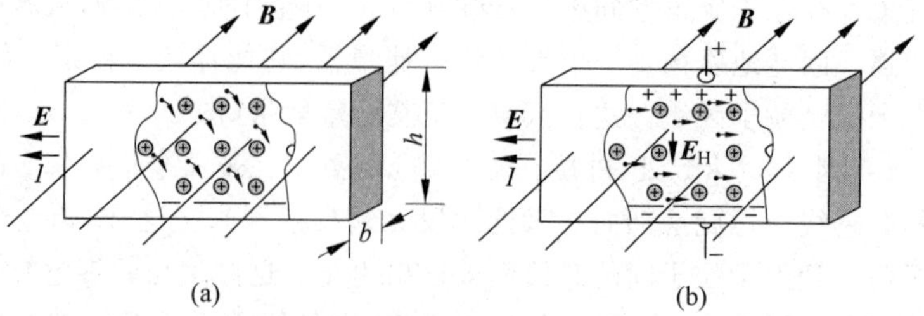

图 20.7 霍尔效应

$$U_H = E_H h = vBh$$

已经知道电子的漂移速度 v 与电流 I 有下述关系：

$$I = nSqv = nbhqv$$

其中 n 为载流子浓度，即导体内单位体积内的载流子数目。由此式求出 v 代入上式可得

$$U_H = \frac{IB}{nqb} \tag{20.6}$$

对于金属中的电子导电来说，如图 20.7(b)所示，导体顶部电势高于底部电势。如果载流子带正电，在电流和磁场方向相同的情况下，将会得到相反的，即正电荷聚集在底部而底部电势高于顶部电势的结果。因此通过电压正负的测定可以确定导体中载流子所带的电荷的正负，这是方向相同的电流由于载流子种类的不同而引起不同效应的一个实际例子。

在磁场中的载流导体上出现横向电势差的现象是 24 岁的研究生霍尔（Edwin H. Hall）在 1879 年发现的，现在称之为**霍尔效应**，式(20.6)给出的电压就叫**霍尔电压**。当时还不知道金属的导电机构，甚至还未发现电子。现在霍尔效应有多种应用，特别是用于半导体的测试。由测出的霍尔电压即横向电压的正负可以判断半导体的载流子种类（是电子或是空穴），还可以用式(20.6)计算出载流子浓度。用一块制好的半导体薄片通以给定的电流，在校准好的条件下，还可以通过霍尔电压来测磁场 B。这是现在测磁场的一个常用的比较精确的方法。

应该指出，对于金属来说，由于是电子导电，在如图 20.7 所示的情况下测出的霍尔电压应该显示顶部电势高于底部电势。但是实际上有些金属却给出了相反的结果，好像在这些金属中的载流子带正电似的。这种"反常"的霍尔效应，以及正常的霍尔效应实际上都只能用金属中电子的量子理论才能圆满地解释。

量子霍尔效应

由式(20.6)可得

$$\frac{U_H}{I} = \frac{B}{nqb} \tag{20.7}$$

这一比值具有电阻的量纲，因而被定义为**霍尔电阻** R_H。此式表明霍尔电阻应正比于磁场 B。1980 年，在研究半导体在极低温度下和强磁场中的霍尔效应时，德国物理学家克里青（Klaus von Klitzing）发现霍尔电阻和磁场的关系并不是线性的，而是有一系列台阶式的

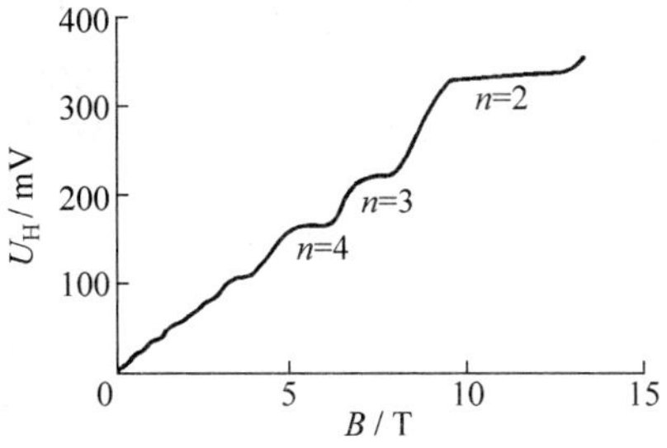

图 20.8 量子霍尔效应

改变，如图 20.8 所示（该图数据是在1.39 K的温度下取得的，电流保持在 25.52 μA 不变）。这一效应叫**量子霍尔效应**，克里青因此获得 1985 年诺贝尔物理学奖。

量子霍尔效应只能用量子理论解释，该理论指出

$$R_H = \frac{U_H}{I} = \frac{R_K}{n} \quad (n = 1,2,3,\cdots) \tag{20.8}$$

式中 R_K 叫做克里青常量，它和基本常量 h 和 e 有关，即

$$R_K = \frac{h}{e^2} = 25\,813\ \Omega \tag{20.9}$$

由于 R_K 的测定值可以准确到 10^{-10}，所以量子霍尔效应被用来定义电阻的标准。从 1990 年开始，“欧姆”就根据霍尔电阻精确地等于 25 812.80 Ω 来定义了。

克里青当时的测量结果显示式(20.8)中的 n 为整数。其后美籍华裔物理学家崔琦(D. C. Tsui，1939—)和施特默(H. L. Stömer，1949—)等研究量子霍尔效应时，发现在更强的磁场(如 20 甚至 30 T)下，式(20.8)中的 n 可以是分数，如 1/3，1/5，1/2，1/4 等。这种现象叫**分数量子霍尔效应**。它的发现和理论研究使人们对宏观量子现象的认识更深入了一步。崔琦、施特默和劳克林(R. B. Laughlin，1950—)等也因此而获得了 1998 年诺贝尔物理学奖。

20.3 载流导线在磁场中受的磁力

导线中的电流是由其中的载流子定向移动形成的。当把载流导线置于磁场中时，这些运动的载流子就要受到洛伦兹力的作用，其结果将表现为载流导线受到磁力的作用。为了计算一段载流导线受的磁力，先考虑它的一段长度元受的作用力。

如图 20.9 所示，设导线截面积为 S，其中有电流 I 通过。考虑长度为 dl 的一段导线。把它规定为矢量，使它的方向与电流的方向相同。这样一段载有电流的导线元就是一段电流元，以 Id$\boldsymbol{l}$ 表示。设导线的单位体积内有 n 个载流子，每一个载流子的电荷都是 q。为简单起见，我们认为各载流子都以漂移速度 $\boldsymbol{v}$ 运动。由于每一个载流子受的磁场力都是 $q\,\boldsymbol{v}\times\boldsymbol{B}$，而在 d$l$ 段中共有 $n\mathrm{d}lS$ 个载流子，所以这些载流子受的力的总和就是

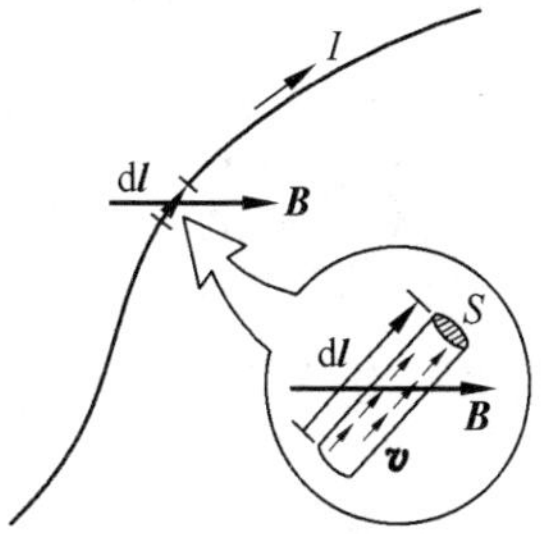

图 20.9 电流元受的磁场力

$$\mathrm{d}\boldsymbol{F} = nS\mathrm{d}l\,q\,\boldsymbol{v}\times\boldsymbol{B}$$

由于 $\boldsymbol{v}$ 的方向和 d$\boldsymbol{l}$ 的方向相同，所以 $q\mathrm{d}l\,\boldsymbol{v} = qv\mathrm{d}\boldsymbol{l}$。利用这一关系，上式就可写成

$$\mathrm{d}\boldsymbol{F} = nSvq\,\mathrm{d}\boldsymbol{l}\times\boldsymbol{B}$$

又由于 $nSvq = I$，即通过 dl 的电流强度的大小，所以最后可得

$$\mathrm{d}\boldsymbol{F} = I\mathrm{d}\boldsymbol{l}\times\boldsymbol{B} \tag{20.10}$$

$\mathrm{d}\boldsymbol{l}$ 中的载流子由于受到这些力所增加的动量最终总要传给导线本体的正离子结构，所以这一公式也就给出了这一段导线元受的磁力。载流导线受磁场的作用力通常叫做**安培力**。

知道了一段载流导线元受的磁力就可以用积分的方法求出一段有限长载流导线L受的磁力，如

$$\boldsymbol{F}=\int_L I\mathrm{d}\boldsymbol{l}\times\boldsymbol{B} \tag{20.11}$$

式中 $\boldsymbol{B}$ 为各电流元所在处的“当地 $\boldsymbol{B}$”。

下面举几个例子。

例 20.1

载流导线受磁力。在均匀磁场 $\boldsymbol{B}$ 中有一段弯曲导线 ab，通有电流 I（图 20.10），求此段导线受的磁场力。

解 根据式(20.11)，所求力为

$$\boldsymbol{F}=\int_{(a)}^{(b)} I\mathrm{d}\boldsymbol{l}\times\boldsymbol{B}=I\left(\int_{(a)}^{(b)}\mathrm{d}\boldsymbol{l}\right)\times\boldsymbol{B}$$

此式中积分是各段矢量长度元 $\mathrm{d}\boldsymbol{l}$ 的矢量和，它等于从 a 到 b 的矢量直线段 $\boldsymbol{l}$。因此得

$$\boldsymbol{F}=I\boldsymbol{l}\times\boldsymbol{B}$$

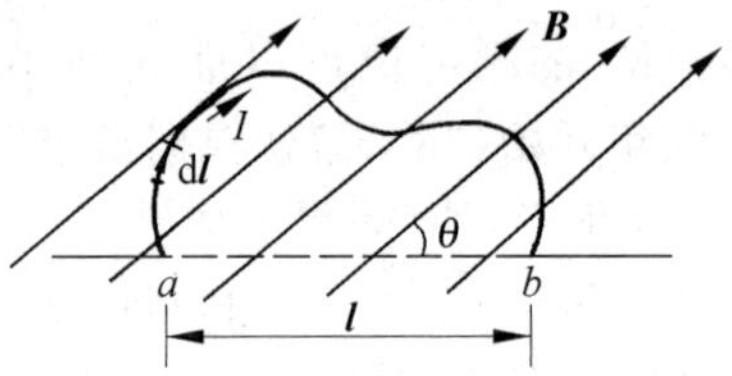

图 20.10 例 20.1 用图

这说明整个弯曲导线受的磁场力的总和等于从起点到终点连起的直导线通过相同的电流时受的磁场力。在图示的情况下，$\boldsymbol{l}$ 和 $\boldsymbol{B}$ 的方向均与纸面平行，因而

$$F=IlB\sin\theta$$

此力的方向垂直纸面向外。

如果 a,b 两点重合，则 $l=0$，上式给出 $F=0$。这就是说，**在均匀磁场中的闭合载流回路整体上不受磁力**。

例 20.2

载流圆环受磁力。在一个圆柱形磁铁 N 极的正上方水平放置一半径为 R 的导线环，其中通有顺时针方向(俯视)的电流 I。在导线所在处磁场 $\boldsymbol{B}$ 的方向都与竖直方向成 α 角。求导线环受的磁力。

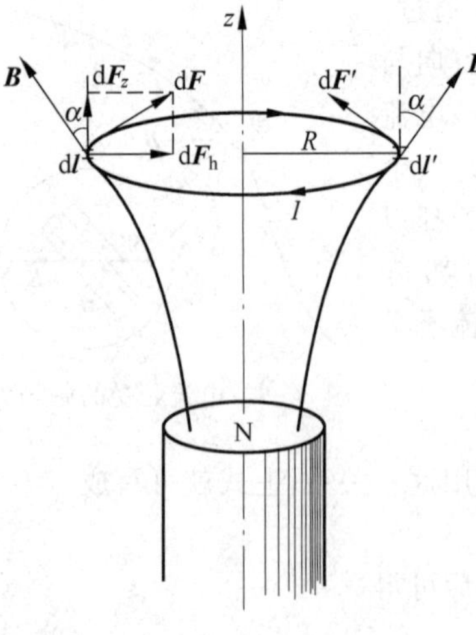

图 20.11 例 20.2 用图

解 如图 20.11 所示，在导线环上选电流元 $I\mathrm{d}\boldsymbol{l}$ 垂直纸面向里，此电流元受的磁力为

$$\mathrm{d}\boldsymbol{F}=I\mathrm{d}\boldsymbol{l}\times\boldsymbol{B}$$

此力的方向就在纸面内垂直于磁场 $\boldsymbol{B}$ 的方向。

将 $\mathrm{d}\boldsymbol{F}$ 分解为水平与竖直两个分量 $\mathrm{d}\boldsymbol{F}_\mathrm{h}$ 和 $\mathrm{d}\boldsymbol{F}_z$。由于磁场和电流的分布对竖直 z 轴的轴对称性，所以环上各电流元所受的磁力 $\mathrm{d}\boldsymbol{F}$ 的水平分量 $\mathrm{d}\boldsymbol{F}_\mathrm{h}$ 的矢量和为零。又由于各电流元的 $\mathrm{d}\boldsymbol{F}_z$ 的方向都相同，所以圆环受的总磁力的大小为

$$F=F_z=\int\mathrm{d}F_z=\int\mathrm{d}F\sin\alpha=\int_0^{2\pi R}IB\sin\alpha\mathrm{d}l$$
$$=2IB\pi R\sin\alpha$$

此力的方向竖直向上。

20.4　载流线圈在均匀磁场中受的磁力矩

如图 20.12(a)所示，一个载流圆线圈半径为 R，电流为 I，放在一均匀磁场中。它的平面法线方向 $\boldsymbol{e}_n$（$\boldsymbol{e}_n$ 的方向与电流的流向符合右手螺旋关系）与磁场 $\boldsymbol{B}$ 的方向夹角为 θ。在例 20.1 已经得出，此载流线圈整体上所受的磁力为零。下面来求此线圈所受磁场的力矩。为此，将磁场 $\boldsymbol{B}$ 分解为与 $\boldsymbol{e}_n$ 平行的 $\boldsymbol{B}_{/\!/}$ 和与 $\boldsymbol{e}_n$ 垂直的 $\boldsymbol{B}_\perp$ 两个分量，分别考虑它们对线圈的作用力。

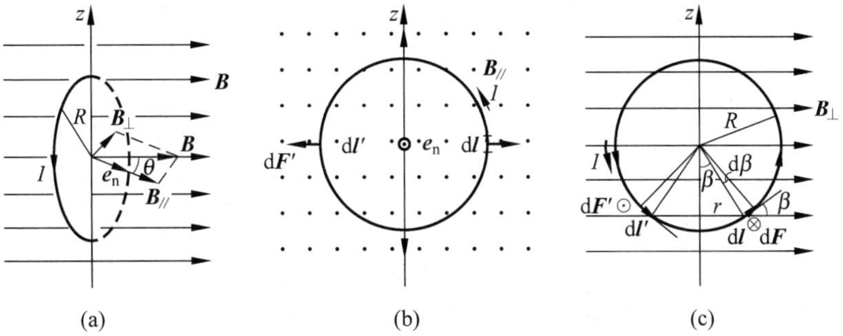

图 20.12　载流线圈受的力和力矩

$\boldsymbol{B}_{/\!/}$ 分量对线圈的作用力如图 20.12(b)所示，各段 $\mathrm{d}l$ 相同的导线元所受的力大小都相等，方向都在线圈平面内沿径向向外。由于这种对称性，线圈受这一磁场分量的合力矩也为零。

$\boldsymbol{B}_\perp$ 分量对线圈的作用如图 20.12(c)所示，右半圈上一电流元 $I\mathrm{d}\boldsymbol{l}$ 受的磁场力的大小为

$$\mathrm{d}F = I\mathrm{d}lB_\perp \sin\beta$$

此力的方向垂直纸面向里。和它对称的左半圈上的电流元 $I\mathrm{d}\boldsymbol{l}'$ 受的磁场力的大小和 $I\mathrm{d}\boldsymbol{l}$ 受的一样，但力的方向相反，向外。但由于 $I\mathrm{d}\boldsymbol{l}$ 和 $I\mathrm{d}\boldsymbol{l}'$ 受的磁力不在一条直线上，所以对线圈产生一个力矩。$I\mathrm{d}\boldsymbol{l}$ 受的力对线圈 z 轴产生的力矩的大小为

$$\mathrm{d}M = \mathrm{d}F\, r = I\mathrm{d}lB_\perp \sin\beta\, r$$

由于 $\mathrm{d}l = R\mathrm{d}\beta$，$r = R\sin\beta$，所以

$$\mathrm{d}M = IR^2 B_\perp \sin^2\beta \mathrm{d}\beta$$

对 β 由 0 到 2π 进行积分，即可得线圈所受磁力的力矩为

$$M = \int \mathrm{d}M = IR^2 B_\perp \int_0^{2\pi} \sin^2\beta \mathrm{d}\beta = \pi IR^2 B_\perp$$

由于 $B_\perp = B\sin\theta$，所以又可得

$$M = \pi R^2 IB\sin\theta$$

在此力矩的作用下，线圈要绕 z 轴按反时针方向（俯视）转动。用矢量表示力矩，则 $\boldsymbol{M}$ 的

方向沿 z 轴正向。

综合上面得出的 $\boldsymbol{B}_{/\!/}$ 和 $\boldsymbol{B}_{\perp}$ 对载流线圈的作用，可得它们的总效果是：均匀磁场对载流线圈的合力为 0，而力矩为

$$M=\pi R^2 IB\sin\theta=SIB\sin\theta \tag{20.12}$$

其中 $S=\pi R^2$ 为线圈围绕的面积。根据 $\boldsymbol{e}_n$ 和 $\boldsymbol{B}$ 的方向以及 $\boldsymbol{M}$ 的方向，此式可用矢量积表示为

$$\boldsymbol{M}=SI\boldsymbol{e}_n\times\boldsymbol{B} \tag{20.13}$$

根据载流线圈的磁偶极矩，或磁矩（它是一个矢量）的定义

$$\boldsymbol{p}_m=SI\boldsymbol{e}_n \tag{20.14}$$

则式(20.13)又可写成

$$\boldsymbol{M}=\boldsymbol{p}_m\times\boldsymbol{B} \tag{20.15}$$

此力矩力图使 $\boldsymbol{e}_n$ 的方向，也就是磁矩 $\boldsymbol{p}_m$ 的方向，转向与外加磁场方向一致。当 $\boldsymbol{p}_m$ 与 $\boldsymbol{B}$ 方向一致时，$\boldsymbol{M}=0$。线圈不再受磁场的力矩作用。

不只是载流线圈有磁矩，电子、质子等微观粒子也有磁矩。磁矩是粒子本身的特征之一。它们在磁场中受的力矩也都由式(20.15)表示。

在非均匀磁场中，载流线圈除受到磁力矩作用外，还受到磁力的作用。因其情况复杂，我们就不作进一步讨论了。

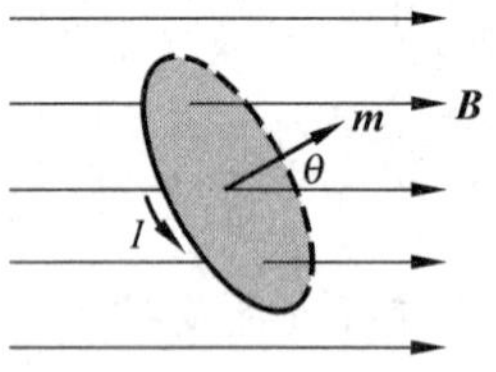

图 20.13 均匀磁场中的磁矩

根据磁矩为 $\boldsymbol{p}_m$ 的载流线圈在均匀磁场中受到磁力矩的作用，可以引入磁矩在均匀磁场中的和其转动相联系的势能的概念。以 θ 表示 $\boldsymbol{p}_m$ 与 $\boldsymbol{B}$ 之间的夹角（图 20.13），此夹角由 θ_1 增大到 θ_2 的过程中，外力需克服磁力矩做的功为

$$A=\int_{\theta_1}^{\theta_2}M\mathrm{d}\theta=\int_{\theta_1}^{\theta_2}p_m B\sin\theta\mathrm{d}\theta=mB(\cos\theta_1-\cos\theta_2)$$

此功就等于磁矩 $\boldsymbol{p}_m$ 在磁场中势能的增量。通常以磁矩方向与磁场方向垂直，即 $\theta_1=\pi/2$ 时的位置为势能为零的位置。这样，由上式可得，在均匀磁场中，当磁矩与磁场方向间夹角为 $\theta(\theta=\theta_2)$ 时，磁矩的势能为

$$W_m=-p_m B\cos\theta=-\boldsymbol{p}_m\cdot\boldsymbol{B} \tag{20.16}$$

此式给出，当磁矩与磁场平行时，势能有极小值 $-mB$；当磁矩与磁场反平行时，势能有极大值 mB。

读者应当注意到，式(20.15)的磁力矩公式和式(15.15)的电力矩公式形式相同，式(20.16)的磁矩在磁场中的势能公式和式(16.20)的电矩在电场中的势能公式形式也相同。

例 20.3

电子的磁势能。电子具有固有的（或内禀的）自旋磁矩，其大小为 $p_m=1.60\times10^{-23}\,\mathrm{J/T}$。在磁场中，电子的磁矩指向是"量子化"的，即只可能有两个方向。一个是与磁场成 $\theta_1=54.7°$ 角，另一个是与磁场成 $\theta_2=125.3°$ 角。其经典模型如图 20.14 所示（实际上电子的自旋轴绕磁场方向"进动"）。试求在 0.50 T 的磁场中电子处于这两个位置时

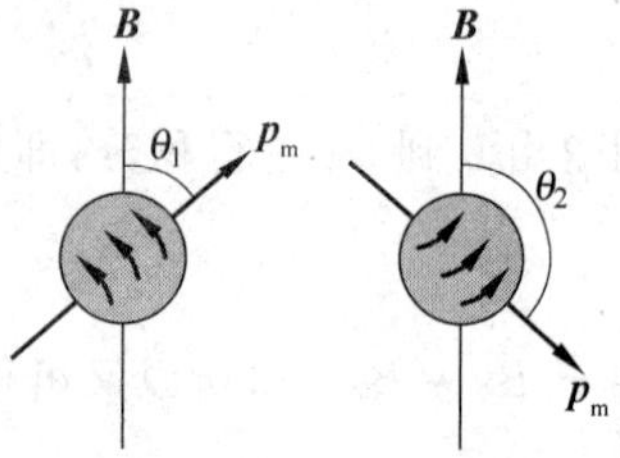

图 20.14 电子自旋的取向

的势能分别是多少？

解　由式(20.16)可得，当磁矩与磁场成 $\theta_1=54.7°$ 角时，势能为

$$W_{m1}=-p_m B\cos 54.7°=-1.60\times10^{-23}\times0.50\times0.578$$
$$=-4.62\times10^{-24}\ (\mathrm{J})=-2.89\times10^{-5}\ (\mathrm{eV})$$

当磁矩与磁场成 $\theta_2=125.3°$时，势能为

$$W_{m2}=-p_m B\cos 125.3°=-1.60\times10^{-23}\times0.50\times(-0.578)$$
$$=4.62\times10^{-24}\ (\mathrm{J})=2.89\times10^{-5}\ (\mathrm{eV})$$

20.5　平行载流导线间的相互作用力

设有两根平行的长直导线，分别通有电流 I_1 和 I_2，它们之间的距离为 d（图 20.15），导线直径远小于 d。让我们来求每根导线单位长度线段受另一电流的磁场的作用力。

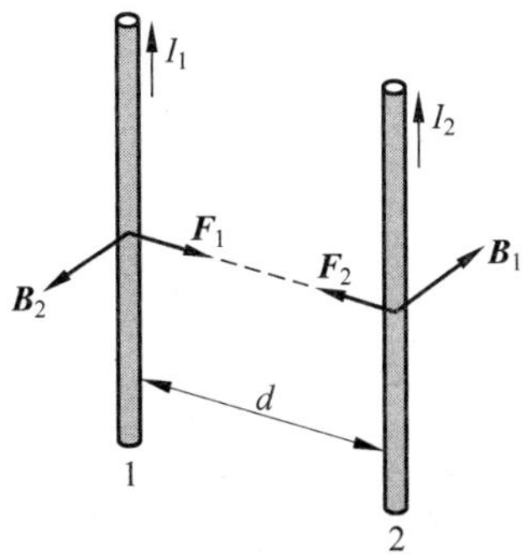

图 20.15　两平行载流长直导线之间的作用力

电流 I_1 在电流 I_2 处所产生的磁场为（式(19.10)）

$$B_1=\frac{\mu_0 I_1}{2\pi d}$$

载有电流 I_2 的导线单位长度线段受此磁场①的安培力为（式(20.10)）

$$F_2=B_1I_2=\frac{\mu_0 I_1 I_2}{2\pi d}\tag{17.17}$$

同理，载流导线 I_1 单位长度线段受电流 I_2 的磁场的作用力也等于这一数值，即

$$F_1=B_2I_1=\frac{\mu_0 I_1 I_2}{2\pi d}$$

当电流 I_1 和 I_2 方向相同时，两导线相吸；相反时，则相斥。

在国际单位制中，电流的单位安[培]（符号为 A）就是根据式(20.17)规定的。设在真空中两根无限长的平行直导线相距 1 m，通以大小相同的恒定电流，如果导线每米长度受的作用力为 2×10^{-7}N，则每根导线中的电流强度就规定为 1 A。

根据这一定义，由于 $d=1$ m，$I_1=I_2=1$ A，$F=2\times10^{-7}$N，式(20.17)给出

$$\mu_0=\frac{2\pi Fd}{I^2}=\frac{2\pi\times2\times10^{-7}\times1}{1\times1}=4\pi\times10^{-7}\ (\mathrm{N/A^2})$$

这一数值与式(19.7)中 μ_0 的值相同。

电流的单位确定之后，电量的单位也就可以确定了。在通有 1 A 电流的导线中，每秒钟流过导线任一横截面上的电量就定义为 1 C，即

$$1\ \mathrm{C}=1\ \mathrm{A\cdot s}$$

① 由于电流 I_2 的各电流元在本导线所在处所产生的磁场为零，所以电流 I_2 各段不受本身电流的磁力作用。

实际的测电流之间的作用力的装置如图20.16所示，称为电流秤。它用到两个固定的线圈 C_1 和 C_2，吊在天平的一个盘下面的活动线圈 C_M 放在它们中间，三个线圈通有大小相同的电流。天平的平衡由加减砝码来调节。这样的电流秤用来校准其他更方便的测量电流的二级标准。

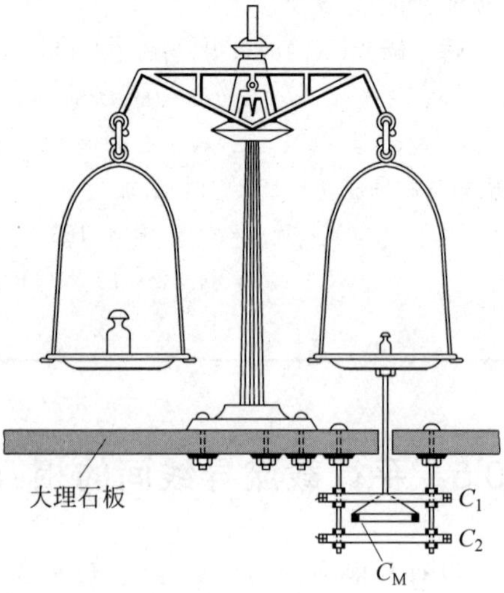

图20.16 电流秤

关于常量 μ_0，ε_0，c 的数值关系

上面讲了电流单位安[培]的规定，它利用了式(20.17)。此式中有比例常量 μ_0（真空磁导率）。只有 μ_0 有了确定的值，电流的单位才可能规定，因此 μ_0 的值需要事先规定，

$$\mu_0 = 4\pi \times 10^{-7}\,\text{N/A}^2 = 1.256\,637\,061\,4\cdots \times 10^{-7}\,\text{N/A}^2$$

由于是人为规定的，不依赖于实验，所以它是精确的。

真空中的光速值

$$c = 299\,792\,458\ \text{m/s}$$

由电磁学理论知，c 和 ε_0，μ_0 有下述关系：

$$c^2 = \frac{1}{\mu_0 \varepsilon_0}$$

因此真空电容率

$$\varepsilon_0 = \frac{1}{\mu_0 c^2} = 8.854\,187\,817\cdots \times 10^{-12}\,\text{F/m}$$

ε_0 值也是精确的而不依赖于实验。

例20.4

磁力电力对比。相互平行而且相距为 d 的两条长直带电线分别以速度 v_1 和 v_2 沿长度方向运动，它们所带电荷的线密度分别是 λ_1 和 λ_2。求这两条直线各自单位长度受的力并比较电力和磁力的大小。

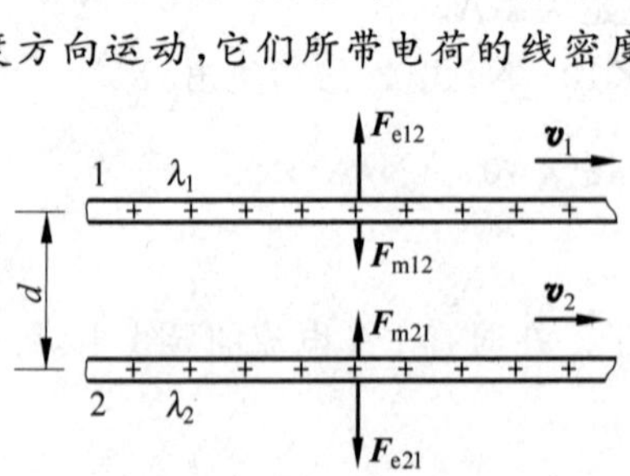

图20.17 两条平行的运动带电直线的相互作用

解 如图20.17所示，每根带电直线由于运动而形成的电流分别是 $\lambda_1 v_1$ 和 $\lambda_2 v_2$。由式(20.17)可得，两根带电线单位长度分别受到的磁力为

$$F_m = \frac{\mu_0 \lambda_1 v_1 \lambda_2 v_2}{2\pi d}$$

力的方向是相互吸引。

两根带电线间还有电力相互作用。λ_1 带电线上的电荷在 λ_2 带电线处的电场是

$$E_1=\frac{\lambda_1}{2\pi\varepsilon_0 d}$$

λ_2 带电直线单位长度受的电力为

$$F_e=E_1\lambda_2=\frac{\lambda_1\lambda_2}{2\pi\varepsilon_0 d}$$

力的方向是相互排斥。每根导线单位长度受的力为

$$F=F_e-F_m=\frac{\lambda_1\lambda_2}{2\pi\varepsilon_0 d}(1-\mu_0\varepsilon_0 v_1 v_2)$$

$$=\frac{\lambda_1\lambda_2}{2\pi\varepsilon_0 d}\left(1-\frac{v_1 v_2}{c^2}\right) \tag{20.18}$$

力的方向是相互排斥。

磁力与电力的比值为

$$\frac{F_m}{F_e}=\varepsilon_0\mu_0 v_1 v_2=\frac{v_1 v_2}{c^2} \tag{20.19}$$

在通常情况下，v_1 和 v_2 均较 c 小很多，所以通常磁力比电力小得多。

让我们通过一个典型的例子来估计一下式(20.19)中的比值大小。设有两根平行的所载电流分别为 I_1 和 I_2 的静止铜导线，导线中的正电荷几乎是不动的，而自由电子则作定向运动，它们的漂移速度约为 10^{-4} m/s，所以

$$\frac{F_m}{F_e}=\frac{v^2}{c^2}\approx 10^{-25}$$

这就是说，这两根导线中的运动电子之间的磁力与它们之间的电力之比为 10^{-25}，磁力比电力小很多。那为什么在这种情况下实验中总是观察到磁力而发现不了电力呢？这是因为在铜导线中实际有两种电荷，每根导线中各自的正、负电荷在周围产生的电场相互抵消，所以此一导线中的运动电子就不受彼一导线中电荷的电力，而只有磁力显现出来了。在没有相反电荷抵消电力的情况下，磁力是相对很不显著的。在原子内部电荷的相互作用就是这样。在那里电力起主要作用，而磁力不过是一种小到“二级”(v^2/c^2)的效应。

提 要

1. **带电粒子在均匀磁场中的运动：**

   圆周运动的半径：$R=\dfrac{mv}{qB}$

   圆周运动的周期：$T=\dfrac{2\pi m}{qB}$

   螺旋运动的螺距：$h=\dfrac{2\pi m}{qB}v_{/\!/}$

2. **霍尔效应：**在磁场中的载流导体上出现横向电势差的现象。

   霍尔电压：$U_H=\dfrac{IB}{nqb}$

   霍尔电压的正负和形成电流的载流子的正负有关。

3. 载流导线在磁场中受的磁力——安培力：

对电流元 $I\mathrm{d}\boldsymbol{l}$：$\mathrm{d}\boldsymbol{F}=I\mathrm{d}\boldsymbol{l}\times\boldsymbol{B}$

对一段载流导线：$\boldsymbol{F}=\int_L I\mathrm{d}\boldsymbol{l}\times\boldsymbol{B}$

对均匀磁场中的载流线圈，磁力 $\boldsymbol{F}=0$

4. 载流线圈受均匀磁场的力矩：

$$\boldsymbol{M}=\boldsymbol{p}_{\mathrm{m}}\times\boldsymbol{B}$$

其中

$$\boldsymbol{p}_{\mathrm{m}}=I\boldsymbol{S}=IS\,\boldsymbol{e}_{\mathrm{n}}$$

为载流线圈的磁矩。

5. 平行载流导线间的相互作用力： 单位长度导线段受的力的大小为

$$F_1=\frac{\mu_0 I_1 I_2}{2\pi d}$$

国际上约定以这一相互作用力定义电流的 SI 单位 A。

思考题

20.1 说明：如果测得以速度 $\boldsymbol{v}$ 运动的电荷 q 经过磁场中某点时受的磁力最大值为 $\boldsymbol{F}_{\mathrm{m,max}}$，则该点的磁感应强度 $\boldsymbol{B}$ 可用下式定义：

$$\boldsymbol{B}=\boldsymbol{F}_{\mathrm{m,max}}\times\boldsymbol{v}/qv^2$$

20.2 宇宙射线是高速带电粒子流（基本上是质子），它们交叉来往于星际空间并从各个方向撞击着地球。为什么宇宙射线穿入地球磁场时，接近两磁极比其他任何地方都容易？

20.3 如果我们想让一个质子在地磁场中一直沿着赤道运动，我们是向东还是向西发射它呢？

20.4 赤道处的地磁场沿水平面并指向北。假设大气电场指向地面，因而电场和磁场相互垂直。我们必须沿什么方向发射电子，使它的运动不发生偏斜？

20.5 能否利用磁场对带电粒子的作用力来增大粒子的动能？

20.6 当带电粒子由弱磁场区向强磁场区作螺旋运动时，平行于磁场方向的速度分量如何变化？动能如何变化？垂直于磁场方向的速度分量如何变化？

20.7 一根长直导线周围有不均匀磁场，今有一带正电粒子平行于导线方向射入这磁场中，它此后的运动将是怎样的？轨迹如何？（大致定性说明。）

20.8 相互垂直的电场 $\boldsymbol{E}$ 和磁场 $\boldsymbol{B}$ 可做成一个带电粒子**速度选择器**，它能使选定速度的带电粒子垂直于电场和磁场射入后无偏转地前进。试求这带电粒子的速度和 $\boldsymbol{E}$ 及 $\boldsymbol{B}$ 的关系。

20.9 在磁场方向和电流方向一定的条件下，导体所受的安培力的方向与载流子的种类有无关系？霍尔电压的正负与载流子的种类有无关系？

20.10 图 20.18 显示出在一汽泡室中产生的一对正、负电子的轨迹图，磁场垂直于图面而指离读者。试分析哪一支是电子的轨迹，哪一支是正电子的轨迹？为何轨迹呈螺旋形？

20.11 如图 20.19 所示，均匀电场 $\boldsymbol{E}=E\boldsymbol{j}$，均匀磁场 $\boldsymbol{B}=B\boldsymbol{k}$。试定性说明一质子由静止从原点出发，将沿图示的曲线（这样的曲线叫旋轮线或摆线）运动，而且不断沿 x 方向重复下去。质子的速率变化情况如何？

图 20.18　思考题 20.10 用图

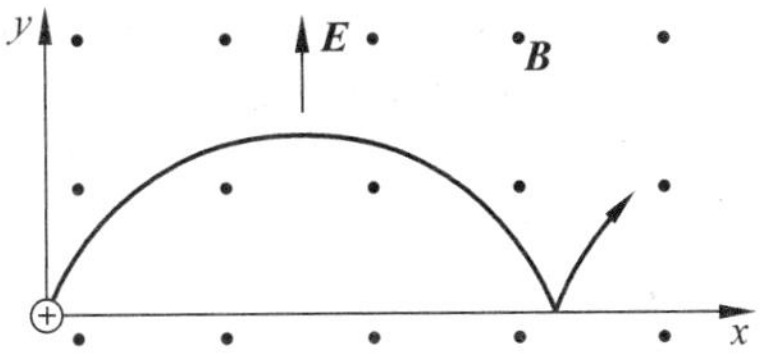

图 20.19　思考题 20.11 用图

习题

20.1　某一粒子的质量为 0.5 g，带有 2.5×10^{-8} C 的电荷。这一粒子获得一初始水平速度 6.0×10^{4} m/s，若利用磁场使这粒子仍沿水平方向运动，则应加的磁场的磁感应强度的大小和方向各如何？

20.2　如图 20.20，一电子经过 A 点时，具有速率 $v_0=1\times10^{7}$ m/s。

(1) 欲使这电子沿半圆自 A 至 C 运动，试求所需的磁场大小和方向；

(2) 求电子自 A 运动到 C 所需的时间。

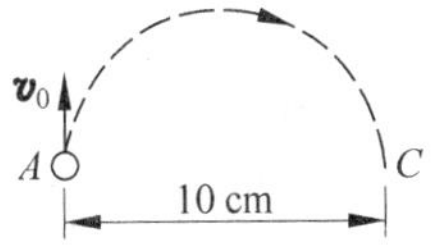

图 20.20　习题 20.2 用图

20.3　把 2.0×10^{3} eV 的一个正电子，射入磁感应强度 $B=0.1$ T 的匀强磁场中，其速度矢量与 $\boldsymbol{B}$ 成 89°角，路径成螺旋线，其轴在 $\boldsymbol{B}$ 的方向。试求这螺旋线运动的周期 T、螺距 h 和半径 r。

20.4　估算地求磁场对电视机显像管中电子束的影响。假设加速电势差为 2.0×10^{4} V，如电子枪到屏的距离为 0.2 m，试计算电子束在大小为 0.5×10^{-4} T 的横向地磁场作用下约偏转多少？假定没有其他偏转磁场，这偏转是否显著？

20.5　北京正负电子对撞机中电子在周长为 240 m 的储存环中作轨道运动。已知电子的动量是 1.49×10^{-18} kg · m/s，求偏转磁场的磁感应强度。

20.6　蟹状星云中电子的动量可达 10^{-16} kg · m/s，星云中磁场约为 10^{-8} T，这些电子的回转半径多大？如果这些电子落到星云中心的中子星表面附近，该处磁场约为 10^{8} T，它们的回转半径又是多少？

20.7　在一汽泡室中，磁场为 20 T，一高能质子垂直于磁场飞过时留下一半径为 3.5 m 的圆弧径迹。求此质子的动量和能量。

20.8　从太阳射来的速度是 0.80×10^{8} m/s 的电子进入地球赤道上空高层范艾仑带中，该处磁场为 4×10^{-7} T。此电子作圆周运动的轨道半径是多大？此电子同时沿绕地磁场磁感线的螺线缓慢地向地磁北极移动。当它到达地磁北极附近磁场为 2×10^{-5} T 的区域时，其轨道半径又是多大？

20.9 一台用来加速氘核的回旋加速器的 D 盒直径为 75 cm，两磁极可以产生 1.5 T 的均匀磁场(图 20.21)。氘核的质量为 3.34×10^{-27} kg，电量就是质子电量。求：

(1) 所用交流电源的频率应多大?

(2) 氘核由此加速器射出时的能量是多少 MeV?

20.10 质谱仪的基本构造如图 20.22 所示。质量 m 待测的、带电 q 的离子束经过速度选择器(其中有相互垂直的电场 $\boldsymbol{E}$ 和磁场 $\boldsymbol{B}$)后进入均匀磁场 $\boldsymbol{B}'$ 区域发生偏转而返回，打到胶片上被记录下来。

(1) 证明偏转距离为 l 的离子的质量为

$$m=\frac{qBB'l}{2E}$$

(2) 在一次实验中 ^{16}O 离子的偏转距离为 29.20 cm，另一种氧的同位素离子的偏转距离为 32.86 cm。已知 ^{16}O 离子的质量为 16.00 u，另一种同位素离子的质量是多少?

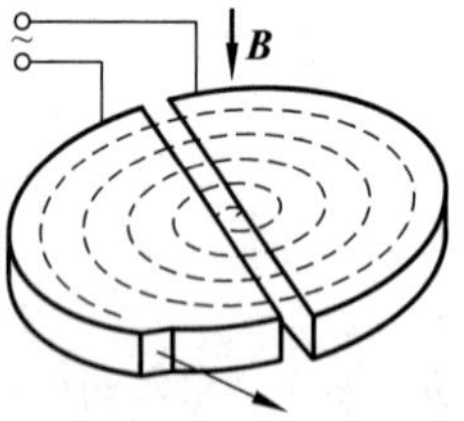

图 20.21 回旋加速器的两个 D 盒(其上，下两磁极未画出)示意图

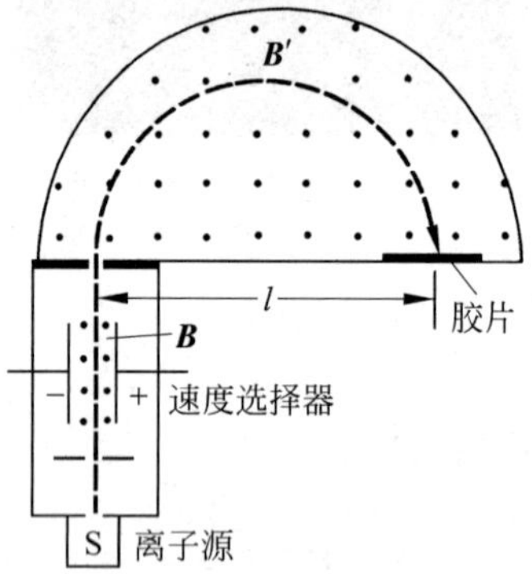

图 20.22 质谱仪结构简图

20.11 如图 20.23 所示，一铜片厚为 $d=1.0$ mm，放在 $B=1.5$ T 的磁场中，磁场方向与铜片表面垂直。已知铜片里每立方厘米有 8.4×10^{22} 个自由电子，每个电子的电荷 $-e=-1.6\times10^{-19}$ C，当铜片中有 $I=200$ A 的电流流通时，

(1) 求铜片两侧的电势差 $U_{aa'}$；

(2) 铜片宽度 b 对 $U_{aa'}$ 有无影响? 为什么?

20.12 如图 20.24 所示，一块半导体样品的体积为 $a\times b\times c$，沿 x 方向有电流 I，在 z 轴方向加有均匀磁场 $\boldsymbol{B}$。这时实验得出的数据 $a=0.10$ cm，$b=0.35$ cm，$c=1.0$ cm，$I=1.0$ mA，$B=3\,000$ G，片两侧的电势差 $U_{AA'}=6.55$ mV。

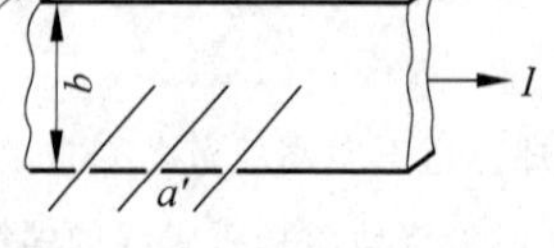

图 20.23 习题 20.11 用图

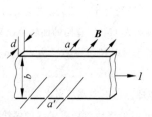

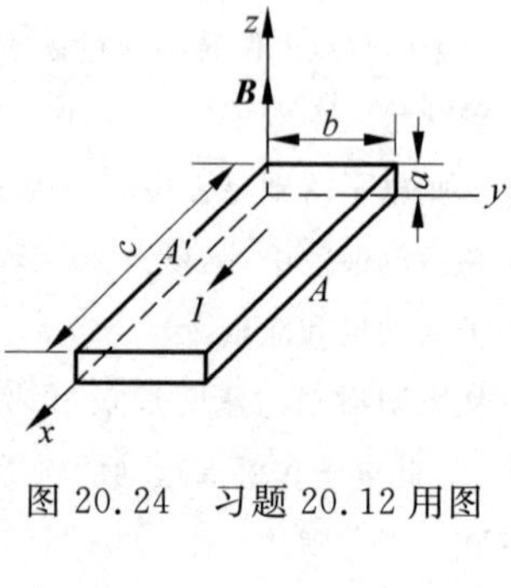

图 20.24 习题 20.12 用图

(1) 这半导体是正电荷导电(P型)还是负电荷导电(N型)?

(2) 求载流子浓度。

20.13 掺砷的硅片是N型半导体,这种半导体中的电子浓度是 2×10^{21} 个$/m^3$,电阻率是 $1.6\times10^{-2}\ \Omega\cdot m$。用这种硅做成霍尔探头以测量磁场,硅片的尺寸相当小,是 0.5 cm×0.2 cm×0.005 cm。将此片长度的两端接入电压为1 V的电路中。当探头放到磁场某处并使其最大表面与磁场某主向垂直时,测得0.2 cm宽度两侧的霍尔电压是1.05 mV。求磁场中该处的磁感应强度。

20.14 磁力可用来输送导电液体,如液态金属、血液等而不需要机械活动组件。如图20.25所示是输送液态钠的管道,在长为 l 的部分加一横向磁场 $\boldsymbol{B}$,同时垂直于磁场和管道通以电流,其电流密度为 $\boldsymbol{J}$。

(1) 证明:在管内液体 l 段两端由磁力产生的压力差为 $\Delta p=JlB$,此压力差将驱动液体沿管道流动;

(2) 要在 l 段两端产生1.00 atm的压力差,电流密度应多大?设 $B=1.50$ T,$l=2.00$ cm。

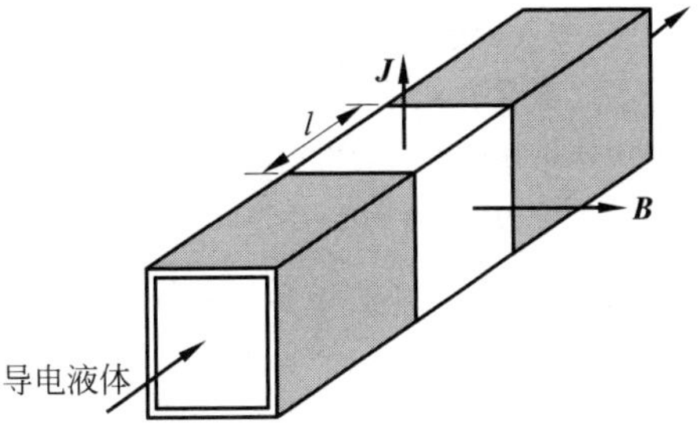

图 20.25 电磁泵示意图

20.15 霍尔效应可用来测量血液的速度。其原理如图20.26所示,在动脉血管两侧分别安装电极并加以磁场。设血管直径是2.0 mm,磁场为0.080 T,毫伏表测出的电压为0.10 mV,血流的速度多大?(实际上磁场由交流电产生而电压也是交流电压。)

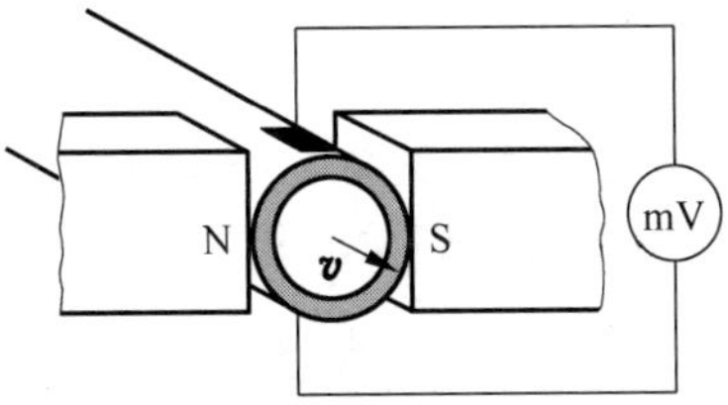

图 20.26 习题20.15用图

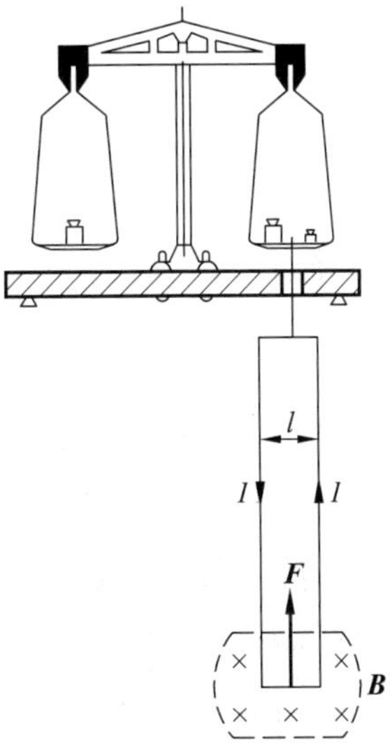

图 20.27 习题20.16用图

20.16 安培天平如图20.27所示,它的一臂下面挂有一个矩形线圈,线圈共有 n 匝。它的下部悬在一均匀磁场 $\boldsymbol{B}$ 内,下边一段长为 l,它与 $\boldsymbol{B}$ 垂直。当线圈的导线中通有电流 I 时,调节砝码使两臂达到平衡;然后使电流反向,这时需要在一臂上加质量为 m 的砝码,才能使两臂再达到平衡(设 $g=9.80\ m/s^2$)。

(1) 写出求磁感应强度 $\boldsymbol{B}$ 的大小公式;

(2) 当 $l=10.0$ cm,$n=5$,$I=0.10$ A,$m=8.78$ g时,$B=$?

20.17 一矩形线圈长20 mm,宽10 mm,由外皮绝缘的细导线密绕而成,共绕有1000匝,放在 $B=$

1 000 G 的均匀外磁场中，当导线中通有 100 mA 的电流时，求图 20.28 中下述两种情况下线圈每边所受的力与整个线圈所受的力及力矩，并验证力矩符合式(20.15)。

(1) $\boldsymbol{B}$ 与线圈平面的法线重合(图 20.28(a))；

(2) $\boldsymbol{B}$ 与线圈平面的法线垂直(图 20.28(b))。

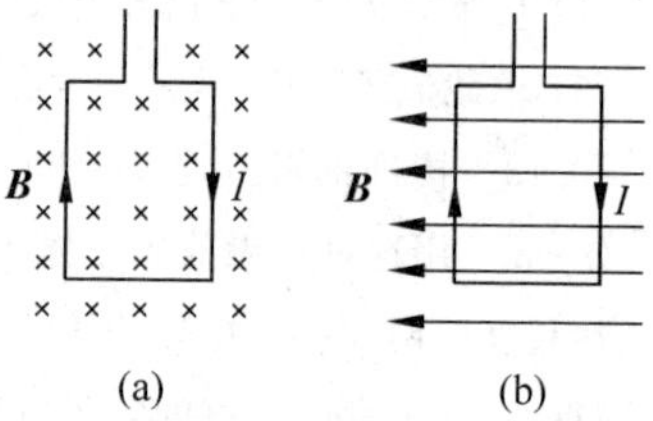

图 20.28 习题 20.17 用图

20.18 一正方形线圈由外皮绝缘的细导线绕成，共绕有 200 匝，每边长为 150 mm，放在 $B=4.0$ T 的外磁场中，当导线中通有 $I=8.0$ A 的电流时，求：

(1) 线圈磁矩 $\boldsymbol{p}_{\mathrm{m}}$ 的大小；

(2) 作用在线圈上的力矩的最大值。

20.19 一质量为 m 半径为 R 的均匀电介质圆盘均匀带有电荷，面电荷密度为 σ。求证当它以 ω 的角速度绕通过中心且垂直于盘面的轴旋转时，其磁矩的大小为 $p_{\mathrm{m}}=\frac{1}{4}\pi\omega\sigma R^4$，而且磁矩 $\boldsymbol{p}_{\mathrm{m}}$ 与角动量 $\boldsymbol{L}$ 的关系为 $\boldsymbol{p}_{\mathrm{m}}=\frac{q}{2m}\boldsymbol{L}$，其中 q 为盘带的总电量。

*20.20 中子的总电荷为零但有一定的磁矩。已知一个中子由一个带 $+2e/3$ 的“上”夸克和两个各带 $-e/3$ 的“下”夸克组成，总电荷为零，但由于夸克的运动，可以产生一定的磁矩。一个最简单的模型是三个夸克都在半径为 r 的同一个圆周上以同一速率 v 运动，两个下夸克的绕行方向一致，但和上夸克的绕行方向相反。

(1) 写出由于这三个夸克的运动而使中子具有的磁矩的表示式；

(2) 如果夸克运动的轨道半径 $r=1.20\times10^{-15}$ m，求夸克的运动速率 v 是多大才能使中子的磁矩符合实验值 $m=9.66\times10^{-27}$ A·m^2。

*20.21 电子的内禀自旋磁矩为 0.928×10^{-23} J/T。电子的一个经典模型是均匀带电球壳，半径为 R，电量为 e。当它以 ω 的角速度绕通过中心的轴旋转时，其磁矩的表示式如何？现代实验证实电子的半径小于 10^{-18} m，按此值计算，电子具有实验值的磁矩时其赤道上的线速度多大？这一经典模型合理吗？

20.22 如图 20.29 所示，在长直电流近旁放一矩形线圈与其共面，线圈各边分别平行和垂直于长直导线。线圈长度为 l，宽为 b，近边距长直导线距离为 a，长直导线中通有电流 I。当矩形线圈中通有电流 I_1 时，它受的磁力的大小和方向各如何？它又受到多大的磁力矩？

20.23 一无限长薄壁金属筒，沿轴线方向有均匀电流流通，面电流密度为 j(A/m)。求单位面积筒壁受的磁力的大小和方向。

20.24 将一均匀分布着电流的无限大载流平面放入均匀磁场中，电流方向与此磁场垂直。已知平面两侧的磁感应强度分别为 $\boldsymbol{B}_1$ 和 $\boldsymbol{B}_2$(图 20.30)，求该载流平面单位面积所受的磁场力的大小和方向。

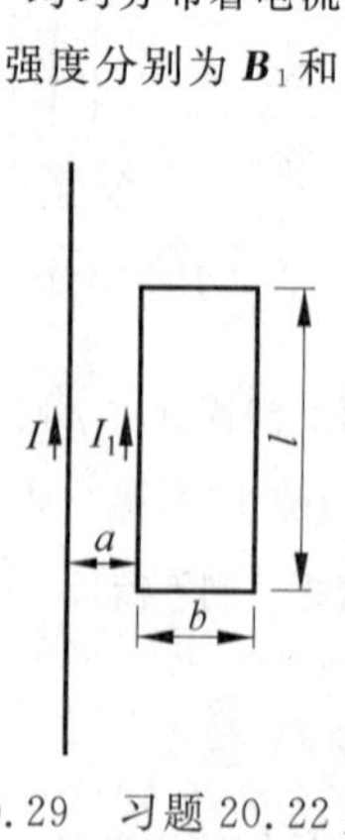

图 20.29 习题 20.22 用图

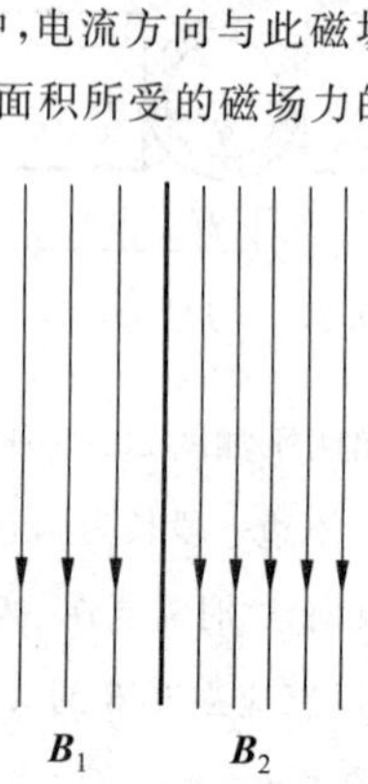

图 20.30 习题 20.24 用图

20.25　两条无限长平行直导线相距 5.0 cm，各通以 30 A 的电流。求一条导线上每单位长度受的磁力多大？如果导线中没有正离子，只有电子在定向运动，那么电流都是 30 A 的一条导线的每单位长度受另一条导线的电力多大？电子的定向运动速度为 1.0×10^{-3} m/s。

20.26　如图 20.31 所示，一半径为 R 的无限长半圆柱面导体，其上电流与其轴线上一无限长直导线的电流等值反向，电流 I 在半圆柱面上均匀分布。

(1) 试求轴线上导线单位长度所受的力；

(2) 若将另一无限长直导线(通有大小、方向与半圆柱面相同的电流 I)代替圆柱面，产生同样的作用力，该导线应放在何处？

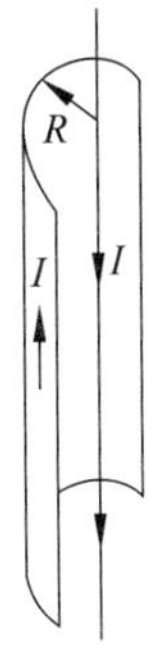

图 20.31　习题 20.26 用图

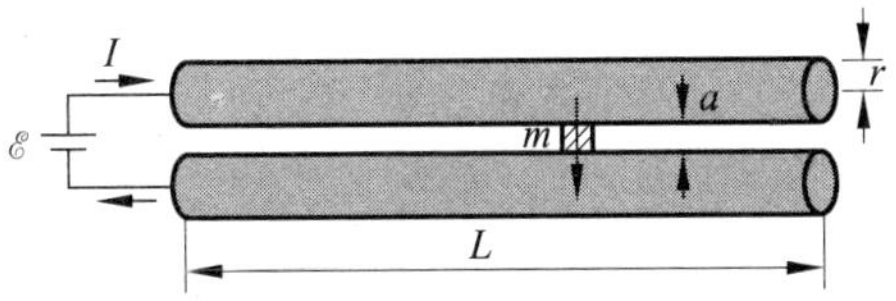

图 20.32　习题 20.27 用图

20.27　正在研究的一种电磁导轨炮(子弹的出口速度可达 10 km/s)的原理可用图 20.32 说明。子弹置于两条平行导轨之间，通以电流后子弹会被磁力加速而以高速从出口射出。以 I 表示电流，r 表示导轨(视为圆柱)半径，a 表示两轨面之间的距离。将导轨近似地按无限长处理，证明子弹受的磁力近似地可以表示为

$$F=\frac{\mu_0 I^2}{2\pi}\ln\frac{a+r}{r}$$

设导轨长度 $L=5.0$ m，$a=1.2$ cm，$r=6.7$ cm，子弹质量为 $m=317$ g，发射速度为 4.2 km/s。

(1) 求该子弹在导轨内的平均加速度是重力加速度的几倍？(设子弹由导轨末端起动。)

(2) 通过导轨的电流应多大？

(3) 以能量转换效率 40%计，子弹发射需要多少千瓦功率的电源？

*20.28　置于均匀磁场 $\boldsymbol{B}$ 中的一段软导线通有电流 I，下端悬一重物使软导线中产生张力 $\boldsymbol{T}$(图 20.33)。这样，软导线将形成一段圆弧。

(1) 证明：圆弧的半径为 $r=T/BI$。

(2) 如果去掉导线，通过点 P 沿着原来导线方向射入一个动量为 $p=qT/I$ 的带电为 $-q$ 的粒子，试证该粒子将沿同一圆弧运动。(这说明可以用软导线来模拟粒子的轨迹。实验物理学家有时用这种办法来验证粒子通过一系列磁铁时的轨迹。)

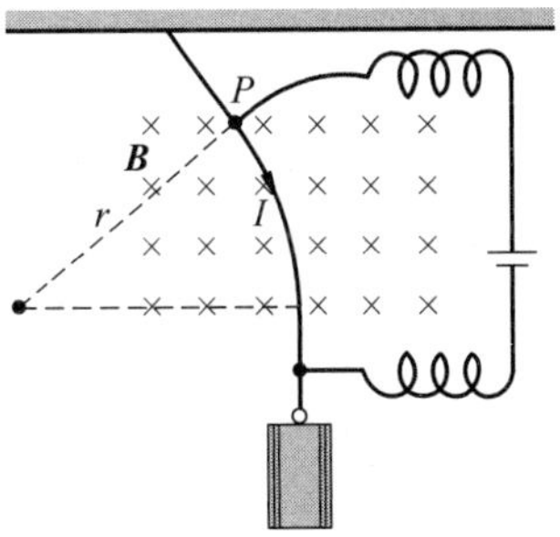

图 20.33　习题 20.28 用图

*20.29　两个质子某一时刻相距为 a，其中质子 1 沿着两质子连线方向离开质子 2，以 $\boldsymbol{v}_1$ 的速度运动。质子 2 垂直于二者连线方向以 $\boldsymbol{v}_2$ 的速度运动。求此时刻每个质子受另一质子的作用力的大小和方向。(设 v_1 和 v_2 均甚小于光速 c)。这两个力是否服从牛顿第

三定律？（牛顿第三定律实际上是两粒子的动量守恒在经典力学中的表现形式。这里两质子作为粒子虽然不满足牛顿第三定律，但如果计入电磁场的动量，这一系统的总动量仍然是守恒的。）

*20.30 原子处于不同状态时的磁矩不同，钠原子在标记为“$^2P_{3/2}$”的状态时的“有效”磁矩为 2.39×10^{-23} J/T。由于磁矩在磁场中的方位的量子化，处于此状态的钠原子的磁矩在磁场中的指向只可能有四种，它们与磁场方向的夹角分别为 39.2°，75°，105°，140.8°。求在 $B=2.0$ T 的磁场中，处于此状态的钠原子的磁势能可能分别是多少？

等离子体

F.1 物质的第四态

随着温度的升高，一般物质依次表现为固体、液体和气体。它们统称物质的三态。当气体温度进一步升高时，其中许多，甚至全部分子或原子将由于激烈的相互碰撞而离解为电子和正离子。这时物质将进入一种新的状态，即主要由电子和正离子（或是带正电的核）组成的状态。这种状态的物质叫**等离子体**，它可以称为物质的第四态。

宇宙中99%的物质是等离子体，太阳和所有恒星、星云都是等离子体。只是在行星、某些星际气体或尘云中人们发现有固体、液体或气体，但是这些物体只是宇宙物质的很小的一部分。在地球上，天然的等离子体是非常稀少的，这是因为等离子体存在的条件和人类生存的条件是不相容的。在地球上的自然现象中，只有闪电、极光等等离子体现象。地球表面以上约50 km到几万千米的高空存在一层等离子体，叫**电离层**，它对地球的环境和无线电通信有重要的影响。近代技术越来越多地利用人造的等离子体，例如霓虹灯、电弧、日光灯内的发光物质都是等离子体，火箭体内燃料燃烧后喷出的火焰、原子弹爆炸时形成的火球也都是等离子体。

通常的气体中也可能会有电子和正离子，但它不是等离子体。把气体加热使之温度越来越高，它就可以转化为等离子体。但是，通常气体和等离子体的转化并没有严格的界限，它不像固体溶解或液体汽化那么明显。例如，蜡烛的火焰就处于一种临界状态，其中电子和离子数多时就是等离子体，少时就是一般的高温气体。高温气体和等离子体的主要差别在于其电磁特性。等离子体因为具有大量的电子和正离子而成为良好的导体，宏观电磁场对它有明显的影响，高温气体是绝缘体，它对电磁场几乎没有什么反应。

等离子体中有大量的电子和正离子，但总体来讲它是电中性的。作为等离子体，它内部的电子和正离子数目必须足够大以至于不会发生局部的正或负电荷的集中，从而导致电中性的破坏。如果由于偶然的原因，例如，在某处形成了正电荷的集中，它附近的负电荷会被吸引而很快地移过来，从而又恢复了该处的电中性。这就是说，尽管在等离子体中有大量的正电荷和负电荷，但这些电荷之间的相互作用总是要使等离子体内保持宏观的电中性。

我们知道，在静电条件下，一个良导体内部电场是等于零的，它的表面的感生电荷使

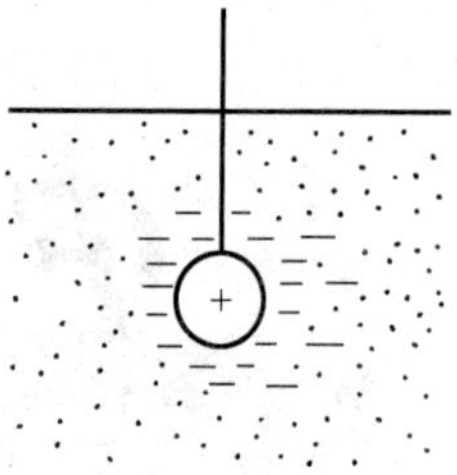

图F.1 等离子体的屏蔽作用

导体能屏蔽其内部,而不受电场的作用。作为导体的等离子体也有这种性质。设想在等离子体中插入一个,譬如说,带正电的导体(它的表面涂有一层绝缘介质膜使之不和等离子体直接接触),这时等离子体中的电子就会迅速向带电体靠近,最后在导体表面外将形成一层负电荷(图F.1),从而屏蔽了等离子体内部使不受带电体电场的作用。由于电子的热运动,带电体表面外等离子体内的电荷层是有一定厚度的,而这一厚度随温度的升高而增大。只是在层内,带电体所带电荷才对等离子体有影响。对于层外的等离子体内部,带电体的电荷不发生任何作用,在这里也没有宏观电场存在。

上述带电体外有净电荷的等离子层的厚度叫做**屏蔽距离**或**德拜距离**,它由下面公式给出:

$$D=\sqrt{\frac{\varepsilon_0 kT}{ne^2}} \tag{F.1}$$

式中n是单位体积内的电子数,T是这些电子的温度,k为玻耳兹曼常量。这一距离决定了外电场能深入到等离子体内的程度,也给出了等离子体内由于热运动而可能引起的局部偏离电中性的空间尺寸。对于线度大于德拜距离的等离子体,它将保持宏观的电中性,因为任何电荷的集中将会很快地被一相反的电荷层所包围,从而恢复电中性。因此,德拜距离可以作为判定等离子体的一个判据。当电离气体的线度远大于德拜距离时,它就是一个等离子体。例如在普通氖管中,电离气体的电子数密度约为$10^9\ \mathrm{cm}^{-3}$,这些电子的温度为2×10^4 K。由式(F.1)可算出德拜距离为

$$D=\sqrt{\frac{8.85\times10^{-12}\times1.38\times10^{-23}\times2\times10^4}{10^{15}\times(1.6\times10^{-19})^2}}$$

$$=3\times10^{-4}(\mathrm{m})=0.3(\mathrm{mm})$$

因此,只要氖管的尺寸大于几毫米,其中的电离气体就成了等离子体。

在上面的计算中用了电子温度为2×10^4 K这个数据,即电子温度为两万度。这似乎不符合事实,然而事实上正是这样。这是因为在等离子体中同时有两种温度,一是电子的温度,一是正离子的温度。在氖管中,前者可达2×10^4 K,而后者只有2×10^3 K。所以有这种区别要归因于电子和离子之间的能量交换。由于电子比较轻快,正离子比较笨重,所以等离子体中的电流基本上是电子运动形成的。因此电子得到了几乎全部外电源供给的能量,所以达到了较高的温度。正离子基本上只能间接地通过和电子碰撞从电子那里得到能量。根据力学原理,质量小的质点和质量大的质点碰撞时,质量小的质点的能量几乎没有损失,因此,正离子从与电子碰撞中得到能量是很少的,所以它们的温度就很难升高。(当然,经过相当一段时间,通过碰撞,电子和正离子会达到热平衡而具有相同的温度。但是,现代技术中所获得的等离子体存在的时间往往比电子和正离子达到热平衡所需要的时间短很多,因此,在等离子体存在的期间内,其中总有两种不同的温度。)

表F.1列出了几种等离子体,其中大多数是发光的,但也有些不发光,如地球的电离层、日冕、太阳风等。它们所以不发光,是因为构成它们的等离子体太稀薄,以至不能发出足够多的能量,尽管它们的温度很高。

表 F.1　几种等离子体

等离子体	电子温度/K	电子数密度/cm^{-3}
太阳中心	2×10^7	10^{26}
太阳表面	5×10^3	10^6
日冕	10^6	10^5
聚变实验(托卡马克)	10^8	10^{14}
原子弹爆炸火球	10^7	10^{20}
太阳风	10^5	5
闪电	3×10^4	10^{18}
辉光放电(氖管)	2×10^4	10^9
地球电离层	2×10^3	10^5
一般火焰	2×10^3	10^8

F.2　等离子体内的磁场

在实验室里或自然界里等离子体多处于磁场之中。这磁场可能是外加的，也可能是通过等离子体本身的电流产生的。由于等离子体是良导体，所以其内部不能有电场存在，但是可以有磁场。不但如此，而且由法拉第定律，变化的磁场会感生出电场，不能有电场存在，就要求等离子体内部的磁场不能发生改变。这就是说，等离子体内部一旦具有了磁场，这磁场将不再发生变化，这种现象叫磁场在等离子体内部的**冻结**。也可以用楞次定律来解释这一现象。设想等离子体内磁场要发生变化，当它刚一开始变化时，就会感生出一个电流，这电流的磁场和原磁场的叠加正好使原磁场不发生改变。

由于磁场的冻结，所以当等离子体在磁场中运动时，体内的磁感线会跟着等离子体一起运动(如图 F.2(b)所示，图 F.2(a)是一块等离子体静止于磁场中的情形)。更有甚者，当等离子体被压缩时，其中的磁感线也被压缩(图 F.2(c))。

由于等离子体内的磁场不会发生变化，所以将一块内部没有磁场的等离子体移入磁场中时，它会挤压磁感线使之变形，如图 F.3 所示。这也可以由楞次定律说明。磁场刚要进入等离子体中时，就感应出了电流，这电流的磁场和原磁场的叠加使等离子体内部磁场仍保持为零，而外部合磁场的磁感线变成了扭曲的形状。

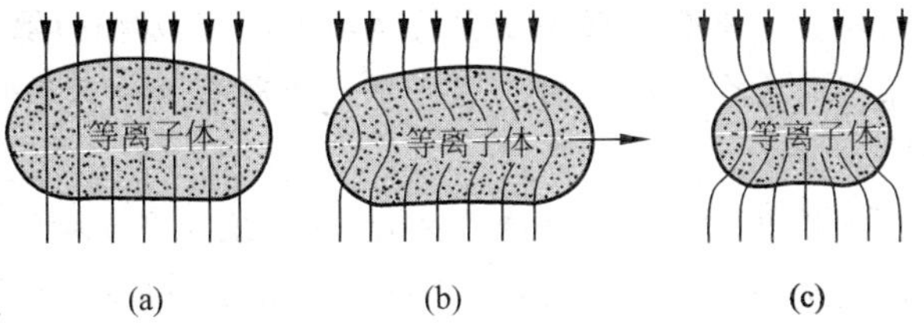

图 F.2　磁场在等离子体中的冻结

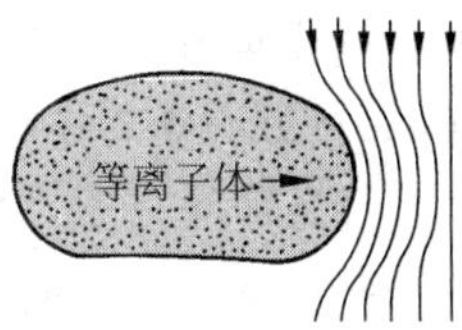

图 F.3　等离子体挤压磁感线

等离子体排挤磁场的性质对地磁场的形状有重要的影响。不受外界影响时，地磁场应是一个磁偶极子的磁场，对于地磁场具有轴对称分布。实际上由于太阳风的作用，这磁场大大地变形了。**太阳风**是由电子和质子组成的中性等离子体。它由太阳向四外发射，速度可达 400 km/s。吹向地球的太阳风将改变地磁场的形状：面向太阳的一面被压缩，背向太阳的一面被拉长(图 F.4)。地磁场所占据的空间叫**磁球**。由于太阳风的作用，磁球不再呈球形，而是像一个拉长了的雨滴，尾部可以延伸至几十万千米远处。

可以附带指出的是，由于地球相对于太阳风的速度(400 km/s)远大于太阳风中声波传播的速度，所以这一相对运动会在太阳风中产生冲击波，正像超音速飞机在空气中引起的激波一样。图 F.4 中也画出了这一冲击波的波面。

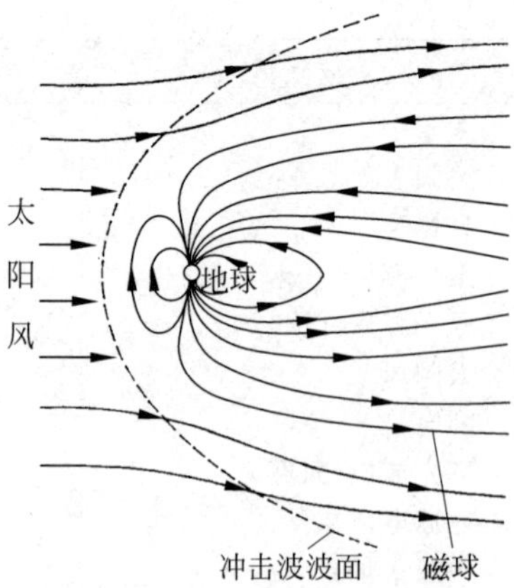

图 F.4 地球的磁球

F.3 磁场对等离子体的作用

等离子体中的电子和正离子都在作高速运动，因此磁场会对这些粒子有作用，这些作用宏观上表现为对整个等离子体的作用。

运动电荷在磁场作用下的运动情况在第 20 章中已讨论过了。在匀强磁场中，带电粒子要绕磁感线作**螺旋运动**(参看图 20.2)。在非均匀磁场中，作螺旋运动的带电粒子会受到与磁场增强方向相反的力的作用，因而要被推向磁场较弱的区域，这就是**磁镜**的原理(参看图 20.4)。这是非均匀磁场对沿磁感线方向运动的带电粒子的影响。

由于非均匀磁场的作用，运动的带电粒子还会发生一种垂直于磁场方向的**漂移**。如图 F.5 所示，非均匀磁场的方向垂直纸面指离读者，上强下弱。设正离子或电子初速度的方向和磁场方向垂直。由于洛伦兹力的作用，它们还是要作回旋运动，但与均匀磁场的情形不同，在磁场强的地方，回旋半径小，在磁场弱的地方，回旋半径大，即粒子在磁场强的地方拐弯较快，在磁场弱的地方拐弯较慢。其结果，粒子的运动轨迹不再是一个封闭的圆周，而成了一个有回折的振荡曲线。每一次"振荡"中，粒子在弱磁场区域经历的时间和路程都比在强磁场区长。这也表示磁场要把带电粒子推向磁场较弱的区域。更为突出的是这种不均匀磁场的作用使运动粒子发生了垂直于磁场方向的移动，这一移动叫做**漂移**。值得注意的是正离子和电子的横向漂移的方向是**相反**的。这将导致等离子体中正负电荷的**分离**，从而影响等离子体的稳定性。

以上讨论的磁场都是"外加"的。当等离子体中有电流流过时，这电流也产生磁场，而等离子体也会受到本身的电流的磁场的作用。图 F.6 画出了一个通有纵向电流的等离子体圆柱。不但圆柱体外有磁场，而且圆柱体内也有磁场。在圆柱体内的磁场是沿径向向外逐渐增强的。根据上面讲的在不均匀磁场中，运动的带电粒子总要被推向磁场较弱的区域的规律，等离子体柱有向中心收缩的趋势。或者说等离子体受到了自身电流的磁场的收缩，这种现象叫**箍缩效应**。

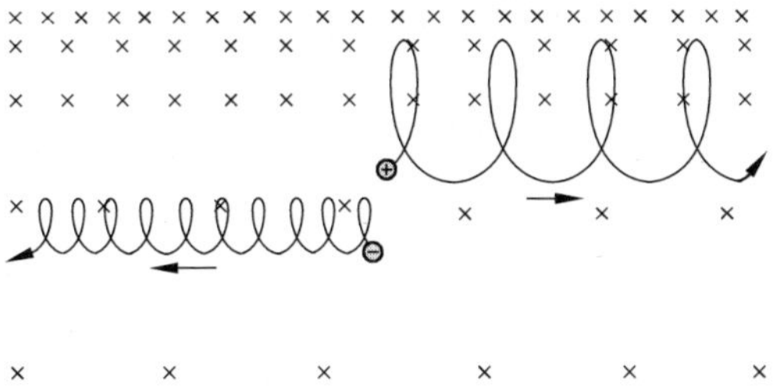
图 F.5　正离子和电子在非均匀磁场中的横向漂移

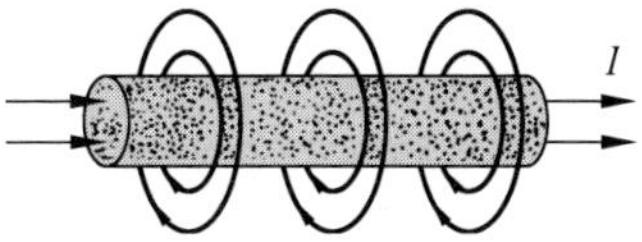

图 F.6　箍缩效应

在等离子体中有电流流过时，在严格的条件下，箍缩效应所产生的压缩等离子体的压强和等离子体中粒子热运动产生的扩张的压强相平衡。这时等离子体柱处于平衡的状态，但这一平衡是非常不稳定的。如果等离子体柱由于某种偶然的原因产生一微小的变形，那它就会迅速继续扩大以致平衡最终被破坏。例如，当一等离子体圆柱由于某种原因产生一个小小的弯曲时，那么在弯曲部位，凹侧的磁场就会比凸侧的磁场强。由于等离子体要被磁场推向磁场较弱的区域，这等离子体柱将更加弯曲。越来越严重的弯曲最终将使等离子体消散，这种情况叫做**"扭曲不稳定性"**(图 F.7(a))。又例如，若等离子体柱由于某种原因造成粗细略有不均匀，那么在细的部位的磁场要比粗的部位的强。磁场的作用将促使细的部位进一步变细，以致最后发展到这个部位等离子体柱被截断。这种情况叫做**"截断不稳定性"**或**"腊肠不稳定性"**(图 F.7(b))。

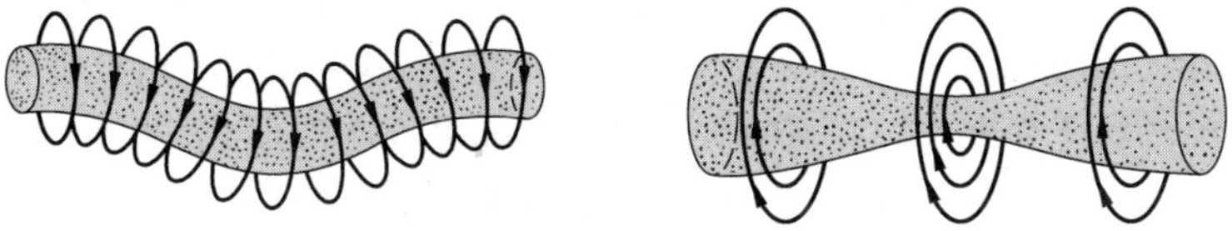

图 F.7　扭曲不稳定性(a)与腊肠不稳定性(b)

还有其他很多的不稳定性。由于这些不稳定性，人造的等离子体常常是在极短时间内(10^{-6} s)就分崩离析了。如何使等离子体保持较长时间的稳定，目前仍是等离子体物理学中一个重要的研究课题。

F.4　热核反应

热核反应，或原子核的聚变反应，是当前很有前途的新能源。在这种反应中几个较轻的核，譬如氘核(D，包含一个质子和一个中子)或氚核(T，包含一个质子和两个中子)结合成一个较重的核，如氦核，同时放出巨大的能量。这种能源之所以诱人，首先是因为自然界中有大量这种燃料存在。天然的氘存在于重水的分子(HDO)中，而海水中大约有0.03%是重水。氚具有放射性，在自然界中没有天然的氚，但它可以在反应堆中用中子轰击锂原子而产生。海水中氘的储量估计能满足人类十亿年的所有能量的需求，而地壳中锂的含量也足够人类使用一百万年。聚变能源的另一特点是它放出的能量多，例如 1 kg 的氘聚变时放出的能量约等于 1 kg 的铀裂变时放出的能量的 4 倍。另外，聚变比较"干净”，它的生成物是无害的核(放出的中子可以用适当材料吸收掉)，不像铀核裂变那样生成许多种放射性核。

最易实现的聚变反应是氘氘反应和氘氚反应。氘氘反应实际上是由四步组成的，它们是

$$
\begin{array}{l}
D+D \longrightarrow {}^{3}He+n \\
D+D \longrightarrow T+p \\
D+T \longrightarrow {}^{4}He+n \\
D+{}^{3}He \longrightarrow {}^{4}He+p \\
\hline
6D \longrightarrow 2\,{}^{4}He+2p+2n+43.1\ \mathrm{MeV}
\end{array}
$$

总结果是六个氘核反应生成两个氦核、两个质子、两个中子和 43.1 MeV 的能量。

氘氚反应需要有锂核参加，它分两步进行：

$$
\begin{array}{l}
n+{}^{6}Li \longrightarrow {}^{4}He+T \\
D+T \longrightarrow {}^{4}He+n \\
\hline
D+{}^{6}Li \longrightarrow 2\,{}^{4}He+22.4\ \mathrm{MeV}
\end{array}
$$

总结果是氘核和锂核反应生成氦核和 22.4 MeV 的能量，氚核只是在中间过程中出现。氘氚反应比氘氘反应在技术上要复杂得多，但由于前者的点火温度比较低，所以被认为是一种更有希望的聚变反应。

不论是氘氘反应，还是氘氚反应，都是带正电的原子核相结合的反应。由于核之间的库仑斥力很大，所以参加反应的核必须具有很大的动能。增大核的动能的唯一可行的方法是通过热运动，因此，参加反应的物质必须具有很高的温度，这一温度就叫做聚变的**点火温度**。对氘氘反应，所需温度约为 5×10^{9} K，对氘氚反应，所需温度约为 1×10^{8} K。这样的温度都比太阳中心的温度高，因此这些聚变反应又叫做**热核反应**。在这样高的温度下，氘和氚的原子都已经完全电离成原子核和电子了，所以参与聚变反应的物质是等离子体。

引发核聚变是需要供给能量使燃料达到其点火温度的。不但如此，要建成一个有实用价值的反应器，就必须使热核反应放出的能量至少要和加热燃料所用的能量相等。为达到这一目的，就必须增加核燃料的密度。同时，由于等离子体极不稳定，所以还必须设法延长等离子体存在的时间。燃料核的密度越大，它们之间碰撞的机会越多，反应就越充分。在一定燃料核密度下，稳定时间越长，反应也越充分。反应越充分，释放的能量就越多。计算表明要使热核反应器成为一个自行维持反应的系统的条件是

$$n(\text{离子数密度})\times\tau(\text{稳定时间})\geqslant \text{常数} \tag{F.2}$$

这一条件称为**劳森判据**。如果式中 n 表示每立方厘米的离子数，时间用秒计算，则对氘氚反应，式中的常数为 5×10^{15}，对于氘氚反应，这一常数为 2×10^{14}。因此，对于氘氚反应，如果等离子体的密度为 $10^{14}\ \mathrm{cm}^{-3}$，则至少需要它稳定 2 s。如果等离子体的密度为 $10^{23}\ \mathrm{cm}^{-3}$，则稳定时间可以减小到 2×10^{-9} s。

F.5 等离子体的约束

如上所述要产生有效的热核反应，需要燃料等离子体处于很高的温度，同时还要维持等离子体存在一定的时间。这两方面的要求都是很难达到的，这正是受控热核反应所要

解决的问题。

要使热核反应在某种装置内进行，首先碰到的问题是要把超高温等离子体盛放在一定的容器中。任何实际的固体容器都不能用来盛放这种等离子体，因为到4000℃以上的温度时，现有的任何耐火材料都会熔化。现在技术中用来盛放或约束等离子体的方法是借助于磁场来实现的。

最简单的约束等离子体的磁场设计是20.1节讲过的**磁瓶**。它两端的磁场比中间的磁场强，形成了两个能反射等离子体中的电子和正离子的磁镜，因而把等离子体限制在这样的磁瓶中。但是，由于磁场对沿磁感线方向运动的离子没有作用力，所以，实际上，离子和电子还是有可能从两端泄漏出去的。

为了避免等离子体从磁瓶的两端泄漏，人们设计了**环形磁瓶**来约束等离子体。它实际上是一个环形螺线管(图F.8)，通以电流后在其内部形成封闭的环向磁场。在这无头无尾的磁场内，人们期望等离子体中的粒子会无休止地绕磁感线旋进，从而实现稳定的约束。但事实上达到稳定的约束很难，因为在环管的截面上磁场的分布实际上是不均匀的，内侧强而外侧弱。这不均匀磁场将把等离子体推向环管的外侧壁上，从而使其失去约束。

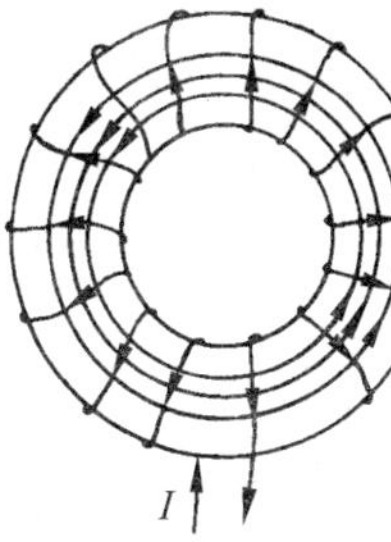

图F.8　环状磁瓶

前面讲过电流通过等离子体时，其磁场对等离子体本身的箍缩效应也可以用来约束等离子体。根据这一原理设计的装置如图F.9所示，一个变压器的原线圈通过一个开关与一组高压电容器相连，另有一个环形反应室作为变压器的副线圈。首先向反应室内充入等离子体热核燃料，然后合上开关。这时预先充了电的电容器立即通过变压器的原线圈放电，从而产生强大的脉冲电流。同时在环状反应室内的等离子体中感应出更为强大的电流(可达10^6 A)。这电流将对等离子体自身产生箍缩压力，而使等离子体约束在一个环内。在这一过程中，还由于强大的电流通过等离子体而起了加热作用，使等离子体温度进一步升高，同时由于等离子体环受箍缩变细而提高了等离子体的密度。这都有利于实现等离子体热核燃料的点火。但是这种装置也还未实现人们的理想。原因是它在环的截面上的磁场分布也是不均匀的，另外这种磁场箍缩容易被扭曲不稳定性或腊肠不稳定性等不稳定因素破坏。

为了进一步接近产生受控热核反应的条件，就把上述环形磁瓶装置和环形箍缩装置结合起来。这也就是在环形箍缩装置中的环形反应室外面再绕上线圈，并通以电流(图F.10)。这样，当合上变压器的原线圈上的开关后，在反应器内就会有两种磁场：一种是轴向的($\boldsymbol{B}_1$)，它由反应室外面的线圈中的电流产生；另一种是圈向的($\boldsymbol{B}_2$)，它由等离

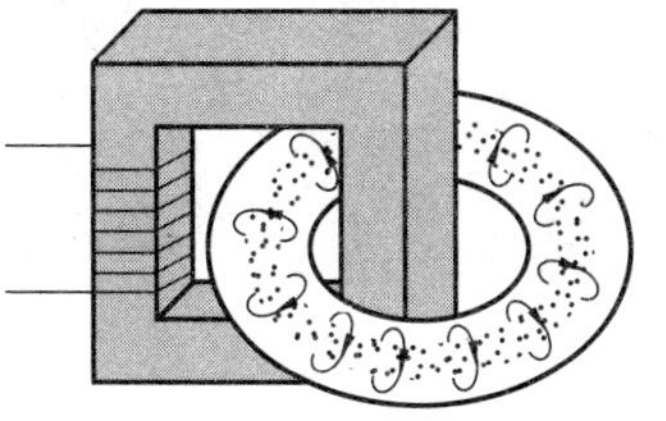

图F.9　环形箍缩装置

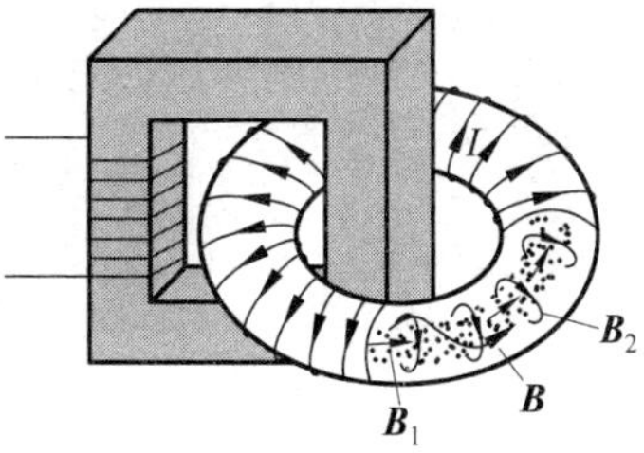

图F.10　托卡马克装置

子体中的感生电流产生。这两种磁场的叠加形成螺旋形的总磁场($\boldsymbol{B}$)。理论和实验都证明,约束在这种磁场内的等离子体,稳定性比较好。在这种反应器内,粒子除了由于碰撞而引起的横越磁感线的损失外,几乎可以无休止地在环形室内绕磁感线旋进。由于磁感线呈螺线形或扭曲形,在绕环管一周后并不自相闭合,所以粒子绕磁感线旋进时一会儿跑到环管内侧,一会儿跑到环管外侧,总徘徊于磁场之中,而不会由于磁场的不均匀而引起电荷的分离。在这种装置里,还可分别调节轴向磁场 $\boldsymbol{B}_1$ 和圈向磁场 $\boldsymbol{B}_2$,从而找到等离子体比较稳定的工作条件。

图 F.10 的实验装置叫**托卡马克装置**,是目前建造得比较多的受控热核反应实验装置。这种装置算是相对比较简单、比较容易制造的装置。目前,在这种装置上,已能使等离子体加热至 4×10^8 K,约束时间达到 5 s。尽管困难还是很多,但看来这种装置最有希望首先实现受控热核反应。

除了利用磁约束来实现受控热核反应以外,目前还在设计试验一种**惯性约束**方法。它的基本作法是把核聚变燃料做成直径约 1 mm 的小靶丸。每一次有一个小靶丸放入反应室,然后用强的激光脉冲(延续 10^{-9} s,具有 100 kJ 的能量)照射。这样高能量的输入会使靶丸变成等离子体,而且在这等离子体由于惯性还来不及飞散的短时间内,把它加热到极高的温度而发生聚变反应。这实际上是强激光一个个地引爆超小型氢弹,这种反应叫**激光核聚变**。这种技术的成功一方面取决于燃料靶丸的制造,同时也取决于大功率的激光器的发展。

由我国自行设计、建造的"中国环流器一号"受控热核反应研究装置于 1984 年 9 月 21 日在成都建成启动,它是一种托卡马克装置。20 世纪 90 年代已把它改建成"中国环流器新一号"(图 F.11)。进入 21 世纪,又建成了新的环流器 HL—2A。2006 年 2 月,在合肥的中国科学院等离子体研究所建成了一座实验高级超导托卡马克(EAST)装置,它是目前世界上唯一运行的全超导磁体的核聚变实验装置(图 F.12)。它已首先完成了放电

图 F.11 中国环流器新一号外景

左下图为控制室,右下图为环形反应室内景

实验，获得了电流 300×10^3 A、延续时间近 3 s 的高温等离子体放电，温度已达到 10^8℃。国际上，俄、美、日等许多国家也早已开展了类似的研究，并已获得了输出功率大于输入功率的成果。2006 年，美、俄、日、欧共体等联合开发的国际热核聚变实验堆（ITER）已完成设计，决定在法国 Catalache 建设，预定在 2015 年左右建成。该计划由世界上众多（包括中国的）专家参与。热核聚变前景光明，专家估计到 2050 年前后人类有可能实现原型示范的可控热核聚变电站发电。

图 F.12 EAST 外景

F.6 冷聚变

聚变反应有可能在低温（例如室温）下实现吗？

1989 年春天出现过一条轰动世界科技界的新闻。3 月 23 日在美国盐湖城犹他大学的一次记者招待会上，弗莱希曼（M. Freischmann）和庞斯（B. S. Pons）宣布他们实现了冷聚变（或叫室温核聚变）。他们用的实验仪器很普通，是在一个烧瓶内装入一个钯（Pd）制的管状阴极，外围绕以铂丝作为阳极，都浸在用少量锂电离的重水（D_2O）中。当通入电流经过近百小时后，他们发现有“过量热”释放，同时有中子产生。他们认为这不是一般的化学反应，而是在室温下的核聚变。对这一实验的可能解释是：钯有强烈的吸收氢或氘的本领（一体积的钯可吸收 700 体积的氘）。重水被电解后产生的氘在钯中的紧密聚集可能引起氘的结合——核聚变。如果这真是在室温条件下实现的核聚变，那将是一件有绝对重大意义的科学发现。消息传出后，很多科学家都来做类似的实验。由于当时该实验的重复性差，很多科学家对这一发现持怀疑态度，以致在此后，关于这方面的研究似乎销声匿迹了。但还有些研究人员乐此不疲，继续坚持这方面的探索，清华大学物理系李兴中教授就是其中之一。他所用的实验基本装置如图 F.13 所示，在一容器中用石英架张拉着一条钯丝，通入氘气以观察其变化。他们已确切地证实在氘瓶内有“过量热”释放。对于同时并无中子或 γ 射线释放也给予了一定的理论解释。他们还发现在与氢气长时间接触的钯丝内有锌原子甚至氯原子产生，在钯丝表面层内锌原子甚至占总原子数的 40%。他们认为这是钯发生核嬗变的信号，从而给他们的研究带来了新的希望。

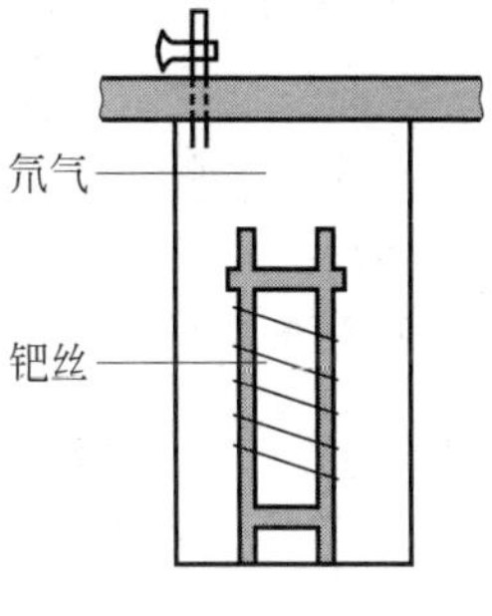

图 F.13 冷聚变实验瓶

第21章

磁场中的磁介质

上两章讨论了真空中磁场的规律，在实际应用中，常需要了解物质中磁场的规律。由于物质的分子(或原子)中都存在着运动的电荷，所以当物质放到磁场中时，其中的运动电荷将受到磁力的作用而使物质处于一种特殊的状态中，处于这种特殊状态的物质又会反过来影响磁场的分布。本章将讨论物质和磁场相互影响的规律。

值得指出的是，本章所述研究磁介质的方法，包括一些物理量的引入和规律的介绍，都和第 18 章研究电介质的方法十分类似，几乎可以“平行地”对照说明。这一点对读者是很有启发性的。

21.1 磁介质对磁场的影响

在考虑物质受磁场的影响或它对磁场的影响时，物质统称为**磁介质**。磁介质对磁场的影响可以通过实验观察出来。最简单的方法是做一个长直螺线管，先让管内是真空或空气(图 21.1(a))，沿导线通入电流 I，测出此时管内的磁感应强度的大小(测量的方法可以用习题 20.16 的安培秤的方法，也可以用在第 22 章要讲的电磁感应的方法)。然后使管内充满某种磁介质材料(图 21.1(b))，保持电流 I 不变，再测出此时管内磁介质内部的磁感应强度的大小。以 B_0 和 B 分别表示管内为真空和充满磁介质时的磁感应强度，则实验结果显示出二者的数值不同，它们的关系可以用下式表示：

$$B=\mu_r B_0 \tag{21.1}$$

式中 μ_r 叫磁介质的**相对磁导率**，它随磁介质的种类或状态的不同而不同(表 21.1)。有的磁介质的 μ_r 是略小于 1 的常数，这种磁介质叫**抗磁质**。有的磁介质的 μ_r 是略大于 1 的常数，这种磁介质叫**顺磁质**。这两种磁介质对磁场的影响很小，一般技术中常不考虑它们的

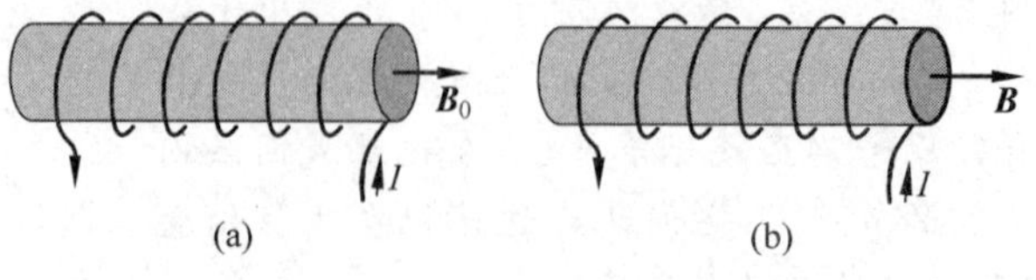

图 21.1　磁介质对磁场的影响

影响。还有一种磁介质，它的 μ_r 比 1 大得多，而且还随 B_0 的大小发生变化，这种磁介质叫**铁磁质**。它们对磁场的影响很大，在电工技术中有广泛的应用。

表 21.1 几种磁介质的相对磁导率

磁介质种类		相对磁导率
抗磁质 $\mu_r<1$	铋(293 K)	$1-16.6\times10^{-5}$
	汞(293 K)	$1-2.9\times10^{-5}$
	铜(293 K)	$1-1.0\times10^{-5}$
	氢(气体)	$1-3.98\times10^{-5}$
顺磁质 $\mu_r>1$	氧(液体,90 K)	$1+769.9\times10^{-5}$
	氧(气体,293 K)	$1+344.9\times10^{-5}$
	铝(293 K)	$1+1.65\times10^{-5}$
	铂(293 K)	$1+26\times10^{-5}$
铁磁质 $\mu_r\gg1$	纯铁	5×10^3(最大值)
	硅钢	7×10^2(最大值)
	坡莫合金	1×10^5(最大值)

为什么磁介质对磁场有这样的影响？这要由磁介质受磁场的影响而发生的改变来说明。这就涉及到磁介质的微观结构，下面我们来说明这一点。

*21.2 原子的磁矩

在原子内，核外电子有绕核的轨道运动，同时还有自旋，核也有自旋运动。这些运动都形成微小的圆电流。我们知道，一个小圆电流所产生的磁场或它受磁场的作用都可以用它的**磁偶极矩**(简称**磁矩**)来说明。以 I 表示电流，以 S 表示圆面积，则一个圆电流的磁矩为

$$\boldsymbol{p}_{\mathrm{m}} = IS\boldsymbol{e}_{\mathrm{n}}$$

其中 $\boldsymbol{e}_{\mathrm{n}}$ 为圆面积的正法线方向的单位矢量，它与电流流向满足右手螺旋关系。

下面我们用一个简单的模型来估算原子内电子轨道运动的磁矩的大小。假设电子在半径为 r 的圆周上以恒定的速率 v 绕原子核运动，电子轨道运动的周期就是 $2\pi r/v$。由于每个周期内通过轨道上任一“截面”的电量为一个电子的电量 e，因此，沿着圆形轨道的电流就是

$$I = \frac{e}{2\pi r/v} = \frac{ev}{2\pi r}$$

而电子轨道运动的磁矩为

$$p_{\mathrm{m}} = IS = \frac{ev}{2\pi r}\pi r^2 = \frac{evr}{2} \tag{21.2}$$

由于电子轨道运动的角动量 $L=m_{\mathrm{e}}vr$，所以此轨道磁矩还可表示为

$$p_{\mathrm{m}} = \frac{e}{2m_{\mathrm{e}}}L \tag{21.3}$$

上面用经典模型推出了电子的轨道磁矩和它的轨道角动量的关系，量子力学理论也

给出同样的结果。上式不但对单个电子的轨道运动成立，而且对一个原子内所有电子的总轨道磁矩和总角动量也成立。量子力学给出的总轨道角动量是量子化的，即它的值只可能是[①]

$$L = m\hbar, \quad m = 0,1,2,\cdots \tag{21.4}$$

再据式(21.3)可知，原子电子轨道总磁矩也是量子化的。例如氧原子的总轨道角动量的一个可能值是$L=1\,\hbar=1.05\times10^{-34}\,\mathrm{J\cdot s}$，相应的轨道总磁矩就是

$$p_{\mathrm{m}} = \frac{e}{2m_{\mathrm{e}}}\hbar = 9.27\times10^{-24}\,\mathrm{J/T}$$

电子在轨道运动的同时，还具有自旋运动——内禀(固有)自旋。电子内禀自旋角动量 s 的大小为 $\hbar/2$。它的内禀自旋磁矩为

$$p_{\mathrm{m_B}} = \frac{e}{m_{\mathrm{e}}}s = \frac{e}{2m_{\mathrm{e}}}\hbar = 9.27\times10^{-24}\,\mathrm{J/T} \tag{21.5}$$

这一磁矩称为**玻尔磁子**。

原子核也有磁矩，但都小于电子磁矩的千分之一。所以通常计算原子的磁矩时只计算它的电子的轨道磁矩和自旋磁矩的矢量和也就足够精确了，但有的情况下要单独考虑核磁矩，如核磁共振技术。

在一个分子中有许多电子和若干个核，一个分子的磁矩是其中所有电子的轨道磁矩和自旋磁矩以及核的自旋磁矩的矢量和。有些分子在正常情况下，其磁矩的矢量和为零。由这些分子组成的物质就是抗磁质。有些分子在正常情况下其磁矩的矢量和具有一定的值，这个值叫分子的**固有磁矩**。由这些分子组成的物质就是顺磁质。铁磁质是顺磁质的一种特殊情况，它们的原子内电子之间还存在一种特殊的相互作用使它们具有很强的磁性。表 21.2 列出了几种原子的磁矩的大小。

表 21.2 几种原子的磁矩 J/T

原 子	磁 矩	原 子	磁 矩
H	9.27×10^{-24}	Na	9.27×10^{-24}
He	0	Fe	20.4×10^{-24}
Li	9.27×10^{-24}	Ce^{3+}	19.8×10^{-24}
O	13.9×10^{-24}	Yb^{3+}	37.1×10^{-24}
Ne	0		

当顺磁质放入磁场中时，其分子的固有磁矩就要受到磁场的力矩的作用。这力矩力图使分子的磁矩的方向转向与外磁场方向一致。由于分子的热运动的妨碍，各个分子的磁矩的这种取向不可能完全整齐。外磁场越强，分子磁矩排列得越整齐，正是这种排列使它对原磁场发生了影响。

抗磁质的分子没有固有磁矩，但为什么也能受磁场的影响并进而影响磁场呢？这是

① 严格来讲，式(21.4)的量子化值指的是角动量沿空间某一方向(实际上总是外加磁场的方向)的分量。下面式(21.5)关于自旋磁矩的意义也如此。

因为抗磁质的分子在外磁场中产生了和外磁场方向相反的**感生磁矩**的缘故。

可以证明，在外磁场作用下，一个电子的轨道运动和自旋运动以及原子核的自旋运动都会发生变化，因而都在原有磁矩 $\boldsymbol{p}_{m_0}$ 的基础上产生一**附加磁矩** $\Delta\boldsymbol{p}_m$，而且不管原有磁矩的方向如何，所产生的附加磁矩的方向都是**和外加磁场方向相反**的。对抗磁质分子来说，尽管在没有外加磁场时，其中所有电子以及核的磁矩的矢量和为零，因而没有固有磁矩；但是在加上外磁场后，每个电子和核都会产生与外磁场方向相反的附加磁矩。这些方向相同的附加磁矩的矢量和就是一个分子在外磁场中产生的感生磁矩。

在实验室通常能获得的磁场中，一个分子所产生的感生磁矩要比分子的固有磁矩小到 5 个数量级以下。就是由于这个原因，虽然顺磁质的分子在外磁场中也要产生感生磁矩，但和它的固有磁矩相比，前者的效果是可以忽略不计的。

感生磁矩产生过程的一种经典理论解释

以电子的轨道运动为例。如图 21.2(b)，(c)所示，电子作轨道运动时，具有一定的角动量，以 $\boldsymbol{L}$ 表示此角动量，它的方向与电子运动的方向有右手螺旋关系。电子的轨道运动使它也具有磁矩 $\boldsymbol{m}$。由于电子带负电，这一磁矩的方向和它的角动量 $\boldsymbol{L}$ 的方向相反。

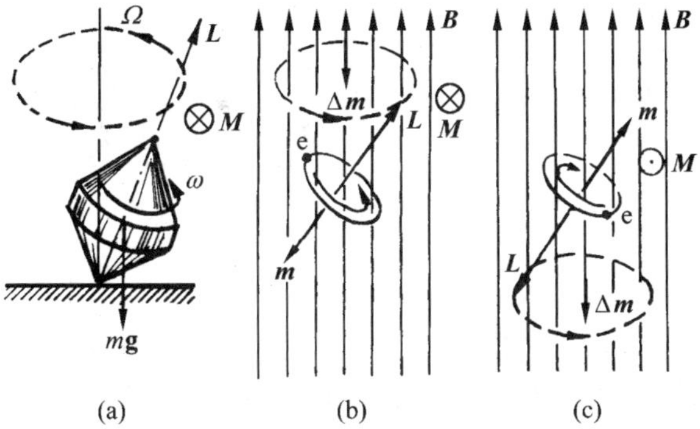

图 21.2 电子轨道运动在磁场中的进动与附加磁矩

当分子处于磁场中时，其电子的轨道运动要受到力矩的作用，这一力矩为 $\boldsymbol{M}=\boldsymbol{p}_{m_0}\times\boldsymbol{B}$。在图 21.2(b)所示的时刻，电子轨道运动所受的磁力矩方向垂直于纸面向里。具有角动量的运动物体在力矩作用下是要发生进动的，正如图 21.2(a)中的转子在重力矩的作用下，它的角动量要绕竖直轴按逆时针方向(俯视)进动一样。在图 21.2(b)中作轨道运动的电子，由于受到力矩的作用，它的角动量 $\boldsymbol{L}$ 也要绕与磁场 $\boldsymbol{B}$ 平行的轴按逆时针方向(迎着 $\boldsymbol{B}$ 看)进动。与这一进动相应，电子除了原有的轨道磁矩 $\boldsymbol{p}_m$ 外，又具有了一个**附加磁矩** $\Delta\boldsymbol{p}_m$，此附加磁矩的方向正好与外磁场 $\boldsymbol{B}$ 的方向相反。对于图 21.2(c)所示的沿相反方向作轨道运动的电子，它的角动量 $\boldsymbol{L}$ 与轨道磁矩 $\boldsymbol{p}_{m_1}$ 的方向都与图(b)中的电子的相反。相同方向的外磁场将对电子的轨道运动产生相反方向的力矩 $\boldsymbol{M}$。这一力矩也使得

角动量 $\boldsymbol{L}$ 沿与 $\boldsymbol{B}$ 平行的轴进动，进动的方向仍然是逆时针(迎着 $\boldsymbol{B}$ 看)的，因而所产生的附加磁矩 $\Delta \boldsymbol{p}_{\mathrm{m}}$ 也和外磁场 $\boldsymbol{B}$ 的方向相反。因此，不管电子轨道运动方向如何，外磁场对它的力矩的作用总是要使它产生一个与**外磁场方向相反**的附加磁矩。对电子的以及核的自旋，外磁场也产生相同的效果。

21.3 磁介质的磁化

一块顺磁质放到外磁场中时，它的分子的固有磁矩要沿着磁场方向取向(图21.3(a))。一块抗磁质放到外磁场中时，它的分子要产生感生磁矩(图21.3(b))。考虑和这些磁矩相对应的小圆电流，可以发现在磁介质内部各处总是有相反方向的电流流过，它们的磁作用就相互抵消了。但在磁介质表面上，这些小圆电流的外面部分未被抵消，它们都沿着相同的方向流通，这些表面上的小电流的总效果相当于在介质圆柱体表面上有一层电流流过。这种电流叫**束缚电流**，也叫**磁化电流**。在图21.3中，其面电流密度用 j' 表示。它是分子内的电荷运动一段段接合而成的，不同于金属中由自由电子定向运动形成的传导电流。对比之下，金属中的传导电流(以及其他由电荷的宏观移动形成的电流)可称作**自由电流**。

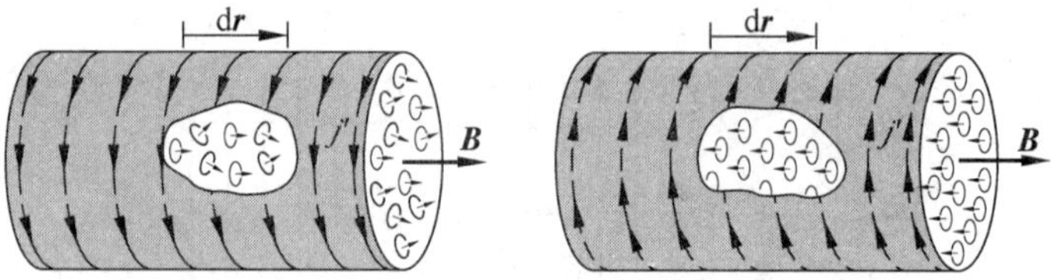

图21.3 磁介质表面束缚电流的产生

由于顺磁质分子的固有磁矩在磁场中定向排列或抗磁质分子在磁场中产生了感生磁矩，因而在磁介质的表面上出现束缚电流的现象叫**磁介质的磁化**①。顺磁质的束缚电流的方向与磁介质中外磁场的方向有右手螺旋关系，它产生的磁场要加强磁介质中的磁场。抗磁质的束缚电流的方向与磁介质中外磁场的方向有左手螺旋关系，它产生的磁场要减弱磁介质中的磁场。这就是两种磁介质对磁场影响不同的原因。

磁介质磁化后，在一个小体积内的各个分子的磁矩的矢量和都将不再是零。顺磁质分子的固有磁矩排列得越整齐，它们的矢量和就越大。抗磁质分子所产生的感生磁矩越大，它们的矢量和也越大。因此可以用单位体积内分子磁矩的矢量和表示磁介质磁化的程度。单位体积内分子磁矩的矢量和叫磁介质的**磁化强度**。以 $\sum \boldsymbol{p}_{\mathrm{m}_i}$ 表示宏观体积元 ΔV 内的磁介质的所有分子的磁矩的矢量和，以 $\boldsymbol{M}$ 表示磁化强度，则有

---

① 非均匀磁介质放在外磁场中时，磁介质内部还可以产生**体**束缚电流。

$$M = \frac{\sum p_{m_i}}{\Delta V} \tag{21.6}$$

式中 $\boldsymbol{p}_{m_i}$ 表示在体积为 ΔV 的磁介质中的第 i 个分子的磁矩。

在国际单位制中，磁化强度的单位名称是安每米，符号为 A/m，它的量纲和面电流密度的量纲相同。

顺磁质和抗磁质的磁化强度都随外磁场的增强而增大。实验证明，在一般的实验条件下，各向同性的顺磁质或抗磁质(以及铁磁质在磁场较弱时)的磁化强度都和外磁场 $\boldsymbol{B}$ 成正比，其关系可表示为

$$\boldsymbol{M} = \frac{\mu_r - 1}{\mu_0 \mu_r}\boldsymbol{B} \tag{21.7}$$

式中 μ_r 即磁介质的相对磁导率。(比例式写成这种特殊复杂的形式是由于历史的原因①。)

由于磁介质的束缚电流是磁介质磁化的结果，所以束缚电流和磁化强度之间一定存在着某种定量关系。下面我们来求这一关系。

考虑磁介质内部一长度元 $\mathrm{d}\boldsymbol{r}$。它和外磁场 $\boldsymbol{B}$ 的方向之间的夹角为 θ。由于磁化，分子磁矩要沿 $\boldsymbol{B}$ 的方向排列，因而等效分子电流的平面将转到与 $\boldsymbol{B}$ 垂直的方向。设每个分子的分子电流为 i，它所环绕的圆周半径为 a，则与 $\mathrm{d}\boldsymbol{r}$ 铰链的(即套住 $\mathrm{d}\boldsymbol{r}$ 的)分子电流的中心都将位于以 $\mathrm{d}\boldsymbol{r}$ 为轴线、以 πa^2 为底面积的斜柱体内(图 21.4)。以 n 表示单位体积内的分子数，则与 $\mathrm{d}\boldsymbol{r}$ 铰链的总分子电流为

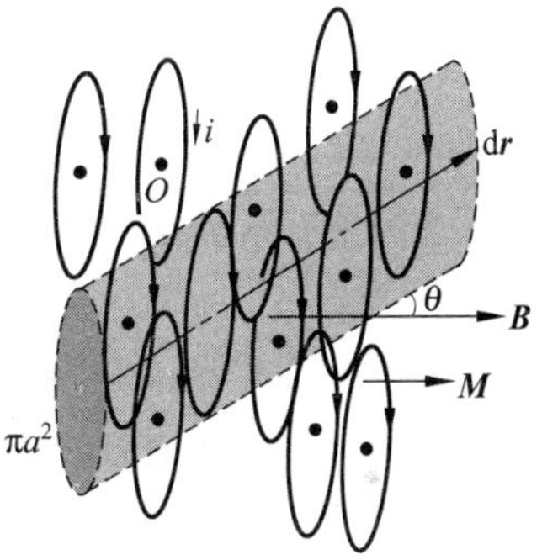

图 21.4 分子电流与磁化强度

$$\mathrm{d}I' = n\pi a^2 \mathrm{d}r\cos\theta\, i$$

由于 $\pi a^2 i = p_m$，为一个分子的磁矩，np_m 为单位体积内分子磁矩的矢量和的大小，亦即磁化强度 $\boldsymbol{M}$ 的大小 M，所以有

$$\mathrm{d}I' = M\cos\theta \mathrm{d}r = \boldsymbol{M}\cdot\mathrm{d}\boldsymbol{r} \tag{21.8}$$

如果磁巧 $\mathrm{d}\boldsymbol{r}$ 是磁介质表面上沿表面的一个长度元 $\mathrm{d}\boldsymbol{l}$，则 $\mathrm{d}I'$ 将表现为面束缚电流。$\mathrm{d}I'/\mathrm{d}l$ 称做**面束缚电流密度**。以 j' 表示面束缚电流密度，则由式(21.8)可得

$$j' = \frac{\mathrm{d}I}{\mathrm{d}l} = \frac{\mathrm{d}I}{\mathrm{d}r} = M\cos\theta = M_l \tag{21.9}$$

即面束缚电流密度等于该表面处磁介质的磁化强度沿表面的分量。当 $\theta=0$，即 $\boldsymbol{M}$ 与表面平行时(图 21.5，并参看图 21.3)，

$$j' = M \tag{21.10}$$

方向与 $\boldsymbol{M}$ 垂直。考虑到方向，式(21.10)可以写成

$$\boldsymbol{j}' = \boldsymbol{M} \times \boldsymbol{e}_n \tag{21.11}$$

---

① 21.4 节将引入磁场强度 $\boldsymbol{H}$ 这一物理量，它和 $\boldsymbol{B}$ 有 $\boldsymbol{H}=\boldsymbol{B}/\mu_0\mu_r$ 的关系式(21.16)。这样式(21.7)可写做 $\boldsymbol{M}=(\mu_r-1)\boldsymbol{H}$。令 $\mu_r-1=\chi_m$，则有 $\boldsymbol{M}=\chi_m\boldsymbol{H}$。这就是磁化强度和磁场的关系式的一种简单形式。$\chi_m$ 叫磁介质的**磁化率**，对顺磁质、抗磁质来说，它就是表 21.1 中 μ_r 值的“尾数”。

其中 $\boldsymbol{e}_n$ 为磁介质表面的外正法线方向的单位矢量。

现在来求在磁介质内与任意闭合路径 L(图 21.6)铰链的(或闭合路径 L 包围的)总束缚电流。它应该等于与 L 上各长度元铰链的束缚电流的积分,即

$$I' = \oint_L dI' = \oint_L \boldsymbol{M} \cdot d\boldsymbol{r} \tag{21.12}$$

这一公式说明,闭合路径 L 所包围的总束缚电流等于磁化强度沿该闭合路径的环流。

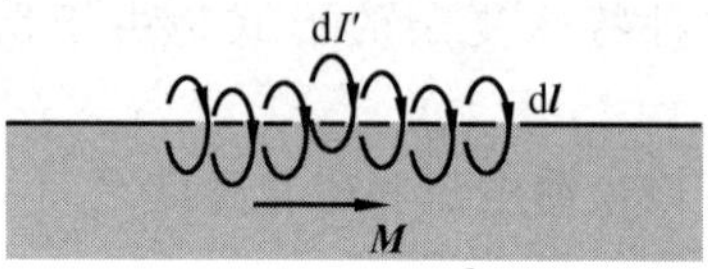

图 21.5 面束缚电流

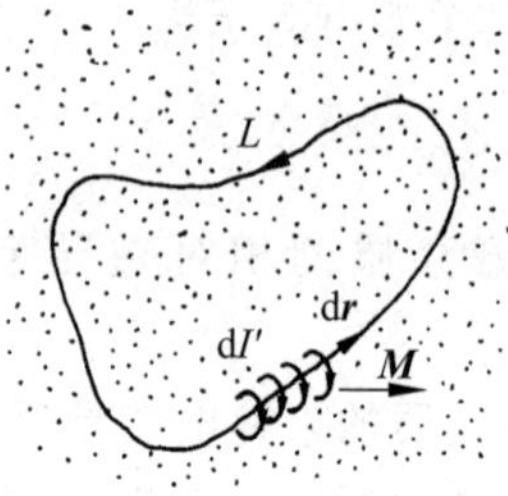

图 21.6 与闭合路径铰链的束缚电流

21.4 H 的环路定理

磁介质放在磁场中时,磁介质受磁场的作用要产生束缚电流,这束缚电流又会反过来影响磁场的分布。这时任一点的磁感应强度 $\boldsymbol{B}$ 应是自由电流的磁场 $\boldsymbol{B}_0$ 和束缚电流的磁场 $\boldsymbol{B}'$ 的矢量和,即

$$\boldsymbol{B} = \boldsymbol{B}_0 + \boldsymbol{B}' \tag{21.13}$$

由于束缚电流和磁介质磁化的程度有关,而这磁化的程度又取决于磁感应强度 $\boldsymbol{B}$,所以磁介质和磁场的相互影响呈现一种比较复杂的关系。这种复杂关系也可以像研究电介质和电场的相互影响那样,通过引入适当的物理量而加以简化。下面就通过安培环路定理来导出这种简化表示式。

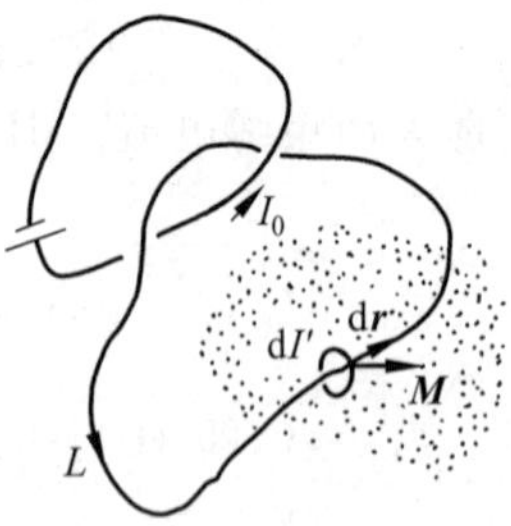

图 21.7 **H** 的环路定理

如图 21.7 所示,载流导体和磁化了的磁介质组成的系统可视为由一定的自由电流 I_0 和束缚电流 $I'(j')$ 分布组成的电流系统。所有这些电流产生一磁场分布 $\boldsymbol{B}$,由安培环路定律式(19.24)可知,对任一闭合路径 L,

$$\oint_L \boldsymbol{B} \cdot d\boldsymbol{r} = \mu_0 \left(\sum I_{0\text{in}} + I'_{\text{in}} \right)$$

将式(21.12)的 I' 代入此式中的 I'_{in},移项后可得

$$\oint_L \left(\frac{\boldsymbol{B}}{\mu_0} - \boldsymbol{M} \right) \cdot d\boldsymbol{r} = \sum I_{0\text{in}}$$

在此,引入一辅助物理量表示积分号内的合矢量,叫做**磁场强度**,并以 $\boldsymbol{H}$ 表示,即定义

$$\boldsymbol{H} = \frac{\boldsymbol{B}}{\mu_0} - \boldsymbol{M} \tag{21.14}$$

则上式就可简洁地表示为

$$\oint_L \boldsymbol{H}\cdot \mathrm{d}\boldsymbol{r} = \sum I_{0\mathrm{in}} \tag{21.15}$$

此式说明**沿任一闭合路径磁场强度的环路积分等于该闭合路径所包围的自由电流的代数和**。这一关系叫 **H** 的**环路定理**，也是电磁学的一条基本定律①。在无磁介质的情况下，**M**=0，式(21.15)还原为式(19.20)。

将式(21.7)的 **M** 代入式(21.14)，可得

$$\boldsymbol{H} = \frac{\boldsymbol{B}}{\mu_0\mu_r} \tag{21.16}$$

还常用 μ 代表 $\mu_0\mu_r$，即

$$\mu = \mu_0\mu_r \tag{21.17}$$

称之为磁介质的**磁导率**，它的单位与 μ_0 相同。这样，式(21.17)还可以写成

$$\boldsymbol{H} = \frac{\boldsymbol{B}}{\mu} \tag{21.18}$$

这也是一个点点对应的关系，即在各向同性的磁介质中，某点的磁场强度等于该点的磁感应强度除以该点磁介质的磁导率，二者的方向相同。

在国际单位制中，磁场强度的单位名称为安每米，符号为 A/m。

式(21.15)和式(21.16)(或式(21.18))一起是分析计算有磁介质存在时的磁场的常用公式。一般是根据自由电流的分布先利用式(21.15)求出 **H** 的分布，然后再利用式(21.16)求出 **B** 的分布。

下面举两个有磁介质存在时求恒定电流的磁场分布的例子。

例 21.1

一无限长直螺线管，单位长度上的匝数为 n，螺线管内充满相对磁导率为 μ_r 的均匀磁介质。今在导线圈内通以电流 I，求管内磁感应强度和磁介质表面的面束缚电流密度。

解 如图 21.8 所示，由于螺线管无限长，所以管外磁场为零，管内磁场均匀而且 **B** 与 **H** 均与管内的轴线平行。过管内任一点 P 作一矩形回路 $abcda$，其中 ab,cd 两边与管轴平行，长为 l，cd 边在管外。磁场强度 **H** 沿此回路 L 的环路积分为

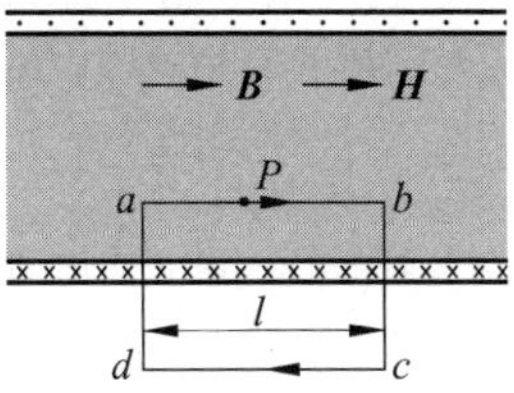

图 21.8 例 21.1 用图

$$\oint_L \boldsymbol{H}\cdot \mathrm{d}\boldsymbol{r} = \int_{ab} \boldsymbol{H}\cdot \mathrm{d}\boldsymbol{r} + \int_{bc} \boldsymbol{H}\cdot \mathrm{d}\boldsymbol{r} + \int_{cd} \boldsymbol{H}\cdot \mathrm{d}\boldsymbol{r} + \int_{da} \boldsymbol{H}\cdot \mathrm{d}\boldsymbol{r} = Hl$$

此回路所包围的自由电流为 nlI。根据 **H** 的环路定理，有

$$Hl = nlI$$

由此得

---

① 这里讨论的是恒定电流的情况。对于变化的电流，式(21.15) 等号右侧还需要加上位移电流项 $\frac{\mathrm{d}}{\mathrm{d}t}\int_S \boldsymbol{D}\cdot \mathrm{d}\boldsymbol{S}$。

$$H = nI$$

再利用式(21.16),管内的磁感应强度为

$$B = \mu_0 \mu_r H = \mu_0 \mu_r nI$$

此式表示,螺线管内有磁介质时,其中磁感应强度是真空时的 μ_r 倍。对于顺磁质和抗磁质,$\mu_r \approx 1$,磁感应强度变化不大。对于铁磁质,由于 $\mu_r \gg 1$,所以其中磁感应强度比真空时可增大到千百倍以上。

在磁介质的表面上存在着束缚电流,它的方向与螺线管轴线垂直。以 j' 表示这种面束缚电流密度,则由式(21.10)和式(21.7)可得

$$j' = (\mu_r - 1)nI$$

由此结果可以看出:对于抗磁质,有 $\mu_r < 1$,从而 $j' < 0$,说明束缚电流方向和传导电流方向相反;对于顺磁质,有 $\mu_r > 1$,$j' > 0$,说明束缚电流方向和传导电流方向相同;对于铁磁质,有 $\mu_r \gg 1$,束缚电流方向和传导电流方向也相同,而且面束缚电流密度比传导面电流密度(nI)大得多,因而可以认为这时的磁场基本上是由铁磁质表面的束缚电流产生的。

例 21.2

一根长直单芯电缆的芯是一根半径为 R 的金属导体,它和导电外壁之间充满相对磁导率为 μ_r 的均匀介质(图 21.9)。今有电流 I 均匀地流过芯的横截面并沿外壁流回。求磁介质中磁感应强度的分布和紧贴导体芯的磁介质表面上的束缚电流。

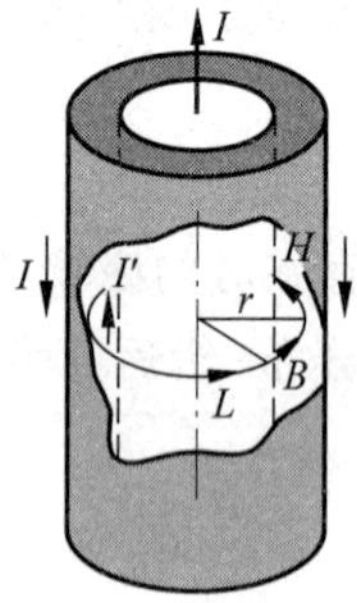

图 21.9 例 21.2 用图

解 圆柱体电流所产生的 $\boldsymbol{B}$ 和 $\boldsymbol{H}$ 的分布均具有轴对称性。在垂直于电缆轴的平面内作一圆心在轴上、半径为 r 的圆周 L。对此圆周应用 H 的环路定理,有

$$\oint_L \boldsymbol{H} \cdot d\boldsymbol{r} = 2\pi r H = I$$

由此得

$$H = \frac{I}{2\pi r}$$

再利用式(21.16),可得磁介质中的磁感应强度为

$$B = \frac{\mu_0 \mu_r}{2\pi r} I$$

$\boldsymbol{B}$ 线是在与电缆轴垂直的平面内圆心在轴上的同心圆。磁介质内表面上的磁感应强度为 $B = \mu_0 \mu_r I / 2\pi R$,再利用式(21.10)和式(21.7),可得磁介质内表面上的面束缚电流密度为

$$j' = \frac{\mu_r - 1}{2\pi R} I$$

方向与轴平行。磁介质内表面上的总束缚电流为

$$I' = j' \cdot 2\pi R = (\mu_r - 1)I$$

---

*21.5 铁磁质

铁、钴、镍和它们的一些合金、稀土族金属(在低温下)以及一些氧化物(如用来做磁带的 CrO_2 等)都具有明显而特殊的磁性。首先是它们的相对磁导率 μ_r 都比较大,而且随磁场的强弱发生变化;其次是它们都有明显的磁滞效应。下面简单介绍铁磁质的特性。

用实验研究铁磁质的性质时通常把铁磁质试样做成环状，外面绕上若干匝线圈（图 21.10）。线圈中通入电流后，铁磁质就被磁化。当这**励磁电流**为 I 时，环中的磁场强度 H 为

$$H=\frac{NI}{2\pi r}$$

式中 N 为环上线圈的总匝数，r 为环的平均半径。这时环内的 B 可以用另外的方法测出，于是可得一组对应的 H 和 B 的值，改变电流 I，可以依次测得许多组 H 和 B 的值（由于磁化强度 M 和 H，B 有一定的关系（式(21.14)），所以也就可以求得许多组 H 和 M 的值），这样就可以绘出一条关于试样的 H-B（或 H-M）关系曲线以表示试样的磁化特点。这样的曲线叫**磁化曲线**。

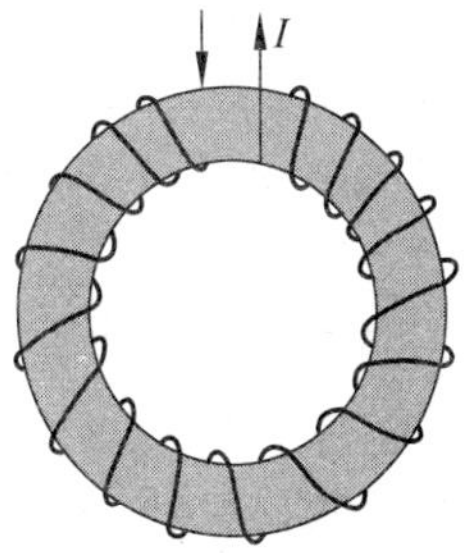

图 21.10 环状铁芯被磁化

如果从试样完全没有磁化开始，逐渐增大电流 I，从而逐渐增大 H，那么所得的磁化曲线叫**起始磁化曲线**，一般如图 21.11 所示。H 较小时，B 随 H 成正比地增大。H 再稍大时 B 就开始急剧地但也约成正比地增大，接着增大变慢，当 H 到达某一值后再增大时，B 就几乎不再随 H 增大而增大了。这时铁磁质试样到达了一种**磁饱和状态**，它的磁化强度 M 达到了最大值。

根据 $\mu_r=B/\mu_0 H$，可以求出不同 H 值时的 μ_r 值，μ_r 随 H 变化的关系曲线也对应地画在图 21.11 中。

实验证明，各种铁磁质的起始磁化曲线都是“不可逆”的，即当铁磁质到达磁饱和后，如果慢慢减小磁化电流以减小 H 的值，铁磁质中的 B 并不沿起始磁化曲线逆向逐渐减小，而是减小得比原来增加时慢。如图 21.12 中 ab 线段所示，当 $I=0$，因而 $H=0$ 时，B 并不等于 0，而是还保持一定的值。这种现象叫**磁滞效应**。H 恢复到零时铁磁质内仍保留的磁化状态叫**剩磁**，相应的磁感应强度常用 B_r 表示。

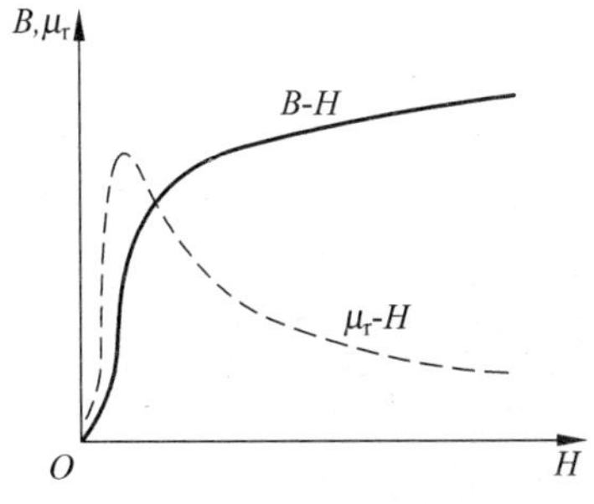

图 21.11 铁磁质中 B 和 μ_r 随 H 变化的曲线

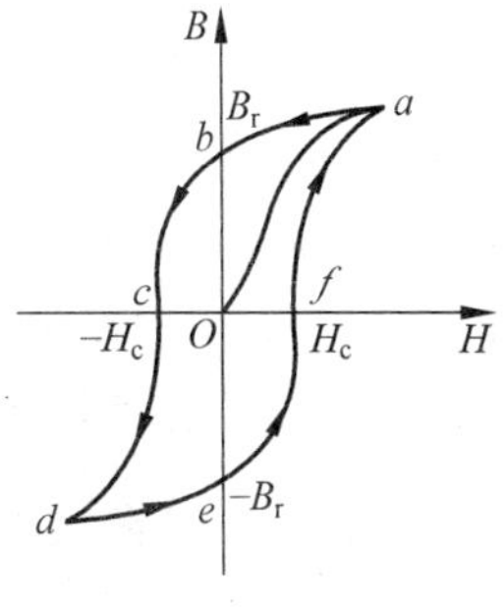

图 21.12 磁滞回线

要想把剩磁完全消除，必须改变电流的方向，并逐渐增大这反向的电流（图 21.12 中 bc 段）。当 H 增大到 $-H_c$ 时，$B=0$。这个使铁磁质中的 B 完全消失的 H_c 值叫铁磁质的**矫顽力**。

再增大反向电流以增加 H，可以使铁磁质达到反向的磁饱和状态（cd 段）。将反向电流逐渐减小到零，铁磁质会达到 $-B_r$ 所代表的反向剩磁状态（de 段）。把电流改回原来

的方向并逐渐增大，铁磁质又会经过 H_c 表示的状态而回到原来的饱和状态（efa 段）。这样，磁化曲线就形成了一个闭合曲线，这一闭合曲线叫**磁滞回线**。由磁滞回线可以看出，铁磁质的磁化状态并不能由励磁电流或 H 值单值地确定，它还取决于该铁磁质此前的磁化历史。

不同的铁磁质的磁滞回线的形状不同，表示它们各具有不同的剩磁和矫顽力 H_c。纯铁、硅钢、坡莫合金（含铁、镍）等材料的 H_c 很小，因而磁滞回线比较瘦（图 21.13(a)），这些材料叫**软磁材料**，常用作变压器和电磁铁的铁芯。碳钢、钨钢、铝镍钴合金（含 Fe、Al、Ni、Co、Cu）等材料具有较大的矫顽力 H_c，因而磁滞回线显得胖（图 21.13(b)），它们一旦磁化后对外加的较弱磁场有较大的抵抗力，或者说它们对于其磁化状态有一定的"记忆能力"，这种材料叫**硬磁材料**，常用来作永久磁体、记录磁带或电子计算机的记忆元件。

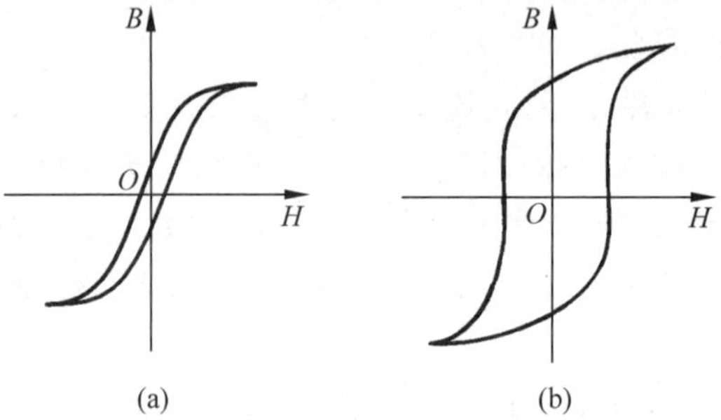

图 21.13 软磁材料的磁滞回线(a)与硬磁材料的磁滞回线(b)

实验指出，当温度高达一定程度时，铁磁材料的上述特性将消失而成为顺磁质。这一温度叫**居里点**。几种铁磁质的居里点如下：铁为 1 040 K，钴为 1 390 K，镍为 630 K。

铁磁性的起源可以用"磁畴"理论来解释。在铁磁体内存在着无数个线度约为 10^{-4} m 的小区域，这些小区域叫**磁畴**（图 21.14）。在每个磁畴中，所有原子的磁矩全都向着同一个方向排列整齐了。在未磁化的铁磁质中，各磁畴的磁矩的取向是无规则的，因而整块铁磁质在宏观上没有明显的磁性。当在铁磁质内加上外磁场并逐渐增大时，其磁矩方向和外加磁场方向相近的磁畴逐渐扩大，而方向相反的磁畴逐渐缩小。最后当外加磁场大到一定程度后，所有磁畴的磁矩方向也都指向同一个方向了，这时铁磁质就达到了磁饱和状态。磁滞现象可以用磁畴的畴壁很难按原来的形状恢复来说明。

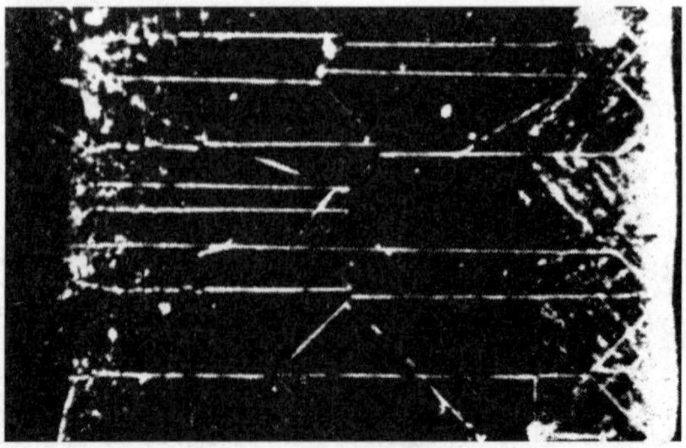

图 21.14 铁磁质内的磁畴（线度 0.1～0.3 mm）

实验指出，把铁磁质放到周期性变化的磁场中被反复磁化时，它要变热。变压器或其他交流电磁装置中的铁芯在工作时由于这种反复磁化发热而引起的能量损失叫**磁滞损耗**或"铁损"。单位体积的铁磁质反复磁化一次所发的热和这种材料的磁滞回线所围的面积成正比。因此在交流电磁装置中，利用软磁材料如硅钢作铁芯是相宜的。

有趣的是，某些电介质，如钛酸钡（$BaTiO_3$）、铌酸钠（$NaNbO_3$）具有类似铁磁性的电性，因而叫铁电体。它们的特点是相对介电常数 ε_r 很大（$10^2\sim10^4$），而且随外加电场改变；电极化过程也具有类似铁磁体磁化过程的电滞现象，D（或 P）和 E 也有电滞回线表示的与电极化历史有关的现象。铁电现象也只在一定温度范围内发生，例如钛酸钡的居里点为 125℃。这种性质可以用铁电材料内有电畴存在来解释。铁电材料也有许多特殊的用途。

磁场的边界条件

在磁场中两种磁介质的交界面的两侧，由于相对磁导率不同，磁化强度也不同，因而界面两侧的磁场也不同。但两侧的磁场有一定的关系，下面根据磁场的基本规律导出这一关系。设两种磁介质的相对磁导率分别为 μ_{r1} 和 μ_{r2}，而且在交界面上无自由电流存在。

如图 21.15(a)表示，在分界面上取一狭长的矩形回路，长度为 Δl 的两长对边分别在两磁介质内并平行于界面。以 $\boldsymbol{H}_{1t}$ 和 $\boldsymbol{H}_{2t}$ 分别表示界面两侧的磁场强度的切向分量，则由 $\boldsymbol{H}$ 的环路定理式(21.15)（忽略两短边的积分值）可得

$$\oint_L \boldsymbol{H}\cdot \mathrm{d}\boldsymbol{r} = H_{1t}\Delta l - H_{2t}\Delta l = 0$$

由此得

$$H_{1t} = H_{2t} \tag{21.19}$$

即分界面两侧磁场强度的切向分量相等。

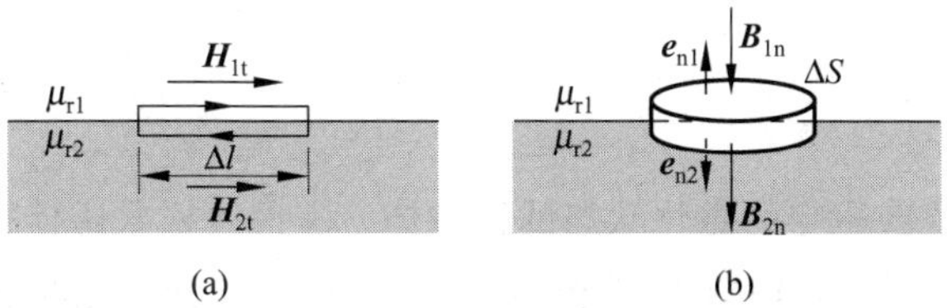

图 21.15 磁场的边界条件

(a) 切向磁场强度相等；(b) 法向磁感强度相等

如图 21.15(b)所示，在磁介质分界面上作一扁筒式封闭面，面积为 ΔS 的两底面分别在两磁介质内并平行于界面。以 $\boldsymbol{B}_{1n}$ 和 $\boldsymbol{B}_{2n}$ 分别表示界面两侧磁感应强度的法向分量，则由磁通连续定理（忽略筒侧面的积分值）可得

$$\oint \boldsymbol{B}\cdot \mathrm{d}\boldsymbol{S} = -B_{1n}\Delta S + B_{2n}\Delta S = 0$$

由此得

$$B_{1n} = B_{2n} \tag{21.20}$$

即分界面两侧磁感应强度法向分量相等。

式(21.19)和式(21.20)统称磁场的边界条件，由它们还可以求出磁感应强度越过两种磁介质表面时方向的改变。如图 21.16 所示，以θ_1 和 θ_2分别表示两磁介质中的磁感应强度和界面法线的夹角，由图可看出

$$\frac{\tan\theta_1}{\tan\theta_2} = \frac{B_{1t}/B_{1n}}{B_{2t}/B_{2n}} = \frac{B_{1t}}{B_{2t}} = \frac{\mu_{r1}H_{1t}}{\mu_{r2}H_{2t}}$$

根据式(21.19)可得

$$\frac{\tan\theta_1}{\tan\theta_2} = \frac{\mu_{r1}}{\mu_{r2}} \tag{21.21}$$

这一关系式给出磁感线穿过两种磁介质分界面时“折射”的情况。对于顺磁质和抗磁质，由于它们的相对磁导率都几乎等于 1，所以 B 线越过它们的分界面时，方向基本不变。对铁磁质来说，由于 $\mu_r \gg 1$，所以除了垂直于分界面的 $\boldsymbol{B}$ 线方向不变外，当 $\boldsymbol{B}$ 线由非铁磁质(如空气)进入铁磁质时，方向都将有很大的改变，使铁磁质内的 $\boldsymbol{B}$ 线几乎都平行于表面延续。图 21.17 是磁场中放一铁管时在垂直于铁管的平面内的磁感线分布图。铁筒中的磁场非常弱，这就是用封闭的铁盒能实现**磁屏蔽**的道理。

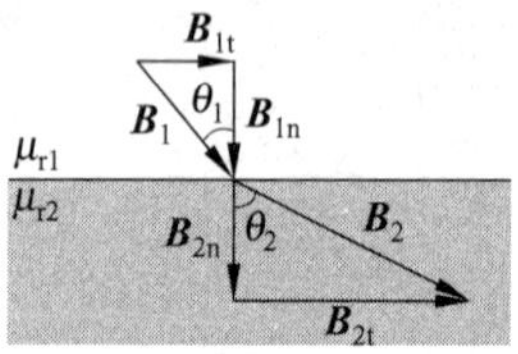

图 21.16 磁感应强度方向的改变

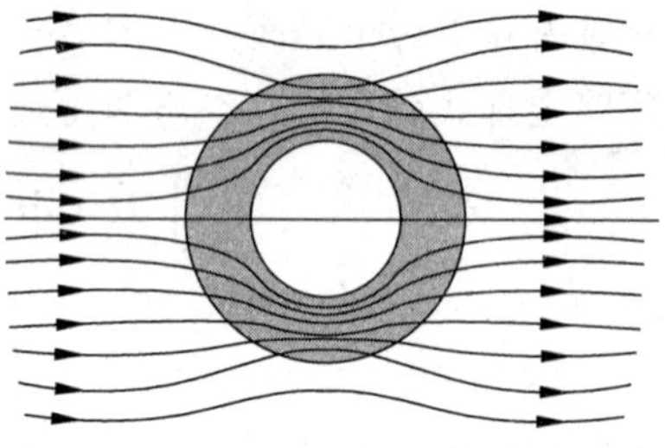

图 21.17 磁屏蔽原理

永磁体

永磁体是仍保留着一定的磁化状态的铁磁体。考虑一根永磁体棒，设它均匀磁化，磁化强度为 $\boldsymbol{M}$(图 21.18(a))，前方即 N 极，后方即 S 极。这种磁化状态相当于束缚电流沿磁棒表面流通。这正像一个通有电流的螺线管那样，磁感应强度的分布如图 21.18(b)所示。在磁棒外面，由于 $\boldsymbol{H}=\boldsymbol{B}/\mu_0$，在各处 $\boldsymbol{H}$ 和 $\boldsymbol{B}$ 的方向都一致。在磁棒内部，$\boldsymbol{H}$ 还和 $\boldsymbol{M}$ 有关。根据定义公式(21.14)，$\boldsymbol{H}=\boldsymbol{B}/\mu_0-\boldsymbol{M}$，如图 21.18(c)的附图所示；$\boldsymbol{H}$ 线则不同程度地和 $\boldsymbol{B}$ 线反向，如图 21.18(c)所画的那样。图 21.18(c)还显示，磁铁棒的两个端面(磁极)好像是 $\boldsymbol{H}$ 线的“源”，于是可以引入“磁荷”的概念来说明这种源：N 极端面可以说是分布有“正磁荷”，$\boldsymbol{H}$ 线由它发出(向磁棒内外)；S 极端面可以说是分布有“负磁荷”，$\boldsymbol{H}$ 线向它汇集。正是基于这种想象的磁荷的“存在”，早先建立了一套关于磁场的磁荷理论，至今在有些论述电磁场的资料中还在应用这种理论来讨论问题。

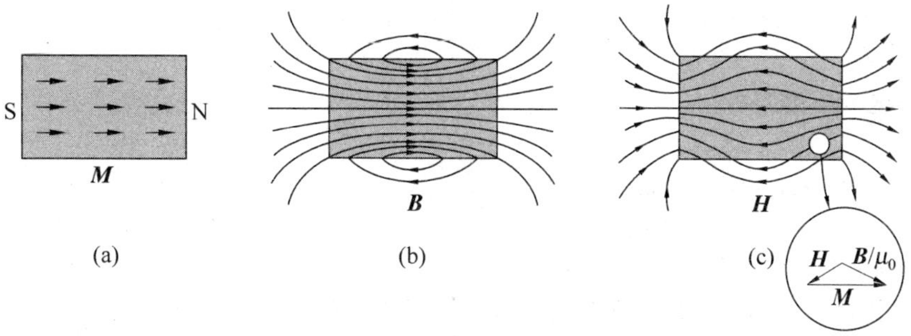

图 21.18　永磁体棒的磁化强度(**M**)、磁感应强度(**B**)和磁场强度(**H**)的分布

提 要

1. 三种磁介质：抗磁质($\mu_r<1$)，顺磁质($\mu_r>1$)，铁磁质($\mu_r\gg1$)。

2. 原子的磁矩：原子中运动的电子有轨道磁矩和自旋磁矩。

玻尔磁子　　$m_B=9.27\times10^{-24}$ J/T

顺磁质分子有固有磁矩，抗磁质分子无固有磁矩。

在外磁场中磁介质的分子会产生与外磁场方向相反的感应磁矩。

3. 磁介质的磁化：在外磁场中固有磁矩沿外磁场方向取向或感应磁矩的产生使磁介质表面(或内部)出现束缚电流。

磁化强度：在各向同性磁介质中，磁场不太强时，

$$\boldsymbol{M}=\frac{\mu_r-1}{\mu_0\mu_r}\boldsymbol{B}=\chi_m\boldsymbol{H}$$

面束缚电流密度：

$$j'=M_l,\quad \boldsymbol{j}'=\boldsymbol{M}\times\boldsymbol{e}_n$$

4. 磁场强度矢量：

$$\boldsymbol{H}=\frac{\boldsymbol{B}}{\mu_0}-\boldsymbol{M}$$

对各向同性磁介质，

$$\boldsymbol{H}=\frac{\boldsymbol{B}}{\mu_r\mu_0}=\frac{\boldsymbol{B}}{\mu}$$

***H* 的环路定理**：

$$\oint_L\boldsymbol{H}\cdot\mathrm{d}\boldsymbol{r}=\sum I_{0\mathrm{in}}\quad\text{(用于恒定电流)}$$

5. 铁磁质：$\mu_r\gg1$，且随磁场改变。有磁滞现象和居里点。

磁场的边界条件：

$$H_{1t}=H_{2t},\quad B_{1n}=B_{2n}$$

思考题

21.1 下面的几种说法是否正确，试说明理由：

(1) **H** 仅与传导电流(自由电流)有关；

(2) 在抗磁质与顺磁质中，**B** 总与 **H** 同向；

(3) 通过以闭合曲线 L 为边线的任意曲面的 **B** 通量均相等；

(4) 通过以闭合曲线 L 为边线的任意曲面的 **H** 通量均相等。

21.2 将磁介质样品装入试管中，用弹簧吊起来挂到一竖直螺线管的上端开口处(图21.19)。当螺线管通电流后，则可发现随样品的不同，它可能受到该处不均匀磁场的向上或向下的磁力。这是一种区分样品是顺磁质还是抗磁质的精细的实验。受到向上的磁力的样品是顺磁质还是抗磁质？

21.3 设想一个封闭曲面包围住永磁体的N极(图21.20)，通过此封闭面的磁通量是多少？通过此封闭面的 H 通量如何？

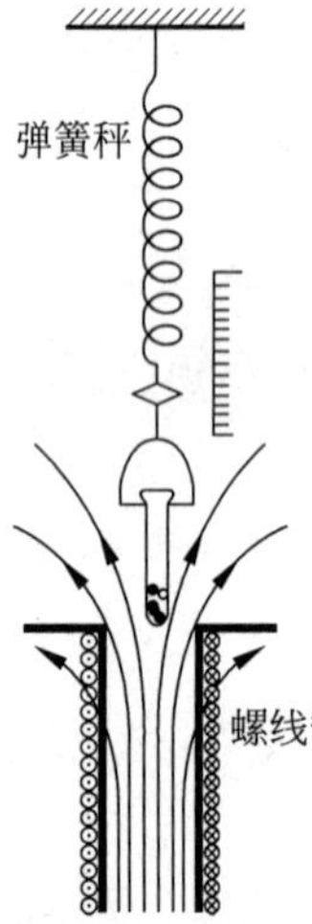

图21.19 思考题21.2用图

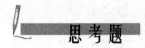

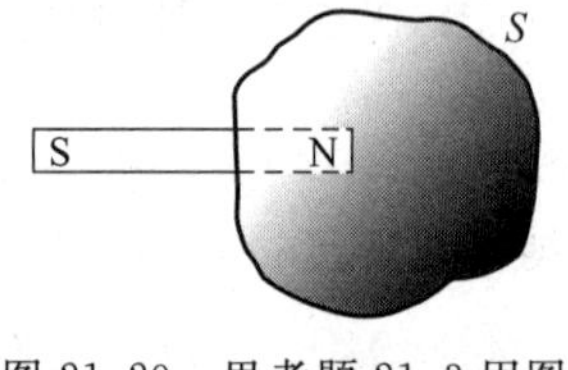

图21.20 思考题21.3用图

21.4 一块永磁铁落到地板上就可能部分退磁？为什么？把一根铁条南北放置，敲它几下，就可能磁化，又为什么？

21.5 为什么一块磁铁能吸引一块原来并未磁化的铁块？

21.6 马蹄形磁铁不用时，要用一铁片吸到两极上，条形磁铁不用时，要成对地而N,S极方向相反地靠在一起放置，为什么？有什么作用？

21.7 顺磁质和铁磁质的磁导率明显地依赖于温度，而抗磁质的磁导率则几乎与温度无关，为什么？

21.8 磁路中磁通量 Φ 具有和恒定电流 I 相同的"性质"：串联磁路 Φ 各处相同，并联磁路各分路的 Φ_i 之和等于干路的 Φ。这有什么根据？

*21.9 **磁冷却**。将顺磁样品(如硝酸铈镁)在低温下磁化，其固有磁矩沿磁场排列时要放出能量以热量的形式向周围环境排出。然后在**绝热**情况下撤去外磁场，这时样品温度就要降低，实验中可降低到 10^{-3} K。如果使核自旋磁矩先排列，然后再绝热地撤去磁场，则温度可降到 10^{-6} K。试解释为什么样

品绝热退磁时温度会降低。

21.10 北宋初年(1044 年)曾公亮主编的《武经总要》前集卷十五介绍了指南鱼的作法:"鱼法以薄铁叶剪裁,长二寸阔五分,首尾锐如鱼形,置炭火中烧之,候通赤,以铁钤钤[钳]鱼首出火,以尾正对子位[正北],蘸水盆中,没尾数分[鱼尾斜向下]则止。以密器[铁盒]收之。用时置水碗于无风处,平放鱼在水面令浮,其首常南向午[正南]也。"这段生动的描述(参见图 21.21)包含了对铁磁性的哪些认识?又包含了对地磁场的哪些认识?

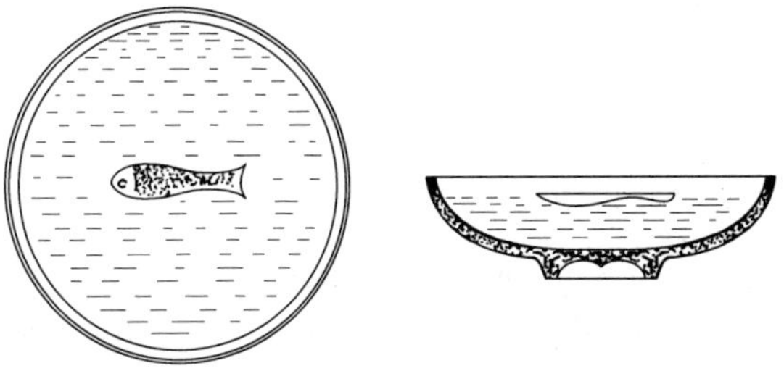

(a) (b)

图 21.21 《武经总要》指南鱼复原图

(a) 俯视;(b) 侧视

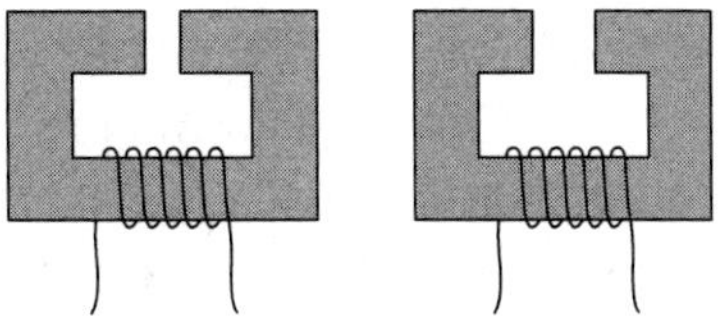

(a) (b)

图 21.22 思考题 21.11 用图

21.11 (1) 如图 21.22(a)所示,电磁铁的气隙很窄,气隙中的 B 和铁芯中的 B 是否相同?

(2) 如图 21.22(b)所示,电磁铁的气隙较宽,气隙中的 B 和铁芯中的 B 是否相同?

(3) 就图 21.22(a)和(b)比较,两线圈中的安匝数(即 NI)相同,两个气隙中的 B 是否相同?为什么?

习题

*21.1 考虑一个顺磁样品,其单位体积内有 N 个原子,每个原子的固有磁矩为 $\boldsymbol{p}_m$。设在外加磁场 $\boldsymbol{B}$ 中磁矩的取向只可能有两个:平行或反平行于外磁场,因而其能量 $W_m=-\boldsymbol{p}_m\cdot\boldsymbol{B}$ 也只能取两个值:$-p_mB$ 和 $+p_mB$(这是原子磁矩等于一个玻尔磁子的情形)。玻耳兹曼统计分布律给出一个原子处于能量为 W 的概率正比于 $e^{-W/kT}$。试由此证明此顺磁样品在外磁场 $\boldsymbol{B}$ 中的磁化强度为

$$M=Np_m\frac{e^{p_mB/kT}-e^{-p_mB/kT}}{e^{p_mB/kT}+e^{-p_mB/kT}}$$

并证明:

(1) 当温度较高使得 $p_mB\ll kT$ 时,

$$M=Np_m{}^2B/kT$$

此式给出的 $M\propto B/T$ 关系叫**居里定律**。

(2) 当温度较低使得 $p_mB\gg kT$ 时,

$$M=Np_m$$

达到了**磁饱和**状态。

*21.2 在图 21.2 中,电子的轨道角动量 $\boldsymbol{L}$ 与外磁场 $\boldsymbol{B}$ 之间的夹角为 θ。

(1) 证明电子轨道运动受到的磁力矩为 $\dfrac{BeL}{2m_e}\sin\theta$;

(2) 证明电子进动的角速度为 $\dfrac{Be}{2m_e}$,并计算电子在 1 T 的外磁场中的进动角速度。

*21.3 氢原子中，按玻尔模型，常态下电子的轨道半径为 $r=0.53\times10^{-10}$ m，速度为 $v=2.2\times10^6$ m/s。

(1) 此轨道运动在圆心处产生的磁场 B 多大？

(2) 在圆心处的质子的自旋角动量为 $S=\hbar/2=0.53\times10^{-34}$ J·s，磁矩为 $p_m=1.41\times10^{-26}$ A·m²，磁矩方向与电子轨道运动在圆心处的磁场方向的夹角为 θ，此质子的进动角速度多大？

*21.4 在铁晶体中，每个原子有两个电子的自旋参与磁化过程。设一根磁铁棒直径为 1.0 cm，长 12 cm，其中所有有关电子的自旋都沿棒轴的方向排列整齐了。已知铁的密度为 7.8 g/cm³，摩尔(原子)质量是 55.85 g/mol。

(1) 自旋排列整齐的电子数是多少？

(2) 这些自旋已排列整齐的电子的总磁矩多大？

(3) 磁铁棒的面电流多大才能产生这样大的总磁矩？

(4) 这样的面电流在磁铁棒内部产生的磁场多大？

21.5 在铁晶体中，每个原子有两个电子的自旋参与磁化过程。一根磁针按长 8.5 cm，宽 1.0 cm，厚 0.02 cm 的铁片计算，设其中有关电子的自旋都排列整齐了。已知铁的密度是 7.8 g/cm³，摩尔(原子)质量是 55.85 g/mol。

(1) 这根磁针的磁矩多大？

(2) 当这根磁针垂直于地磁场放置时，它受的磁力矩多大？设地磁场为 0.52×10^{-4} T。

(3) 当这根磁针与上述地磁场逆平行地放置时，它的磁场能多大？

21.6 螺绕环中心周长 $l=10$ cm，环上线圈匝数 $N=20$，线圈中通有电流 $I=0.1$ A。

(1) 求管内的磁感应强度 $\boldsymbol{B}_0$ 和磁场强度 $\boldsymbol{H}_0$；

(2) 若管内充满相对磁导率 $\mu_r=4200$ 的磁介质，那么管内的 $\boldsymbol{B}$ 和 $\boldsymbol{H}$ 是多少？

(3) 磁介质内由导线中电流产生的 $\boldsymbol{B}_0$ 和由磁化电流产生的 $\boldsymbol{B}'$ 各是多少？

21.7 一铁制的螺绕环，其平均圆周长 30 cm，截面积为 1 cm²，在环上均匀绕以 300 匝导线。当绕组内的电流为 0.032 A 时，环内磁通量为 2×10^{-6} Wb。试计算：

(1) 环内的磁通量密度(即磁感应强度)；

(2) 磁场强度；

(3) 磁化面电流(即面束缚电流)密度；

(4) 环内材料的磁导率和相对磁导率；

(5) 铁芯内的磁化强度。

21.8 在铁磁质磁化特性的测量实验中，设所用的环形螺线管上共有 1000 匝线圈，平均半径为 15.0 cm，当通有 2.0 A 电流时，测得环内磁感应强度 $B=1.0$ T，求：

(1) 螺绕环铁芯内的磁场强度 $\boldsymbol{H}$；

(2) 该铁磁质的磁导率 μ 和相对磁导率 μ_r；

(3) 已磁化的环形铁芯的面束缚电流密度。

21.9 图 21.25 是退火纯铁的起始磁化曲线。用这种铁做芯的长直螺线管的导线中通入 6.0 A 的电流时，管内产生 1.2 T 的磁场。如果抽出铁芯，要使管内产生同样的磁场，需要在导线中通入多大电流？

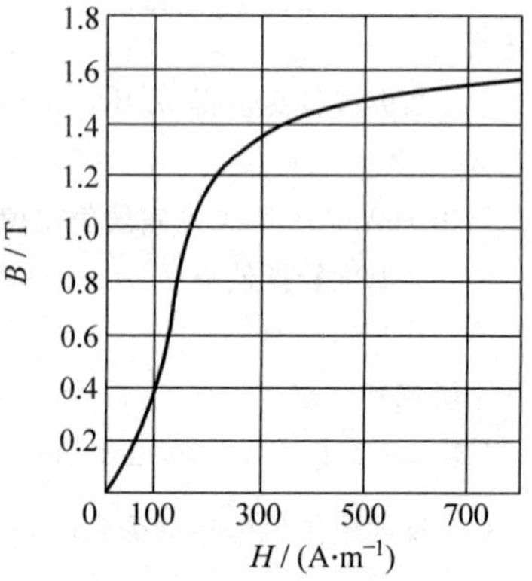

图 21.23 习题 21.9 用图

21.10 如果想用退火纯铁作铁芯做一个每米 800 匝的长直螺线管，而在管中产生 1.0 T 的磁场，导线中应通入多大的电流？(参照图 21.23 的 B-H 图线。)

21.11 某种铁磁材料具有矩形磁滞回线(称矩形材料)如

图 21.24(a)。反向磁场一旦超过矫顽力，磁化方向就立即反转。矩形材料的用途是制作电子计算机中存储元件的环形磁芯。图 21.24(b)所示为一种这样的磁芯，其外直径为 0.8 mm，内直径为 0.5 mm，高为 0.3 mm。这类磁芯由矩形铁氧体材料制成。若磁芯原来已被磁化，方向如图 21.24(b)所示，要使磁芯的磁化方向全部翻转，导线中脉冲电流 i 的峰值至少应多大？设磁芯矩形材料的矫顽力 $H_c=2$ A/m。

21.12 铁环的平均周长为 61 cm，空气隙长 1 cm，环上线圈总数为 1000 匝。当线圈中电流为 1.5 A时，空气隙中的磁感应强度 B 为 0.18 T。求铁芯的 μ_r 值。(忽略空气隙中磁感应强度线的发散。)

21.13 一个利用空气间隙获得强磁场的电磁铁如图 21.25 所示。铁芯中心线的长度 $l_1=500$ mm，空气隙长度 $l_2=20$ mm，铁芯是相对磁导率 $\mu_r=5\,000$ 的硅钢。要在空气隙中得到 $B=3$ T 的磁场，求绕在铁芯上的线圈的安匝数 NI。

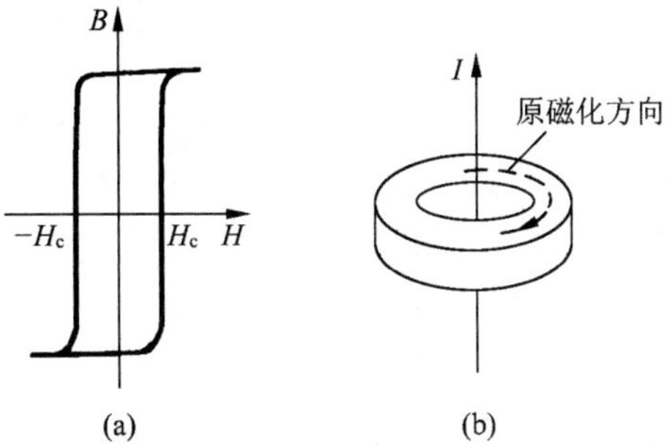

图 21.24 习题 21.11 用图

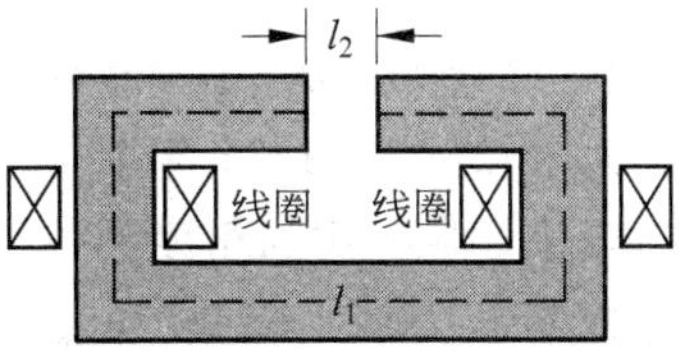

图 21.25 习题 21.13 用图

21.14 某电钟里有一铁芯线圈，已知铁芯的磁路长 14.4 cm，空气隙宽 2.0 mm，铁芯横截面积为 0.60 cm^2，铁芯的相对磁导率 $\mu_r=1\,600$。现在要使通过空气隙的磁通量为 4.8×10^{-6} Wb，求线圈电流的安匝数 NI。若线圈两端电压为 220 V，线圈消耗的功率为 20 W，求线圈的匝数 N。

第22章

电磁感应

1820年奥斯特通过实验发现了电流的磁效应。由此人们自然想到，能否利用磁效应产生电流呢？从1822年起，法拉第就开始对这一问题进行有目的的实验研究。经过多次失败，终于在1831年取得了突破性的进展，发现了电磁感应现象，即利用磁场产生电流的现象。从实用的角度看，这一发现使电工技术有可能长足发展，为后来的人类生活电气化打下了基础。从理论上说，这一发现更全面地揭示了电和磁的联系，使在这一年出生的麦克斯韦后来有可能建立一套完整的电磁场理论，这一理论在近代科学中得到了广泛的应用。因此，怎样估计法拉第的发现的重要性都是不为过的。

本章首先讲解电流和电流密度、电动势，接着讲解电磁感应现象的基本规律——法拉第电磁感应定律，产生感应电动势的两种情况——动生的和感生的。然后介绍在电工技术中常遇到的互感和自感两种现象的规律，推导磁场能量的表达式。最后介绍麦克斯韦方程组。

22.1 电流和电流密度

电流是电荷的定向运动，从微观上看，电流实际上是带电粒子的定向运动。形成电流的带电粒子统称**载流子**。它们可以是电子、质子、正的或负的离子，在半导体中还可能是带正电的“空穴”。导体中由电荷的运动形成的电流称做**传导电流**。

常见的电流是沿着一根导线流动的电流。电流的强弱用**电流**[**强度**]来描述，它等于单位时间里通过导线某一横截面的电量。如果在一段时间 Δt 内通过某一截面的电量是 Δq，则通过该截面的电流 I 是

$$I=\frac{\Delta q}{\Delta t} \tag{22.1}$$

在国际单位制中电流的单位名称是安[培]，符号是 A，

$$1\ \mathrm{A}=1\ \mathrm{C/s}$$

实际上还常常遇到在大块导体中产生的电流。整个导体内各处的电流形成一个“电流场”。例如在有些地质勘探中利用的大地中的电流，电解槽内电解液中的电流，气体放电时通过气体的电流等。在这种情况下为了描述导体中各处电荷定向运动的情况，引入

电流密度概念。

先考虑一种最简单的情况，即只有一种载流子，它们带的电量都是 q，都以同一种速度 $\boldsymbol{v}$ 沿同一方向运动。设想在导体内有一小面积 $\mathrm{d}S$，它的正法线方向与 $\boldsymbol{v}$ 成 θ 角(图 22.1)。在 $\mathrm{d}t$ 时间内通过 $\mathrm{d}S$ 面的载流子应是在底面积为 $\mathrm{d}S$，斜长为 $v\mathrm{d}t$ 的斜柱体内的所有载流子。此斜柱体的体积为 $v\mathrm{d}t\cos\theta\mathrm{d}S$。以 n 表示单位体积内这种载流子的数目，则单位时间内通过 $\mathrm{d}S$ 的电量，也就是通过 $\mathrm{d}S$ 的电流为

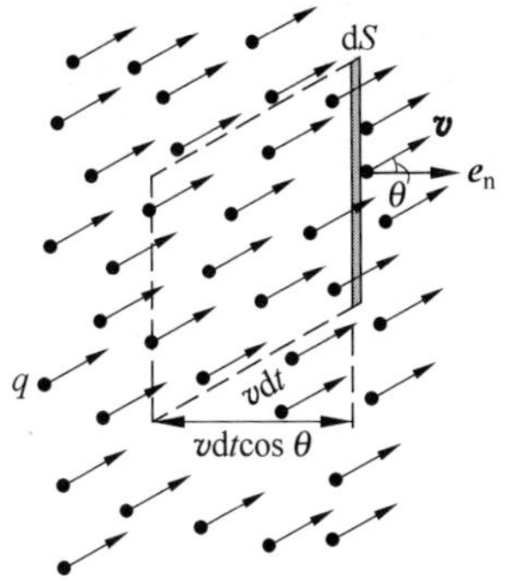

图 22.1 电流密度

$$\mathrm{d}I = \frac{qnv\mathrm{d}t\cos\theta\mathrm{d}S}{\mathrm{d}t} = qnv\cos\theta\mathrm{d}S$$

令 $\mathrm{d}\boldsymbol{S}=\mathrm{d}S\cdot\boldsymbol{e}_n$，此式可以写成

$$\mathrm{d}I = qn\boldsymbol{v}\cdot\mathrm{d}\boldsymbol{S}$$

引入矢量 $\boldsymbol{J}$，并定义

$$\boldsymbol{J} = qn\boldsymbol{v} \tag{22.2}$$

则上一式可以写成

$$\mathrm{d}I = \boldsymbol{J}\cdot\mathrm{d}\boldsymbol{S} \tag{22.3}$$

这样定义的 $\boldsymbol{J}$ 就叫小面积 $\mathrm{d}\boldsymbol{S}$ 处的**电流密度**。由此定义式可知，对于正载流子，电流密度的方向与载流子运动的方向相同；对负载流子，电流密度的方向与载流子的运动方向相反。

在式(22.3)中，如果 $\boldsymbol{J}$ 与 $\mathrm{d}\boldsymbol{S}$ 垂直，则 $\mathrm{d}I=J\mathrm{d}S$，或 $J=\mathrm{d}I/\mathrm{d}S$。这就是说，电流密度的大小等于通过垂直于载流子运动方向的单位面积的电流。

在国际单位制中电流密度的单位名称为安每平方米，符号为 $\mathrm{A/m^2}$。

实际的导体中可能有几种载流子。以 n_i，q_i 和 $\boldsymbol{v}_i$ 分别表示第 i 种载流子的数密度、电量和速度，以 $\boldsymbol{J}_i$ 表示这种载流子形成的电流密度，则通过 $\mathrm{d}\boldsymbol{S}$ 面的电流应为

$$\mathrm{d}I = \sum q_i n_i \boldsymbol{v}_i\cdot\mathrm{d}\boldsymbol{S} = \sum \boldsymbol{J}_i\cdot\mathrm{d}\boldsymbol{S}$$

以 $\boldsymbol{J}$ 表示总电流密度，它是各种载流子的电流密度的矢量和，即 $\boldsymbol{J}=\sum\boldsymbol{J}_i$，则上式可写成

$$\mathrm{d}I = \boldsymbol{J}\cdot\mathrm{d}\boldsymbol{S}$$

这一公式和只有一种载流子时的式(22.3)形式上一样。

金属中只有一种载流子，即自由电子，但各自由电子的速度不同。设电子的电量为 e，单位体积内以速度 $\boldsymbol{v}_i$ 运动的电子的数目为 n_i，则

$$\boldsymbol{J} = \sum\boldsymbol{J}_i = \sum n_i e\boldsymbol{v}_i = e\sum n_i\boldsymbol{v}_i$$

以 $\langle\boldsymbol{v}\rangle$ 表示平均速度，则由平均值的定义可得

$$\langle\boldsymbol{v}\rangle = \sum n_i\boldsymbol{v}_i\Big/\sum n_i = \sum n_i\boldsymbol{v}_i/n$$

式中 n 为单位体积内的总电子数。利用平均速度，则金属中的电流密度可表示为

$$\boldsymbol{J} = ne\langle\boldsymbol{v}\rangle \tag{22.4}$$

在无外加电场的情况下，金属中的电子作无规则热运动，$\langle \boldsymbol{v} \rangle = 0$，所以不产生电流。在外加电场中，金属中的电子将有一个平均定向速度$\langle \boldsymbol{v} \rangle$，由此形成了电流。这一平均定向速度叫做**漂移速度**。

式(22.3)给出了通过一个小面积 $\mathrm{d}\boldsymbol{S}$ 的电流，对于电流区域内一个有限的面积 S(图 22.2)，通过它的电流应为通过它的各面元的电流的代数和，即

$$I = \int_S \mathrm{d}I = \int_S \boldsymbol{J} \cdot \mathrm{d}\boldsymbol{S} \tag{22.5}$$

由此可见，在电流场中，通过某一面积的电流就是通过该面积的电流密度的通量。它是一个代数量，不是矢量。

图 22.2 通过任一曲面的电流

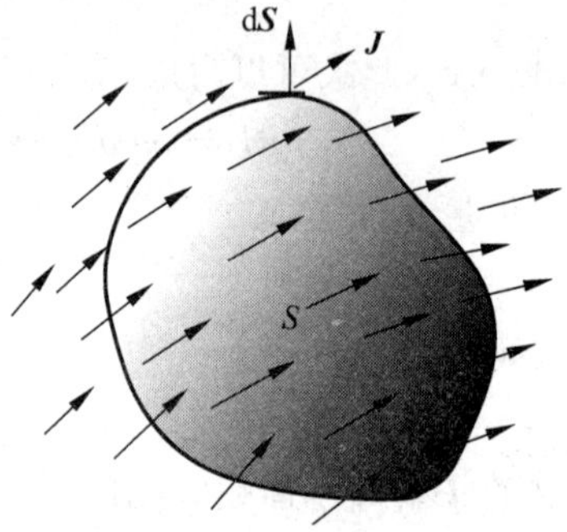

图 22.3 通过封闭曲面的电流

通过一个封闭曲面 S 的电流(图 22.3)可以表示为

$$I = \oint_S \boldsymbol{J} \cdot \mathrm{d}\boldsymbol{S} \tag{22.6}$$

根据 $\boldsymbol{J}$ 的意义可知，这一公式实际上表示净流出封闭面的电流，也就是单位时间内从封闭面内向外流出的正电荷的电量。根据电荷守恒定律，通过封闭面流出的电量应等于封闭面内电荷 q_{in}的减少。因此，式(22.6)应该等于 q_{in}的减少率，即

$$\oint_S \boldsymbol{J} \cdot \mathrm{d}\boldsymbol{S} = -\frac{\mathrm{d}q_{\mathrm{in}}}{\mathrm{d}t} \tag{22.7}$$

这一关系式叫**电流的连续性方程**。

22.2 电动势

一般来讲，当把两个电势不等的导体用导线连接起来时，在导线中就会有电流产生，电容器的放电过程就是这样(图 22.4)。但是在这一过程中，随着电流的继续，两极板上的电荷逐渐减少。这种随时间减少的电荷分布不能产生恒定电场，因而也就不能形成恒定电流。实际上电容器的放电电流是一个很快地减小的电流。要产生恒定电流就必须设法使流到负极板上的电荷重新回到正极板上去，这样就可以保持恒定的电荷分布，从而产生一个恒定电场。但是由于在两极板间的静电场方向是由电势高的正极板指向电势低的负极板的，所以要使正电荷从负极板回到正极板，靠静电

力 $\boldsymbol{F}_e$ 是办不到的，只能靠其他类型的力，这力使正电荷逆着静电场的方向运动(图 22.5)。这种其他类型的力统称为**非静电力** $\boldsymbol{F}_{ne}$。由于它的作用，在电流继续的情况下，仍能在正负极板上产生恒定的电荷分布，从而产生恒定的电场，这样就得到了恒定电流。

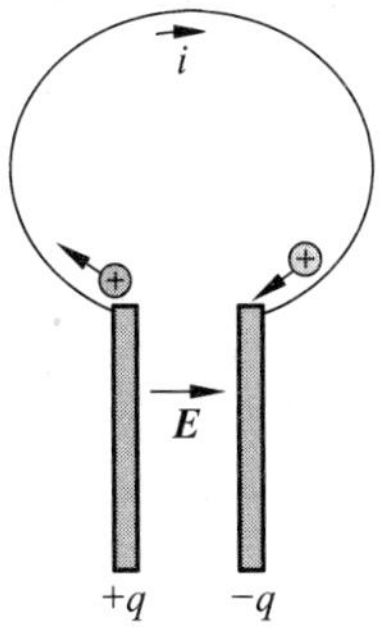

图 22.4 电容器放电时产生的电流

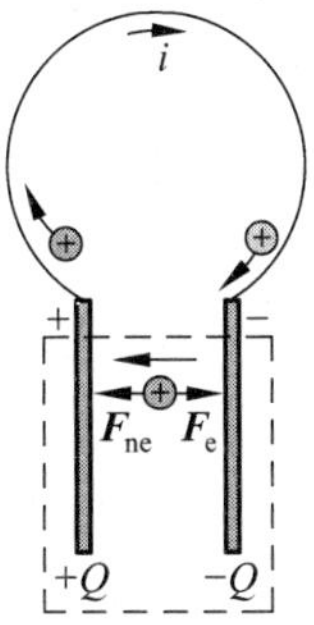

图 22.5 非静电力 $\boldsymbol{F}_{ne}$ 反抗静电力 $\boldsymbol{F}_e$ 移动电荷

提供非静电力的装置叫**电源**，如图 22.5 所示。电源有正负两个极，正极的电势高于负极的电势，用导线将正负两个极相连时，就形成了闭合回路。在这一回路中，电源外的部分(叫外电路)，在恒定电场作用下，电流由正极流向负极。在电源内部(叫内电路)，非静电力的作用使电流逆着恒定电场的方向由负极流向正极。

电源的类型很多，不同类型的电源中，非静电力的本质不同。例如，化学电池中的非静电力是一种化学作用，发电机中的非静电力是一种电磁作用。本章会讨论这种电磁作用的本质，本节只一般地说明非静电力的作用。

从能量的观点来看，非静电力反抗恒定电场移动电荷时，是要做功的。在这一过程中电荷的电势能增大了，这是其他种形式的能量转化来的。例如在化学电池中，是化学能转化成电能，在发电机中是机械能转化为电能。

在不同的电源内，由于非静电力的不同，使相同的电荷由负极移到正极时，非静电力做的功是不同的。这说明不同的电源转化能量的本领是不同的。为了定量地描述电源转化能量本领的大小，我们引入电动势的概念。在电源内，单位正电荷从负极移向正极的过程中，非静电力做的功，叫做**电源的电动势**。如果用 A_{ne} 表示在电源内电量为 q 的正电荷从负极移到正极时非静电力做的功，则电源的电动势 $\mathscr{E}$ 为

$$\mathscr{E} = \frac{A_{ne}}{q} \tag{22.8}$$

从量纲分析可知，电动势的量纲和电势差的量纲相同。在国际单位制中它的单位也是 V。应当特别注意，虽然电动势和电势的量纲相同而且又都是标量，但它们是两个完全不同的物理量。电动势总是和非静电力的功联系在一起的，而电势是和静电力的功联系在一起的。电动势完全取决于电源本身的性质(如化学电池只取决于其中化学物质的种类)而与外电路无关，但电路中的电势的分布则和外电路的情况有关。

从能量的观点来看，式(22.8)定义的电动势也等于单位正电荷从负极移到正极时由于非静电力作用所增加的电势能，或者说，就等于从负极到正极非静电力所引起的电势升高。我们通常把电源内从负极到正极的方向，也就是电势升高的方向，叫做**电动势的"方向"**，虽然电动势并不是矢量。

用场的概念，可以把各种非静电力的作用看作是等效的各种**"非静电场"**的作用。以 $\boldsymbol{E}_{\mathrm{ne}}$ 表示非静电场的强度，则它对电荷 q 的非静电力就是 $\boldsymbol{F}_{\mathrm{ne}}=q\boldsymbol{E}_{\mathrm{ne}}$，在电源内，电荷 q 由负极移到正极时非静电力做的功为

$$A_{\mathrm{ne}} = \int_{\substack{(-)\\(\text{电源内})}}^{(+)} q\boldsymbol{E}_{\mathrm{ne}} \cdot \mathrm{d}\boldsymbol{r}$$

将此式代入式(22.8)可得

$$\mathscr{E} = \int_{\substack{(-)\\(\text{电源内})}}^{(+)} \boldsymbol{E}_{\mathrm{ne}} \cdot \mathrm{d}\boldsymbol{r} \tag{22.9}$$

此式表示非静电力集中在一段电路内(如电池内)作用时，用场的观点表示的电动势。在有些情况下非静电力存在于整个电流回路中，这时整个回路中的总电动势应为

$$\mathscr{E} = \oint_L \boldsymbol{E}_{\mathrm{ne}} \cdot \mathrm{d}\boldsymbol{r} \tag{22.10}$$

式中线积分遍及整个回路 L。

22.3 法拉第电磁感应定律

法拉第的实验大体上可归结为两类：一类实验是磁铁与线圈有相对运动时，线圈中产生了电流；另一类实验是当一个线圈中电流发生变化时，在它附近的其他线圈中也产生了电流。法拉第将这些现象与静电感应类比，把它们称作"电磁感应"现象。

对所有电磁感应实验的分析表明，当穿过一个闭合导体回路所限定的面积的磁通量(磁感应强度通量)发生变化时，回路中就出现电流。这电流叫**感应电流**。

我们知道，在闭合导体回路中出现了电流，一定是由于回路中产生了电动势。当穿过导体回路的磁通量发生变化时，回路中产生了电流，就说明此时在回路中产生了电动势。由这一原因产生的电动势叫**感应电动势**。

实验表明，**感应电动势的大小和通过导体回路的磁通量的变化率成正比**，感应电动势的方向有赖于磁场的方向和它的变化情况。以 Φ 表示通过闭合导体回路的磁通量，以 $\mathscr{E}$ 表示磁通量发生变化时在导体回路中产生的感应电动势，由实验总结出的规律是

$$\mathscr{E} = -\frac{\mathrm{d}\Phi}{\mathrm{d}t} \tag{22.11}$$

这一公式是**法拉第电磁感应定律**的一般表达式。

式(22.11)中的负号反映感应电动势的方向与磁通量变化的关系。在判定感应电动势的方向时，应先规定导体回路 L 的绕行正方向。如图 22.6 所示，当回路中磁力线的方

向和所规定的回路的绕行正方向有右手螺旋关系时，磁通量 Φ 是正值。这时，如果穿过回路的磁通量增大，$\frac{\mathrm{d}\Phi}{\mathrm{d}t}>0$，则 $\mathscr{E}<0$，这表明此时感应电动势的方向和 L 的绕行正方向相反(图 22.6(a))。如果穿过回路的磁通量减小，即$\frac{\mathrm{d}\Phi}{\mathrm{d}t}<0$，则 $\mathscr{E}>0$，这表示此时感应电动势的方向和 L 的绕行正方向相同(图 22.6(b))。

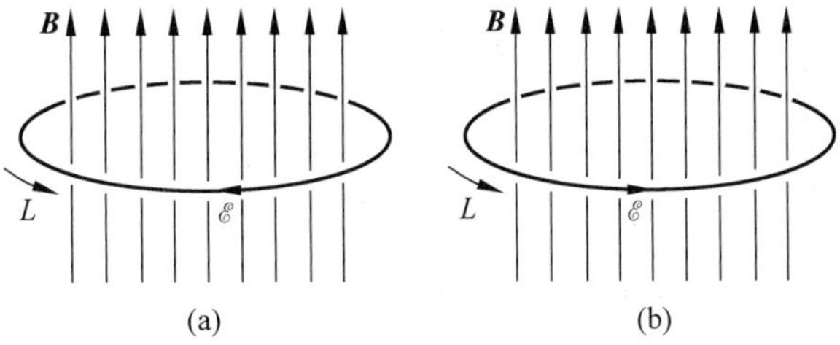

图 22.6　$\mathscr{E}$ 的方向和 Φ 的变化的关系

(a) Φ 增大时；(b) Φ 减小时

图 22.7 是一个产生感应电动势的实际例子。当中是一个线圈，通有图示方向的电流时，它的磁场的磁感线分布如图示，另一导电圆环 L 的绕行正方向规定如图。当它在线圈上面向下运动时，$\frac{\mathrm{d}\Phi}{\mathrm{d}t}>0$，从而 $\mathscr{E}<0$，$\mathscr{E}$ 沿 L 的反方向。当它在线圈下面向下运动时，$\frac{\mathrm{d}\Phi}{\mathrm{d}t}<0$，从而 $\mathscr{E}>0$，$\mathscr{E}$ 沿 L 的正方向。

导体回路中产生的感应电动势将按自己的方向产生感应电流，这感应电流将在导体回路中产生自己的磁场。在图 22.7 中，圆环在上面时，其中感应电流在环内产生的磁场向上；在下面时，环中的感应电流产生的磁场向下。和感应电流的磁场联系起来考虑，上述借助于式(22.11)中的负号所表示的感应电动势方向的规律可以表述如下：感应电动势总具有这样的方向，即使它产生的感应电流在回路中产生的磁场去**阻碍**引起感应电动势的**磁通量的变化**，这个规律叫做**楞次定律**。图 22.7 中所示感应电动势的方向是符合这一规律的。

实际上用到的线圈常常是许多匝串联而成的，在这种情况下，在整个线圈中产生的感应电动势应是每匝线圈中产生的感应电动势之和。当穿过各匝线圈的磁通量分别为 $\Phi_1,\Phi_2,\cdots,\Phi_n$ 时，总电动势则应为

$$\mathscr{E}=-\left(\frac{\mathrm{d}\Phi_1}{\mathrm{d}t}+\frac{\mathrm{d}\Phi_2}{\mathrm{d}t}+\cdots+\frac{\mathrm{d}\Phi_n}{\mathrm{d}t}\right)$$
$$=-\frac{\mathrm{d}}{\mathrm{d}t}\left(\sum_{i=1}^{n}\Phi_i\right)=-\frac{\mathrm{d}\Psi}{\mathrm{d}t} \qquad (22.12)$$

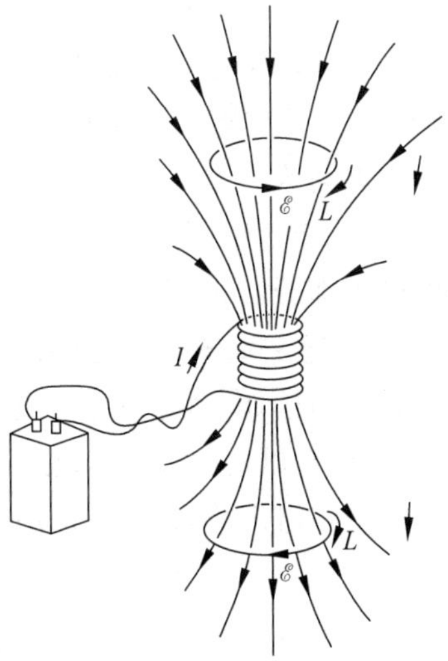

图 22.7　感应电动势的方向实例

其中 $\Psi=\sum_i \Phi_i$ 是穿过各匝线圈的磁通量的总和，叫穿过线圈的**全磁通**。当穿过各匝线圈的磁通量相等时，N 匝线圈的全磁通为 $\Psi=N\Phi$，叫做**磁链**，这时

$$\mathscr{E}=-\frac{\mathrm{d}\Psi}{\mathrm{d}t}=-N\frac{\mathrm{d}\Phi}{\mathrm{d}t} \tag{22.13}$$

式(22.11)，式(22.12)，式(22.13)中各量的单位都需用国际单位制单位，即 Φ 或 Ψ 的单位用 Wb，t 的单位用 s，$\mathscr{E}$ 的单位用 V。于是由式(22.12)可知

$$1\ \mathrm{V}=1\ \mathrm{Wb/s}$$

22.4 动生电动势

如式(22.11)所表示的，穿过一个闭合导体回路的磁通量发生变化时，回路中就产生感应电动势。但引起磁通量变化的原因可以不同，本节讨论导体在恒定磁场中运动时产生的感应电动势。这种感应电动势叫**动生电动势**。

如图 22.8 所示，一矩形导体回路，可动边是一根长为 l 的导体棒 ab，它以恒定速度 $\boldsymbol{v}$ 在垂直于磁场 $\boldsymbol{B}$ 的平面内，沿垂直于它自身的方向向右平移，其余边不动。某时刻穿过回路所围面积的磁通量为

$$\Phi=BS=Blx$$

随着棒 ab 的运动，回路所围绕的面积扩大，因而回路中的磁通量发生变化。用式(22.11)计算回路中的感应电动势大小，可得

$$|\mathscr{E}|=\frac{\mathrm{d}\Phi}{\mathrm{d}t}=\frac{\mathrm{d}}{\mathrm{d}t}(Blx)=Bl\frac{\mathrm{d}x}{\mathrm{d}t}=Blv \tag{22.14}$$

至于这一电动势的方向，可用楞次定律判定为逆时针方向。由于其他边都未动，所以动生电动势应归之于 ab 棒的运动，因而只在棒内产生。回路中感生电动势的逆时针方向说明在 ab 棒中的动生电动势方向应沿由 a 到 b 的方向。像这样一段导体在磁场中运动时所产生的动生电动势的方向可以简便地用**右手定则**判断：伸平右手掌并使拇指与其他四指垂直，让磁感线从掌心穿入，当拇指指着导体运动方向时，四指就指着导体中产生的动生电动势的方向。

像图 22.8 中所示的情况，感应电动势集中于回路的一段内，这一段可视为整个回路中的电源部分。由于在电源内电动势的方向是由低电势处指向高电势处，所以在棒 ab 上，b 点电势高于 a 点电势。

我们知道，电动势是非静电力作用的表现。引起动生电动势的非静电力是洛伦兹力。当棒 ab 向右以速度 $\boldsymbol{v}$ 运动时，棒内的自由电子被带着以同一速度 $\boldsymbol{v}$ 向右运动，因而每个电子都受到洛伦兹力 $\boldsymbol{f}$ 的作用(图 22.9)，

$$\boldsymbol{f}=e\boldsymbol{v}\times\boldsymbol{B} \tag{22.15}$$

把这个作用力看成是一种等效的“非静电场”的作用，则这一非静电场的强度应为

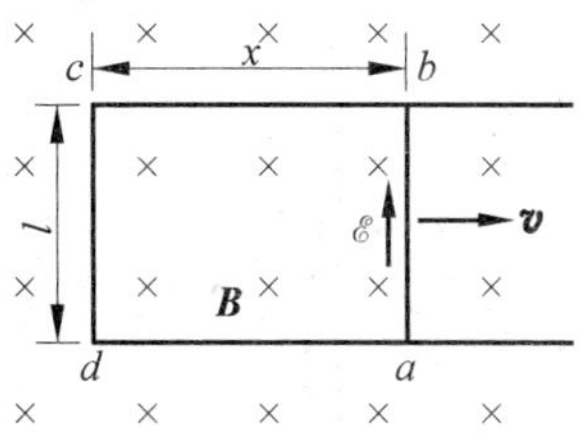

图 22.8 动生电动势

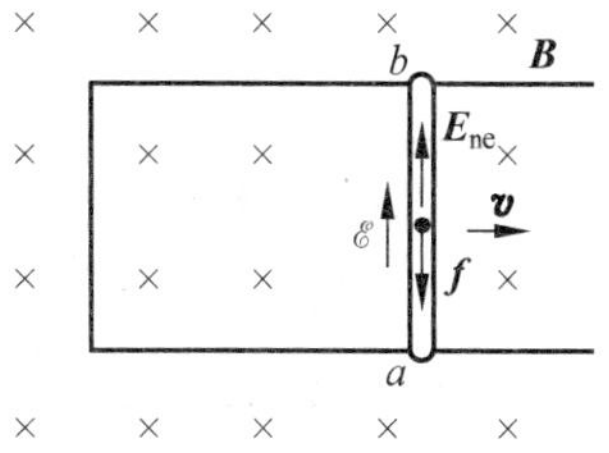

图 22.9 动生电动势与洛伦兹力

$$\boldsymbol{E}_{\mathrm{ne}}=\frac{\boldsymbol{f}}{e}=\boldsymbol{v}\times\boldsymbol{B} \tag{22.16}$$

根据电动势的定义，又由于 $\mathrm{d}\boldsymbol{r}=\mathrm{d}\boldsymbol{l}$ 为棒 ab 的长度元，棒 ab 中由这外来场所产生的电动势应为

$$\mathscr{E}_{ab}=\int_a^b\boldsymbol{E}_{\mathrm{ne}}\cdot\mathrm{d}\boldsymbol{r}=\int_a^b(\boldsymbol{v}\times\boldsymbol{B})\cdot\mathrm{d}\boldsymbol{l} \tag{22.17}$$

如图 22.9 所示，由于 $\boldsymbol{v}$，$\boldsymbol{B}$ 和 $\mathrm{d}\boldsymbol{l}$ 相互垂直，所以上一积分的结果应为

$$\mathscr{E}_{ab}=Blv$$

这一结果和式(22.14)相同。

这里我们只把式(22.17)应用于直导体棒在均匀磁场中运动的情况。对于非均匀磁场而且导体各段运动速度不同的情况，则可以先考虑一段以速度 $\boldsymbol{v}$ 运动的导体元 $\mathrm{d}\boldsymbol{l}$，在其中产生的动生电动势为 $\boldsymbol{E}_{\mathrm{ne}}\cdot\mathrm{d}\boldsymbol{l}=(\boldsymbol{v}\times\boldsymbol{B})\cdot\mathrm{d}\boldsymbol{l}$，整个导体中产生的动生电动势应该是在各段导体之中产生的动生电动势之和。其表示式就是式(22.17)。因此，式(22.17)是在磁场中运动的导体内产生的动生电动势的一般公式。特别是，如果整个导体回路 L 都在磁场中运动，则在回路中产生的总的动生电动势应为

$$\mathscr{E}=\oint_L(\boldsymbol{v}\times\boldsymbol{B})\cdot\mathrm{d}\boldsymbol{l} \tag{22.18}$$

在图 22.8 所示的闭合导体回路中，当由于导体棒的运动而产生电动势时，在回路中就会有感应电流产生。电流流动时，感应电动势是要做功的，电动势做功的能量是从哪里来的呢？考察导体棒运动时所受的力就可以给出答案。设电路中感应电流为 I，则感应电动势做功的功率为

$$P=I\mathscr{E}=IBlv \tag{22.19}$$

通有电流的导体棒在磁场中是要受到磁力的作用的。ab 棒受的磁力为 $F_{\mathrm{m}}=IlB$，方向向左(图 22.10)。为了使导体棒匀速向右运动，必须有外力 $\boldsymbol{F}_{\mathrm{ext}}$ 与 $\boldsymbol{F}_{\mathrm{m}}$ 平衡，因而 $\boldsymbol{F}_{\mathrm{ext}}=-\boldsymbol{F}_{\mathrm{m}}$。此外力的功率为

$$P_{\mathrm{ext}}=F_{\mathrm{ext}}v=IlBv$$

这正好等于上面求得的感应电动势做功的功率。由此我们知道，电路中感应电动势提供的电能是由外力做功所消耗的机械能转换而来的，这就是发电机内的能量转换过程。

我们知道，当导线在磁场中运动时产生的感应电动势是洛伦兹力作用的结果。据式(22.19)，感应电动势是要做功的。但是，我们早已知道洛伦兹力对运动电荷不做功，这个矛盾如何解决呢？可以这样来解释，如图 22.11 所示，随同导线一齐运动的自由电子

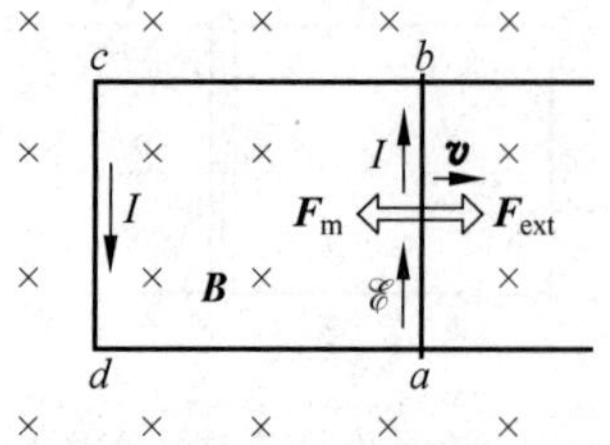

图 22.10 能量转换

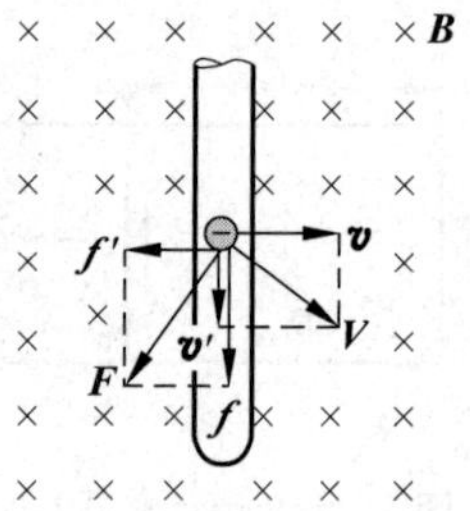

图 22.11 洛伦兹力不做功

受到的洛伦兹力由式(22.15)给出，由于这个力的作用，电子将以速度$\boldsymbol{v}'$沿导线运动，而速度$\boldsymbol{v}'$的存在使电子还要受到一个垂直于导线的洛伦兹力$\boldsymbol{f}'$的作用，$\boldsymbol{f}'=e\,\boldsymbol{v}'\times\boldsymbol{B}$。电子受洛伦兹力的合力为$\boldsymbol{F}=\boldsymbol{f}+\boldsymbol{f}'$，电子运动的合速度为$\boldsymbol{V}=\boldsymbol{v}+\boldsymbol{v}'$，所以洛伦兹力合力做功的功率为

$$\begin{aligned}\boldsymbol{F}\cdot\boldsymbol{V}&=(\boldsymbol{f}+\boldsymbol{f}')\cdot(\boldsymbol{v}+\boldsymbol{v}')\\&=\boldsymbol{f}\cdot\boldsymbol{v}'+\boldsymbol{f}'\cdot\boldsymbol{v}=-evBv'+ev'Bv=0\end{aligned}$$

这一结果表示洛伦兹力合力做功为零，这与我们所知的洛伦兹力不做功的结论一致。从上述结果中看到

$$\boldsymbol{f}\cdot\boldsymbol{v}'+\boldsymbol{f}'\cdot\boldsymbol{v}=0$$

即

$$\boldsymbol{f}\cdot\boldsymbol{v}'=-\boldsymbol{f}'\cdot\boldsymbol{v}$$

为了使自由电子按$\boldsymbol{v}$的方向匀速运动，必须有外力$\boldsymbol{f}_{ext}$作用在电子上，而且$\boldsymbol{f}_{ext}=-\boldsymbol{f}'$。因此上式又可写成

$$\boldsymbol{f}\cdot\boldsymbol{v}'=\boldsymbol{f}_{ext}\cdot\boldsymbol{v}$$

此等式左侧是洛伦兹力的一个分力使电荷沿导线运动所做的功，宏观上就是感应电动势驱动电流的功。等式右侧是在同一时间内外力反抗洛伦兹力的另一个分力做的功，宏观上就是外力拉动导线做的功。洛伦兹力做功为零，实质上表示了能量的转换与守恒。洛伦兹力在这里起了一个能量转换者的作用，一方面接受外力的功，同时驱动电荷运动做功。

例 22.1

法拉第曾利用图 22.12 的实验来演示感应电动势的产生。铜盘在磁场中转动时能在连接电流计的回路中产生感应电流。为了计算方便，我们设想一半径为R的铜盘在均匀磁场$\boldsymbol{B}$中转动，角速度为ω(图 22.13)。求盘上沿半径方向产生的感应电动势。

解 盘上沿半径方向产生的感应电动势可以认为是沿任意半径的一导体杆在磁场中运动的结果。由动生电动势公式(22.17)，求得在半径上长为$\mathrm{d}l$的一段杆上产生的感应电动势为

$$\mathrm{d}\mathscr{E}=(\boldsymbol{v}\times\boldsymbol{B})\cdot\mathrm{d}\boldsymbol{l}=Bv\mathrm{d}l=B\omega l\mathrm{d}l$$

式中l为$\mathrm{d}l$段与盘心O的距离，v为$\mathrm{d}l$段的线速度。整个杆上产生的电动势为

$$\mathscr{E}=\int\mathrm{d}\mathscr{E}=\int_0^R B\omega l\mathrm{d}l=\frac{1}{2}B\omega R^2$$

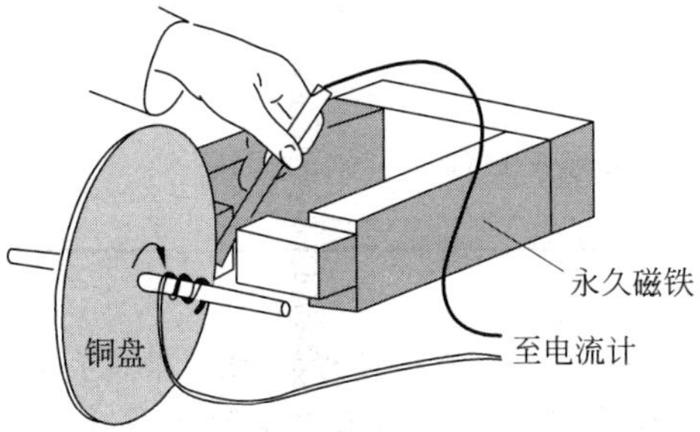

图 22.12 法拉第电机

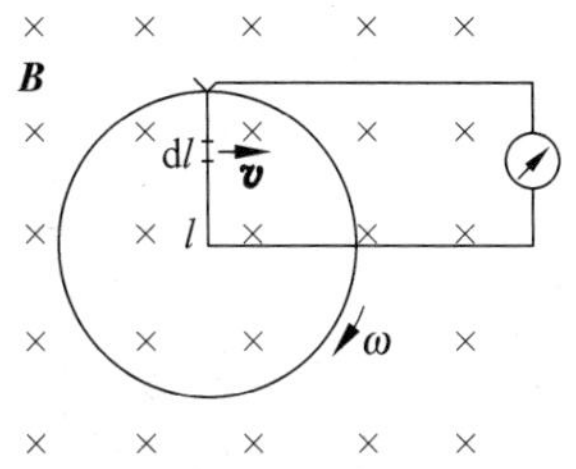

图 22.13 铜盘在均匀磁场中转动

22.5 感生电动势和感生电场

本节讨论引起回路中磁通量变化的另一种情况。一个静止的导体回路，当它包围的磁场发生变化时，穿过它的磁通量也会发生变化，这时回路中也会产生感应电动势。这样产生的感应电动势称为**感生电动势**，它和磁通量变化率的关系也由式(22.11)表示。

产生感生电动势的非静电力是什么力呢？由于导体回路未动，所以它不可能像在动生电动势中那样是洛伦兹力。由于这时的感应电流是原来宏观静止的电荷受非静电力作用形成的，而静止电荷受到的力只能是电场力，所以这时的非静电力也只能是一种电场力。由于这种电场是磁场的变化引起的，所以叫**感生电场**。它就是产生感生电动势的“非静电场”。以 $\boldsymbol{E}_{\mathrm{i}}$ 表示感生电场，则根据电动势的定义，由于磁场的变化，在一个导体回路 L 中产生的感生电动势应为

$$\mathscr{E}=\oint_L \boldsymbol{E}_{\mathrm{i}}\cdot \mathrm{d}\boldsymbol{l} \tag{22.20}$$

根据法拉第电磁感应定律应该有

$$\oint_L \boldsymbol{E}_{\mathrm{i}}\cdot \mathrm{d}\boldsymbol{l}=-\frac{\mathrm{d}\Phi}{\mathrm{d}t} \tag{22.21}$$

法拉第当时只着眼于导体回路中感应电动势的产生，麦克斯韦则更着重于电场和磁场的关系的研究。他提出，在磁场变化时，不但会在导体回路中，而且在空间任一地点都会产生感生电场，而且感生电场沿任何闭合路径的环路积分都满足式(22.21)表示的关系。用 $\boldsymbol{B}$ 来表示磁感应强度，则式(22.21)可以用下面的形式更明显地表示出电场和磁场的关系：

$$\oint_L \boldsymbol{E}_{\mathrm{i}}\cdot \mathrm{d}\boldsymbol{r}=-\frac{\mathrm{d}}{\mathrm{d}t}\int_S \boldsymbol{B}\cdot \mathrm{d}\boldsymbol{S}=-\int_S \frac{\partial \boldsymbol{B}}{\partial t}\cdot \mathrm{d}\boldsymbol{S} \tag{22.22}$$

式中 $\mathrm{d}\boldsymbol{r}$ 表示空间内任一静止回路 L 上的位移元，S 为该回路所限定的面积。由于感生电场的环路积分不等于零，所以它又叫做涡旋电场。此式表示的规律可以不十分确切地理解为变化的磁场产生电场。

在一般的情况下，空间的电场可能既有静电场 $\boldsymbol{E}_{\mathrm{s}}$，又有感生电场 $\boldsymbol{E}_{\mathrm{i}}$。根据叠加原理，总电场 $\boldsymbol{E}$ 沿某一封闭路径 L 的环路积分应是静电场的环路积分和感生电场的环路积分

之和。由于前者为零，所以 $\boldsymbol{E}$ 的环路积分就等于 $\boldsymbol{E}_i$ 的环流。因此，利用式(22.22)可得

$$\oint_L \boldsymbol{E}\cdot \mathrm{d}\boldsymbol{r} = -\int_S \frac{\partial \boldsymbol{B}}{\partial t}\cdot \mathrm{d}\boldsymbol{S} \tag{22.23}$$

这一公式是关于磁场和电场关系的又一个普遍的基本规律。

例 22.2

电子感应加速器。电子感应加速器是利用感生电场来加速电子的一种设备，它的柱形电磁铁在两极间产生磁场(图 22.14)，在磁场中安置一个环形真空管道作为电子运行的轨道。当磁场发生变化时，就会沿管道方向产生感生电场，射入其中的电子就受到这感生电场的持续作用而被不断加速。设环形真空管的轴线半径为 a，求磁场变化时沿环形真空管轴线的感生电场。

解 由磁场分布的轴对称性可知，感生电场的分布也具有轴对称性。沿环管轴线上各处的电场强度大小应相等，而方向都沿轴线的切线方向。因而沿此轴线的感生电场的环路积分为

$$\oint_L \boldsymbol{E}_i\cdot \mathrm{d}\boldsymbol{r} = E_i\cdot 2\pi a$$

以 $\overline{B}$ 表示环管轴线所围绕的面积上的平均磁感应强度，则通过此面积的磁通量为

$$\Phi = \overline{B}S = \overline{B}\cdot \pi a^2$$

由式(22.22)可得

$$E_i\cdot 2\pi a = -\frac{\mathrm{d}\Phi}{\mathrm{d}t} = -\pi a^2\frac{\mathrm{d}\overline{B}}{\mathrm{d}t}$$

由此得

$$E_i = -\frac{a}{2}\frac{\mathrm{d}\overline{B}}{\mathrm{d}t}$$

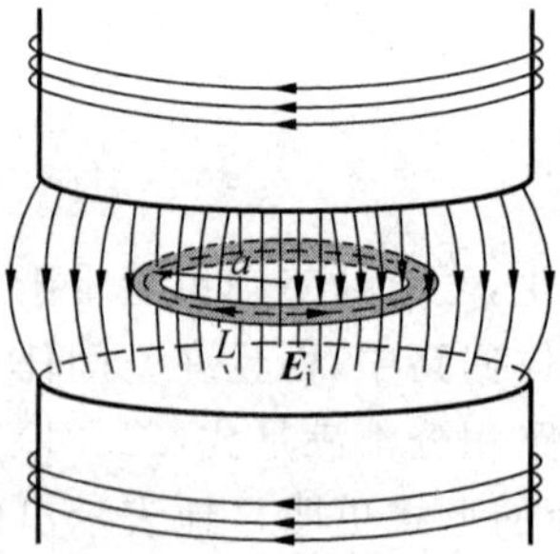

图 22.14 电子感应加速器示意图

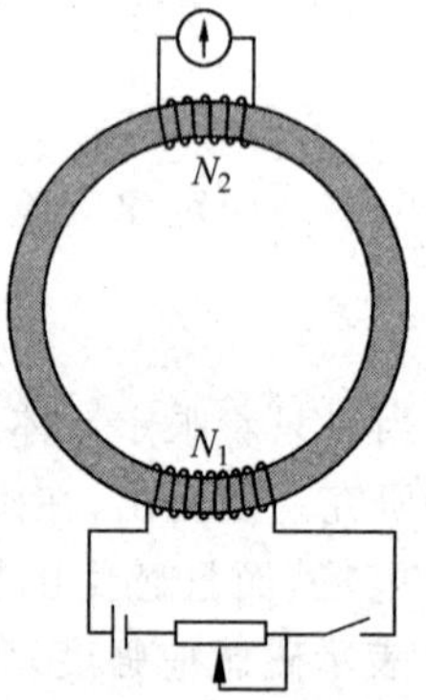

图 22.15 测铁磁质中的磁感应强度

例 22.3

测铁磁质中的磁感应强度。如图 22.15 所示，在铁磁试样做的环上绕上两组线圈。一组线圈匝数为 N_1，与电池相连。另一组线圈匝数为 N_2，与一个“冲击电流计”(这种电流计的最大偏转与通过它的电量成正比)相连。设铁环原来没有磁化。当合上电键使 N_1 中电流从零增大到 I_1 时，冲击电流计测出通过它的电量是 q。求与电流 I_1 相应的铁环中

的磁感应强度 B_1 是多大？

解 当合上电键使 N_1 中的电流增大时，它在铁环中产生的磁场也增强，因而 N_2 线圈中有感生电动势产生。以 S 表示环的截面积，以 B 表示环内磁感应强度，则 $\Phi=BS$，而 N_2 中的感生电动势的大小为

$$\mathscr{E}=\frac{\mathrm{d}\Psi}{\mathrm{d}t}=N_2\frac{\mathrm{d}\Phi}{\mathrm{d}t}=N_2S\frac{\mathrm{d}B}{\mathrm{d}t}$$

以 R 表示 N_2 回路(包括冲击电流计)的总电阻，则 N_2 中的电流为

$$i=\frac{\mathscr{E}}{R}=\frac{N_2S}{R}\frac{\mathrm{d}B}{\mathrm{d}t}$$

设 N_1 中的电流增大到 I_1 需要的时间为 τ，则在同一时间内通过 N_2 回路的电量为

$$q=\int_0^\tau i\mathrm{d}t=\int_0^\tau\frac{N_2S}{R}\frac{\mathrm{d}B}{\mathrm{d}t}\mathrm{d}t=\frac{N_2S}{R}\int_0^{B_1}\mathrm{d}B=\frac{N_2SB_1}{R}$$

由此得

$$B_1=\frac{qR}{N_2S}$$

这样，根据冲击电流计测出的电量 q，就可以算出与 I_1 相对应的铁环中的磁感应强度。这是常用的一种测量磁介质中的磁感应强度的方法。

例 22.4

原子中电子轨道运动附加磁矩的产生。按经典模型，一电子沿半径为 r 的圆形轨道运动，速率为 v。今垂直于轨道平面加一磁场 $\boldsymbol{B}$，求由于电子轨道运动发生变化而产生的附加磁矩。处于基态的氢原子在较强的 $B=2\ \mathrm{T}$ 的磁场中，其电子的轨道运动附加磁矩多大？

解 电子的轨道运动的磁矩的大小由式(22.2)

$$m=\frac{evr}{2}$$

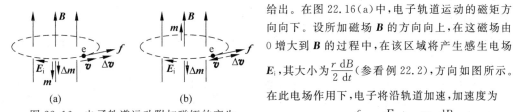

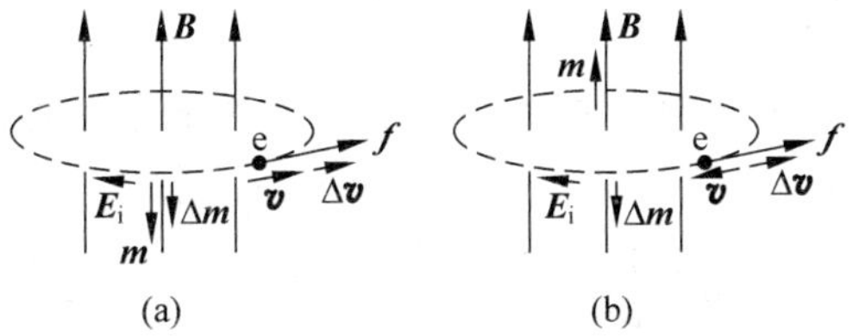

图 22.16 电子轨道运动附加磁矩的产生

给出。在图 22.16(a)中，电子轨道运动的磁矩方向向下。设所加磁场 $\boldsymbol{B}$ 的方向向上，在这磁场由 0 增大到 $\boldsymbol{B}$ 的过程中，在该区域将产生感生电场 $\boldsymbol{E}_i$，其大小为 $\frac{r}{2}\frac{\mathrm{d}B}{\mathrm{d}t}$(参看例 22.2)，方向如图所示。在此电场作用下，电子将沿轨道加速，加速度为

$$a=\frac{f}{m_e}=\frac{eE_i}{m_e}=\frac{er}{2m_e}\frac{\mathrm{d}B}{\mathrm{d}t}$$

在轨道半径不变的情况下(参见习题 22.12)，在加磁场的整个过程中，电子的速率的增加值为

$$\Delta v=\int a\mathrm{d}t=\int_0^B\frac{er}{2m_e}\mathrm{d}B=\frac{erB}{2m_e}$$

与此速度增量相应的磁矩的增量——附加磁矩 $\Delta\boldsymbol{m}$——的大小为

$$\Delta m=\frac{er\Delta v}{2}=\frac{e^2r^2B}{4m_e}$$

其方向由速度的增量的方向判断，如图 22.16(a)所示，是和外加磁场的方向相反的。

如果如图 22.16(b)所示，电子轨道运动方向与(a)中的相反，则其磁矩方向将向上。在加同样的磁场的过程中，感生电场将使电子减速，从而也产生一附加磁矩 $\Delta\boldsymbol{m}$。此附加磁矩的大小也可以如上分析计算。要注意，如图 22.16(b)所示，$\Delta\boldsymbol{m}$ 的方向也是和外加磁场方向相反的！

氢原子处于基态时，电子的轨道半径 $r=0.5\times10^{-10}$ m。由此可得

$$\Delta v=\frac{erB}{2m_e}=\frac{1.6\times10^{-19}\times0.5\times10^{-10}\times2}{2\times9.1\times10^{-31}}=9\ (\mathrm{m/s})$$

$$\Delta m=\frac{er\Delta v}{2}=\frac{1.6\times10^{-19}\times0.5\times10^{-10}\times9}{2}=3.6\times10^{-29}\ (\mathrm{A\cdot m^2})$$

这一数值比表 21.2 所列的顺磁质原子的固有磁矩要小 5～6 个数量级。

22.6 互感

在实际电路中，磁场的变化常常是由于电流的变化引起的，因此，把感生电动势直接和电流的变化联系起来是有重要实际意义的。互感和自感现象的研究就是要找出这方面的规律。

一闭合导体回路，当其中的电流随时间变化时，它周围的磁场也随时间变化，在它附近的导体回路中就会产生感生电动势。这种电动势叫**互感电动势**。

如图 22.17 所示，有两个固定的闭合回路 L_1 和 L_2。闭合回路 L_2 中的互感电动势是由于回路 L_1 中的电流 i_1 随时间的变化引起的，以 $\mathscr{E}_{21}$表示此电动势。下面说明 $\mathscr{E}_{21}$与 i_1 的关系。

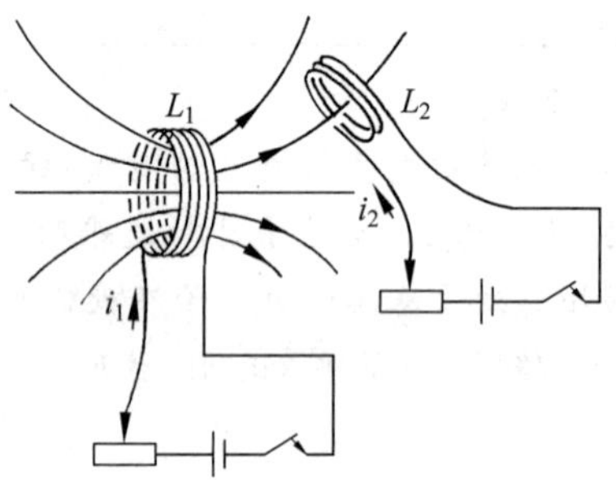

图 22.17 互感现象

由毕奥-萨伐尔定律可知，电流 i_1 产生的磁场正比于 i_1，因而通过 L_2 所围面积的、由 i_1 所产生的全磁通 Ψ_{21}也应该和 i_1 成正比，即

$$\Psi_{21}=M_{21}i_1 \tag{22.24}$$

其中比例系数 M_{21}叫做回路 L_1 对回路 L_2 的**互感系数**，它取决于两个回路的几何形状、相对位置、它们各自的匝数以及它们周围磁介质的分布。对两个固定的回路 L_1 和 L_2 来说互感系数是一个常数。在 M_{21}一定的条件下电磁感应定律给出

$$\mathscr{E}_{21}=-\frac{\mathrm{d}\Psi_{21}}{\mathrm{d}t}=-M_{21}\frac{\mathrm{d}i_1}{\mathrm{d}t} \tag{22.25}$$

如果图 22.17 回路 L_2 中的电路 i_2 随时间变化，则在回路 L_1 中也会产生感应电动势 $\mathscr{E}_{12}$。根据同样的道理，可以得出通过 L_1 所围面积的由 i_2 所产生的全磁通 Ψ_{12}应该与 i_2 成正比，即

$$\Psi_{12}=M_{12}i_2 \tag{22.26}$$

而且

$$\mathscr{E}_{12}=-\frac{\mathrm{d}\Psi_{12}}{\mathrm{d}t}=-M_{12}\frac{\mathrm{d}i_2}{\mathrm{d}t} \tag{22.27}$$

上两式中的 M_{12}叫 L_2 对 L_1 的互感系数。

可以证明(参看例 22.9)对给定的一对导体回路，有

$$M_{12}=M_{21}=M$$

M 就叫做这两个导体回路的**互感系数**，简称它们的**互感**。

在国际单位制中，互感系数的单位名称是亨[利]，符号为 H。由式(22.25)知

$$1\,\mathrm{H}=1\,\frac{\mathrm{V\cdot s}}{\mathrm{A}}=1\,\Omega\cdot\mathrm{s}$$

例 22.5

一长直螺线管，单位长度上的匝数为 n。另一半径为 r 的圆环放在螺线管内，圆环平面与管轴垂直(图 22.18)。求螺线管与圆环的互感系数。

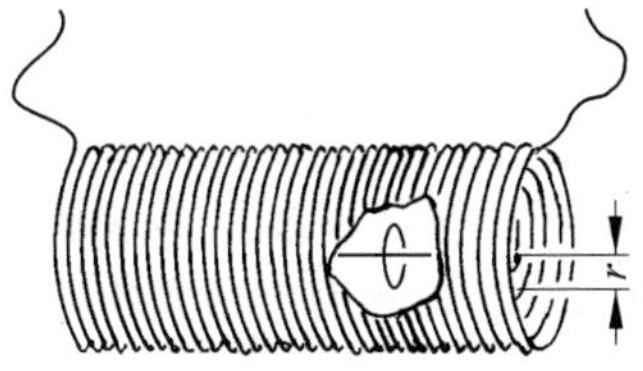

图 22.18 计算螺线管与圆环的互感系数

解 设螺线管内通有电流 i_1，螺线管内磁场为 B_1，则 $B_1=\mu_0 n i_1$，通过圆环的全磁通为

$$\Psi_{21}=B_1\pi r^2=\pi r^2\mu_0 n i_1$$

由定义公式式(22.24)得互感系数为

$$M_{21}=\frac{\Psi_{21}}{i_1}=\pi r^2\mu_0 n$$

由于 $M_{21}=M_{12}=M$，所以螺线管与圆环的互感系数就是 $M=\mu_0\pi r^2 n$。

22.7 自感

当一个电流回路的电流 i 随时间变化时，通过回路自身的全磁通也发生变化，因而回路自身也产生感生电动势(图 22.24)。这就是自感现象，这时产生的感生电动势叫**自感电动势**。在这里，全磁通与回路中的电流成正比，即

$$\Psi=Li \tag{22.28}$$

式中比例系数 L 叫回路的**自感系数**(简称**自感**)，它取决于回路的大小、形状、线圈的匝数以及它周围的磁介质的分布。自感系数与互感系数的量纲相同，在国际单位制中，自感系数的单位也是 H。

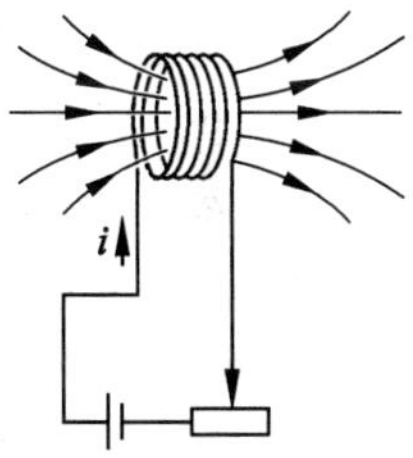

图 22.19 自感现象

由电磁感应定律，在 L 一定的条件下自感电动势为

$$\mathscr{E}_L=-\frac{\mathrm{d}\Psi}{\mathrm{d}t}=-L\frac{\mathrm{d}i}{\mathrm{d}t} \tag{22.29}$$

在图 22.19 中，回路的正方向一般就取电流 i 的方向。当电流增大，即 $\frac{\mathrm{d}i}{\mathrm{d}t}>0$ 时，式(22.29)给出 $\mathscr{E}_L<0$，说明 $\mathscr{E}_L$ 的方向与电流的方向相反；当 $\frac{\mathrm{d}i}{\mathrm{d}t}<0$ 时，式(22.29)给出 $\mathscr{E}_L>0$，说明 $\mathscr{E}_L$ 的方向与电流的方向相同。由此可知自感电动势的方向总是要使它**阻碍**回路本身电流的变化。

例 22.6

计算一个螺绕环的自感。设环的截面积为 S，轴线半径为 R，单位长度上的匝数为 n，环中充满相对磁导率为 μ_r 的磁介质。

解 设螺绕环绕组通有电流为 i，由于螺绕环管内磁场 $B=\mu_0\mu_r ni$，所以管内全磁通为

$$\Psi = N\Phi = 2\pi Rn \cdot BS = 2\pi\mu_0\mu_r Rn^2 Si$$

由自感系数定义式(22.28)，得此螺绕环的自感为

$$L = \frac{\Psi}{i} = 2\pi\mu_0\mu_r Rn^2 S$$

由于 $2\pi RS=V$ 为螺绕环管内的体积，所以螺绕环自感又可写成

$$L = \mu_0\mu_r n^2 V = \mu n^2 V \tag{22.30}$$

此结果表明环内充满磁介质时，其自感系数比在真空时要增大到 μ_r 倍。

例 22.7

一根电缆由同轴的两个薄壁金属管构成，半径分别为 R_1 和 $R_2(R_1<R_2)$，两管壁间充以 $\mu_r=1$ 的电介质。电流由内管流走，由外管流回。试求单位长度的这种电缆的自感系数。

解 这种电缆可视为单匝回路(图22.20)，其磁通量即通过任一纵截面的磁通量。以 I 表示通过的电流，则在两管壁间距轴 r 处的磁感应强度为

$$B = \frac{\mu_0 I}{2\pi r}$$

而通过单位长度纵截面的磁通量为

$$\Phi_1 = \int \boldsymbol{B}\cdot d\boldsymbol{S} = \int_{R_1}^{R_2} B dr \cdot 1 = \int_{R_1}^{R_2} \frac{\mu_0 I}{2\pi r} dr = \frac{\mu_0 I}{2\pi}\ln\frac{R_2}{R_1}$$

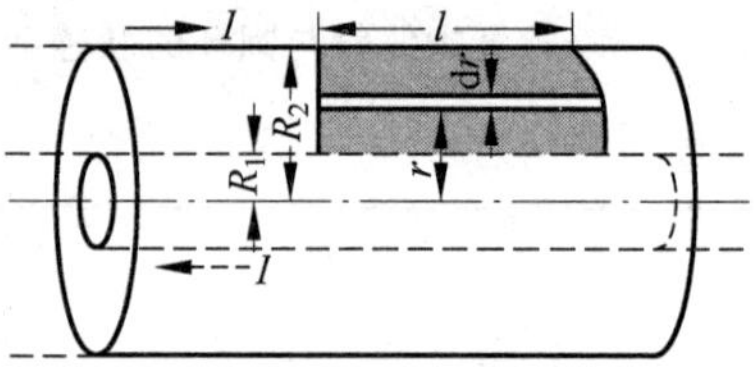

图 22.20 电缆的磁通量计算

单位长度的自感系数应为

$$L_1 = \frac{\Phi_1}{I} = \frac{\mu_0}{2\pi}\ln\frac{R_2}{R_1} \tag{22.31}$$

例 22.8

RL 电路。如图22.21(a)所示，由一自感线圈 L、电阻 R 与电源 $\mathscr{E}$ 组成的电路。当电键 K 与 a 端相接触时，自感线圈和电阻串联而与电源相接，求接通后电流的变化情况。待电流稳定后，再迅速将电键打向 b 端，再求此后的电流变化情况。

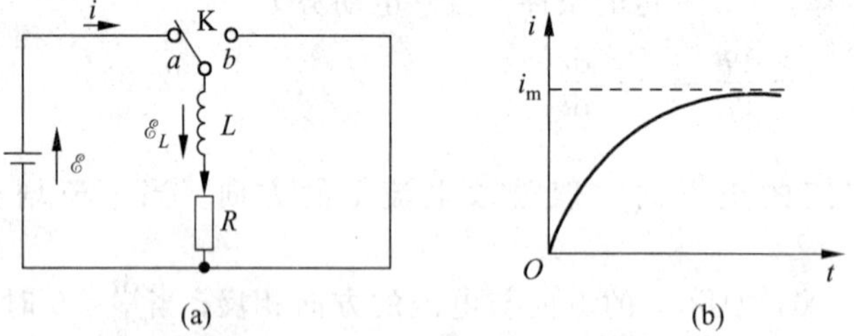

图 22.21 *RL* 电路与直流电源接通(a)及其后的电流增长曲线(b)

解 从电键 K 接通电源开始，电流是变化的。由于电流变化比较慢，所以在任一时刻基尔霍夫第二方程仍然成立。对整个电路，在图示电流与电动势方向的情况下，基尔霍夫第二方程为

$$-\mathscr{E} - \mathscr{E}_L + iR = 0$$

由于线圈的自感电动势 $\mathscr{E}_L = -L\dfrac{di}{dt}$，所以由上式可得

$$\mathscr{E} = L\frac{di}{dt} + iR$$

利用初始条件，$t=0$ 时，$i=0$，上一方程式的解为

$$i=\frac{\mathscr{E}}{R}(1-e^{-\frac{R}{L}t}) \tag{22.32}$$

此结果表明，电流随时间逐渐增大，其极大值为

$$i_m=\frac{\mathscr{E}}{R}$$

式(22.32)的指数 L/R 具有时间的量纲，称为此电路的**时间常数**。常以 τ 表示时间常数，即 $\tau=L/R$。电键接通后经过时间 τ，电流与其最大值的差为最大值的 $1/e$。当 t 大于 τ 的若干倍以后，电流基本上达到最大值，就可以认为是稳定的了。图 22.22(b)画出了上述电路中电流随时间增长的情况。

当电键 K 由 a 换到 b 后(图 22.21(a))，对整个回路的基尔霍夫第二方程为

$$-\mathscr{E}_L+iR=0$$

将 $\mathscr{E}_L=-L\dfrac{di}{dt}$ 代入上式可得

$$L\frac{di}{dt}+iR=0$$

利用初始条件，$t=0$ 时，$i_0=\dfrac{\mathscr{E}}{R}$，这一方程的解为

$$i=\frac{\mathscr{E}}{R}e^{-\frac{R}{L}t} \tag{22.33}$$

这一结果说明，电流随时间按指数规律减小。当 $t=\tau$ 时，i 减小为原来的 $1/e$。式(22.33)所示的电流与时间关系曲线如图 22.22(b)所示。

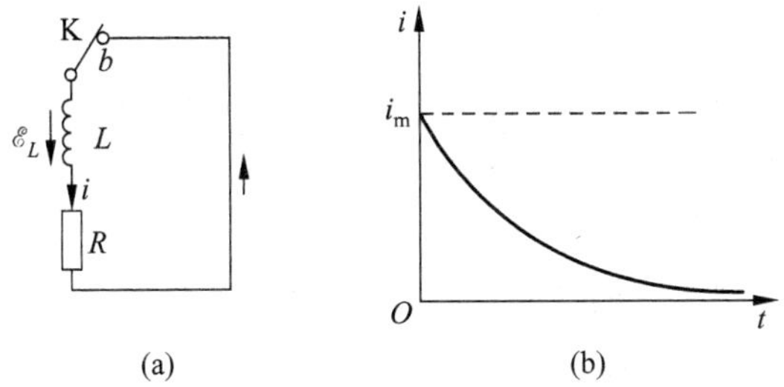

图 22.22 已通电的 RL 电路短接(a)及其后的电流变化曲线(b)

式(22.32)和式(22.33)所表示的电流变化情况还可以用实验演示。在图 22.23(a)的实验中，当合上电键后，A 灯比 B 灯先亮，就是因为在合上电键后，A，B 两支路同时接通，但 B 灯的支路中有一多匝线圈，自感系数较大，因而电流增长较慢。而在图 22.23(b)的实验中，在打开电键时，灯泡突然强烈地闪亮一下再熄灭，就是因为多匝线圈支路中的较大的电流在电键打开后通过泡灯而又逐渐消失的缘故。

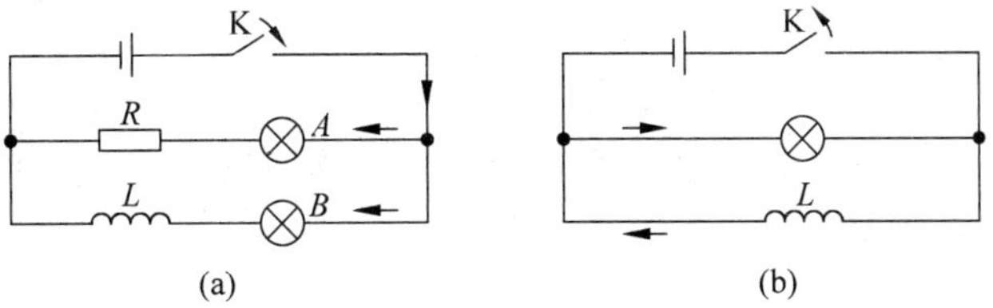

图 22.23 自感现象演示

22.8 磁场的能量

在图 22.23(b)所示的实验中,当电键 K 打开后,电源已不再向灯泡供给能量了,它突然强烈地闪亮一下所消耗的能量是哪里来的呢?由于使灯泡闪亮的电流是线圈中的自感电动势产生的电流,而这电流随着线圈中的磁场的消失而逐渐消失,所以可以认为使灯泡闪亮的能量是原来储存在通有电流的线圈中的,或者说是储存在线圈内的磁场中的。因此,这种能量叫做**磁能**。自感为 L 的线圈中通有电流 I 时所储存的磁能应该等于这电流消失时自感电动势所做的功。这个功可如下计算。以 $i\mathrm{d}t$ 表示在短路后某一时间 $\mathrm{d}t$ 内通过灯泡的电量,则在这段时间内自感电动势做的功为

$$\mathrm{d}A = \mathscr{E}_L\, i\,\mathrm{d}t = -L\frac{\mathrm{d}i}{\mathrm{d}t}\, i\,\mathrm{d}t = -Li\,\mathrm{d}i$$

电流由起始值减小到零时,自感电动势所做的总功就是

$$A = \int \mathrm{d}A = \int_I^0 -Li\,\mathrm{d}i = \frac{1}{2}LI^2$$

因此,具有自感为 L 的线圈通有电流 I 时所具有的磁能就是

$$W_{\mathrm{m}} = \frac{1}{2}LI^2 \tag{22.34}$$

这就是自感磁能公式。

对于磁场的能量也可以引入能量密度的概念,下面我们用特例导出磁场能量密度公式。考虑一个螺绕环,在例 22.6 中,已求出螺绕环的自感系数为

$$L = \mu n^2 V$$

利用式(22.34)可得通有电流 I 的螺绕环的磁场能量是

$$W_{\mathrm{m}} = \frac{1}{2}LI^2 = \frac{1}{2}\mu n^2 V I^2$$

由于螺绕环管内的磁场 $B=\mu nI$,所以上式可写作

$$W_{\mathrm{m}} = \frac{B^2}{2\mu}V$$

由于螺绕环的磁场集中于环管内,其体积就是 V,并且管内磁场基本上是均匀的,所以环管内的磁场能量密度为

$$w_{\mathrm{m}} = \frac{B^2}{2\mu} \tag{22.35}$$

利用磁场强度 $H=B/\mu$,此式还可以写成

$$w_{\mathrm{m}} = \frac{1}{2}BH \tag{22.36}$$

此式虽然是从一个特例中推出的,但是可以证明它对磁场普遍有效。利用它可以求得某一磁场所储存的总能量为

$$W_{\mathrm{m}} = \int w_{\mathrm{m}}\,\mathrm{d}V = \int \frac{HB}{2}\,\mathrm{d}V$$

此式的积分应遍及整个磁场分布的空间[1]。

例 22.9

求两个相互邻近的电流回路的磁场能量，这两个回路的电流分别是 I_1 和 I_2。

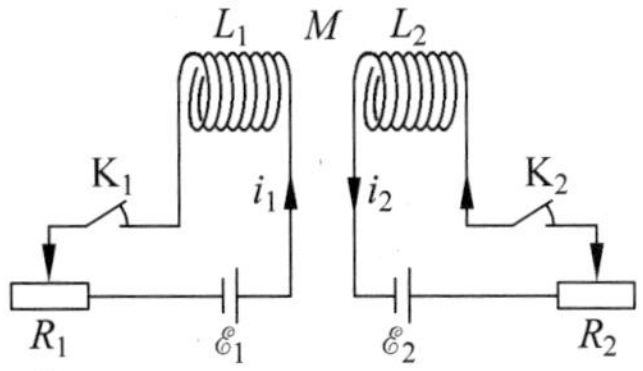

图 22.24 两个载流线圈的磁场能量

解 两个电路如图 22.24 所示。为了求出此系统在所示状态时的磁能，我们设想 I_1 和 I_2 是按下述步骤建立的。

(1) 先合上电键 K_1，使 i_1 从零增大到 I_1。这一过程中由于自感 L_1 的存在，由电源 $\mathscr{E}_1$ 做功而储存到磁场中的能量为

$$W_1 = \frac{1}{2}L_1 I_1^2$$

(2) 再合上电键 K_2，调节 R_1 使 I_1 保持不变，这时 i_2 由零增大到 I_2。这一过程中由于自感 L_2 的存在由电源 $\mathscr{E}_2$ 做功而储存到磁场中的能量为

$$W_2 = \frac{1}{2}L_2 I_2^2$$

还要注意到，当 i_2 增大时，在回路 1 中会产生互感电动势 $\mathscr{E}_{12}$。由式(22.27)得

$$\mathscr{E}_{12} = -M_{12}\frac{\mathrm{d}i_2}{\mathrm{d}t}$$

要保持电流 I_1 不变，电源 $\mathscr{E}_1$ 还必须反抗此电动势做功。这样由于互感的存在，由电源 $\mathscr{E}_1$ 做功而储存到磁场中的能量为

$$W_{12} = -\int \mathscr{E}_{12} I_1 \mathrm{d}t = \int M_{12} I_1 \frac{\mathrm{d}i_2}{\mathrm{d}t}\mathrm{d}t$$

$$= \int_0^{I_2} M_{12} I_1 \mathrm{d}i_2 = M_{12} I_1 \int_0^{I_2} \mathrm{d}i_2 = M_{12} I_1 I_2$$

经过上述两个步骤后，系统达到电流分别是 I_1 和 I_2 的状态，这时储存到磁场中的总能量为

$$W_m = W_1 + W_2 + W_{12} = \frac{1}{2}L_1 I_1^2 + \frac{1}{2}L_2 I_2^2 + M_{12} I_1 I_2$$

如果我们先合上 K_2，再合上 K_1，仍按上述推理，则可得到储存到磁场中的总能量为

$$W'_m = \frac{1}{2}L_1 I_1^2 + \frac{1}{2}L_2 I_2^2 + M_{21} I_1 I_2$$

由于这两种通电方式下的最后状态相同，即两个电路中分别通有 I_1 和 I_2 的电流，那么能量应该和达到此状态的过程无关，也就是应有 $W_m = W'_m$。由此我们得

$$M_{12} = M_{21}$$

即回路 1 对回路 2 的互感系数等于回路 2 对回路 1 的互感系数。用 M 来表示此互感系数，则最后储存在磁场中的总能量为

$$W_m = \frac{1}{2}L_1 I_1^2 + \frac{1}{2}L_2 I_2^2 + M I_1 I_2$$

---

① 由于铁磁质具有磁滞现象，本节磁能公式对铁磁质不适用。

22.9 麦克斯韦方程组

电磁学的基本规律是真空中的电磁场规律，它们是

$$\left.\begin{aligned}
&\text{I} \quad \oint_S \boldsymbol{E}\cdot \mathrm{d}\boldsymbol{S} = \frac{q}{\varepsilon_0} = \frac{1}{\varepsilon_0}\int_V \rho \mathrm{d}V \\
&\text{II} \quad \oint_S \boldsymbol{B}\cdot \mathrm{d}\boldsymbol{S} = 0 \\
&\text{III} \quad \oint_L \boldsymbol{E}\cdot \mathrm{d}\boldsymbol{r} = -\frac{\mathrm{d}\Phi}{\mathrm{d}t} = -\int_S \frac{\partial \boldsymbol{B}}{\partial t}\cdot \mathrm{d}\boldsymbol{S} \\
&\text{IV} \quad \oint_L \boldsymbol{B}\cdot \mathrm{d}\boldsymbol{r} = \mu_0 I + \frac{1}{c^2}\frac{\mathrm{d}\Phi_e}{\mathrm{d}t} = \mu_0\int_S\left(\boldsymbol{J} + \varepsilon_0\frac{\partial \boldsymbol{E}}{\partial t}\right)\cdot \mathrm{d}\boldsymbol{S}
\end{aligned}\right\} \qquad (22.37)$$

这就是关于真空的**麦克斯韦方程组**的积分形式①。在已知电荷和电流分布的情况下，这组方程可以给出电场和磁场的唯一分布。特别是当初始条件给定后，这组方程还能唯一地预言电磁场此后变化的情况。正像牛顿运动方程能完全描述质点的动力学过程一样，麦克斯韦方程组能完全描述电磁场的动力学过程。

下面再简要地说明一下方程组(22.37)中各方程的物理意义：

方程Ⅰ是电场的高斯定律，它说明电场强度和电荷的联系。尽管电场和磁场的变化也有联系(如感生电场)，但总的电场和电荷的联系总服从这一高斯定律。

方程Ⅱ是磁通连续定理，它说明，目前的电磁场理论认为在自然界中没有单一的“磁荷”(或磁单极子)存在。

方程Ⅲ是法拉第电磁感应定律，它说明变化的磁场和电场的联系。虽然电场和电荷也有联系，但总的电场和磁场的联系总符合这一规律。

---

① 在有介质的情况下，利用辅助量 $\boldsymbol{D}$ 和 $\boldsymbol{H}$，麦克斯韦方程组的积分形式如下：

$$\text{I}' \quad \oint_S \boldsymbol{D}\cdot \mathrm{d}\boldsymbol{S} = \int_V \rho \mathrm{d}V$$

$$\text{II}' \quad \oint_S \boldsymbol{B}\cdot \mathrm{d}\boldsymbol{S} = 0$$

$$\text{III}' \quad \oint_L \boldsymbol{E}\cdot \mathrm{d}\boldsymbol{r} = -\int_S \frac{\partial \boldsymbol{B}}{\partial t}\cdot \mathrm{d}\boldsymbol{S}$$

$$\text{IV}' \quad \oint_L \boldsymbol{H}\cdot \mathrm{d}\boldsymbol{r} = \int_S\left(\boldsymbol{J} + \frac{\partial \boldsymbol{D}}{\partial t}\right)\cdot \mathrm{d}\boldsymbol{S}$$

利用数学上关于矢量运算的定理，上述方程组还可以变化为如下微分形式：

$$\text{I}'' \quad \nabla\cdot \boldsymbol{D} = \rho$$

$$\text{II}'' \quad \nabla\cdot \boldsymbol{B} = 0$$

$$\text{III}'' \quad \nabla\times \boldsymbol{E} = -\frac{\partial \boldsymbol{B}}{\partial t}$$

$$\text{IV}'' \quad \nabla\times \boldsymbol{H} = \boldsymbol{J} + \frac{\partial \boldsymbol{D}}{\partial t}$$

对于各向同性的线性介质，下述关系成立：

$\boldsymbol{D}=\varepsilon_0\varepsilon_r\boldsymbol{E}$， $\boldsymbol{B}=\mu_0\mu_r\boldsymbol{H}$， $\boldsymbol{J}=\sigma\boldsymbol{E}$

方程Ⅳ是一般形式下的安培环路定理，它说明磁场和电流(即运动的电荷)以及变化的电场的联系。

为了求出电磁场对带电粒子的作用从而预言粒子的运动，还需要洛伦兹力公式

$$\boldsymbol{F} = q\boldsymbol{E} + q\,\boldsymbol{v} \times \boldsymbol{B}$$

这一公式实际上是电场 $\boldsymbol{E}$ 和磁场 $\boldsymbol{B}$ 的定义。

磁单极子

在麦克斯韦电磁场理论中，就场源来说，电和磁是不相同的：有单独存在的正的或负的电荷，而无单独存在的“磁荷”——磁单极子，即无单独存在的 N 极或 S 极。根据“对称性”的想法，这似乎是“不合理的”。因此人们总有寻找磁荷的念头。1931 年，英国物理学家狄拉克(P. A. M Dirac，1902—1984 年)首先从理论上探讨了磁单极子存在的可能性，指出磁单极子的存在与电动力学和量子力学没有矛盾。他指出，如果磁单极子存在，则单位磁荷 g_0 与电子电荷 e 应该有下述关系：

$$g_0 = 68.5e$$

由于 g_0 比 e 大，所以库仑定律将给出两个磁单极子之间的作用力要比电荷之间的作用力大得多。

在狄拉克之后，关于磁单极子的理论有了进一步的发展。1974 年荷兰物理学家特霍夫脱和苏联物理学家鲍尔亚科夫独立地提出的非阿贝尔规范场理论认为磁单极子必然存在，并指出它比已经发现的或是曾经预言的任何粒子的质量都要大得多。现在关于弱电相互作用和强电相互作用的统一的“大统一理论”也认为有磁单极子存在，并预言其质量为 2×10^{-11}g，即约为质子质量的 10^{16} 倍。

磁单极子在现代宇宙论中占有重要地位。有一种大爆炸理论认为超重的磁单极子只能在诞生宇宙的大爆炸发生后 10^{-35} s 产生，因为只有这时才有合适的温度(10^{30} K)。当时单独的 N 极和 S 极都已产生，其中一小部分后来结合在一起湮没掉了，大部分则留了下来。今天的宇宙中还有磁单极子存在，并且在相当于一个足球场的面积上，一年约可能有一个磁单极子穿过。

以上都是理论的预言，与此同时也有人做实验试图发现磁单极子。例如 1951 年，美国的密尔斯曾用通电螺线管来捕集宇宙射线中的磁单极子(图 22.25)。如果磁单极子进入螺线管中，则会被磁场加速而在管下部的照相乳胶片上显示出它的径迹。实验结果没有发现磁单极子。

有人利用磁单极子穿过线圈时引起的磁通量变化能产生感应电流这一规律来检测磁单极子。例如，在 20 世纪 70 年代初，美国埃尔维瑞斯等人试图利用超导线圈中的电流变化来确认磁单极子通过了线圈。他们想看看登月飞船取回的月岩样品中有无磁单极子，当月岩样品通过超导线圈时(图 22.26)并未发现线圈中电流有什么变化，因而不曾发现磁单极子。

1982 年美国卡勃莱拉也设计制造了一套超导线圈探测装置(图 22.27)，并用超导量子干涉仪(SQUID)来测量线圈内磁通的微小变化，他的测量是自动记录的。1982 年 2 月

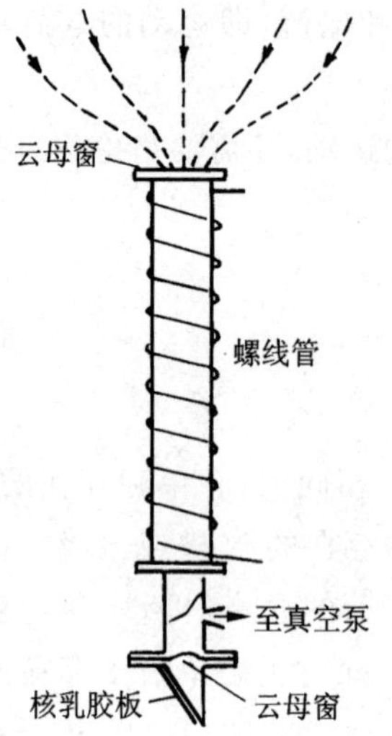

图 22.25 磁单极子捕集器

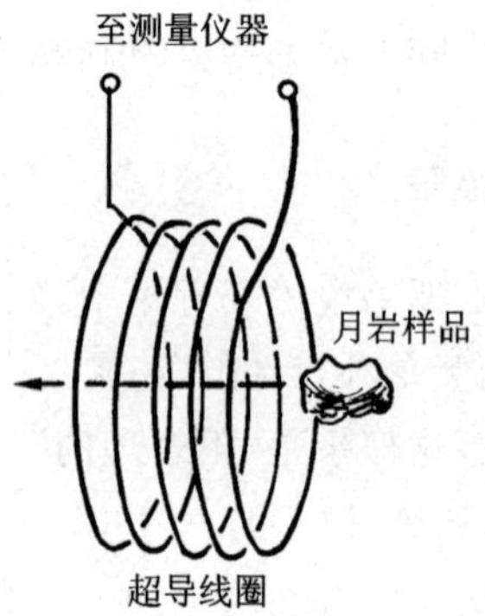

图 22.26 检测月岩样品

14 日，他发现记录仪上的电流有了突变。经过计算，正好等于狄拉克单位磁荷穿过线圈时所应该产生的突变。这是他连续等待了 151 天所得到的唯一的一个事例，以后虽经扩大线圈面积也没有再测到第二个事例。

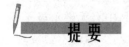

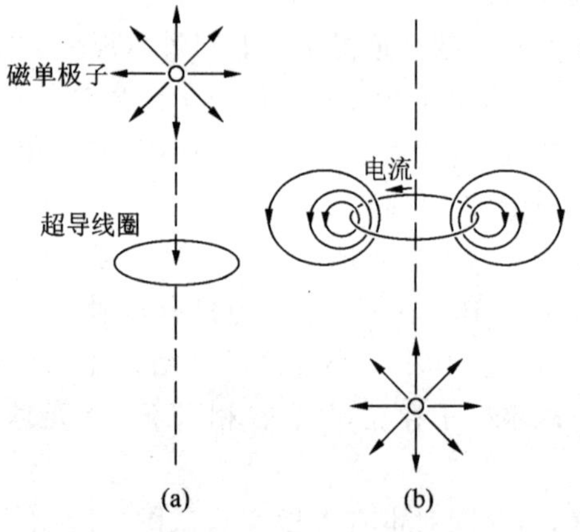

图 22.27 磁单极子通过超导线圈时产生电流突变

(a) 通过前；(b) 通过后

还有其他的实验尝试，但直到目前还不能说在实验上确认了磁单极子的存在。

提要

1. 电流密度： $\boldsymbol{J}=nq\boldsymbol{v}$

电流： $I=\int_S \boldsymbol{J}\cdot \mathrm{d}\boldsymbol{S}$

电流的连续性方程：$\oint_S \boldsymbol{J} \cdot \mathrm{d}\boldsymbol{S} = -\frac{\mathrm{d}q_{\mathrm{in}}}{\mathrm{d}t}$

2. 电动势：非静电力反抗静电力移动电荷做功，把其他种形式的能量转换为电势能，产生电势升高。

$$\mathscr{E} = \frac{A_{\mathrm{ne}}}{q} = \oint_L \boldsymbol{E}_{\mathrm{ne}} \cdot \mathrm{d}\boldsymbol{r}$$

回路电压方程（基尔霍夫第二方程）：

$$\sum(\mp \mathscr{E}_i) + \sum(\pm I_i R_i) = 0$$

3. 法拉第电磁感应定律：$\mathscr{E} = -\frac{\mathrm{d}\Psi}{\mathrm{d}t}$

其中 Ψ 为磁链，对螺线管，可以有 $\Psi = N\Phi$。

4. 动生电动势：$\mathscr{E}_{ab} = \int_a^b (\boldsymbol{v} \times \boldsymbol{B}) \cdot \mathrm{d}\boldsymbol{l}$

洛伦兹力不做功，但起能量转换作用。

5. 感生电动势和感生电场：

$$\mathscr{E} = \oint_L \boldsymbol{E}_{\mathrm{i}} \cdot \mathrm{d}\boldsymbol{r} = -\frac{\mathrm{d}\Phi}{\mathrm{d}t} = -\frac{\mathrm{d}}{\mathrm{d}t}\int_S \boldsymbol{B} \cdot \mathrm{d}\boldsymbol{S}$$

其中 $\boldsymbol{E}_{\mathrm{i}}$ 为感生电场强度。

6. 互感：

互感系数：$M = \frac{\Psi_{21}}{i_1} = \frac{\Psi_{12}}{i_2}$

互感电动势：$\mathscr{E}_{21} = -M\frac{\mathrm{d}i_1}{\mathrm{d}t}$（$M$ 一定时）

7. 自感：

自感系数：$L = \frac{\Psi}{i}$

自感电动势：$\mathscr{E}_L = -L\frac{\mathrm{d}i}{\mathrm{d}t}$（$L$ 一定时）

自感磁能：$W_{\mathrm{m}} = \frac{1}{2}LI^2$

8. 磁场的能量密度：$w_{\mathrm{m}} = \frac{B^2}{2\mu} = \frac{1}{2}BH$（非铁磁质）

9. 麦克斯韦方程组：在真空中，

$$\oint_S \boldsymbol{E} \cdot \mathrm{d}\boldsymbol{S} = \frac{q}{\varepsilon_0}$$

$$\oint_S \boldsymbol{B} \cdot \mathrm{d}\boldsymbol{S} = 0$$

$$\oint_L \boldsymbol{E} \cdot \mathrm{d}\boldsymbol{r} = \int_S \frac{\partial \boldsymbol{B}}{\partial t} \cdot \mathrm{d}\boldsymbol{S}$$

$$\oint_L \boldsymbol{B} \cdot \mathrm{d}\boldsymbol{r} = \mu_0\int_S \left(\boldsymbol{J} + \varepsilon_0\frac{\partial \boldsymbol{E}}{\partial t}\right) \cdot \mathrm{d}\boldsymbol{S}$$

思考题

22.1 当导体中没有电场时，其中能否有电流？当导体中无电流时，其中能否存在电场？

22.2 电动势与电势差有什么区别？

22.3 灵敏电流计的线圈处于永磁体的磁场中，通入电流，线圈就发生偏转。切断电流后，线圈在回复原来位置前总要来回摆动好多次。这时如果用导线把线圈的两个接头短路，则摆动会马上停止。这是什么缘故？

22.4 熔化金属的一种方法是用"高频炉"。它的主要部件是一个铜制线圈，线圈中有一坩锅，埚中放待熔的金属块。当线圈中通以高频交流电时，埚中金属就可以被熔化。这是什么缘故？

22.5 变压器的铁芯为什么总做成片状的，而且涂上绝缘漆相互隔开？铁片放置的方向应和线圈中磁场的方向有什么关系？

22.6 将尺寸完全相同的铜环和铝环适当放置，使通过两环内的磁通量的变化率相等。问这两个环中的感应电流及感生电场是否相等？

22.7 电子感应加速器中，电子加速所得到的能量是哪里来的？试定性解释。

22.8 三个线圈中心在一条直线上，相隔的距离很近，如何放置可使它们两两之间的互感系数为零？

22.9 有两个金属环，一个的半径略小于另一个。为了得到最大互感，应把两环面对面放置还是一环套在另一环中？如何套？

22.10 如果电路中通有强电流，当突然打开刀闸断电时，就有一大火花跳过刀闸。试解释这一现象。

22.11 利用楞次定律说明为什么一个小的条形磁铁能悬浮在用超导材料做成的盘上(图22.28)。

22.12 金属探测器的探头内通入脉冲电流，才能测到埋在地下的金属物品发回的电磁信号(图22.29)。能否用恒定电流来探测？埋在地下的金属为什么能发回电磁信号？

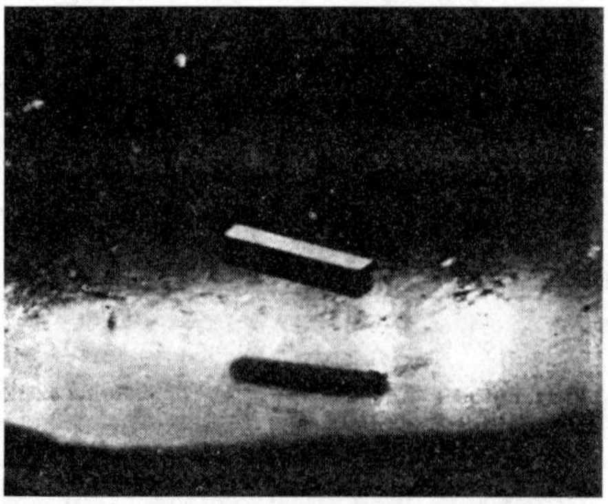

图22.28 超导磁悬浮

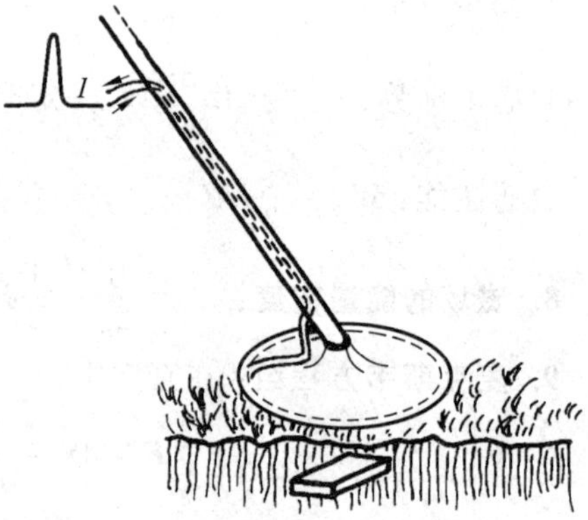

图22.29 思考题22.12用图

22.13 麦克斯韦方程组中各方程的物理意义是什么？

22.14 如果真有磁荷存在，那么根据电和磁的对称性，麦克斯韦方程组应如何补充修改？(以 g 表示磁荷。)

习题

22.1 在通有电流 $I=5$ A 的长直导线近旁有一导线段 ab，长 $l=20$ cm，离长直导线距离 $d=10$ cm（图 22.30）。当它沿平行于长直导线的方向以速度 $v=10$ m/s 平移时，导线段中的感应电动势多大？a，b 哪端的电势高？

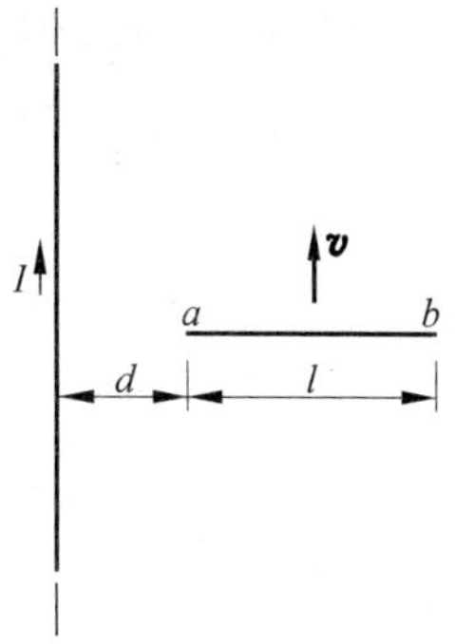

图 22.30 习题 22.1 用图

22.2 平均半径为 12 cm 的 4×10^3 匝线圈，在强度为 0.5 G 的地磁场中每秒钟旋转 30 周，线圈中可产生最大感应电动势为多大？如何旋转和转到何时，才有这样大的电动势？

22.3 如图 22.31 所示，长直导线中通有电流 $I=5$ A，另一矩形线圈共 1×10^3 匝，宽 $a=10$ cm，长 $L=20$ cm，以 $v=2$ m/s 的速度向右平动，求当 $d=10$ cm 时线圈中的感应电动势。

22.4 习题 22.3 中若线圈不动，而长导线中通有交变电流 $i=5\sin 100\pi t$ A，线圈内的感生电动势将为多大？

22.5 在半径为 R 的圆柱形体积内，充满磁感应强度为 $\boldsymbol{B}$ 的均匀磁场。有一长为 L 的金属棒放在磁场中，如图 22.32 所示。设磁场在增强，并且 $\frac{\mathrm{d}B}{\mathrm{d}t}$ 已知，求棒中的感生电动势，并指出哪端电势高。

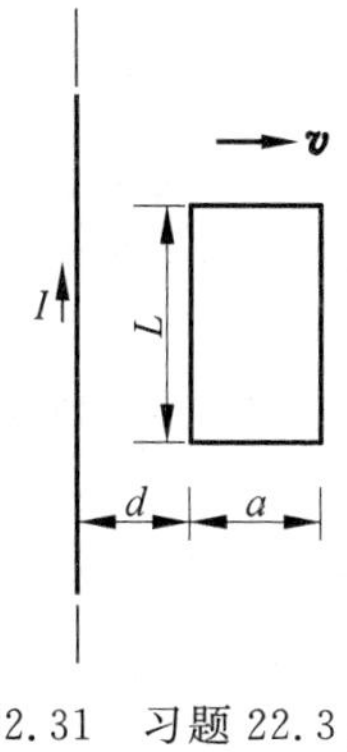

图 22.31 习题 22.3 用图

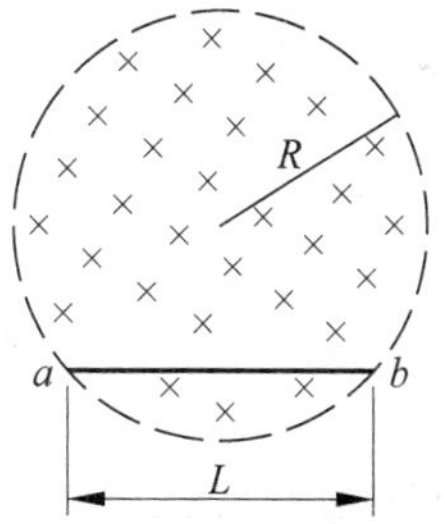

图 22.32 习题 22.5 用图

22.6 在 50 周年国庆盛典上我 FBC-1“飞豹”新型超音速歼击轰炸机（图 22.33）在天安门上空沿水平方向自东向西呼啸而过。该机翼展 12.705 m。设北京地磁场的竖直分量为 0.42×10^{-4} T，该机又以最大 M 数 1.70（M 数即“马赫数”，表示飞机航速相当于声速的倍数）飞行，求该机两翼尖间的电势差。哪端电势高？

22.7 为了探测海洋中水的运动，海洋学家有时依靠水流通过地磁场所产生的动生电动势。假设在某处地磁场的竖直分量为 0.70×10^{-4} T，两个电极垂直插入被测的相距 200 m 的水流中，如果与两极相连的灵敏伏特计指示 7.0×10^{-3} V 的电势差，求水流速率多大。

22.8 发电机由矩形线环组成，线环平面绕竖直轴旋转。此竖直轴与大小为 2.0×10^{-2} T 的均匀水平磁场垂直。环的尺寸为 10.0 cm×20.0 cm，它有 120 圈。导线的两端接到外电路上，为了在两端之间产生最大值为 12.0 V 的感应电动势，线环必须以多大的转速旋转？

22.9 一种用小线圈测磁场的方法如下：做一个小线圈，匝数为 N，面积为 S，将它的两端与一测电

图 22.33 习题 22.6 用图

量的冲击电流计相连。它和电流计线路的总电阻为 R。先把它放到待测磁场处，并使线圈平面与磁场方向垂直，然后急速地把它移到磁场外面，这时电流计给出通过的电量是 q。试用 N,S,q,R 表示待测磁场的大小。

22.10 **电磁阻尼**。一金属圆盘，电阻率为 ρ，厚度为 b。在转动过程中，在离转轴 r 处面积为 a^2 的小方块内加以垂直于圆盘的磁场 $\boldsymbol{B}$(图 22.34)。试导出当圆盘转速为 ω 时阻碍圆盘的电磁力矩的近似表达式。

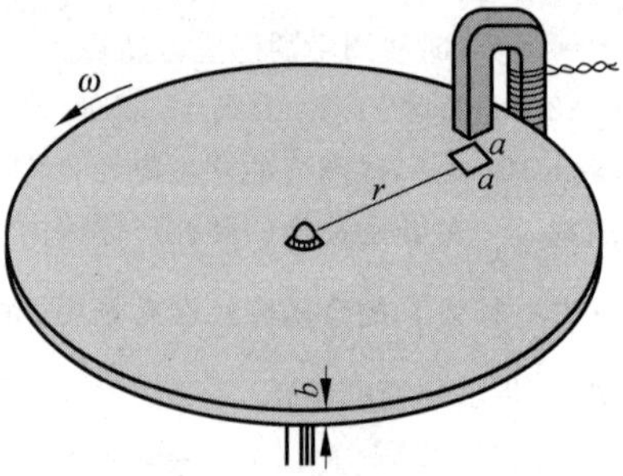

图 22.34 习题 22.10 用图

22.11 在电子感应加速器中，要保持电子在半径一定的轨道环内运行，轨道环内的磁场 B 应该等于环围绕的面积中 B 的平均值 $\bar{B}$ 的一半，试证明之。

22.12 在分析图 22.16(a)中的电子轨道运动附加磁矩的产生时，曾假定轨道半径 r 不变。试用经典理论证明这一假定：先求出轨道半径不变而电子速率增加 Δv 时需要增加的向心力 ΔF(取一级近似)，再求出加入磁场 $\boldsymbol{B}$ 后，速率为 $v+\Delta v$ 的电子所受的洛伦兹力(也取一级近似)。根据此洛伦兹力等于所需增加的向心力可知轨道半径是可以保持不变的。

22.13 一个长 l、截面半径为 R 的圆柱形纸筒上均匀密绕有两组线圈。一组的总匝数为 N_1，另一组的总匝数为 N_2。求筒内为空气时两组线圈的互感系数。

22.14 一圆环形线圈 a 由 50 匝细线绕成，截面积为 4.0 cm^2，放在另一个匝数等于 100 匝，半径为 20.0 cm 的圆环形线圈 b 的中心，两线圈同轴。求：

(1) 两线圈的互感系数；

(2) 当线圈 a 中的电流以 50 A/s 的变化率减少时，线圈 b 内磁通量的变化率；

(3) 线圈 b 的感生电动势。

22.15 半径为 2.0 cm 的螺线管，长 30.0 cm，上面均匀密绕 1 200 匝线圈，线圈内为空气。

(1) 求这螺线管中自感多大?

(2) 如果在螺线管中电流以 3.0×10^2 A/s 的速率改变，在线圈中产生的自感电动势多大?

22.16 一长直螺线管的导线中通入 10.0 A 的恒定电流时，通过每匝线圈的磁通量是 20 μWb；当电流以 4.0 A/s 的速率变化时，产生的自感电动势为 3.2 mV。求此螺线管的自感系数与总匝数。

22.17 如图 22.35 所示的截面为矩形的螺绕环，总匝数为 N。

(1) 求此螺绕环的自感系数；

(2) 沿环的轴线拉一根直导线。求直导线与螺绕环的互感系数 M_{12} 和 M_{21}，二者是否相等?

22.18 两条平行的输电线半径为 a，二者中心相距为 D，电流一去一回。若忽略导线内的磁场，证明这两条输电线单位长度的自感为

$$L_1 = \frac{\mu_0}{\pi}\ln\frac{D-a}{a}$$

22.19 两个平面线圈，圆心重合地放在一起，但轴线正交。二者的自感系数分别为 L_1 和 L_2，以 L 表示二者相连结时的等效自感，试证明：

(1) 两线圈串联时，

$$L = L_1 + L_2$$

(2) 两线圈并联时，

$$\frac{1}{L} = \frac{1}{L_1} + \frac{1}{L_2}$$

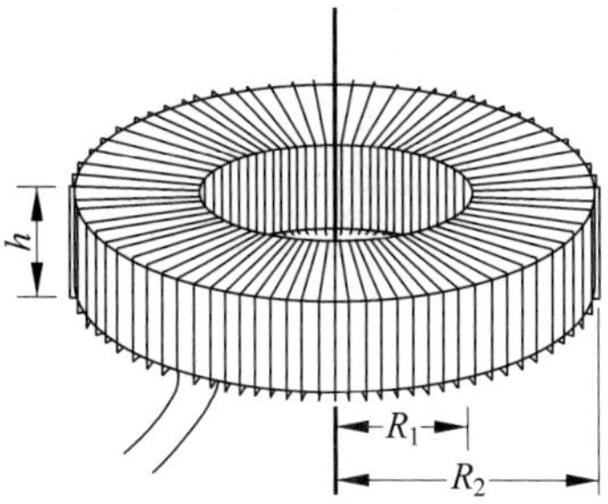

图 22.35 习题 22.17 用图

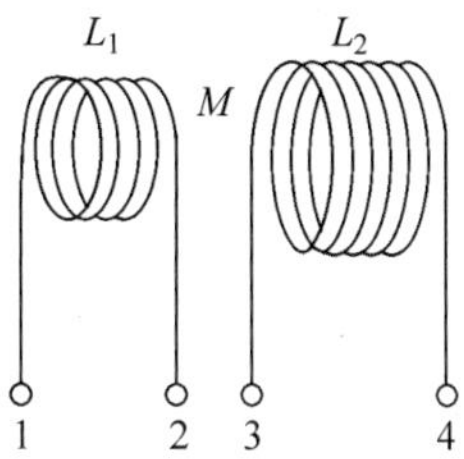

图 22.36 习题 22.20 用图

22.20 两线圈的自感分别为 L_1 和 L_2，它们之间的互感为 M(图 22.36)。

(1) 当二者顺串联，即 2,3 端相连，1,4，端接入电路时，证明二者的等效自感为 $L=L_1+L_2+2M$；

(2) 当二者反串联，即 2,4 端相连，1,3 端接入电路时，证明二者的等效自感为 $L=L_1+L_2-2M$。

22.21 中子星表面的磁场估计为 10^8 T，该处的磁能密度多大？(按质能关系，以 kg/m^3 表示之。)

22.22 实验室中一般可获得的强磁场约为 2.0 T，强电场约为 1×10^6 V/m。求相应的磁场能量密度和电场能量密度多大？哪种场更有利于储存能量？

22.23 可能利用超导线圈中的持续大电流的磁场储存能量。要储存 1 kW·h 的能量，利用 1.0 T 的磁场，需要多大体积的磁场？若利用线圈中的 500 A 的电流储存上述能量，则该线圈的自感系数应多大？

22.24 一长直的铜导线截面半径为 5.5 mm，通有电流 20 A。求导线外贴近表面处的电场能量密度和磁场能量密度各是多少？铜的电阻率为 1.69×10^{-8} Ω·m。

22.25 一同轴电缆由中心导体圆柱和外层导体圆筒组成，二者半径分别为 R_1 和 R_2，筒和圆柱之间充以电介质，电介质和金属的 μ_r 均可取作 1，求此电缆通过电流 I(由中心圆柱流出，由圆筒流回)时，单位长度内储存的磁能，并通过和自感磁能的公式比较求出单位长度电缆的自感系数。

*22.26 两条平行的半径为 a 的导电细直管构成一电路，二者中心相距为 $D_1\gg a$(图 22.37)。通过直管的电流 I 始终保持不变。

(1) 求这对细直管单位长度的自感；

(2) 固定一个管，将另一管平移到较大的间距 D_2 处。求在这一过程中磁场对单位长度的动管所做的功 A_m；

(3) 求与这对细管单位长度相联系的磁能的改变 ΔW_m；

(4) 判断在上述过程中这对细管单位长度内的感应电动势 $\mathscr{E}$ 的方向以及此电动势所做的功 $A_{\mathscr{E}}$；

(5) 给出 A_m，ΔW_m 和 $A_{\mathscr{E}}$的关系。

*22.27 两个长直螺线管截面积 S 几乎相同，一个插在另一个内部，如图 22.38 所示。二者单位长

度的匝数分别为 n_1 和 n_2，通有电流 I_1 和 I_2。试证明两者之间的磁力为

$$F_m = \mu_0 n_1 n_2 S I_1 I_2$$

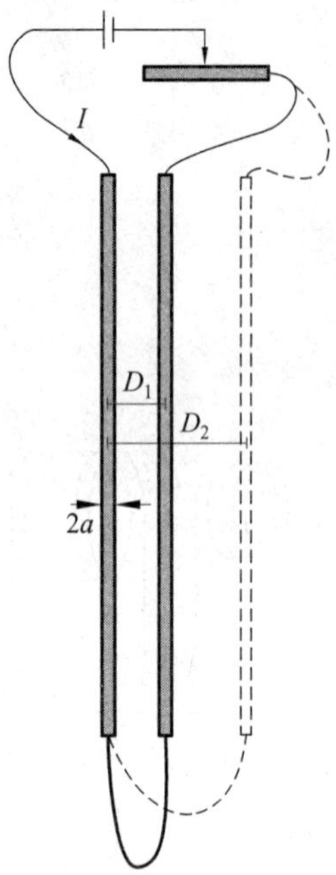

图 22.37 习题 22.26 用图

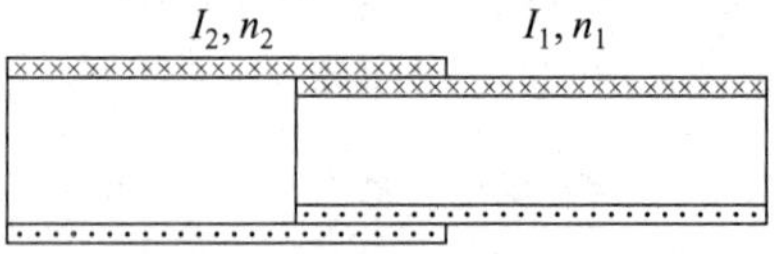

图 22.38 习题 22.27 用图

科学家介绍

法　拉　第

(Michael Faraday,1791—1867 年)

法拉第像

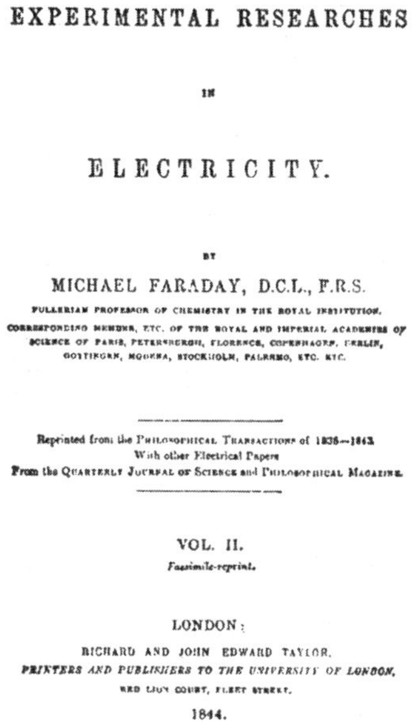

EXPERIMENTAL RESEARCHES

IN

ELECTRICITY.

BY

MICHAEL FARADAY, D.C.L., F.R.S.

FULLERIAN PROFESSOR OF CHEMISTRY IN THE ROYAL INSTITUTION,
CORRESPONDING MEMBER, ETC. OF THE ROYAL AND IMPERIAL ACADEMIES OF SCIENCE OF PARIS, PETERSBURGH, FLORENCE, COPENHAGEN, BERLIN, GOTTINGEN, MODENA, STOCKHOLM, PALERMO, ETC. ETC.

Reprinted from the PHILOSOPHICAL TRANSACTIONS of 1838—1843.
With other Electrical Papers
From the QUARTERLY JOURNAL OF SCIENCE and PHILOSOPHICAL MAGAZINE.

VOL. II.

Facsimile-reprint.

LONDON:
RICHARD AND JOHN EDWARD TAYLOR,
PRINTERS AND PUBLISHERS TO THE UNIVERSITY OF LONDON,
RED LION COURT, FLEET STREET.
1844.

《电的实验研究》一书的扉页

法拉第于 1791 年出生在英国伦敦附近的一个小村子里,父亲是铁匠,自幼家境贫寒,无钱上学读书。13 岁时到一家书店里当报童,次年转为装订学徒工。在学徒工期间,法拉第除工作外,利用书店的条件,在业余时间贪婪地阅读了许多科学著作,例如《化学对话》、《大英百科全书》中有关电学的条目等。这些书开拓了他的视野,激发了他对科学的浓厚兴趣。

1812 年,学徒期满,法拉第就想专门从事科学研究。次年,经著名化学家戴维推荐,法拉第到皇家研究院实验室当助理研究员。这年底,作为助手和仆从,他随戴维到欧洲大陆考察漫游,结识了不少知名科学家,如安培、伏打等,这进一步扩大了他的眼界。1815 年春回到英国后,在戴维的支持和指导下做了很多化学方面的研究工作。1821 年开始担任实验室主任,一直到 1865 年。1824 年,被推选为皇家学会会员。次年法拉第正式成为皇家学院教授。1851 年,曾被一致推选为英国皇家学会会长,但被他坚决推辞掉了。

1821 年,法拉第读到了奥斯特的描述他发现电流磁效应的论文《关于磁针上电碰撞的实验》。该文给了他很大的启发,使他开始研究电磁现象。经过 10 年的实验研究(中间曾因研究合金和光学玻璃等而中断过)，在1831年，他终于发现了电磁感应现象。

法拉第发现电磁感应现象完全是一种自觉的追求。在《电的实验研究》第一集中，他写道："不管采用安培的漂亮理论或其他什么理论，也不管思想上作些什么保留，都会感到下述论点十分特别，即虽然每一电流总伴有一个与它的方向成直角的磁力，然而电的良导体，当放在该作用范围内时，都应该没有任何感应电流通过它，也不产生在该力方面与此电流相当的某些可觉察的效应。对这些问题及其后果的考虑，再加上想从普通的磁中获得电的希望，时时激励着我从实验上去探求电流的感应效应。"

与法拉第同时，安培也做过电流感应的实验。他曾期望一个线圈中的电流会在另一个线圈中"感应"出电流来，由于他只是观察了恒定电流的情况，所以未发现这种感应效应。

法拉第也经过同样的失败过程，只是在1831年他仔细地注意到了**变化**的情况时，才发现了电磁感应现象。第一次的发现是这样：他在一个铁环上绕了两组线圈，一组通过电键与电池组相连，另一组的导线下面平行地摆了个小磁针。当前一线圈和电池组接通或切断的瞬间，发现小磁针都发生摆动，但又都旋即回复原位。之后，他又把线圈绕在木棒上做了同样的实验，又做了磁铁插入连有电流计的线圈或从其中拔出的实验，把两根导线(一根与电池连接，另一根和电流计连接)移近或移开的实验等，一共有几十个实验。他还当众表演了他的发电机：一个一边插入电磁铁两极间的铜盘转动时，在连接轴和盘边缘的导线中产生了电流。最后，他总结提出了电磁感应的暂态性，即只有在变化时，才能产生感应电流。他把自己已做过的实验**概括为五类**，即：变化的电流，变化的磁场，运动的恒定电流，运动的磁铁，在磁场中运动的导体。就这样，法拉第完成了一个划时代的创举，从此人类跨入了广泛使用电能的新时代。

应该指出的是，在法拉第的同时，美国物理学家亨利(J. Henry，1799—1878年)也独立地发现了电磁感应现象。他先是在1829年发现了通电线圈断开时发生强烈的火花，他称之为"电自感"，接着在1830年发现了在电磁铁线圈的电流通或断时，在它的两极间的另一线圈中能产生瞬时的电流。

法拉第在电学的其他方面还有很多重要的贡献。1833年，他发现了**电解定律**，1837年发现了电介质对电容的影响，引入了**电容率**(即相对介电系数)概念。1845年发现了**磁光效应**，即磁场能使通过重玻璃的光的偏振面发生旋转，以后又发现物质可区分为**顺磁质**和**抗磁质**等。

法拉第不但作为实验家做出了很多成绩，而且在物理思想上也有很重要的贡献。首先是关于**自然界统一**的思想，他深信电和磁的统一，即它们的相互联系和转化。他还用实验证实了当时已发现的五种电(伏打电、摩擦电、磁生电、热电、生物电)的统一。他是在证实物质都具有磁性时发现顺磁和抗磁的。在发现磁光效应后，他这样写道："这件事更有力地证明一切自然力都是可以互相转化的，有着共同的起源。"这种思想至今还支配着物理学的发展。

法拉第的较少抽象较多实际的头脑使他提出了另一个重要的思想——**场的概念**。在他之前，引力、电力、磁力都被视为是超距作用。但在法拉第看来，不经过任何媒介而发生相互作用是不可能的，他认为电荷、磁体或电流的周围弥漫着一种物质，它传递电或磁的作用。他称这种物质为电场和磁场，他还凭着惊人的想象力把这种场用**力线**来加以形象化地描绘，并且用铁粉演示了磁感线的“实在性”。他认为电磁感应是导体切割磁感线的结果，并得出“形成电流的力正比于切割磁感线的条数”（其后1845年，诺埃曼（F. E. Neumann，1798—1895年）第一次用数学公式表示了电磁感应定律）。他甚至提出了“磁作用的传播需要时间”，“磁力从磁极出发的传播类似于激起波纹的水面的振动”等这样深刻的观点。大家知道，场的概念今天已成为物理学的基石了。

除进行科学研究外，法拉第还热心科学普及工作。他协助皇家学院举办“星期五讲座”（持续了三十几年）、“少年讲座”、“圣诞节讲座”，他自己参加讲课，内容十分广泛，从探照灯到镜子镀银工艺，从电磁感应到布朗运动等。他很讲究讲课艺术，注意表达方式，讲课效果良好。有的讲稿被译成多种文字出版，甚至被编入基础英语教材。

1867年8月25日，他坐在书房的椅子上安详地离开了人世。遵照他的遗言，在他的墓碑上只刻了名字和生卒年月。法拉第终生勤奋刻苦，坚韧不拔地进行科学探索。除了二十多集《电的实验研究》外，还留下了《法拉第日记》七卷，共三千多页，几千幅插图。这些书都记录着他的成功和失败，精确的实验和深刻的见解。这都是他留给后人的宝贵遗产。

今日物理趣闻 G

超导电性

超导是超导电性的简称，它是指金属、合金或其他材料电阻变为零的性质。超导现象是荷兰物理学家翁纳斯(H. K. Onnes，1853—1926年)首先发现的。

G.1 超导现象

翁纳斯在1908年首次把最后一个“永久气体”氦气液化，并得到了低于4 K的低温。1911年他在测量一个固态汞样品的电阻与温度的关系时发现，当温度下降到4.2 K附近时，样品的电阻突然减小到仪器无法觉察出的一个小值(当时约为$1\times10^{-5}\ \Omega$左右)。图G.1画出了由实验测出的汞的电阻率在4.2 K附近的变化情况。该曲线表示在低于4.15 K的温度下汞的电阻率为零(作为对比，在图G.1中还用虚线画出了正常金属铂的电阻率随温度变化的关系)。

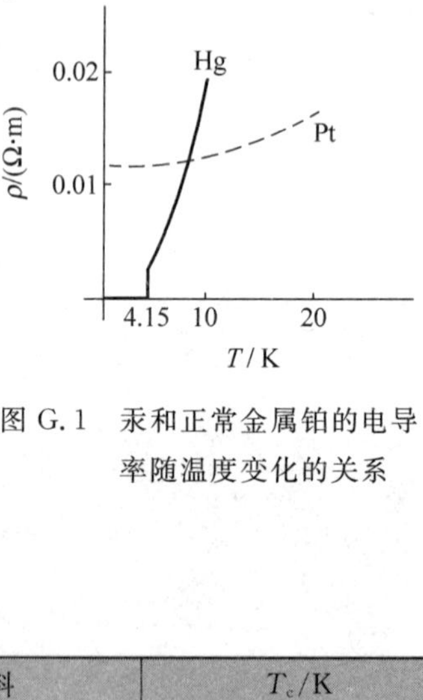

图G.1 汞和正常金属铂的电导率随温度变化的关系

电阻率为零，即完全没有电阻的状态称为**超导态**。除了汞以外，以后又陆续发现有许多金属及合金在低温下也能转变成超导态，但它们的**转变温度**(或叫**临界温度**T_c)不同。表G.1列出了几种材料的转变温度。

表G.1 几种超导体

材料	T_c/K	材料	T_c/K
Al	1.20	Nb	9.26
In	3.40	V_3Ga	14.4
Sn	3.72	Nb_3Sn	18.0
Hg	4.15	Nb_3Al	18.6
Au	4.15	Nb_3Ge	23.2
V	5.30	钡基氧化物	约90
Pb	7.19		

利用超导体的持续电流清华大学物理表演室做了一个很有趣的悬浮实验。用永久

磁铁块(NdFeB)成一环形轨道(其断面磁极呈 NSN 排列)。将一小方块超导体(钇钡铜氧材料,用浸有液氮的泡沫塑料包裹)放到轨道上面,它就可以悬浮在那里而不下落(图 G.2)。这是由于电磁感应使超导块在放上时其表面感应出了持续电流。根据楞次定律,轨道的磁场将对这电流,也就是对超导块,产生斥力,超导块越靠近轨道,斥力就越大。最后这斥力可以大到足以抵消超导块所受重力而使它悬浮在空中。这时如果沿轨道方向轻轻地推一下超导块,它就将沿轨道运动成为一辆磁悬浮小车。

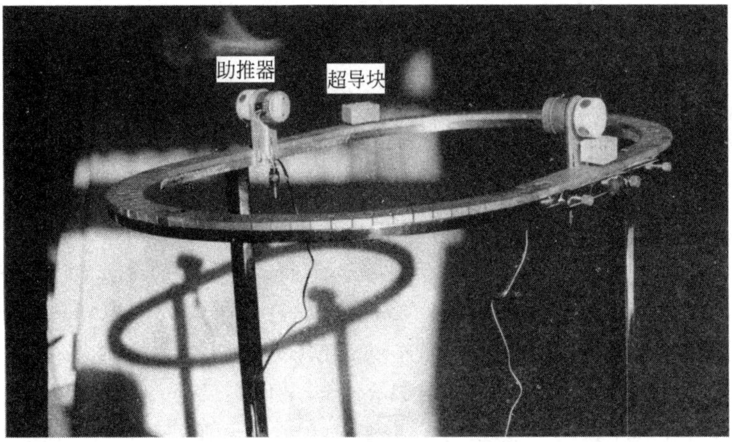

图 G.2 磁悬浮小车实验装置

超导体的电阻准确为零,因此一旦它内部产生电流后,只要保持超导状态不变,其电流就不会减小。这种电流称为**持续电流**。有一次,有人在超导铅环中激发了几百安的电流,在持续两年半的时间内没有发现可观察到的电流变化。如果不是撤掉了维持低温的液氦装置,此电流可能持续到现在。当然,任何测量仪器的灵敏度都是有限的,测量都会有一定的误差,因而我们不可能证明超导态时的电阻严格地为零。但即使不是零,那也肯定是非常小的——它的电阻率不会超过最好的正常导体的电阻率的 10^{-15} 倍。

G.2 临界磁场

具有持续电流的超导环能产生磁场,而且除了最初产生持久电流时需要输入一些能量外,它和永久磁体一样,维持这电流和它所产生的磁场,并不需要任何电源。这意味着利用超导体可以在只消耗少许能量的条件下获得很强的磁场。

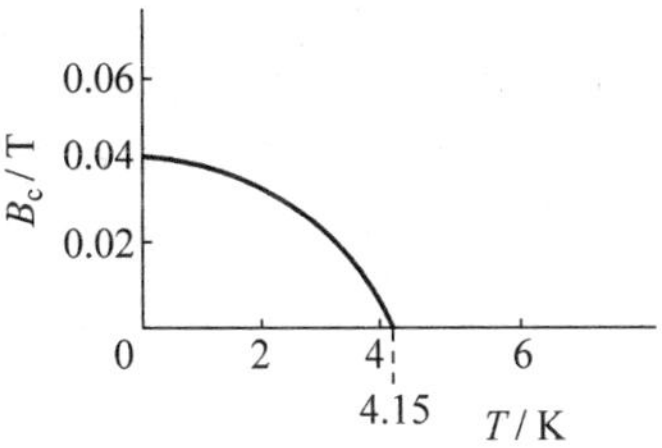

图 G.3 汞的 B_c-T 曲线

遗憾的是,强磁场对超导体有相反的作用,即强磁场可以破坏超导电性。例如,在绝对零度附近,0.041 T 的磁场就足以破坏汞的超导电性。接近临界温度时,甚至更弱的磁场也能破坏超导电性。破坏材料超导电性的最小磁场称为**临界磁场**,以 B_c 表示,B_c 随温度而改变。在图 G.3 中画出了汞的临界磁场 B_c 与绝对温度 T 的关系曲线。

实验已表明，对于所有的超导体，B_c 与 T 的关系可以近似地用抛物线公式

$$B_c(T)=B_c(0)\times\left(1-\frac{T}{T_c}\right)^2 \qquad (G.1)$$

表示，式中 $B_c(0)$ 为绝对零度时的临界磁场。

临界磁场的存在限制了超导体中能够通过的电流。例如，在一根超导线中有电流通过时，电流也在超导线中产生磁场。随着电流的增大，当它的磁场足够强时，导线的超导电性就会被破坏。例如，在绝对零度附近，直径 0.2 cm 的汞超导线，最大只允许通过 200 A 的电流，电流再大，它将失去超导电性。对超导电性的这一限制，在设计超导磁体时是必须加以考虑的。

G.3 超导体中的电场和磁场

我们知道，由于导体有电阻，所以为了在导体中产生恒定电流，就需要在其中加电场。电阻越大，需要加的电场也就越强。对于超导体来说，由于它的电阻为零，即使在其中有电流产生，维持该电流也不需要加电场。这就是说，**在超导体内部电场总为零**。

利用超导体内电场总是零这一点可以说明如何在超导体内激起持续电流。如图 G.4(a)所示，用线吊起一个焊锡环（铅锡合金），先使其温度在临界温度以上，当把一个条形磁铁移近时，在环中激起了感应电流。但由于环有电阻，所以此电流很快就消失了，但环内留有磁通量 Φ。然后，如图 G.4(b)所示，将液氦容器上移，使焊锡环变成超导体。这时环内的磁通量 Φ 不变，如果再移走磁铁，合金环内的磁通量是不能改变的。若改变了，根据电磁感应定律，在环体内将产生电场，这和超导体内电场为零是矛盾的。因此，在磁铁移走的过程中，超导环内就会产生电流（图 G.4(c)），它的大小自动地和 Φ 值相应。这个电流就是超导体中的持续电流。

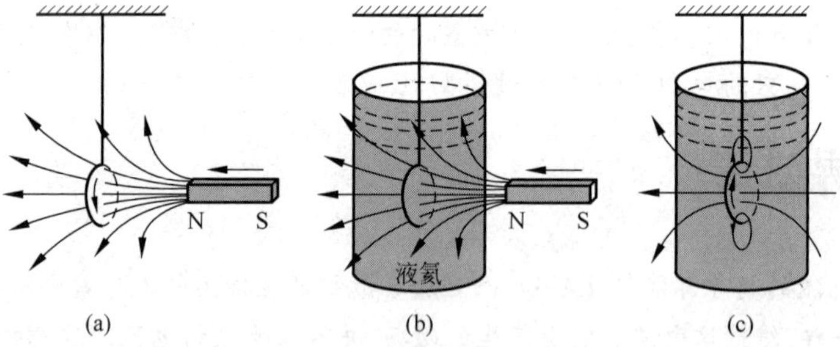

图 G.4 超导环中持续电流的产生

由于超导体内部电场强度为零，根据电磁感应定律，它体内各处的磁通量也不能变化。由此可以进一步导出超导体内部的磁场为零。例如，当把一个超导体样品放入一磁场中时，在放入的过程中，由于穿过超导体样品的磁通量发生了变化，所以将在样品的表面产生感应电流（图 G.5(a)）。这电流将在超导体样品内部产生磁场。这磁场正好抵消外磁场，而使超导体内部磁场仍为零。在超导体的外部，超导体表面感应电流的磁场和原磁场的叠加将使合磁场的磁感线绕过超导体而发生弯曲（图 G.5(b)）。这种结果常常说成是**磁感线不能进入超导体**。

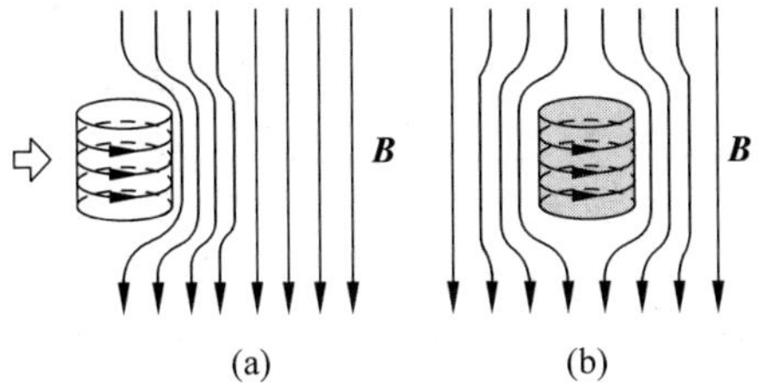

图 G.5　超导体样品放入磁场中

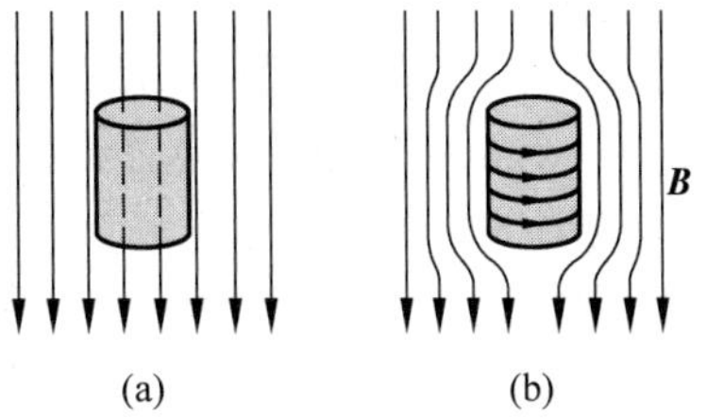

图 G.6　在磁场中样品向超导体转变

不但把超导体移入磁场中时，磁感线不能进入超导体，而且原来就在磁场中的超导体也会把磁场排斥到超导体之外。1933 年迈斯纳(Meissner)和奥克森费尔特(Ochsenfeld)在实验中发现了下述事实。他们先把在临界温度以上的锡和铅样品放入磁场中，由于这时样品不是超导体，所以其中有磁场存在(图 G.6(a))。当他们维持磁场不变而降低样品的温度时，发现当样品转变为超导体后，其内部也没有磁场了(图 G.6(b))。这说明，在转变过程中，在超导体表面上也产生了电流，这电流在其内部的磁场完全抵消了原来的磁场。一种材料能减弱其内部磁场的性质叫**抗磁性**。迈斯纳实验表明，**超导体具有完全的抗磁性**。转变为超导体时能排除体内磁场的现象叫**迈斯纳效应**。迈斯纳效应中，只在超导体表面产生电流是就宏观而言的。在微观上，这电流是在表面薄层内产生的，薄层厚度约为 10^{-5} cm。在这表面层内，磁场并不完全为零，因而还有一些磁感线穿入表面层。

严格说来，理想的迈斯纳效应只能在沿磁场方向的非常长的圆柱体(如导线)中发生。对于其他形状的超导体，磁感线被排除的程度取决于样品的几何形状。在一般情况下，整个金属体内分成许多超导区和正常区。磁场增强时，正常区扩大，超导区缩小。当达到临界磁场时，整个金属都变成正常的了。

G.4　第二类超导体

大多数纯金属超导体排除磁感线的性质有一个明显的分界。在低于临界温度的某一温度下，当所加磁场比临界磁场弱时，超导体禁止磁感线进入。但一旦磁场比临界磁场强时，这种超导特性就消失了，磁感线可以进入金属体内。具有这种性质的超导体叫**第一类超导体**。还有一类超导体的磁性质较为复杂，它们被称做**第二类超导体**。目前发现的这类超导体有铌、钒和一些合金材料。这类超导体在低于临界温度的一定温度下有两个临界磁场 B_{c1} 和 B_{c2}。图 G.7 示出了这类超导体的两个临界磁场对温度 T 的变化曲线。当磁场比第一临界磁场 B_{c1} 弱时，这类超导体处于纯粹的超导态，称迈斯纳态，这时它完全禁止磁感线进入。当磁场在 B_{c1} 和 B_{c2} 之间时，材料具有超导区和正常区相混杂的结构，叫做**混合态**，这时可以有部分磁感线进入。当磁场比第二临界

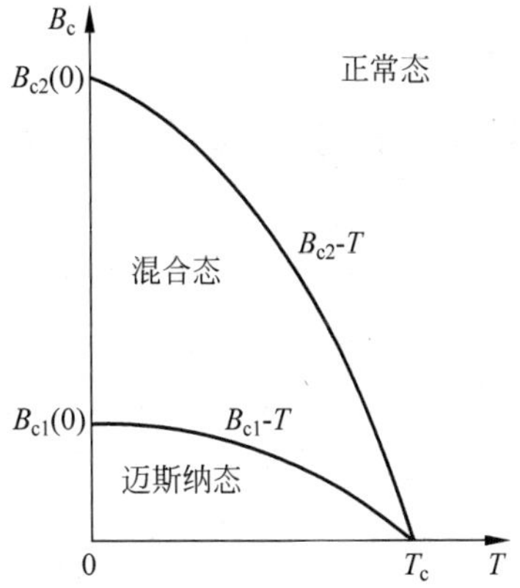

图 G.7　第二类超导体 B_c-T 曲线

磁场 B_{c2} 还要强时，材料完全转入正常态，磁感线可以自由进入。例如，铌三锡(Nb_3Sn)在4.2 K的温度下，$B_{c1}=0.019$ T，$B_{c2}=22$ T，这个 B_{c2} 值是相当高的。这样高的 B_{c2} 值有很重要的实用价值，因为在任何金属都已丧失超导特性的强磁场中，这种材料还能保持超导电性。

第二类超导材料处于中等强度的磁场中时，它的混合态具有下述的结构：整个材料是超导的，但其中嵌有许多细的正常态的丝，这些丝都平行于外加磁场的方向，它们是外磁场的磁感线的通道(图G.8)。每根细丝都被电流围绕着，这些电流屏蔽了细丝中磁场对外面的超导区的作用。这种电流具有涡旋性质，所以这种正常态细丝叫做**涡线**。

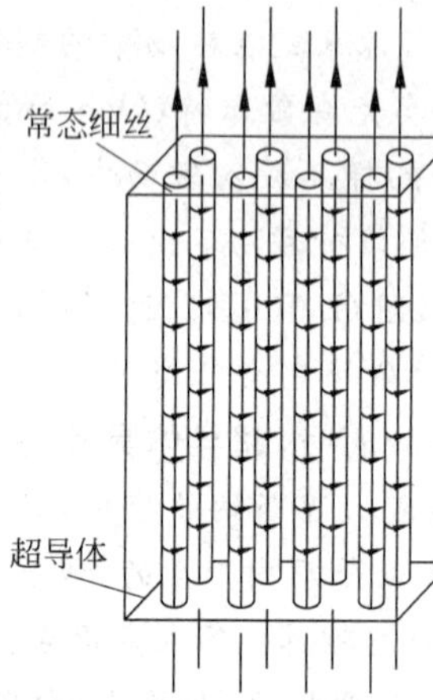

图G.8 第二类超导体的混合态

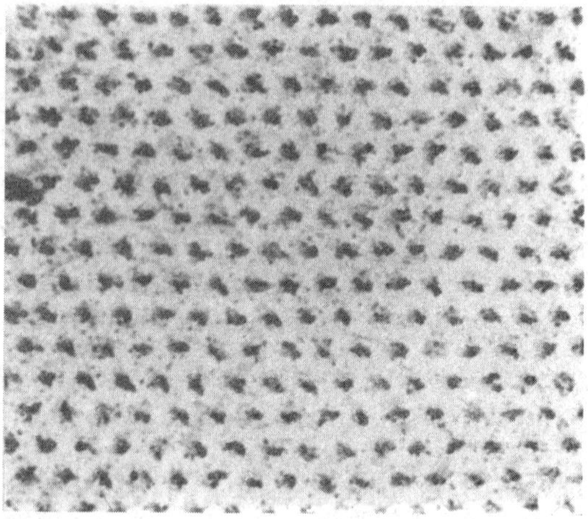

图G.9 铁粉显示的涡线端头

实验证明，在每一条涡线中的磁通量都有一个确定的值 Φ_0，它和普朗克常数 h 以及电子电量 e 有一确定的关系，即

$$\Phi_0=\frac{h}{2e}=2.07\times10^{-15}\ \mathrm{T\cdot m^2} \tag{G.2}$$

这说明磁通量是量子化的，Φ_0 就表示**磁通量子**。在第二类超导体处于混合态时，外磁场的增强只能增加涡线的数目，而不能增加每根涡线中的磁通。磁场越强，涡线越多、越密。磁场达到 B_{c2} 时，涡线将充满整个材料而使材料全部转变为正常态。这种涡线可以用铁粉显示出来。图G.9就是用铁粉显示的铅-铟超导材料断面图。图中显示涡线排列成整齐的图样，线与线之间的距离约为0.005 cm。

G.5 BCS理论

超导电性是一种宏观量子现象，只有依据量子力学才能给予正确的微观解释。

按经典电子说，金属的电阻是由于形成金属晶格的离子对定向运动的电子碰撞的结果。金属的电阻率和温度有关，是因为晶格离子的无规则热运动随温度升高而加剧，因而使电子更容易受到碰撞。在点阵离子没有热振动(冷却到绝对零度)的完整晶体中，一个电子能在离子的行间作直线运动而不经受任何碰撞。

根据量子力学理论，电子具有波的性质，上述经典理论关于电子运动的图像不再正确。但结论是相同的，即在没有热振动的完整晶体点阵中，电子波能自由地不受任何散射

(或偏折)地向各方向传播。这是因为任何一个晶格离子的影响都会被其他粒子抵消。然而,如果点阵离子排列的完整规律性有缺陷时,在晶体中的电子波就会被散射而使传播受到阻碍,这就使金属具有了电阻。晶格离子的热振动是要破坏晶格的完全规律性的,因此,热振动也就使金属具有了电阻。在低温时,晶格热振动减小,电阻率就下降;在绝对零度时,热振动消失,电阻率也消失(除去杂质和晶格位错引起的残余电阻以外)。

由此不难理解为什么在低温下电阻率要减小,但还不能说明为什么在绝对零度以上几度的温度下有些金属的电阻会完全消失。成功地解释这种超导现象的理论是巴登(J. Bardeen, 1908—1991年)、库珀(L. N. Cooper, 1930—)和史雷夫(J. R. Schrieffer, 1931—)于1957年联合提出的(现在就叫BCS理论)。根据这一理论,产生超导现象的关键在于,在超导体中电子形成了电子对,叫"**库珀对**"。金属中的电子不是十分自由的,它们都通过点阵离子而发生相互作用。每个电子的负电荷都要吸引晶格离子的正电荷。因此,邻近的离子要向电子微微靠拢。这些稍微聚拢了的正电荷又反过来吸引其他电子,总效果是一个自由电子对另一个自由电子产生了小的吸引力。在室温下,这种吸引力是非常小的,不会引起任何效果。但当温度低到接近绝对温度几度,因而热骚动几乎完全消失时,这吸引力就大得足以使两个电子结合成对。

当超导金属处于静电平衡时(没有电流),每个"库珀对"由两个动量完全相反的电子所组成。很明显,这样的结构用经典的观点是无法解释的。因为按经典的观点,如果两个粒子有数值相等、方向相反的动量,它们将沿相反的方向彼此分离,它们之间的相互作用将不断减小,因而不能永远结合在一起,然而,根据量子力学的观点,这种结构是有可能的。这里,每个粒子都用波来描述。如果两列波沿相反的方向传播,它们能较长时间地连续交叠在一起,因而就能连续地相互作用。

在有电流的超导金属中,每一个电子对都有一总动量,这动量的方向与电流方向相反,因而能传送电荷。电子对通过晶格运动时不受阻力。这是因为当电子对中的一个电子受到晶格散射而改变其动量时,另一个电子也同时要受到晶格的散射而发生相反的动量改变。结果这电子对的总动量不变。所以晶格既不能减慢也不能加快电子对的运动,这在宏观上就表现为超导体对电流的电阻是零。

G.6 约瑟夫森效应

超导电性的量子特征明显地表现在约瑟夫森(B. D. Josephson, 1940—)效应中。两块超导体中间夹一薄的绝缘层就形成一个**约瑟夫森结**。例如,先在玻璃衬板表面蒸发上一层超导膜(如铌膜),然后把它暴露在氧气中使此铌膜表面氧化,形成一个厚度约为1~3 nm的绝缘氧化薄层,之后在这氧化层上再蒸发上一层超导膜(如铅膜),这样便做成了一个约瑟夫森结(图G.10(a))。

按经典理论,两种超导材料之间的绝缘层是禁止电子通过的。这是因为绝缘层内的电势比超导体中的电势低得多,对电子的运动形成了一个高的"势垒"。超导体中的电子的能量不足以使它爬过这势垒,所以宏观上不能有电流通过。但是,量子力学原理指出,即使对于相当高的势垒,能量较小的电子也能穿过(图G.10(b)),好像势垒下面有隧道似的。这种电子对通过超导的约瑟夫森结中势垒隧道而形成超导电流的现象叫**超导隧道效**

应，也叫约瑟夫森效应。

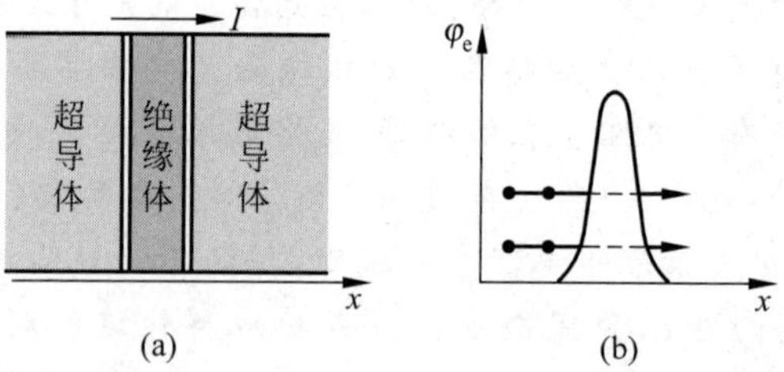

图 G.10 约瑟夫森结(a)及电子对通过势垒中的“隧道”(b)

约瑟夫森结两旁的电子波的相互作用产生了许多独特的**干涉**效应，其中之一是用直流产生交流。当在结的两侧加上一个恒定直流电压 U 时，发现在结中会产生一个交变电流，而且辐射出电磁波。这交变电流和电磁波的频率由下式给出：

$$\nu = \frac{2e}{h}U \tag{G.3}$$

例如，$U=1\ \mu V$ 时，$\nu=483.6$ MHz；$U=1$ mV 时，$\nu=483.6$ GHz。利用这一现象可以作为特定频率的辐射源。测定一定直流电压下所发射的电磁波的频率，利用式(H.3)就可非常精确地算出基本常数 e 和 h 的比值，其精确度是以前从未达到过的。

如果用频率为 ν 的电磁波照射约瑟夫森结，当改变通过结的电流时，则结上的电压 U 会出现台阶式变化(图 G.11)。电压突变值 U_n 和频率 ν 有下述关系：

$$U_n = n\frac{h\nu}{2e}, \quad n = 0, \pm 1, \pm 2, \cdots \tag{G.4}$$

例如当 $\nu=9.2$ GHz 时，台阶间隔约为 19 μV。

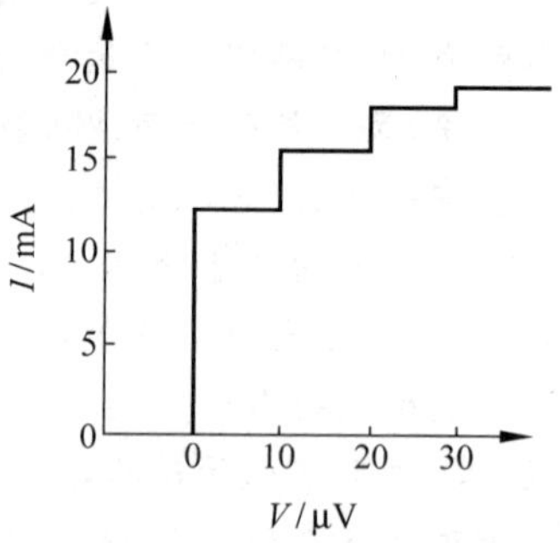

图 G.11 台阶式电压

根据这种电压决定于频率的关系，可以监视电压基准，使电压基准的稳定度和精确度提高 1～2 个数量级，这也是以前未曾达到的。

另一独特的干涉效应是利用并联的约瑟夫森结产生的，这样的一个并联装置叫超导量子干涉仪 SQUID (图 G.12)。通过这一器件的总电流决定于穿过这一环路孔洞的磁通量。当这磁通量等于磁通量子 Φ_0(见式(G.2))的半整数倍时，电流最小，当等于 Φ_0 的整数倍时，电流最大(图 G.13)。由于 Φ_0 值很小，而且明显地和电流有关，所以这种器件可用来非常精密地测量磁场。

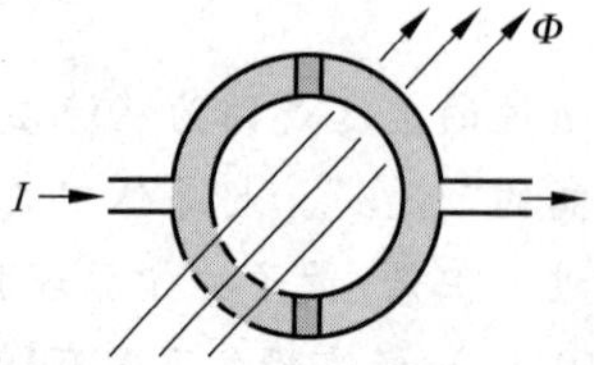

图 G.12 超导量子干涉仪原理示意图

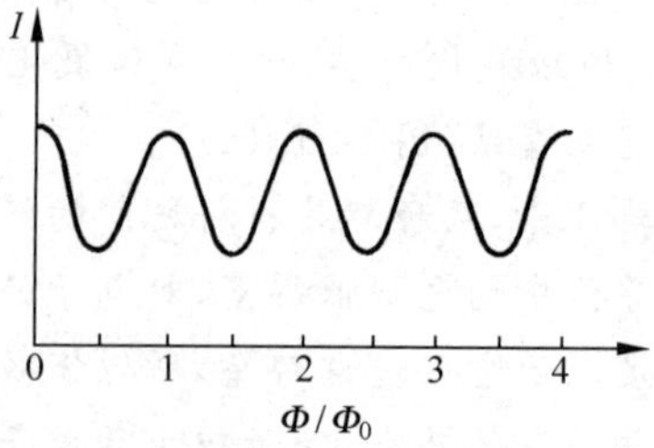

图 G.13 超导量子干涉仪中磁通量与电流的关系

G.7　超导在技术中的应用

超导在技术中最主要的应用是做成电磁铁的超导线圈以产生强磁场。这项技术是近30年来发展起来的新兴技术之一，在高能加速器、受控热核反应实验中已有很多的应用，在电力工业、现代医学等方面已显示出良好的前景。

传统的电磁铁是由铜线绕阻和铁芯构成的。尽管在理论上可通过增加电流来获得很强的磁场，但实际上由于铜线有电阻，电流增大时，发热量要按平方的倍数增加，因此，要维持一定的电流，就需要很大的功率。而且除了开始时产生磁场所需要的能量之外，供给电磁铁的能量都以热的形式损耗了。为此，还需要用大量的循环油或水进行冷却，这也需要额外的功率来维持。因此，传统的电磁铁是技术中效率最低的设备之一，而且形体笨重。与此相反，如果用超导线做电磁铁，则维持线圈中的产生强磁场的大电流并不需要输入任何功率。同时由于超导线（如 Nb_3Sn 芯线）的容许电流密度（$10^9\ A/m^2$，为临界磁场所限）比铜线的容许电流密度（$10^2\ A/m^2$，为发热熔化所限）大得多，因而导线可以细得多；再加上不需庞大的冷却设备，所以超导电磁铁可以做得很轻便。例如，一个产生5 T的中型传统电磁铁重量可达20吨，而产生相同磁场的超导电磁铁不过几公斤！

当然，超导电磁铁的运行还是需要能量的。首先是最开始时产生磁场需要能量；其次，在正常运转时需保持材料温度在绝对温度几度，需要有用液氦的致冷系统，这也需要能量。尽管如此，还是比维持一个传统电磁铁需要的能量少。例如在美国阿贡实验室中的气泡室（探测微观粒子用的一种装置，作用如同云室）用的超导电磁铁，线圈直径4.8 m，产生1.8 T的磁场。在电流产生之后，维持此电磁铁运行只需要190 kW的功率来维持液氦致冷机运行，而同样规模的传统电磁铁的运行需要的功率则是10 000 kW。这两种电磁铁的造价差不多，但超导电磁铁的年运行费用仅为传统电磁铁的10%。

美国的费米实验室的高能加速器中的超导电磁铁长7 m，磁场可达4.5 T。整个加速器环的周长为6.2 km，它由774块超导电磁铁组成，另外有240块磁体用来聚焦高能粒子束。超导电磁铁环安放在常规磁体环的下面，粒子首先在常规磁体环中加速，然后再送到超导电磁铁环中加速，最后能量可达到 10^6 MeV。

超导电磁铁还用作**核磁共振波谱仪**的关键部件，医学上利用核磁共振成像技术可早期诊断癌症。由于它的成像是三维立体像，这是其他成像方法（如X光、超声波成像）所无法比拟的。它能准确检查发病部位，而且无辐射伤害，诊断面广，使用方便。

超导材料（如NbTi合金或 Nb_3Sn）都很脆，因此做电缆时通常都把它们做成很多细丝而嵌在铜线内，并且把这种导线和铜线绕在一起。这样不仅增加了电缆的强度，而且增大了超导体的表面积。这后一点也是重要的，因为在超导体中，电流都是沿表面流通的，表面积的增大可允许通过更大的电流。另外，在超导情况下，相对于超导材料，铜是绝缘体，但一旦由于致冷出事故或磁场过强而使超导性破坏时，电流仍能通过铜导线流通。这样就可避免强电流（10^5 A或更大）突然被大电阻阻断时，大量磁能突然转变为大量的热而发生的危险。

在电力工业中，超导电机是目前最令人感兴趣的应用之一。传统电机的效率已经是很高的了,例如可高达99%,而利用超导线圈,效率可望进一步提高。但更重要的是,超导电机可以具有更大的极限功率,而且重量轻、体积小。超导发电机在大功率核能发电站中可望得到应用。

超导材料还可能作为远距离传送电能的传输线。由于其电阻为零,当然大大减小了线路上能量的损耗(传统高压输电损耗可达10%)。更重要的是,由于重量轻、体积小,输送大功率的超导传输线可铺设在地下管道中,从而省去了许多传统输电线的架设铁塔。另外,传统输电需要高压,因而有升压、降压设备。用超导线就不需要高压,还可不用交流电而用直流电。用直流电的超导输电线比用交流的要便宜些,因为直流输电线可以用第二类超导材料,它的容许电流密度大而且设计简单。

利用超导线中的持续电流可以借磁场的形式储存电能,以调节城市每日用电的高峰与低潮。把各种储能方式的能量密度加以比较(表G.2),可知磁场储能最集中。例如,储存10 000 kW·h的电能所需要的磁场(10 T)的体积约为10^4 m^3,一个截面积是5 m^2 而直径是100 m的螺绕环就大致够了。

表G.2 各种储能方式的能量密度

储能方式	能量密度/(kW·h/m^3)
磁场,10 T	11.0
电场,10^5 kV/m	0.01
水库,高100 m	0.27
压缩空气,50 atm	5
热水,100℃	18

最后提一下超导磁悬浮的应用。设想在列车下部装上超导线圈,当它通有电流而列车启动后,就可以悬浮在铁轨上。这样就大大减小了列车与铁轨之间的摩擦,从而可以提高列车的速度。有的工程师估计,在车速超过200 km/h时,超导磁悬浮的列车比利用轮子的列车更安全。目前在德日等国都已有超导磁悬浮列车在做实验短途运行,速度已达300 km/h。

G.8 高温超导

从超导现象发现之后,科学家一直寻求在较高温度下具有超导电性的材料,然而到1985年所能达到的最高超导临界温度也不过23 K,所用材料是Nb_3Ge。1986年4月美国IBM公司的缪勒(K. A. Müller,1927—)和柏诺兹(J. G. Bednorz,1950—)博士宣布钡镧铜氧化物在35 K时出现超导现象。1987年超导材料的研究出现了划时代的进展。先是年初华裔美籍科学家朱经武、吴茂昆宣布制成了转变温度为98 K的钇钡铜氧超导材料。其后在1987年2月24日中国科学院的新闻发布会上宣布,物理所赵忠贤、陈立泉等十三位科技人员制成了主要成分为钡钇铜氧四种元素的钡基氧化物超导材料,其零电阻的温度为78.5 K。几乎同一时期,日、苏等科学家也获得了类似的成功。这样,科学家们就获得了液氮温区(91 K)的超导体,从而把人们认为到2000年才能实现的目标大大提前了。这一突破性的成果可能带来许多学科领域的革命,它将对电子工业和仪器设备发生重大影响,并为实现电能超导输送、数字电子学革命、大功率电磁铁和新一代粒子加速器的制造等提供实际的可能。目前中、美、日、俄等国家都正在大力开发高温超导体的研究工作。

目前,中国在高温超导材料研制方面仍处于世界领先地位。具体的成果有:钇钡铜氧材料临界电流密度可达 6 000 A/cm^2,同样材料的薄膜临界电流密度可达 10^6 A/cm^2。利用自制超导材料已可测到 2×10^{-8} G的极弱磁场(这相当于人体内如肌肉电流的磁场),新研制的铋铅锑锶钙铜氧超导体的临界温度已达132 K到164 K,这些材料的超导机制已不能用BCS理论解释,中国科学家在超导理论方面也正做着有开创性的工作。

第5篇 量子物理

量子概念是1900年普朗克首先提出的，到今天已经过去了一百余年。这期间，经过爱因斯坦、玻尔、德布罗意、玻恩、海森伯、薛定谔、狄拉克等许多物理大师的创新努力，到20世纪30年代，就已经建成了一套完整的量子力学理论。这一理论是关于微观世界的理论。和相对论一起，它们已成为现代物理学的理论基础。量子力学已在现代科学和技术中获得了很大的成功，尽管它的哲学意义还在科学家中间争论不休。应用到宏观领域时，量子力学就转化为经典力学，正像在低速领域相对论转化为经典理论一样。

量子力学是一门奇妙的理论。它的许多基本概念、规律与方法都和经典物理的基本概念、规律和方法截然不同。本篇将介绍有关量子力学的基础知识。第23章先介绍量子概念的引入——微观粒子的二象性，由此而引起的描述微观粒子状态的特殊方法——波函数，以及微观粒子不同于经典粒子的基本特征——不确定关系。然后在第24章介绍微观粒子的基本运动方程(非相对论形式)——薛定谔方程。对于此方程，首先把它应用于势阱中的粒子，得出微观粒子在束缚态中的基本特征——能量量子化、势垒穿透等。

第25章用量子概念介绍了电子在原子中运动的规律，包括能量、角动量的量子化，自旋的概念，泡利不相容原理，原子中电子的排布，X光和激光的原理。

第23章

波粒二象性

量子物理理论起源于对波粒二象性的认识。本章着重说明波粒二象性的发现过程、定量表述和它们的深刻含义。先介绍普朗克在研究热辐射时提出的能量子概念，再介绍爱因斯坦引入的光子概念以及用光子概念对康普顿效应的解释，然后说明德布罗意引入的物质波概念。最后讲解概率波、概率幅和不确定关系的意义。这些基本概念都是对经典物理的突破，对了解量子物理具有基础性的意义，它们的形成过程也是很发人深思的。

23.1 黑体辐射

当加热铁块时，开始看不出它发光。随着温度的不断升高，它变得暗红、赤红、橙色而最后成为黄白色。其他物体加热时发的光的颜色也有类似的随温度而改变的现象。这似乎说明在不同温度下物体能发出频率不同的电磁波。事实上，仔细的实验证明，在任何温度下，物体都向外发射各种频率的电磁波。只是在不同的温度下所发出的各种电磁波的能量按频率有不同的分布，所以才表现为不同的颜色。这种能量按频率的分布随温度而不同的电磁辐射叫做**热辐射**。

为了定量地表明物体热辐射的规律，引入**光谱辐射出射度**的概念。频率为 ν 的光谱辐射出射度是指单位时间内从物体单位表面积发出的频率在 ν 附近单位频率区间的电磁波的能量。光谱辐射出射度（按频率分布）用 M_ν 表示，它的 SI 单位为 $W/(m^2 \cdot Hz)$。实验测得的 100 W 白炽灯钨丝表面在 2 750 K 时以及太阳表面的 M_ν 和 ν 的关系如图 23.1 所示（注意图中钨丝和太阳的 M_ν 的标度不同，太

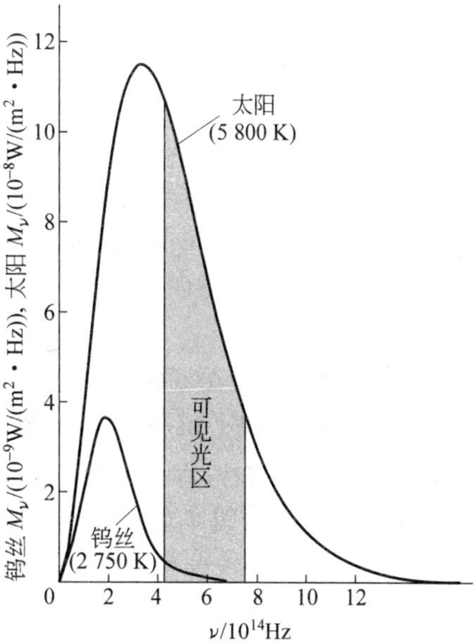

图 23.1 钨丝和太阳的 M_ν 和 ν 的关系曲线

阳的吸收谱线在图中都忽略了)。从图中可以看出,钨丝发的光的绝大部分能量在红外区域,而太阳发的光中,可见光占相当大的成分。

物体在辐射电磁波的同时,还吸收照射到它表面的电磁波。如果在同一时间内从物体表面辐射的电磁波的能量和它吸收的电磁波的能量相等,物体和辐射就处于温度一定的热平衡状态。这时的热辐射称为**平衡热辐射**。下面只讨论平衡热辐射。

在温度为 T 时,物体表面吸收的频率在 ν 到 $\nu+d\nu$ 区间的辐射能量占全部入射的该区间的辐射能量的份额,称做物体的**光谱吸收比**,以 $a(\nu)$ 表示。实验表明,辐射能力越强的物体,其吸收能力也越强。理论上可以证明,尽管各种材料的 M_ν 和 $a(\nu)$ 可以有很大的不同,但在同一温度下二者的比($M_\nu/a(\nu)$)却与材料种类无关,而是一个确定的值。能完全吸收照射到它上面的各种频率的光的物体称做**黑体**。对于黑体,$a(\nu)=1$。它的光谱辐射出射度应是各种材料中最大的,而且只与频率和温度有关。因此研究黑体辐射的规律就具有更基本的意义。

煤烟是很黑的,但也只能吸收 99% 的入射光能,还不是理想黑体。不管用什么材料制成一个空腔,如果在腔壁上开一个小洞(图 23.2),则射入小洞的光就很难有机会再从小洞出来了。这样一个小洞实际上就能完全吸收各种波长的入射电磁波而成了一个黑体。加热这个空腔到不同温度,小洞就成了不同温度下的黑体。用分光技术测出由它发出的电磁波的能量按频率的分布,就可以研究**黑体辐射**的规律。

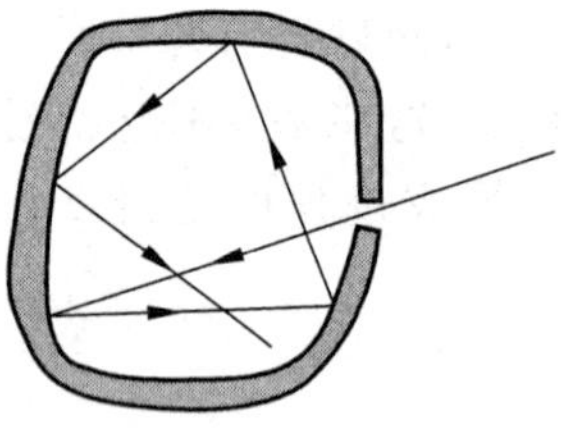

图 23.2 黑体模型

19 世纪末,在德国钢铁工业大发展的背景下,许多德国的实验和理论物理学家都很关注黑体辐射的研究。有人用精巧的实验测出了黑体的 M_ν 和 ν 的关系曲线,有人就试图从理论上给以解释。1896 年,维恩(W. Wien)从经典的热力学和麦克斯韦分布律出发,导出了一个公式,即**维恩公式**

$$M_\nu = \alpha\nu^3 e^{-\beta\nu/T} \tag{23.1}$$

式中 α 和 β 为常量。这一公式给出的结果,在高频范围和实验结果符合得很好,但在低频范围有较大的偏差(图 23.3)。

1900 年 6 月瑞利发表了他根据经典电磁学和能量均分定理导出的公式(后来由金斯(J. H. Jeans)稍加修正),即**瑞利-金斯公式**

$$M_\nu = \frac{2\pi\nu^2}{c^2}kT \tag{23.2}$$

这一公式给出的结果,在低频范围内还能符合实验结果;在高频范围就和实验值相差甚远,甚至趋向无限大值(图 23.3)。在黑体辐射研究中出现的这一经典物理的失效,曾在当时被有的物理学家惊呼为"紫外灾难"。

1900 年 12 月 14 日普朗克(Max Planck)发表了他导出的黑体辐射公式,即**普朗克公式**

$$M_\nu = \frac{2\pi h}{c^2}\frac{\nu^3}{e^{h\nu/kT}-1} \tag{23.3}$$

这一公式在全部频率范围内都和实验值相符(图 23.3)!

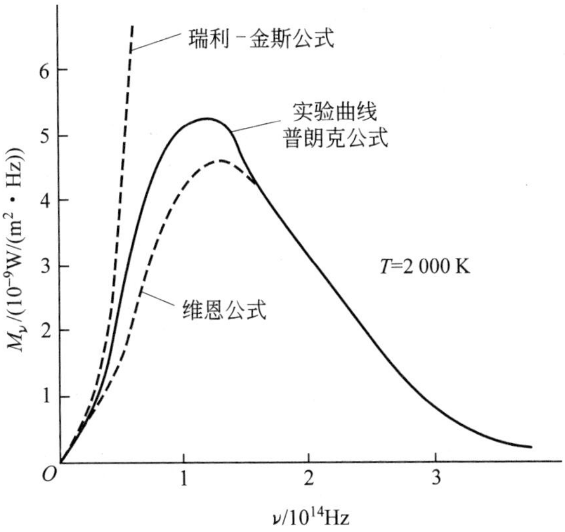

图 23.3 黑体辐射的理论和实验结果的比较

普朗克所以能导出他的公式，是由于在热力学分析的基础上，他"幸运地猜到"，同时为了和实验曲线更好地拟合，他"绝望地"，"不惜任何代价地"(普朗克语)提出了**能量量子化**的假设①。对空腔黑体的热平衡状态，他认为是组成腔壁的带电谐振子和腔内辐射交换能量而达到热平衡的结果。他大胆地假定谐振子可能具有的能量不是连续的，而是只能取一些离散的值。以 E 表示一个频率为 ν 的谐振子的能量，普朗克假定

$$E = nh\nu, \quad n = 0,1,2,\cdots \tag{23.4}$$

式中 h 是一常量，后来就叫**普朗克常量**。它的现代最优值为

$$h = 6.626\,075\,5 \times 10^{-34}\ \mathrm{J \cdot s}$$

普朗克把式(23.4)给出的每一个能量值称做"**能量子**"，这是物理学史上第一次提出量子的概念。由于这一概念的革命性和重要意义，普朗克获得了 1918 年诺贝尔物理学奖。

至于普朗克本人，在提出量子概念后，还长期尝试用经典物理理论来解释它的由来，但都失败了。直到 1911 年，他才真正认识到量子化的全新的、基础性的意义。它是根本不能由经典物理导出的。

读者可以证明，在高频范围内，普朗克公式就转化为维恩公式；在低频范围内，普朗克公式则转化为瑞利-金斯公式。

从普朗克公式还可以导出当时已被证实的两条实验定律。一条是关于黑体的全部**辐射出射度**的**斯特藩-玻耳兹曼定律**：

$$M = \int_0^\infty M_\nu \mathrm{d}\nu = \sigma T^4 \tag{23.5}$$

式中 σ 称做**斯特藩-玻耳兹曼常量**，其值为

$$\sigma = 5.670\,51 \times 10^{-8}\ \mathrm{W/(m^2 \cdot K^4)}$$

---

① 参看张三慧. 普朗克和爱因斯坦对量子婴儿的不同态度. 大学物理，1990，11，31-36.

另一条是**维恩位移律**。它说明，在温度为 T 的黑体辐射中，光谱辐射出射度最大的光的频率 ν_m 由下式决定：

$$\nu_m = C_\nu T \tag{23.6}$$

式中 C_ν 为一常量，其值为

$$C_\nu = 5.880 \times 10^{10}\ \text{Hz/K}$$

此式说明，当温度升高时，ν_m 向高频方向"位移"（图 23.4）。

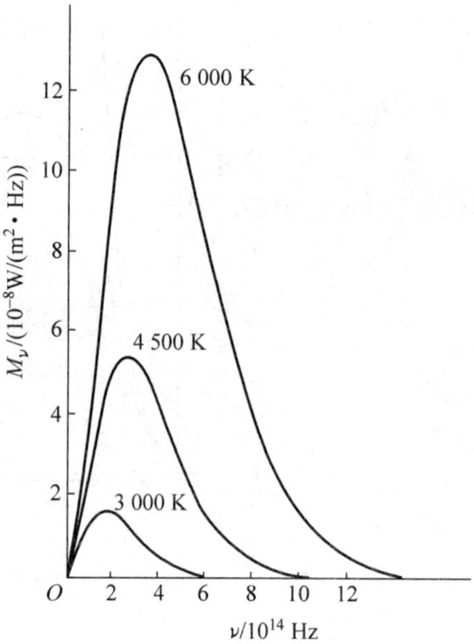

图 23.4 不同温度下的普朗克热辐射曲线

23.2 光电效应

19 世纪末，人们已发现，当光照射到金属表面上时，电子会从金属表面逸出。这种现象称为光电效应。

图 23.5 所示为光电效应的实验装置简图，图中 GD 为光电管(管内为真空)。当光通过石英窗口照射阴极 K 时，就有电子从阴极表面逸出，这电子叫**光电子**。光电子在电场加速下向阳极 A 运动，就形成**光电流**。

实验发现，当入射光频率一定且光强一定时，光电流 i 和两极间电压 U 的关系如图 23.6 中的曲线所示。它表明，光强一定时，光电流随加速电压的增加而增加，当加速电压增加到一定值时，光电流不再增加，而达到一**饱和值** i_m。饱和现象说明这时单位时间内从阴极逸出的光电子已全部被阳极接收了。实验还表明饱和电流的值 i_m 和光强 I 成正比。这又说明单位时间内从阴极逸出的光电子数和光强成正比。

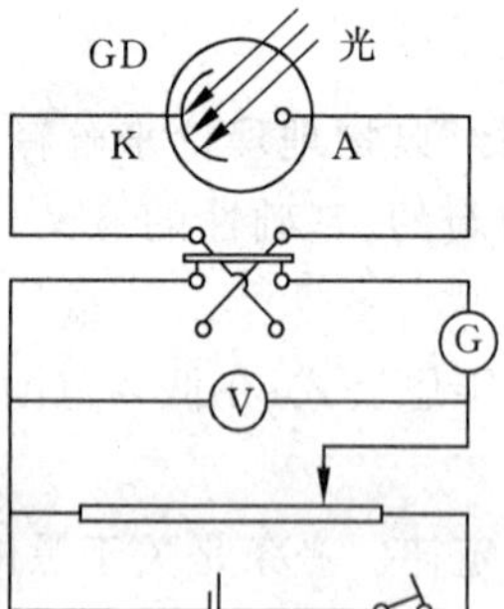

图 23.5 光电效应实验装置简图

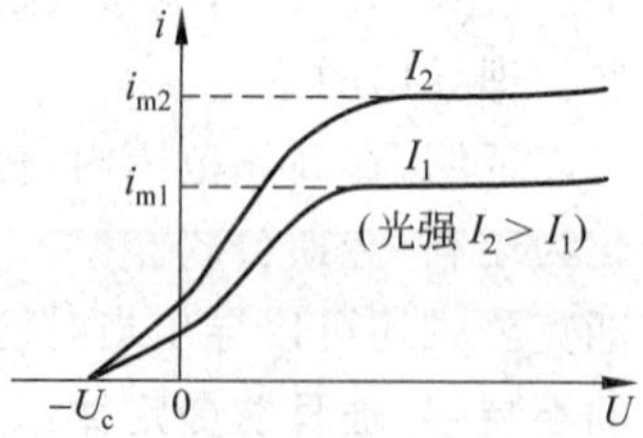

图 23.6 光电流和电压的关系曲线

图 23.6 的实验曲线还表示，当加速电压减小到零并改为负值时，光电流并不为零。仅当反向电压等于 U_c 时，光电流才等于零。这一电压值 U_c 称为**截止电压**。截止电压的存在说明此时从阴极逸出的最快的光电子，由于受到电场的阻碍，也不能到达阳极了。根据能量分析可得光电子逸出时的最大初动能和截止电压 U_c 的关系应为

$$\frac{1}{2}mv_{\mathrm{m}}^{2}=eU_{\mathrm{c}} \tag{23.7}$$

其中 m 和 e 分别是电子的质量和电量，v_{m} 是光电子逸出金属表面时的最大速度。

实验表明，截止电压 U_{c} 和入射光的频率 ν 有关，它们的关系由图 23.7 的实验曲线表示，不同的曲线是对不同的阴极金属做的。这一关系为线性关系，可用数学式表示为

$$U_{\mathrm{c}}=K\nu-U_{0} \tag{23.8}$$

式中 K 是直线的斜率，是与金属种类无关的一个普适常量。将式(23.8)代入式(23.7)，可得

$$\frac{1}{2}mv_{\mathrm{m}}^{2}=eK\nu-eU_{0} \tag{23.9}$$

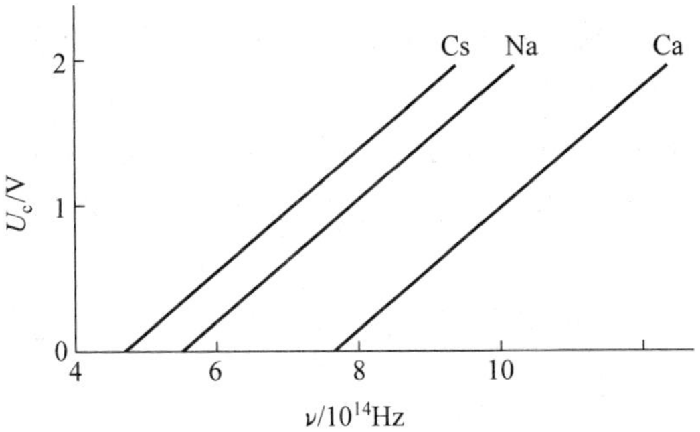

图 23.7 截止电压与入射光频率的关系

图 23.7 中直线与横轴的交点用 ν_0 表示。它具有这样的物理意义：当入射光的频率等于大于 ν_0 时，$U_{\mathrm{c}}\geqslant 0$，据式(23.7)，电子能逸出金属表面，形成光电流；当入射光的频率小于 ν_0 时，电子将不具有足够的速度以逸出金属表面，因而就不会产生光电效应。由图 23.7 可知，对于不同的金属有不同的 ν_0。要使某种金属产生光电效应，必须使入射光的频率大于其相应的频率 ν_0 才行。因此，这一频率叫光电效应的**红限频率**，相应的波长就叫**红限波长**。由式(23.8)可知，红限频率 ν_0 应为

$$\nu_{0}=\frac{U_{0}}{K} \tag{23.10}$$

几种金属的红限频率如表 23.1 所列。

表 23.1 几种金属的逸出功和红限频率

金　属	钨	锌	钙	钠	钾	铷	铯
红限频率 $\nu_0/10^{14}$ Hz	10.95	8.065	7.73	5.53	5.44	5.15	4.69
逸出功 A/eV	4.54	3.34	3.20	2.29	2.25	2.13	1.94

此外，实验还发现，光电子的逸出，几乎是在光照到金属表面上的同时发生的，其延迟时间在 10^{-9}s 以下。

19 世纪末叶所发现的上述光电效应和入射光频率的关系以及延迟时间甚小的事实，是当时大家已完全认可的光的波动说——麦克斯韦电磁理论——完全不能解释的。这是

因为，光的波动说认为光的强度和光振动的振幅有关，而且光的能量是连续地分布在光场中的。

23.3　光的二象性　光子

当普朗克还在寻找他的能量子的经典根源时，爱因斯坦在能量子概念的发展上前进了一大步。普朗克当时认为只有振子的能量是量子化的，而辐射本身，作为广布于空间的电磁波，它的能量还是连续分布的。爱因斯坦在他于1905年发表的“关于光的产生和转换的一个有启发性的观点”①的文章中，论及光电效应等的实验结果时，这样写道：“尽管光的波动理论永远不会被别的理论所取代，……，但仍可以设想，用连续的空间函数表述的光的理论在应用到光的发射和转换的现象时可能引发矛盾。”于是他接着假定：“从一个点光源发出的光线的能量并不是连续地分布在逐渐扩大的空间范围内的，而是由有限个数的能量子组成的。这些能量子个个都只占据空间的一些点，运动时不分裂，只能以完整的单元产生或被吸收。”在这里首次提出的光的能量子单元在1926年被刘易斯(G. N. Lewis)定名为“**光子**”。

关于光子的能量，爱因斯坦假定，不同颜色的光，其光子的能量不同。频率为 ν 的光的一个光子的能量为

$$E = h\nu \tag{23.11}$$

其中 h 为普朗克常量。

为了解释光电效应，爱因斯坦在1905年那篇文章中写道：“最简单的方法是设想一个光子将它的全部能量给予一个电子。”②电子获得此能量后动能就增加了，从而有可能逸出金属表面。以 A 表示电子从金属表面逸出时克服阻力需要做的功(这功叫**逸出功**)，则由能量守恒可得一个电子逸出金属表面后的最大动能应为

$$\frac{1}{2}mv_{\mathrm{m}}^2 = h\nu - A \tag{23.12}$$

将此式与式(23.9)相比，可知它可以完全解释光电效应的红限频率和截止电压的存在。式(23.12)就叫**光电效应方程**。对比式(23.12)和式(23.9)可得

$$h = eK \tag{23.13}$$

1916年密立根(R. A. Milikan)曾对光电效应进行了精确的测量，他利用 U_{c}-ν 图像(图23.7)中的正比直线的斜率 K 计算出的普朗克常数值为

$$h=6.56\times10^{-34}\ \mathrm{J\cdot s}$$

这和当时用其他方法测得的值符合得很好。

对比式(23.12)和式(23.9)还可以得到

$$A=eU_0$$

---

① 此文的英译文见 A. Einstein. Concerning an Heuristic Point of View Toward the Emission and Transformation of Light. Am. J. of Phys, 1965, 33(5), 367-374.

② 现在利用激光可以使几个光子一次被一个电子吸收。

再由式(23.10)可得

$$\nu_0 = \frac{A}{eK} = \frac{A}{h} \tag{23.14}$$

这说明红限频率与逸出功有一简单的数量关系。因此,可以由红限频率计算金属的逸出功。不同金属的逸出功也列在表 23.1 中。

饱和电流和光强的关系可作如下简单解释:入射光强度大表示单位时间内入射的光子数多,因而产生的光电子也多,这就导致饱和电流的增大。

光电效应的延迟时间短是由于光子被电子一次吸收而增大能量的过程需时很短,这也是容易理解的。

就这样,光子概念被证明是正确的。[①]

在 19 世纪,通过光的干涉、衍射等实验,人们已认识到光是一种波动——电磁波,并建立了光的电磁理论——麦克斯韦理论。进入 20 世纪,从爱因斯坦起,人们又认识到光是粒子流——光子流。综合起来,关于光的本性的全面认识就是:**光既具有波动性,又具有粒子性**,相辅相成。在有些情况下,光突出地显示出其波动性,而在另一些情况下,则突出地显示出其粒子性。光的这种本性被称做**波粒二象性**。光既不是经典意义上的"单纯的"波,也不是经典意义上的"单纯的"粒子。

光的波动性用光波的波长 λ 和频率 ν 描述,光的粒子性用光子的质量、能量和动量描述。由式(23.11),一个光子的能量为

$$E = h\nu$$

根据相对论的质能关系

$$E = mc^2 \tag{23.15}$$

一个光子的质量为

$$m = \frac{h\nu}{c^2} = \frac{h}{c\lambda} \tag{23.16}$$

我们知道,粒子质量和运动速度的关系为

$$m = \frac{m_0}{\sqrt{1 - \left(\frac{v}{c}\right)^2}}$$

对于光子,$v = c$,而 m 是有限的,所以只能是 $m_0 = 0$,即光子是**静止质量为零**的一种粒子。但是,由于光速不变,光子对于任何参考系都不会静止,所以在任何参考系中光子的质量实际上都不会是零。

根据相对论的能量-动量关系

$$E^2 = p^2c^2 + m_0^2c^4$$

对于光子,$m_0 = 0$,所以光子的动量为

---

① 现代物理教材中大都是这样介绍光子概念的,但光子概念并不是这样简单的。光子概念(即光子粒子性)对光电效应以及下一节要讲的康普顿效应的解释只是"充分的",而不是"必要的"。它们也可以用波动说解释,不过不像用光子说的解释那样"简捷"。有兴趣的读者可参看张三慧. 光子概念的困惑与教学. 物理通报,1993,2,p5;3,p9.

$$p = \frac{E}{c} = \frac{h\nu}{c} \tag{23.17}$$

或

$$p = \frac{h}{\lambda} \tag{23.18}$$

式(23.11)和式(23.18)是描述光的性质的基本关系式，式中左侧的量描述光的粒子性，右侧的量描述光的波动性。注意，光的这两种性质在数量上是通过普朗克常量联系在一起的。

例 23.1

在某次光电效应实验中，测得某金属的截止电压 U_c 和入射光频率的对应数据如下：

U_c/V	0.541	0.637	0.714	0.80	0.878
$\nu/10^{14}$ Hz	5.644	5.888	6.098	6.303	6.501

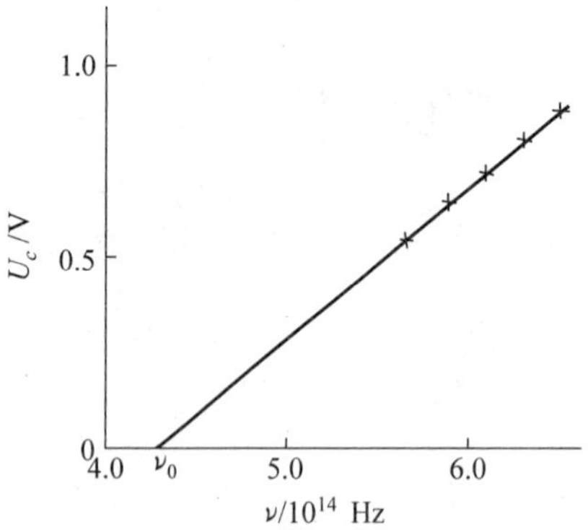

图 23.8 例 23.1 的 U_c 和 ν 的关系曲线

试用作图法求：

(1) 该金属光电效应的红限频率；

(2) 普朗克常量。

解 以频率 ν 为横轴，以截止电压 U_c 为纵轴，选取适当的比例画出曲线如图 23.8 所示。

(1) 曲线与横轴的交点即该金属的红限频率，由图上读出红限频率

$$\nu_0 = 4.27 \times 10^{14} \text{ Hz}$$

(2) 由图求得直线的斜率为

$$K = 3.91 \times 10^{-5} \text{ V} \cdot \text{s}$$

根据式(23.13)得

$$h = eK = 6.26 \times 10^{-34} \text{ J} \cdot \text{s}$$

例 23.2

求下述几种辐射的光子的能量、动量和质量：(1)$\lambda = 700$ nm 的红光；(2)$\lambda = 7.1 \times 10^{-2}$ nm 的 X 射线；(3)$\lambda = 1.24 \times 10^{-3}$ nm 的 γ 射线；并与经 $U = 100$ V 电压加速后的电子的动能、动量和质量相比较。

解 光子的能量、动量和质量可分别由式(23.11)、式(23.18)、式(23.16)求得。至于电子的动能、动量等的计算，由于经 100 V 电压加速后，电子的速度不大，所以可以不考虑相对论效应。这样可得电子的动能为

$$E_e = eU = 100 \text{ eV}$$

电子的质量近似于其静止质量，为

$$m_e = 9.11 \times 10^{-31} \text{ kg}$$

电子的动量为

$$p_e = m_e v = \sqrt{2m_e E_e} = \sqrt{2 \times 9.11 \times 10^{-31} \times 100 \times 1.6 \times 10^{-19}} = 5.40 \times 10^{-24} \text{ kg} \cdot \text{m} \cdot \text{s}^{-1}$$

经过计算可得本题结果如下：

（1）对 $\lambda = 700$ nm 的光子

$$E = 1.78\ \text{eV}, \qquad \frac{E}{E_e} = \frac{1.78}{100} \approx 2\%$$

$$p = 9.47 \times 10^{-28}\ \text{kg} \cdot \text{m} \cdot \text{s}^{-1}, \qquad \frac{p}{p_e} = \frac{9.47 \times 10^{-28}}{5.40 \times 10^{-24}} \approx 2 \times 10^{-4}$$

$$m = 3.16 \times 10^{-36}\ \text{kg}, \qquad \frac{m}{m_e} = \frac{3.16 \times 10^{-36}}{9.11 \times 10^{-31}} \approx 3 \times 10^{-6}$$

（2）对 $\lambda = 7.1 \times 10^{-2}$ nm 的光子

$$E = 1.75 \times 10^{4}\ \text{eV}, \qquad \frac{E}{E_e} = \frac{1.75 \times 10^{4}}{100} = 175$$

$$p = 9.34 \times 10^{-24}\ \text{kg} \cdot \text{m} \cdot \text{s}^{-1}, \qquad \frac{p}{p_e} = \frac{9.34 \times 10^{-24}}{5.40 \times 10^{-24}} \approx 2$$

$$m = 3.11 \times 10^{-32}\ \text{kg}, \qquad \frac{m}{m_e} = \frac{3.11 \times 10^{-32}}{9.11 \times 10^{-31}} \approx 3\%$$

（3）对 $\lambda = 1.24 \times 10^{-3}$ nm 的光子

$$E = 1.00 \times 10^{6}\ \text{eV}, \qquad \frac{E}{E_e} = \frac{1.00 \times 10^{6}}{100} = 10^{4}$$

$$p = 5.35 \times 10^{-22}\ \text{kg} \cdot \text{m} \cdot \text{s}^{-1}, \qquad \frac{p}{p_e} = \frac{5.35 \times 10^{-22}}{5.40 \times 10^{-24}} = 99$$

$$m = 1.78 \times 10^{-30}\ \text{kg}, \qquad \frac{m}{m_e} = \frac{1.78 \times 11^{-30}}{9.11 \times 10^{-31}} \approx 2$$

以上计算给出了关于光的粒子性质的一些数量概念。

23.4 康普顿散射

1923 年康普顿(A. H. Compton)及其后不久吴有训研究了 X 射线通过物质时向各方向散射的现象。他们在实验中发现，在散射的 X 射线中，除了有波长与原射线相同的成分外，还有波长较长的成分。这种有波长改变的散射称为**康普顿散射**(或称康普顿效应)，这种散射也可以用光子理论加以圆满的解释。

根据光子理论，X 射线的散射是单个光子和单个电子发生弹性碰撞的结果。对于这种碰撞的分析计算如下。

在固体如各种金属中，有许多和原子核联系较弱的电子可以看作自由电子。由于这些电子的热运动平均动能(约百分之几电子伏特)和入射的 X 射线光子的能量(10^4～10^5 eV)比起来，可以略去不计，因而这些电子在碰撞前，可以看作是**静止的**。一个电子的静止能量为 m_0c^2，动量为零。设入射光的频率为 ν_0，它的一个光子就具有能量 $h\nu_0$，动量 $\frac{h\nu_0}{c}\boldsymbol{e}_0$。再设弹性碰撞后，电子的能量变为 mc^2，动量变为 $m\boldsymbol{v}$；散射光子的能量为 $h\nu$，动量为 $\frac{h\nu}{c}\boldsymbol{e}$，散射角为 φ。这里 $\boldsymbol{e}_0$ 和 $\boldsymbol{e}$ 分别为在碰撞前和碰撞后的光子运动方向上的单位矢量(图 23.9)。按照能量和动量守恒定律，应该分别有

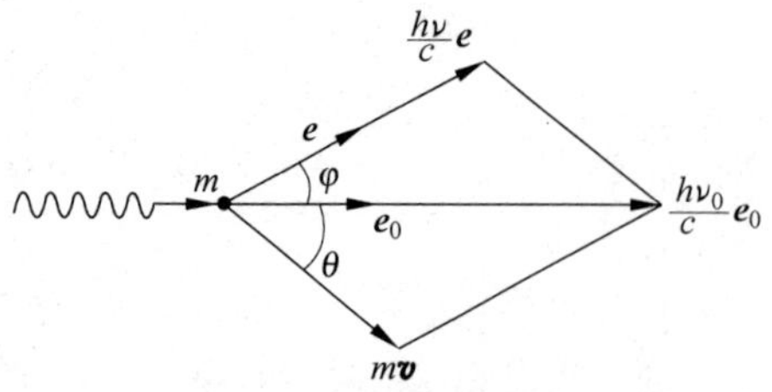

图 23.9 光子与静止的自由电子的碰撞分析矢量图

$$h\nu_0 + m_0c^2 = h\nu + mc^2 \quad (23.19)$$

和

$$\frac{h\nu_0}{c}\boldsymbol{e}_0 = \frac{h\nu}{c}\boldsymbol{e} + m\boldsymbol{v} \quad (23.20)$$

考虑到反冲电子的速度可能很大，式中 $m = m_0\Big/\sqrt{1-\frac{v^2}{c^2}}$。由上述两个式子可解得①

$$\Delta\lambda = \lambda - \lambda_0 = \frac{h}{m_0 c}(1-\cos\varphi) \quad (23.21)$$

式中 λ 和 λ_0 分别表示散射光和入射光的波长。此式称为**康普顿散射公式**。式中 $\frac{h}{m_0c}$ 具有波长的量纲，称为电子的**康普顿波长**，以 λ_C 表示。将 h, c, m_0 的值代入可算出

$$\lambda_C = 2.43\times10^{-3}\ \text{nm}$$

它与短波 X 射线的波长相当。

从上述分析可知，入射光子和电子碰撞时，把一部分能量传给了电子。因而光子能量减少，频率降低，波长变长。波长偏移 $\Delta\lambda$ 和散射角 φ 的关系式(23.21)也与实验结果定量地符合(图 23.10)。式(23.21)还表明，波长的偏移 $\Delta\lambda$ 与散射物质以及入射 X 射线的波长 λ_0 无关，而只与散射角 φ 有关。这一规律也已为实验证实。

此外，在散射线中还观察到有与原波长相同的射线。这可解释如下：散射物质中还有许多被原子核束缚得很紧的电子，光子与它们的碰撞应看做是光子和整个原子的碰撞。由于原子的质量远大于光子的质量，所以在弹性碰撞中光子的能量几乎没有改变，因而散射光子的能量仍为 $h\nu_0$，它的波长也就和入射线的波长相同。这种波长不变的散射叫**瑞利散射**，它可以用经典电磁理论解释。

康普顿散射的理论和实验的完全相符，曾在量子论的发展中起过重要的作用。它不仅有力地证明了光具有二象性，而且还证明了光子和微观粒子的相互作用过程也是严格

---

① 康普顿散射公式(23.21)的推导：

将式(23.20)改写为

$$m\boldsymbol{v} = \frac{h\nu_0}{c}\boldsymbol{e}_0 - \frac{h\nu}{c}\boldsymbol{e}$$

两边平方得

$$m^2v^2 = \left(\frac{h\nu_0}{c}\right)^2 + \left(\frac{h\nu}{c}\right)^2 - 2\frac{h^2\nu_0\nu}{c^2}\boldsymbol{e}_0\cdot\boldsymbol{e}$$

由于 $\boldsymbol{e}_0\cdot\boldsymbol{e} = \cos\varphi$，所以由上式可得

$$m^2v^2c^2 = h^2\nu_0^2 + h^2\nu^2 - 2h^2\nu_0\nu\cos\varphi \quad (23.22)$$

将式(23.19)改写为

$$mc^2 = h(\nu_0 - \nu) + m_0c^2$$

将此式平方，再减去式(23.22)，并将 m^2 换写成 $m_0^2/(1-v^2/c^2)$，化简后即可得

$$\frac{c}{\nu} - \frac{c}{\nu_0} = \frac{h}{m_0c}(1-\cos\varphi)$$

将 ν 换用波长 λ 表示，即得式(23.21)。

地遵守动量守恒定律和能量守恒定律的。

应该指出，康普顿散射只有在入射波的波长与电子的康普顿波长可以相比拟时，才是显著的。例如入射波波长 $\lambda_0=400$ nm 时，在 $\varphi=\pi$ 的方向上，散射波波长偏移 $\Delta\lambda=4.8\times10^{-3}$ nm，$\Delta\lambda/\lambda_0=10^{-5}$。这种情况下，很难观察到康普顿散射。当入射波波长 $\lambda_0=0.05$ nm，$\varphi=\pi$ 时，虽然波长的偏移仍是 $\Delta\lambda=4.8\times10^{-3}$ nm，但 $\Delta\lambda/\lambda\approx10\%$，这时就能比较明显地观察到康普顿散射了。这也就是选用 X 射线观察康普顿散射的原因。

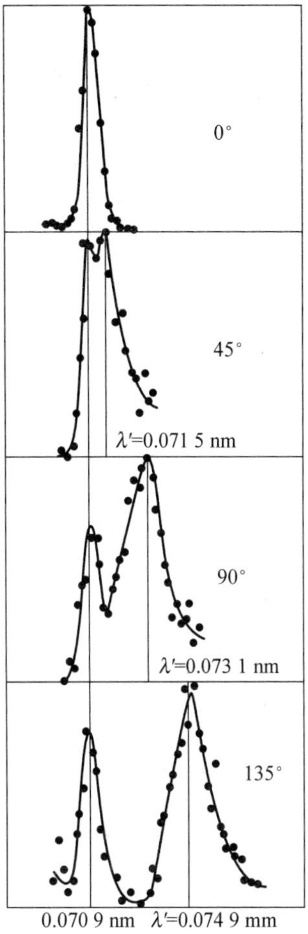

图 23.10 康普顿做的 X 射线散射结果

在光电效应中，入射光是可见光或紫外线，所以康普顿效应不显著。

现在说明一个理论问题。上面指出，光子和自由电子碰撞时，"把一部分能量传给了电子"。这就意味着在碰撞过程中，光子分裂了。这是否和爱因斯坦提出的光子"运动中不分裂"相矛盾呢？不是的。上面的分析是就光子和电子碰撞的全过程说的。量子力学的分析指出：康普顿散射是一个"**二步过程**"，而且这二步又可以采取两种可能的方式。一种方式是自由电子先整体吸收入射光子，然后再放出一个散射光子（先吸后放）；另一种方式是自由电子先放出一个散射光子，然后再吸收入射光子（先放后吸）。每一步中光子都是"以完整的单元产生或被吸收的"。无论哪一种方式，所经历的时间都是非常短的。这样的二步过程可以用"费恩曼图"表示（图 23.11）。值得注意的是，两步中的每一步都遵守动量守恒定律，全过程自然也满足动量守恒定律。但是每一步并不遵守能量守恒定律，只是全过程总地满足能量守恒定律。这种对能量守恒定律的违反，在量子力学理论中是允许的（见 23.7 节"不确定关系"）。

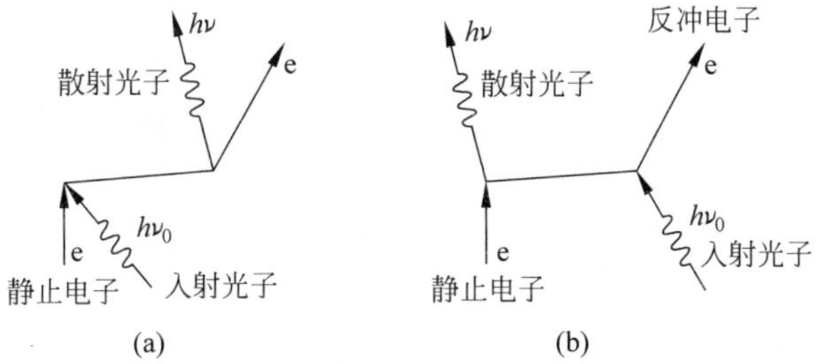

图 23.11 康普顿散射二步过程费恩曼图

(a) 先吸后放；(b) 先放后吸

例 23.3

波长 $\lambda_0=0.01\ \mathrm{nm}$ 的 X 射线与静止的自由电子碰撞。在与入射方向成 90°角的方向上观察时，散射 X 射线的波长多大？反冲电子的动能和动量各如何？

解 将 $\varphi=90^\circ$代入式(23.21)可得

$$\Delta\lambda=\lambda-\lambda_0=\lambda_C(1-\cos\varphi)=\lambda_C(1-\cos 90^\circ)=\lambda_C$$

由此得康普顿散射波长为

$$\lambda=\lambda_0+\lambda_C=0.01+0.0024=0.0124\ (\mathrm{nm})$$

当然，在这一散射方向上还有波长不变的散射线。

至于反冲电子，根据能量守恒，它所获得的动能 E_k 就等于入射光子损失的能量，即

$$E_k=h\nu_0-h\nu=hc\left(\frac{1}{\lambda_0}-\frac{1}{\lambda}\right)=\frac{hc\Delta\lambda}{\lambda_0\lambda}=\frac{6.63\times10^{-34}\times3\times10^8\times0.0024\times10^{-9}}{0.01\times10^{-9}\times0.0124\times10^{-9}}$$

$$=3.8\times10^{-15}(\mathrm{J})=2.4\times10^4(\mathrm{eV})$$

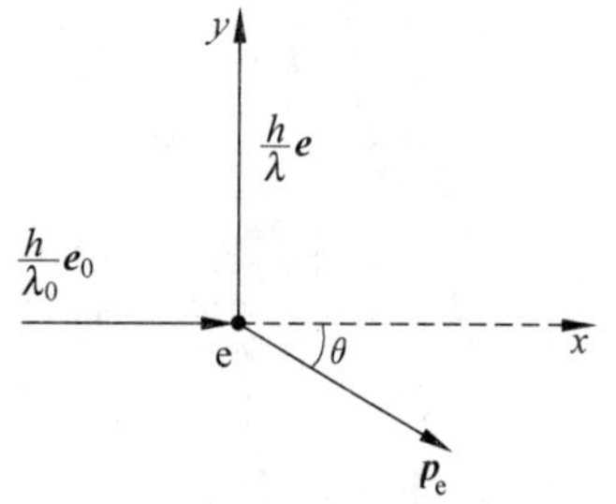

图 23.12 例 23.3 用图

计算电子的动量，可参看图 23.12，其中 $\boldsymbol{p}_e$ 为电子碰撞后的动量。根据动量守恒，有

$$p_e\cos\theta=\frac{h}{\lambda_0},\quad p_e\sin\theta=\frac{h}{\lambda}$$

两式平方相加并开方，得

$$p_e=\frac{(\lambda_0^2+\lambda^2)^{\frac{1}{2}}}{\lambda_0\lambda}h$$

$$=\frac{[(0.01\times10^{-9})^2+(0.0124\times10^{-9})^2]^{1/2}}{0.01\times10^{-9}\times0.0124\times10^{-9}}\times6.63\times10^{-34}$$

$$=8.5\times10^{-23}(\mathrm{kg\cdot m/s})$$

$$\cos\theta=\frac{h}{p_e\lambda_0}=\frac{6.63\times10^{-34}}{0.01\times10^{-9}\times8.5\times10^{-23}}=0.78$$

由此得

$$\theta=38^\circ44'$$

23.5 粒子的波动性

1924 年，法国博士研究生德布罗意在光的二象性的启发下想到：自然界在许多方面都是明显地对称的，如果光具有波粒二象性，则实物粒子，如电子，也应该具有波粒二象性。他提出了这样的问题："整个世纪以来，在辐射理论上，比起波动的研究方法来，是过于忽略了粒子的研究方法；在实物理论上，是否发生了相反的错误呢？是不是我们关于'粒子'的图像想得太多，而过分地忽略了波的图像呢？"于是，他大胆地在他的博士论文中提出假设：**实物粒子也具有波动性**。他并且把光子的能量-频率和动量-波长的关系式(23.11)和式(23.18)借来，认为一个粒子的能量 E 和动量 p 跟和它相联系的波的频率 ν 和波长 λ 的定量关系与光子的一样，即有

$$\nu=\frac{E}{h}=\frac{mc^2}{h} \tag{23.23}$$

$$\lambda = \frac{h}{p} = \frac{h}{mv} \tag{23.24}$$

应用于粒子的这些公式称为**德布罗意公式**或德布罗意假设。和粒子相联系的波称为物质波或德布罗意波，式(23.24)给出了相应的**德布罗意波长**。

德布罗意是采用类比方法提出他的假设的，当时并没有任何直接的证据。但是，爱因斯坦慧眼有识。当他被告知德布罗意提出的假设后就评论说："我相信这一假设的意义远远超出了单纯的类比。"事实上，德布罗意的假设不久就得到了实验证实，而且引发了一门新理论——量子力学——的建立。

1927 年，戴维孙(C. J. Davisson)和革末(L. A. Germer)在爱尔萨塞(Elsasser)的启发下，做了电子束在晶体表面上散射的实验，观察到了和 X 射线衍射类似的电子衍射现象，首先证实了电子的波动性。他们用的实验装置简图如图 23.13(a)所示，使一束电子射到镍晶体的特选晶面上，同时用探测器测量沿不同方向散射的电子束的强度。实验中发现，当入射电子的能量为 54 eV 时，在 $\varphi=50°$的方向上散射电子束强度最大(图 23.13(b))。按类似于 X 射线在晶体表面衍射的分析，由图 23.13(c)可知，散射电子束极大的方向应满足下列条件：

$$d\sin\varphi = \lambda \tag{23.25}$$

已知镍晶面上原子间距为 $d=2.15\times10^{-10}$ m，式(23.25)给出"电子波"的波长应为

$$\lambda = d\sin\varphi = 2.15\times10^{-10}\times\sin 50° = 1.65\times10^{-10}\,(\text{m})$$

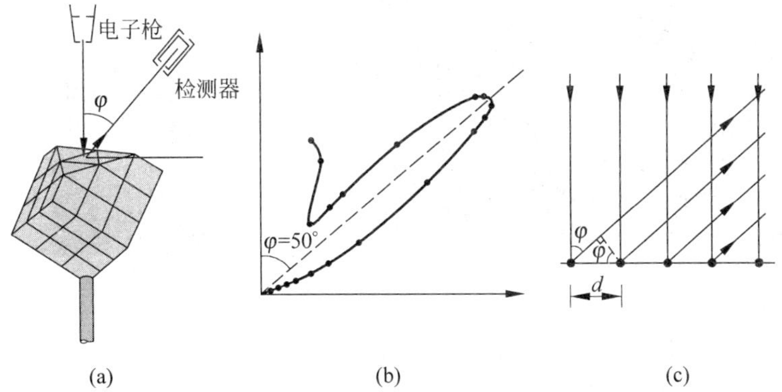

图 23.13 戴维孙-革末实验

(a) 装置简图；(b) 散射电子束强度分布；(c) 衍射分析

按德布罗意假设式(23.24)，该"电子波"的波长应为

$$\lambda = \frac{h}{m_e v} = \frac{h}{\sqrt{2m_e E_k}} = \frac{6.63\times10^{-34}}{\sqrt{2\times0.91\times10^{-31}\times54\times1.6\times10^{-19}}}$$

$$= 1.67\times10^{-10}\,(\text{m})$$

这一结果和上面的实验结果符合得很好。

同年，汤姆孙(G. P. Thomson)做了电子束穿过多晶薄膜的衍射实验(图 23.14(a))，成功地得到了和 X 射线通过多晶薄膜后产生的衍射图样极为相似的衍射图样(图 23.14(b))。

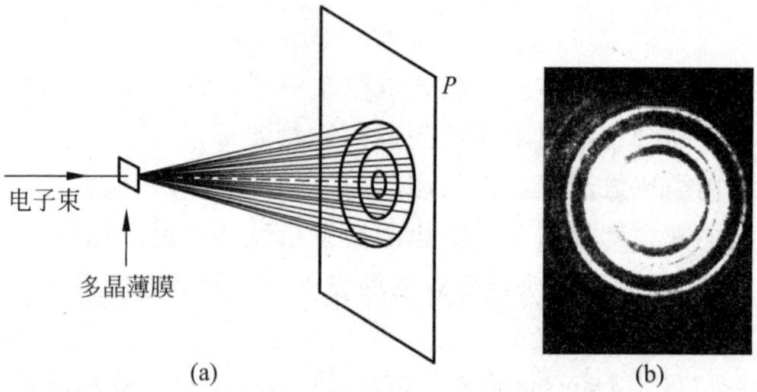

图 23.14　汤姆孙电子衍射实验

(a) 实验简图；(b) 衍射图样

图 23.15 是一幅波长相同的 X 射线和电子衍射图样对比图。后来，1961 年约恩孙(C. Jönsson)做了电子的单缝、双缝、三缝等衍射实验，得出的明暗条纹(图 23.16)更加直接地说明了电子具有波动性。

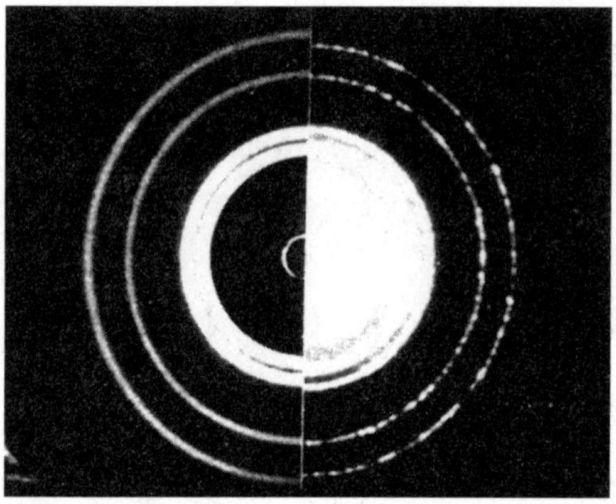

图 23.15　电子和 X 射线衍射图样对比图

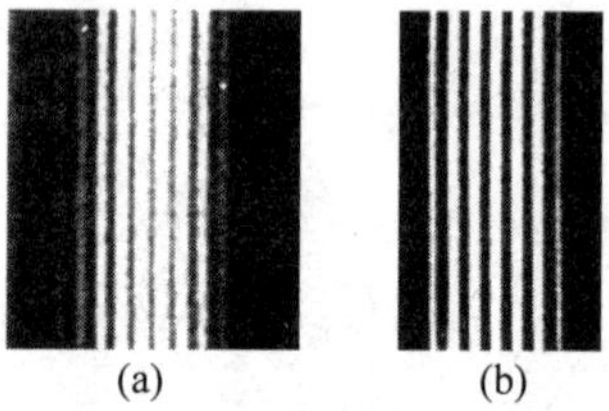

图 23.16　约恩孙电子衍射图样

(a) 双缝；(b) 四缝

除了电子外，以后还陆续用实验证实了中子、质子以及原子甚至分子等都具有波动性，德布罗意公式对这些粒子同样正确。这就说明，一切微观粒子都具有波粒二象性，德布罗意公式就是描述微观粒子波粒二象性的基本公式。

粒子的波动性已有很多的重要应用。例如，由于低能电子波穿透深度较 X 光小，所以低能电子衍射被广泛地用于固体表面性质的研究。由于中子易被氢原子散射，所以中子衍射就被用来研究含氢的晶体。电子显微镜利用了电子的波动性更是大家熟知的。由于电子的波长可以很短，电子显微镜的分辨能力可以达到 0.1 nm。

例 23.4

计算电子经过 $U_1=100$ V 和 $U_2=10\,000$ V 的电压加速后的德布罗意波长 λ_1 和 λ_2 分别是多少？

解 经过电压 U 加速后，电子的动能为

$$\frac{1}{2}mv^2=eU$$

由此得

$$v=\sqrt{\frac{2eU}{m}}$$

根据德布罗意公式，此时电子波的波长为

$$\lambda=\frac{h}{mv}=\frac{h}{\sqrt{2em}}\frac{1}{\sqrt{U}}$$

将已知数据代入计算可得

$$\lambda_1=0.123\ \text{nm},\quad \lambda_2=0.012\,3\ \text{nm}$$ ①

这都和X射线的波长相当。可见一般实验中电子波的波长是很短的，正是因为这个缘故，观察电子衍射时就需要利用晶体。

例 23.5

计算质量 $m=0.01$ kg，速率 $v=300$ m/s 的子弹的德布罗意波长。

解 根据德布罗意公式可得

$$\lambda=\frac{h}{mv}=\frac{6.63\times10^{-34}}{0.01\times300}=2.21\times10^{-34}(\text{m})$$

可以看出，因为普朗克常量是个极微小的量，所以宏观物体的波长小到实验难以测量的程度，因而宏观物体仅表现出粒子性。

例 23.6

证明物质波的相速度 u 与相应粒子运动速度 v 之间的关系为

$$u=\frac{c^2}{v}$$

证 波的相速度为 $u=\nu\lambda$，根据德布罗意公式，可得

$$\lambda=\frac{h}{mv},\quad \nu=\frac{mc^2}{h}$$

两式相乘即可得

$$u=\lambda\nu=\frac{c^2}{v}$$

此式表明物质波的相速度并不等于相应粒子的运动速度②。

23.6 概率波与概率幅

德布罗意提出的波的物理意义是什么呢？他本人曾认为那种与粒子相联系的波是引

① 由于此时电子速度已大到 $0.2c$，故需考虑相对论效应，根据相对论计算出的 $\lambda_2=0.012\,2$ nm，上面结果误差约为1%。

② 由于 $v<c$，所以 $u>c$，即相速度大于光速。这并不和相对论矛盾。因为对一个粒子，其能量或质量是以群速度传播的。德布罗意曾证明，和粒子相联系的物质波的群速度等于粒子的运动速度。

导粒子运动的"导波",并由此预言了电子的双缝干涉的实验结果。这种波以相速度 $u=c^2/v$ 传播而其群速度就正好是粒子运动的速度 v。对这种波的本质是什么,他并没有给出明确的回答,只是说它是虚拟的和非物质的。

量子力学的创始人之一薛定谔在 1926 年曾说过,电子的德布罗意波描述了电量在空间的连续分布。为了解释电子是粒子的事实,他认为电子是许多波合成的波包。这种说法很快就被否定了。因为,第一,波包总是要发散而解体的,这和电子的稳定性相矛盾;第二,电子在原子散射过程中仍保持稳定也很难用波包来说明。

当前得到公认的关于德布罗意波的实质的解释是玻恩(M. Born)在 1926 年提出的。在玻恩之前,爱因斯坦谈及他本人论述的光子和电磁波的关系时曾提出电磁场是一种"鬼场"。这种场引导光子的运动,而各处电磁波振幅的平方决定在各处的单位体积内一个光子存在的概率。玻恩发展了爱因斯坦的思想。他保留了粒子的微粒性,而认为物质波描述了粒子在各处被发现的概率。这就是说,**德布罗意波是概率波**。

玻恩的概率波概念可以用电子双缝衍射的实验结果来说明①。图 23.16(a)的电子双缝衍射图样和光的双缝衍射图样完全一样,显示不出粒子性,更没有什么概率那样的不确定特征。但那是用大量的电子(或光子)做出的实验结果。如果减弱入射电子束的强度以致使一个一个电子依次通过双缝,则随着电子数的积累,衍射"图样"将依次如图 23.17 中各图所示。图(a)是只有一个电子穿过双缝所形成的图像,图(b)是几个电子穿过后形成的图像,图(c)是几十个电子穿过后形成的图像。这几幅图像说明电子确是粒子,因为图像是由点组成的。它们同时也说明,电子的去向是完全不确定的,一个电子到达何处完全是概率事件。随着入射电子总数的增多,衍射图样依次如(d),(e),(f)诸图所示,电子的堆积情况逐渐显示出了条纹,最后就呈现明晰的衍射条纹,这条纹和大量电子短时间内通过双缝后形成的条纹(图 23.16(a))一样。这些条纹把单个电子的概率行为完全淹没了。这又说明,尽管单个电子的去向是概率性的,但其概率在一定条件(如双缝)下还是有确定的规律的。这些就是玻恩概率波概念的核心。

图 23.17 表示的实验结果明确地说明了物质波并不是经典的波。经典的波是一种运动形式。在双缝实验中,不管入射波强度如何小,经典的波在缝后的屏上都"应该"显示出强弱连续分布的衍射条纹,只是亮度微弱而已。但图 23.17 明确地显示物质波的主体仍是粒子,而且该种粒子的运动并不具有经典的振动形式。

图 23.17 表示的实验结果也说明微观粒子并不是经典的粒子。在双缝实验中,大量电子形成的衍射图样是若干条强度大致相同的较窄的条纹,如图 23.18(a)所示。如果只开一条缝,另一条缝闭合,则会形成单缝衍射条纹,其特征是几乎只有强度较大的较宽的中央明纹(图 23.18(b)中的 P_1 和 P_2)。如果先开缝 1,同时关闭缝 2,经过一段时间后改开缝 2,同时关闭缝 1,这样做实验的结果所形成的总的衍射图样 P_{12} 将是两次单缝衍射图样的叠加,其强度分布和同时打开两缝时的双缝衍射图样是截然不同的。

如果是经典的粒子,它们通过双缝时,都各自有确定的轨道,不是通过缝 1 就是通过缝 2。通过缝 1 的那些粒子,如果也能衍射的话,将形成单缝衍射图样。通过缝 2 的那些

① 关于光的双缝衍射实验,也做出了完全相似的结果。

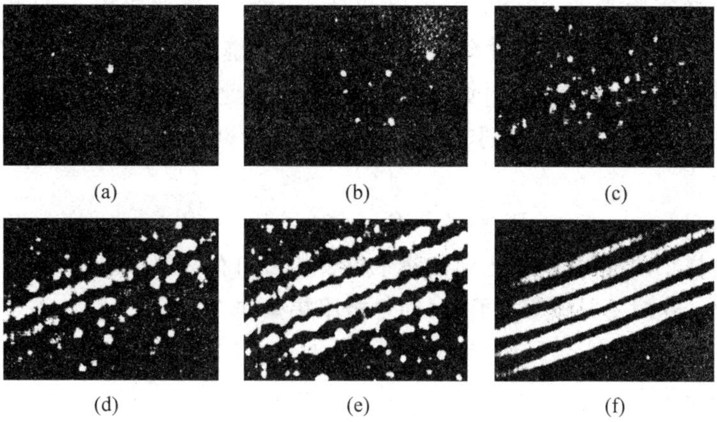

图 23.17 电子逐个穿过双缝的衍射实验结果

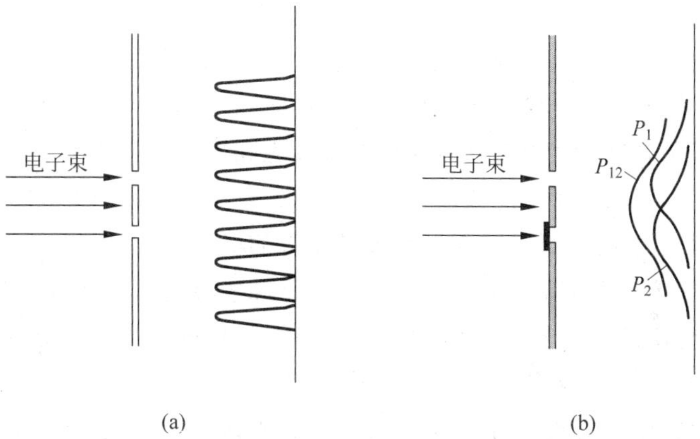

图 23.18 电子双缝衍射实验示意图

(a) 两缝同时打开；(b) 依次打开一个缝

粒子，将形成另一幅单缝衍射图样。不管是两缝同时开，还是依次只开一个缝，最后形成的衍射条纹都应该是图 23.18(b)那样的两个单缝衍射图样的叠加。实验结果显示实际的微观粒子的表现并不是这样。这就说明，微观粒子并不是经典的粒子。在只开一条缝时，实际粒子形成单缝衍射图样。在两缝同时打开时，实际粒子的运动就有两种可能：或是通过缝 1 或是通过缝 2。如果还按经典粒子设想，为了解释双缝衍射图样，就必须认为通过这个缝时，它好像“知道”另一个缝也在开着，于是就按双缝条件下的概率来行动了。这种说法只是一种“拟人”的想象，实际上不可能从实验上测知某个微观粒子“到底”是通过了哪个缝，我们**只能说**它通过双缝时有两种可能。微观粒子由于其波动性而表现得如此不可思议地奇特！但客观事实的确就是这样！

为了定量地描述微观粒子的状态，量子力学中引入了**波函数**，并用 Ψ 表示。一般来讲，波函数是空间和时间的函数，并且是复函数，即 $\Psi=\Psi(x,y,z,t)$。将爱因斯坦的“鬼场”和光子存在的概率之间的关系加以推广，玻恩假定 $|\Psi|^2=\Psi\Psi^*$ 就是粒子的**概率密度**，即在时刻 t，在点 (x,y,z) 附近单位体积内发现粒子的概率。波函数 Ψ 因此就称为

概率幅。对双缝实验来说,以 Ψ_1 表示单开缝 1 时粒子在底板附近的概率幅分布,则 $|\Psi_1|^2=P_1$ 即粒子在底板上的概率分布,它对应于单缝衍射图样 P_1(图 23.18(b))。以 Ψ_2 表示单开缝 2 时的概率幅,则 $|\Psi_2|^2=P_2$ 表示粒子此时在底板上的概率分布,它对应于单缝衍射图样 P_2。如果两缝同时打开,经典概率理论给出,这时底板上粒子的概率分布应为

$$P_{12}=P_1+P_2=|\Psi_1|^2+|\Psi_2|^2$$

但事实不是这样!两缝同开时,入射的每个粒子的去向有两种可能,它们可以"任意"通过其中的一条缝。这时不是概率相叠加,而是**概率幅叠加**,即

$$\Psi_{12}=\Psi_1+\Psi_2 \tag{23.26}$$

相应的概率分布为

$$P_{12}=|\Psi_{12}|^2=|\Psi_1+\Psi_2|^2 \tag{23.27}$$

这里最后的结果就会出现 Ψ_1 和 Ψ_2 的交叉项。正是这交叉项给出了两缝之间的干涉效果,使双缝同开和两缝依次单开的两种条件下的衍射图样不同。

概率幅叠加这样的奇特规律,被费恩曼(R. P. Feynman)在他的著名的《物理学讲义》中称为"量子力学的第一原理"。他这样写道:"如果一个事件可能以几种方式实现,则该事件的概率幅就是各种方式单独实现时的概率幅之和。于是出现了干涉。"①

在物理理论中引入概率概念在哲学上有重要的意义。它意味着:在已知给定条件下,不可能精确地预知结果,只能预言某些可能的结果的概率。这也就是说,不能给出唯一的肯定结果,只能用统计方法给出结论。这一理论是和经典物理的严格因果律直接矛盾的。玻恩在 1926 年曾说过:"粒子的运动遵守概率定律,但概率本身还是受因果律支配的。"这句话虽然以某种方式使因果律保持有效,但概率概念的引入在人们了解自然的过程中还是一个非常大的转变。因此,尽管所有物理学家都承认,由于量子力学预言的结果和实验异常精确地相符,所以它是一个很成功的理论,但是关于量子力学的哲学基础仍然有很大的争论。哥本哈根学派,包括玻恩、海森伯(W. Heisenberg)等量子力学大师,坚持波函数的概率或统计解释,认为它就表明了自然界的最终实质。费恩曼也写过(1965 年):"现时我们限于计算概率。我们说'现时',但是我们强烈地期望将永远是这样——解除这一困惑是不可能的——自然界就是按这样的方式行事的。"②

另一些人不同意这样的结论,最主要的反对者是爱因斯坦。他在 1927 年就说过:"上帝并不是跟宇宙玩掷骰子游戏。"德布罗意的话(1957 年)更发人深思。他认为:不确定性是物理实质,这样的主张"并不是完全站得住的。将来对物理实在的认识达到一个更深的层次时,我们可能对概率定律和量子力学作出新的解释,即它们是目前我们尚未发现的那些变量的完全确定的数值演变的结果。我们现在开始用来击碎原子核并产生新粒子的强有力的方法可能有一天向我们揭示关于这一更深层次的目前我们还不知道的知识。阻止

① 关于概率幅及其叠加,费恩曼有极其清楚而精彩的讲解. 见 The Feynman Lectures on Physics. Addison-Wesley Co., 1965. Vol. 111, p1-1～1-11.

② 见 The Feynman Lectures on Physics. 1965. Vol. 111, p1-11.

对量子力学目前的观点作进一步探索的尝试对科学发展来说是非常危险的，而且它也背离了我们从科学史中得到的教训。实际上，科学史告诉我们，已获得的知识常常是暂时的，在这些知识之外，肯定有更广阔的新领域有待探索。”[①]最后，还可以引述一段量子力学大师狄拉克(P. A. M. Dirac)在1972年的一段话：“在我看来，我们还没有量子力学的基本定律。目前还在使用的定律需要作重要的修改，……。当我们作出这样剧烈的修改后，当然，我们用统计计算对理论作出物理解释的观念可能会被彻底地改变。”

23.7 不确定关系

23.6节讲过，波动性使得实际粒子和牛顿力学所设想的“经典粒子”根本不同。根据牛顿力学理论(或者说是牛顿力学的一个基本假设)，质点的运动都沿着一定的轨道，在轨道上任意时刻质点都有确定的位置和动量[②]。在牛顿力学中也正是用位置和动量来描述一个质点在任一时刻的运动状态的。对于实际的粒子则不然，由于其粒子性，可以谈论它的位置和动量，但由于其波动性，它的空间位置需要用概率波来描述，而概率波只能给出粒子在各处出现的概率，所以在任一时刻粒子都不具有确定的位置，与此相联系，粒子在各时刻也不具有确定的动量。这也可以说，由于二象性，在任意时刻粒子的位置和动量都有一个不确定量。量子力学理论证明，在某一方向，例如 x 方向上，粒子的位置不确定量 Δx 和在该方向上的动量的不确定量 Δp_x 有一个简单的关系，这一关系叫做**不确定[性]关系**(也曾叫做测不准关系)。下面我们借助于电子单缝衍射实验来粗略地推导这一关系。

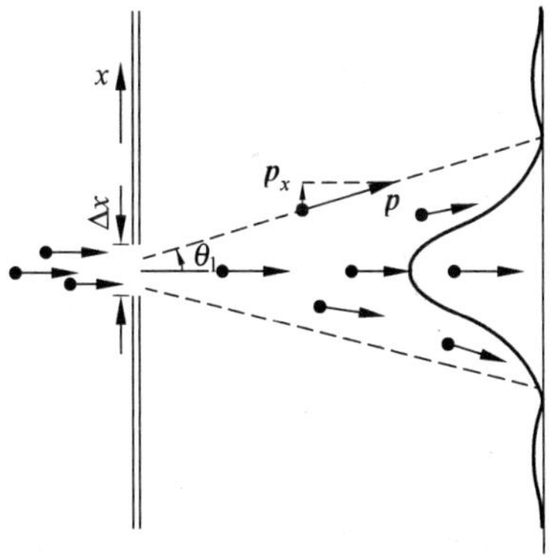

图 23.19 电子单缝衍射说明

如图23.19所示，一束动量为 $\boldsymbol{p}$ 的电子通过宽为 Δx 的单缝后发生衍射而在屏上形成衍射条纹。让我们考虑一个电子通过缝时的位置和动量。对一个电子来说，我们不能确定地说它是从缝中哪一点通过的，而只能说它是从宽为 Δx 的缝中通过的，因此它在 x 方向上的位置不确定量就是 Δx。它沿 x 方向的动量 p_x 是多大呢？如果说它在缝前的 p_x 等于零，在过缝时，p_x 就不再是零了。因为如果还是零，电子就要沿原方向前进而不会发生衍射现象了。屏上电子落点沿 x 方向展开，说明电子通过缝时已有了不为零的 p_x 值。忽略次级极大，可以认为电子都落在中央亮纹内，因而电子在通过缝时，运动方向可以有大到 θ_1 角的偏转。根据动量矢量的合成，可知一个电子在通过缝时在 x 方向动量的分量 p_x 的大小为下列不等式所限：

---

① 转引自 R. Eisberg，R. Resnick. Quantum of Physics of Atoms，Molecules，Solids，Nucler and Partides. 2nd ed. John Wiley&Sons，1985，p79.

② P. A. M. Dirac. The Development of Quantum Mechanics. Acc. Naz. Lincei，Roma(1974)，56.

$$0\leqslant p_x\leqslant p\sin\theta_1$$

这表明，一个电子通过缝时在 x 方向上的动量不确定量为

$$\Delta p_x=p\sin\theta_1$$

考虑到衍射条纹的次级极大，可得

$$\Delta p_x\geqslant p\sin\theta_1 \tag{23.28}$$

由单缝衍射公式，第一级暗纹中心的角位置 θ_1 由下式决定：

$$\Delta x\sin\theta_1=\lambda$$

此式中 λ 为电子波的波长，根据德布罗意公式

$$\lambda=\frac{h}{p}$$

所以有

$$\sin\theta_1=\frac{h}{p\Delta x}$$

将此式代入式(23.28)可得

$$\Delta p_x\geqslant\frac{h}{\Delta x}$$

或

$$\Delta x\Delta p_x\geqslant h \tag{23.29}$$

更一般的理论给出

$$\Delta x\Delta p_x\geqslant\frac{h}{4\pi}$$

对于其他的分量，类似地有

$$\Delta y\Delta p_y\geqslant\frac{h}{4\pi}$$

$$\Delta z\Delta p_z\geqslant\frac{h}{4\pi}$$

引入另一个常用的量

$$\hbar=\frac{h}{2\pi}=1.054\,588\,7\times10^{-34}\ \mathrm{J\cdot s} \tag{23.30}$$

也叫普朗克常量，上面三个公式就可写成[①]

$$\Delta x\Delta p_x\geqslant\frac{\hbar}{2} \tag{23.31}$$

$$\Delta y\Delta p_y\geqslant\frac{\hbar}{2} \tag{23.32}$$

$$\Delta z\Delta p_z\geqslant\frac{\hbar}{2} \tag{23.33}$$

这三个公式就是位置坐标和动量的不确定关系。它们说明粒子的位置坐标不确定量越小，则同方向上的动量不确定量越大。同样，某方向上动量不确定量越小，则此方向上粒子位置的不确定量越大。总之，这个不确定关系告诉我们，在表明或测量粒子的位置和动量时，它们的精度存在着一个终极的不可逾越的限制。

① 在作数量级的估算时，常用$\hbar$代替$\hbar/2$。

不确定关系是海森伯于1927年给出的，因此常被称为海森伯不确定关系或不确定原理。它的根源是波粒二象性。费恩曼曾把它称做“自然界的根本属性”，并且还说“现在我们用来描述原子以及，实际上，所有物质的量子力学的全部理论都有赖于不确定原理的正确性。”①

除了坐标和动量的不确定关系外，对粒子的行为说明还常用到能量和时间的不确定关系。考虑一个粒子在一段时间 Δt 内的动量为 p，能量为 E。根据相对论，有

$$p^2c^2 = E^2 - m_0^2c^4$$

而其动量的不确定量为

$$\Delta p = \Delta\left(\frac{1}{c}\sqrt{E^2 - m_0^2c^4}\right) = \frac{E}{c^2p}\Delta E$$

在 Δt 时间内，粒子可能发生的位移为 $v\Delta t = \frac{p}{m}\Delta t$。这位移也就是在这段时间内粒子的位置坐标不确定度，即

$$\Delta x = \frac{p}{m}\Delta t$$

将上两式相乘，得

$$\Delta x\Delta p = \frac{E}{mc^2}\Delta E\Delta t$$

由于 $E=mc^2$，再根据不确定关系式(23.31)，就可得

$$\Delta E\Delta t \geqslant \frac{\hbar}{2} \tag{23.34}$$

这就是关于能量和时间的不确定关系。

例 23.7

设子弹的质量为0.01 kg，枪口的直径为0.5 cm，试用不确定性关系计算子弹射出枪口时的横向速度。

解 枪口直径可以当作子弹射出枪口时的位置不确定量 Δx，由于 $\Delta p_x = m\Delta v_x$，所以由式(23.31)可得

$$\Delta x \cdot m\Delta v_x \geqslant \hbar/2$$

取等号计算，

$$\Delta v_x = \frac{\hbar}{2m\Delta x} = \frac{1.05\times10^{-34}}{2\times0.01\times0.5\times10^{-2}} = 1.1\times10^{-30}\,(\text{m/s})$$

这也就是子弹的横向速度。和子弹飞行速度每秒几百米相比，这一速度引起的运动方向的偏转是微不足道的。因此对于子弹这种宏观粒子，它的波动性不会对它的“经典式”运动以及射击时的瞄准带来任何实际的影响。

例 23.8

现代测量重力加速度的实验中，距离的测量精度可达 10^{-9} m。设所用下落物体的质

① 见 The Feynman Lectures on Physics, Vol. Ⅲ, p1-9.

量是 0.05 kg,则它下落经过某点时的速度测量值的不确定度是多少?

解 距离测量的精度可以认为是物体(中某一点,例如质心)下落经过某一位置时的坐标不确定度,即 $\Delta x=10^{-9}$ m。由不确定关系可得速度的不确定度为

$$\Delta v = \frac{\hbar}{m\Delta x} = \frac{1.05 \times 10^{-34}}{0.05 \times 10^{-9}} = 2 \times 10^{-24}\,(\text{m/s})$$

这一不确定度对实验来说可以认为是零,因而速度的测定值(m/s 数量级)就是“完全”准确的。由此可知,对宏观运动,不确定关系实际上不起作用,因而可以精确地应用牛顿力学处理。

例 23.9

原子的线度为 10^{-10} m,求原子中电子速度的不确定量。

解 说“电子在原子中”就意味着电子的位置不确定量为 $\Delta x=10^{-10}$ m,由不确定关系可得

$$\Delta v_x=\frac{\hbar}{m\Delta x}=\frac{1.05\times10^{-34}}{9.11\times10^{-31}\times10^{-10}}=1.2\times10^{6}\,(\text{m/s})$$

按照牛顿力学计算,氢原子中电子的轨道运动速度约为 10^6 m/s,它与上面的速度不确定量有相同的数量级。可见对原子范围内的电子,谈论其速度是没有什么实际意义的。这时电子的波动性十分显著,描述它的运动时必须抛弃轨道概念而代之以说明电子在空间的概率分布的电子云图像。

例 23.10

氦氖激光器所发红光波长为 $\lambda=632.8$ nm,谱线宽度 $\Delta\lambda=10^{-9}$ nm,求当这种光子沿 x 方向传播时,它的 x 坐标的不确定量多大?

解 光子具有二象性,所以也应满足不确定关系。由于 $p_x=h/\lambda$,所以数值上

$$\Delta p_x=\frac{h}{\lambda^2}\Delta\lambda$$

将此式代入式(23.31),可得

$$\Delta x=\frac{\hbar}{2\Delta p_x}=\frac{\lambda^2}{4\pi\Delta\lambda}\approx\frac{\lambda^2}{\Delta\lambda}$$

由于 $\lambda^2/\Delta\lambda$ 等于相干长度,也就是波列长度。上式说明,光子的位置不确定量也就是波列的长度。根据原子在一次能级跃迁过程中发射一个光子(粒子性)或者说发出一个波列(波动性)的观点来看,这一结论是很容易理解的。将 λ 和 $\Delta\lambda$ 的值代入上式,可得

$$\Delta x\approx\frac{\lambda^2}{\Delta\lambda}=\frac{(632.8\times10^{-9})^2}{10^{-18}}=4\times10^{5}\,(\text{m})=400\,(\text{km})$$

例 23.11

求线性谐振子的最小可能能量(又叫零点能)。

解 线性谐振子沿直线在平衡位置附近振动,坐标和动量都有一定限制。因此可以用坐标-动量不确定关系来计算其最小可能能量。

已知沿 x 方向的线性谐振子能量为

$$E=\frac{1}{2}mv^2+\frac{1}{2}kx^2=\frac{p^2}{2m}+\frac{1}{2}m\omega^2x^2$$

由于振子在平衡位置附近振动,所以可取

$$\Delta x\approx x,\quad \Delta p\approx p$$

这样，

$$E=\frac{(\Delta p)^2}{2m}+\frac{1}{2}m\omega^2(\Delta x)^2$$

利用式(23.31)，取等号，可得

$$E=\frac{\hbar^2}{8m(\Delta x)^2}+\frac{1}{2}m\omega^2(\Delta x)^2 \tag{23.35}$$

为求 E 的最小值，先计算

$$\frac{\mathrm{d}E}{\mathrm{d}(\Delta x)}=-\frac{\hbar^2}{4m(\Delta x)^3}+m\omega^2(\Delta x)$$

令 $\mathrm{d}E/\mathrm{d}(\Delta x)=0$，可得 $(\Delta x)^2=\frac{\hbar}{2m\omega}$。将此值代入式(23.35)可得最小可能能量为

$$E_{\min}=\frac{1}{2}\hbar\omega=\frac{1}{2}h\nu$$

例 23.12

(1) J/ψ 粒子的静能为 3 100 MeV，寿命为 5.2×10^{-21} s。它的能量不确定度是多大？占静能的几分之几？(2) ρ 介子的静能是 765 MeV，寿命是 2.2×10^{-24} s。它的能量不确定度多大？又占其静能的几分之几？

解 (1) 由式(23.34)，取等号可得 $\Delta E=\hbar/2\Delta t$，此处 Δt 即粒子的寿命。对 J/ψ 粒子，

$$\Delta E=\frac{\hbar}{2\Delta t}=\frac{1.05\times10^{-34}}{2\times5.2\times10^{-21}\times1.6\times10^{-13}}=0.063\ (\mathrm{MeV})$$

与静能相比有

$$\frac{\Delta E}{E}=\frac{0.063}{3\ 100}=2.0\times10^{-5}$$

(2) 对 ρ 介子

$$\Delta E=\frac{\hbar}{2\Delta t}=\frac{1.05\times10^{-34}}{2\times2.2\times10^{-24}\times1.6\times10^{-13}}=150\ (\mathrm{MeV})$$

与静能相比有

$$\frac{\Delta E}{E}=\frac{150}{765}=0.20$$

提要

1. 黑体辐射：能量按频率的分布随温度改变的电磁辐射。

普朗克量子化假设：谐振子能量为

$$E=nh\nu,\quad n=1,2,3,\cdots$$

普朗克热辐射公式：黑体的光谱辐射出射度

$$M_\nu=\frac{2\pi h}{c^2}\frac{\nu^3}{e^{h\nu/kT}-1}$$

斯特藩-玻耳兹曼定律：黑体的总辐射出射度

$$M=\sigma T^4$$

其中 $\sigma=5.670\,3\times10^{-8}\ \mathrm{W/(m^2\cdot K^4)}$

维恩位移律：光谱辐射出射度最大的光的频率为

$$\nu_m=C_\nu T$$

其中 $C_\nu=5.880\times10^{10}\ \mathrm{Hz/K}$

2. 光电效应：光射到物质表面上有电子从表面释出的现象。

光子：光(电磁波)是由光子组成的。

每个光子的能量 $E=h\nu$

每个光子的动量 $p=\dfrac{E}{c}=\dfrac{h}{\lambda}$

光电效应方程 $\dfrac{1}{2}mv_{\max}^2=h\nu-A$

光电效应的红限频率 $\nu_0=A/h$

3. 康普顿散射：X 射线被散射后出现波长较入射 X 射线的波长大的成分。这现象可用光子和静止的电子的碰撞解释。

散射公式： $\Delta\lambda=\lambda-\lambda_0=\dfrac{h}{m_0c}(1-\cos\varphi)$

康普顿波长(电子)： $\lambda_C=2.426\,3\times10^{-3}\ \mathrm{nm}$

4. 粒子的波动性

德布罗意假设：粒子的波长

$$\lambda=h/p=h/mv$$

5. 概率波与概率幅

德布罗意波是概率波，它描述粒子在各处被发现的概率。

用波函数 Ψ 描述微观粒子的状态。Ψ 叫概率幅，$|\Psi|^2$ 为概率密度。概率幅具有叠加性。同一粒子的同时的几个概率幅的叠加出现干涉现象。

6. 不确定关系：它是粒子二象性的反映。

位置动量不确定关系： $\Delta x\Delta p_x\geqslant\dfrac{\hbar}{2}$

能量时间不确定关系： $\Delta E\Delta t\geqslant\dfrac{\hbar}{2}$

思考题

23.1 霓虹灯发的光是热辐射吗？熔炉中的铁水发的光是热辐射吗？

23.2 人体也向外发出热辐射，为什么在黑暗中人眼却看不见人呢？

23.3 刚粉刷完的房间从房外远处看，即使在白天，它的开着的窗口也是黑的。为什么？

23.4 把一块表面的一半涂了煤烟的白瓷砖放到火炉内烧，高温下瓷砖的哪一半显得更亮些？

23.5 在洛阳王城公园内，为什么黑牡丹要在室内培养？

23.6 如果普朗克常量大到 10^{34} 倍，弹簧振子将会表现出什么奇特的现象？

23.7 在光电效应实验中,如果(1)入射光强度增加一倍;(2)入射光频率增加一倍,各对实验结果(即光电子的发射)会有什么影响?

23.8 用一定波长的光照射金属表面产生光电效应时,为什么逸出金属表面的光电子的速度大小不同?

23.9 用可见光能产生康普顿效应吗?能观察到吗?

23.10 为什么对光电效应只考虑光子的能量的转化,而对康普顿效应则还要考虑光子的动量的转化?

23.11 若一个电子和一个质子具有同样的动能,哪个粒子的德布罗意波长较大?

23.12 如果普朗克常量 $h\to 0$,对波粒二象性会有什么影响?如果光在真空中的速率 $c\to\infty$,对时间空间的相对性会有什么影响?

23.13 根据不确定关系,一个分子即使在 0 K,它能完全静止吗?

习题

23.1 夜间地面降温主要是由于地面的热辐射。如果晴天夜里地面温度为 −5℃,按黑体辐射计算,1 m^2 地面失去热量的速率多大?

23.2 太阳的光谱辐射出射度 M_ν 的极大值出现在 $\nu_m=3.4\times10^{14}$ Hz 处。(1)求太阳表面的温度 T;(2)求太阳表面的辐射出射度 M。

23.3 在地球表面,太阳光的强度是 1.0×10^3 W/m^2。一太阳能水箱的涂黑面直对阳光,按黑体辐射计,热平衡时水箱内的水温可达几摄氏度?忽略水箱其他表面的热辐射。

23.4 太阳的总辐射功率为 $P_S=3.9\times10^{26}$ W。

(1) 以 r 表示行星绕太阳运行的轨道半径。试根据热平衡的要求证明:行星表面的温度 T 由下式给出:

$$T^4=\frac{P_S}{16\pi\sigma r^2}$$

其中 σ 为斯特藩-玻耳兹曼常量。(行星辐射按黑体计。)

(2) 用上式计算地球和冥王星的表面温度,已知地球 $r_E=1.5\times10^{11}$ m,冥王星 $r_P=5.9\times10^{12}$ m。

23.5 Procyon B 星距地球 11 l. y.,它发的光到达地球表面的强度为 1.7×10^{-12} W/m^2,该星的表面温度为 6 600 K,求该星的线度。

23.6 宇宙大爆炸遗留在宇宙空间的均匀各向同性的背景热辐射相当于 3 K 黑体辐射。

(1) 此辐射的光谱辐射出射度 M_ν 在何频率处有极大值?

(2) 地球表面接收此辐射的功率是多大?

23.7 试由黑体辐射的光谱辐射出射度按频率分布的形式(式(23.3)),导出其按波长分布的形式

$$M_\lambda=\frac{2\pi hc^2}{\lambda^5}\frac{1}{e^{hc/\lambda kT}-1}$$

*23.8 以 w_ν 表示空腔内电磁波的光谱辐射能密度。试证明 w_ν 和由空腔小口辐射出的电磁波的黑体光谱辐射出射度 M_ν 有下述关系:

$$M_\nu=\frac{c}{4}w_\nu$$

式中 c 为光在真空中的速率。

*23.9　试对式(23.3)求导，证明维恩位移律

$$\nu_m = C_\nu T$$

(提示：求导后说明 ν_m/T 为常量即可，不要求求 C_ν 的值。)

*23.10　试根据式(23.5)将式(23.3)积分，证明斯特藩-玻耳兹曼定律

$$M=\sigma T^4$$

(提示：由定积分说明 M/T^4 为常量即可，不要求求 σ 的值。)

23.11　铝的逸出功是 4.2 eV，今用波长为 200 nm 的光照射铝表面，求：

(1) 光电子的最大动能；

(2) 截止电压；

(3) 铝的红限波长。

23.12　银河系间宇宙空间内星光的能量密度为 10^{-15} J/m^3，相应的光子数密度多大？假定光子平均波长为 500 nm。

23.13　在距功率为 1.0 W 的灯泡 1.0 m 远的地方垂直于光线放一块钾片(逸出功为 2.25 eV)。钾片中一个电子要从光波中收集到足够的能量以便逸出，需要多长的时间？假设一个电子能收集入射到半径为 1.3×10^{-10} m(钾原子半径)的圆面积上的光能量。(注意，实际的光电效应的延迟时间不超过 10^{-9} s!)

*23.14　在实验室参考系中一光子能量为 5 eV，一质子以 $c/2$ 的速度和此光子沿同一方向运动。求在此质子参考系中，此光子的能量多大？

23.15　入射的 X 射线光子的能量为 0.60 MeV，被自由电子散射后波长变化了 20%。求反冲电子的动能。

23.16　一个静止电子与一能量为 4.0×10^3 eV 的光子碰撞后，它能获得的最大动能是多少？

*23.17　用动量守恒定律和能量守恒定律证明：一个自由电子不能一次完全吸收一个光子。

*23.18　一能量为 5.0×10^4 eV 的光子与一动能为 2.0×10^4 eV 的电子发生正碰，碰后光子向后折回。求碰后光子和电子的能量各是多少？

23.19　电子和光子各具有波长 0.20 nm，它们的动量和总能量各是多少？

23.20　室温(300 K)下的中子称为热中子。求热中子的德布罗意波长。

23.21　一电子显微镜的加速电压为 40 keV，经过这一电压加速的电子的德布罗意波长是多少？

*23.22　试重复德布罗意的运算。将式(23.23)和式(23.24)中的质量用相对论质量 $\left(m=m_0\Big/\sqrt{1-\frac{v^2}{c^2}}\right)$ 代入，然后利用公式 $v_g=\frac{d\omega}{dk}=\frac{d\nu}{d(1/\lambda)}$ 证明：德布罗意波的群速度 v_g 等于粒子的运动速度 v。

23.23　德布罗意关于玻尔角动量量子化的解释。以 r 表示氢原子中电子绕核运行的轨道半径，以 λ 表示电子波的波长。氢原子的稳定性要求电子在轨道上运行时电子波应沿整个轨道形成整数波长(图23.20)。试由此并结合德布罗意公式式(23.24)导出电子轨道运动的角动量应为

$$L=m_e rv=n\hbar,\quad n=1,2,\cdots$$

这正是当时已被玻尔提出的电子轨道角动量量子化的假设。

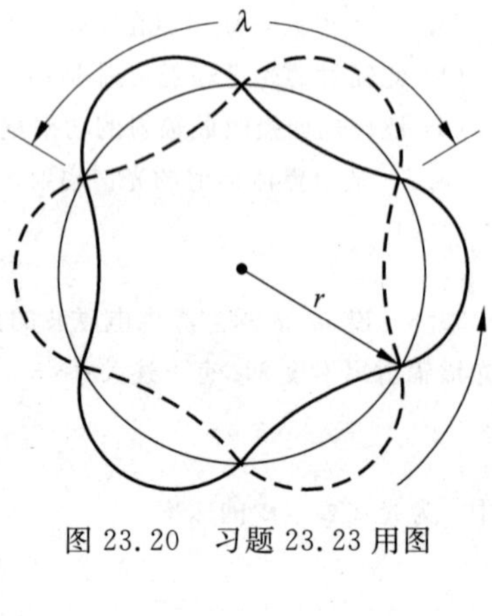

图23.20　习题23.23用图

23.24　一质量为 10^{-15} kg 的尘粒被封闭在一边长均为 1 μm 的方盒内(这在宏观上可以说是"精确地"确定其位置了)。根据不确定关系，估算它在此盒内的最大可能速率及它由此壁到对壁单程最少要多长时间。可以从宏观上认为它是静止的吗？

23.25 电视机显像管中电子的加速电压为 9 kV,电子枪枪口直径取 0.50 mm,枪口离荧光屏距离为 0.30 m。求荧光屏上一个电子形成的亮斑直径。这样大小的亮斑影响电视图像的清晰度吗?

23.26 卢瑟福的 α 散射实验所用 α 粒子的能量为7.7 MeV。α 粒子的质量为 6.7×10^{-27} kg,所用 α 粒子的波长是多少?对原子的线度 10^{-10} m 来说,这种 α 粒子能像卢瑟福做的那样按经典力学处理吗?

23.27 为了探测质子和中子的内部结构,曾在斯坦福直线加速器中用能量为 22 GeV 的电子做探测粒子轰击质子。这样的电子的德布罗意波长是多少?已知质子的线度为 10^{-15} m,这样的电子能用来探测质子内部的情况吗?

23.28 证明:做戴维孙-革末那样的电子衍射实验时,电子的能量至少应为 $h^2/8m_ed^2$。如果所用镍晶体的散射平面间距 $d=0.091$ nm,则所用电子的最小能量是多少?

23.29 铀核的线度为 7.2×10^{-15} m。

(1) 核中的 α 粒子($m_\alpha=6.7\times10^{-27}$ kg)的动量值和动能值各约是多大?

(2) 一个电子在核中的动能的最小值约是多少 MeV?(电子的动能要用相对论能量动量关系计算,结果为 13.2 MeV,此值比核的 β 衰变放出的电子的动能(约 1 MeV)大得多。这说明在核中不可能存在单个的电子。β 衰变放出的电子是核内的中子衰变为质子时“临时制造”出来的。)

23.30 证明:一个质量为 m 的粒子在边长为 a 的正立方盒子内运动时,它的最小可能能量(零点能)为

$$E_{\min}=\frac{3\hbar^2}{8ma^2}$$

科学家介绍

德布罗意

(Prince Louis Victor de Broglie,1892—1987年)

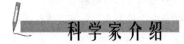

LOUIS DE BROGLIE

The wave nature of the electron

Nobel Lecture, December 12, 1929

When in 1920 I resumed my studies of theoretical physics which had long been interrupted by circumstances beyond my control, I was far from the idea that my studies would bring me several years later to receive such a high and envied prize as that awarded by the Swedish Academy of Sciences each year to a scientist: the Nobel Prize for Physics. What at that time drew me towards theoretical physics was not the hope that such a high distinction would ever crown my work; I was attracted to theoretical physics by the mystery enshrouding the structure of matter and the structure of radiations, a mystery which deepened as the strange quantum concept introduced by Planck in 1900 in his research on black-body radiation continued to encroach on the whole domain of physics.

To assist you to understand how my studies developed, I must first depict for you the crisis which physics had then been passing through for some twenty years.

For a long time physicists had been wondering whether light was composed of small, rapidly moving corpuscles. This idea was put forward by the philosophers of antiquity and upheld by Newton in the 18th century. After Thomas Young's discovery of interference phenomena and following the admirable work of Augustin Fresnel, the hypothesis of a granular structure of light was entirely abandoned and the wave theory unanimously adopted. Thus the physicists of last century spurned absolutely the idea of an atomic structure of light. Although rejected by optics, the atomic theories began making great headway not only in chemistry, where they provided a simple interpretation of the laws of definite proportions, but also in the physics of matter where they made possible an interpretation of a large number of properties of solids, liquids, and gases. In particular they were instrumental in the elaboration of that admirable kinetic theory of gases which, generalized under the name of statistical mechanics, enables a clear meaning to be given to the abstract concepts of thermodynamics. Experiment also yielded decisive proof in favour of an atomic constitution of electricity; the concept of the

获诺贝尔物理奖仪式上演讲稿的首页

法国理论物理学家德布罗意1892年8月15日出生于法国迪埃普的一个贵族家庭。少年时期酷爱历史和文学,在巴黎大学学习法制史,大学毕业时获历史学士学位。

他的哥哥是法国著名的物理学家,是第一届索尔威国际物理学会议的参加者,是第二和第三届索尔威国际物理学会议的秘书。当德布罗意在哥哥处了解到现代物理学最迫近的课题后,决定从文史转到自然科学上来,用自己全部精力弄清量子的本质。

第一次世界大战期间,德布罗意中断了物理学的研究,在法国工兵中服役,他的主要精力用在巴黎埃菲尔铁塔的无线电台上。

1920年开始在他哥哥的私人实验室研究X射线,并逐渐产生了波和粒子相结合的想法。1922年发表了他研究绝对黑体辐射的量子理论的初步成果。1923年关于微观世界中波粒二象性的想法已趋成熟,发表了题为《波和量子》,《光的量子,衍射和干涉》,《量子,气体动力学理论和费马原理》等三篇论文。

1924 年德布罗意顺利地通过了博士论文，题目是《量子理论的研究》。文章中德布罗意把光的二象性推广到实物粒子，特别是电子上去，用

$$\lambda = \frac{h}{mv}$$

表示物质波的波长，并指出可以用晶体对电子的衍射实验加以证明。

德布罗意关于物质波的思想，几乎没有引起物理学家们的注意。但是，他的导师把他的论文寄给了爱因斯坦，立即引起了这位伟大的物理学家的重视，爱因斯坦认为他的工作"揭开了巨大帷幕的一角"，他的文章是"非常值得注意的文章"。两年后奥地利物理学家薛定谔在此基础上加以数学论证，提出了著名的薛定谔方程，建立了现代物理学的基础——量子力学。

3 年后，也就是 1927 年，美国物理学家戴维孙和革末以及英国物理学家 G. P. 汤姆孙分别在实验中发现了电子衍射，证明了物质波的存在。后来德国物理学家施特恩在实验中发现了原子、分子也具有波动性，进一步证明了德布罗意物质波假设的正确性。

1929 年德布罗意因对实物的波动性的发现而获得诺贝尔物理奖。在法国他享有崇高的威望。

德布罗意发表过许多著作，如《波和粒子》，《新物理学和量子》，《物质和光》，《连续和不连续》，《关于核理论的波动力学》，《知识和发现》，《波动力学和分子生物学》等。至死他仍然关心着各种最新的科学问题：基本粒子理论，原子能，控制论等。

德布罗意自己讲，他对普遍性和哲学性概念极为爱好，关于物质波的概念是他在不断探索可以把波动观点和微粒观点结合起来的一般综合概念的过程中产生的。

许多科学史专家认为，德布罗意能够作出这项发现的关键在于对动力学和光学的发展做了历史学的和方法论的分析。

从 20 世纪 50 年代开始，德布罗意对薛定谔等人在量子力学中引入概率持批评态度，他在不断寻求着波动力学的因果性解释，他认为统计理论在各个我们的实验技术不能测量的量的背后隐藏着一种完全确定的、可查明的真实性。

第24章

薛定谔方程

薛定谔方程是量子力学的基本动力学方程。本章先列出了该方程，包括不含时和含时的形式，并简要地介绍了薛定谔“建立”他的方程的思路。然后将不含时的薛定谔方程应用于无限深方势阱中的粒子、遇有势垒的粒子以及谐振子等情况。着重说明根据对波函数的单值、有限和连续的要求，由薛定谔方程可自然地得出能量量子化的结果。接着说明了隧道效应这种量子粒子不同于经典粒子的重要特征。本章最后介绍了关于谐振子的波函数和能量量子化的结论。

24.1 薛定谔得出的波动方程

德布罗意引入了和粒子相联系的波。粒子的运动用波函数$\Psi=\Psi(x,y,z,t)$来描述，而粒子在时刻t在各处的概率密度为$|\Psi|^2$。但是，怎样确定在给定条件(一般是给定一势场)下的波函数呢？

1925 年在瑞士，德拜(P. J. W. Debye)让他的学生薛定谔作一个关于德布罗意波的学术报告。报告后，德拜提醒薛定谔：“对于波，应该有一个波动方程。”薛定谔此前就曾注意到爱因斯坦对德布罗意假设的评论，此时又受到了德拜的鼓励，于是就努力钻研。几个月后，他就向世人拿出了一个波动方程，这就是现在大家称谓的薛定谔方程。

薛定谔方程在量子力学中的地位和作用相当于牛顿方程在经典力学中的地位和作用。用薛定谔方程可以求出在给定势场中的波函数，从而了解粒子的运动情况。作为一个基本方程，薛定谔方程不可能由其他更基本的方程推导出来。它只能通过某种方式建立起来，然后主要看所得的结论应用于微观粒子时是否与实验结果相符。薛定谔当初就是“猜”加“凑”出来的(他建立方程的步骤见本节[注])。以他的名字命名的方程①为(一维情形)

$$-\frac{\hbar^2}{2m}\frac{\partial^2\Psi}{\partial x^2}+U(x,t)\Psi=\mathrm{i}\,\hbar\frac{\partial\Psi}{\partial t}\tag{24.1}$$

① 薛定谔是 1926 年发表他的方程的，该方程是**非相对论形式的**。1928 年狄拉克(P. A. M. Dirac)把该方程发展为相对论形式，可以讨论磁性、粒子的湮灭和产生等更为广泛的问题。

式中 $\Psi=\Psi(x,t)$ 是粒子(质量为 m)在势场 $U=U(x,t)$ 中运动的波函数。我们没有可能全面讨论式(24.1)那样的**含时薛定谔方程**(那是量子力学课程的任务),下面只着重讨论粒子在恒定势场 $U=U(x)$(包括 $U(x)=$ 常量,因而粒子不受力的势场)中运动的情形。在这种情形下,式(24.1)可用分离变量法求解。作为"波"函数,应包含时间的周期函数,而此时波函数应有下述形式:

$$\Psi(x,t) = \psi(x)\mathrm{e}^{-\mathrm{i}Et/\hbar} \tag{24.2}$$

式中 E 是粒子的能量。将此式代入式(24.1),可知波函数 Ψ 的空间部分 $\psi=\psi(x)$ 应该满足的方程为

$$-\frac{\hbar^2}{2m}\frac{\partial^2\psi}{\partial x^2}+U\psi = E\psi \tag{24.3}$$

此方程称为**定态薛定谔方程**。本章的后几节将利用此方程说明一些粒子运动的基本特征。函数 $\psi=\psi(x)$ 叫粒子的**定态波函数**,它描写的粒子的状态叫**定态**。

关于薛定谔方程式(24.1)和式(24.3)需要说明两点。第一,它们都是**线性微分方程**。这就意味着作为它们的解的波函数或概率幅 ψ 和 Ψ 都满足叠加原理,这正是 25.6 节中提到的"量子力学第一原理"所要求的。

第二,从数学上来说,对于任何能量 E 的值,方程式(24.3)都有解,但并非对所有 E 值的解都能满足物理上的要求。这些要求最一般的是,作为有物理意义的波函数,这些解必须是**单值的,有限的**和**连续的**。这些条件叫做波函数的**标准条件**。令人惊奇的是,根据这些条件,由薛定谔方程"自然地"、"顺理成章地"就能得出微观粒子的重要特征——量子化条件。这些量子化条件在普朗克和玻尔那里都是"强加"给微观系统的。作为量子力学基本方程的薛定谔方程当然还给出了微观系统的许多其他奇异的性质。

对于微观粒子的三维运动,定态薛定谔方程式(24.3)的直角坐标形式为

$$-\frac{\hbar^2}{2m}\left(\frac{\partial^2\psi}{\partial x^2}+\frac{\partial^2\psi}{\partial y^2}+\frac{\partial^2\psi}{\partial z^2}\right)+U\psi = E\psi \tag{24.4}$$

相应的球坐标(图 24.1)形式为

$$-\frac{\hbar^2}{2m}\left[\frac{\partial^2\psi}{\partial r^2}+\frac{2}{r}\frac{\partial\psi}{\partial r}+\frac{1}{r^2\sin\theta}\frac{\partial}{\partial\theta}\left(\sin\theta\frac{\partial\psi}{\partial\theta}\right)+\frac{1}{r^2\sin^2\theta}\frac{\partial^2\psi}{\partial\varphi^2}\right]+U\psi = E\psi \tag{24.5}$$

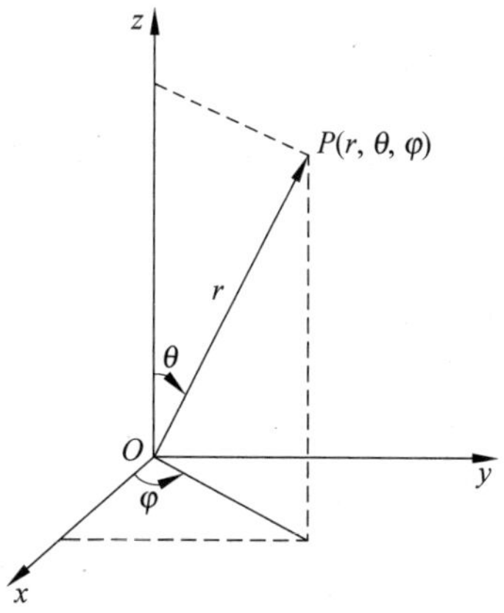

图 24.1 球坐标

其中 r 为粒子的径矢的大小,θ 为极角,φ 为方位角。

例 24.1

一质量为 m 的粒子在自由空间绕一定点做圆周运动,圆半径为 r。求粒子的波函数并确定其可能的能量值和角动量值。

解 取定点为坐标原点,圆周所在平面为 xy 平面。由于 r 和 $\theta(\theta=\pi/2)$ 都是常量,所以 ψ 只是方位角 φ 的函数。令 $\psi=\Phi(\varphi)$ 表示此波函数。又因为$U=0$,所以粒子的薛定谔方程式(24.5)变为

$$-\frac{\hbar^2}{2mr^2}\frac{d^2\Phi}{d\varphi^2}=E\Phi$$

或

$$\frac{d^2\Phi}{d\varphi^2}+\frac{2mr^2E}{\hbar^2}\Phi=0$$

这一方程类似于简谐运动的运动方程，其解为

$$\Phi=Ae^{im_l\varphi} \tag{24.6}$$

其中

$$m_l=\pm\sqrt{\frac{2mr^2E}{\hbar^2}} \tag{24.7}$$

式(24.6)是 φ 的**有限连续**函数。要使 Φ 再满足在任一给定 φ 值时为**单值**，就需要

$$\Phi(\varphi)=\Phi(\varphi+2\pi)$$

或

$$e^{im_l\varphi}=e^{im_l(\varphi+2\pi)}$$

由此得

$$e^{im_l2\pi}=1 \tag{24.8}$$

式(24.8)给出 m_l 必须是整数①，即

$$m_l=\pm1,\pm2,\cdots \tag{24.9}$$

为了求出式(24.6)中 A 的值，我们注意到粒子在所有 φ 值范围内的总概率为 1——归一化条件，由此得

$$1=\int_0^{2\pi}|\Phi|^2d\varphi=\int_0^{2\pi}A^2d\varphi=2\pi A^2$$

于是有

$$A=\frac{1}{\sqrt{2\pi}}$$

将此值代入式(24.6)，得和 m_l 相对应的定态波函数为

$$\Phi_{m_l}=\frac{1}{\sqrt{2\pi}}e^{im_l\varphi} \tag{24.10}$$

最后可得粒子的波函数为

$$\Psi_{m_l}=\Phi_{m_l}e^{i2\pi\frac{E}{h}t}=\frac{1}{\sqrt{2\pi}}e^{i(m_l\varphi+2\pi Et/h)} \tag{24.11}$$

由式(24.7)可得

$$E=\frac{\hbar^2}{2mr^2}m_l^2 \tag{24.12}$$

此式说明，由于 m_l 是整数，所以粒子的能量只能取离散的值。这就是说，这个做圆周运动的粒子的能量"量子化"了。在这里，能量量子化这一微观粒子的重要特征很自然地从薛定谔方程和波函数的标准条件得出了。m_l 叫做**量子数**。

根据能量和动量关系有 $p=\sqrt{2mE_k}$，而此处 $E_k=E$，再由式(24.12)可得这个作圆周运动的粒子的角动量(此角动量矢量沿 z 轴方向)为

$$L=rp=m_l\hbar \tag{24.13}$$

即角动量也量子化了，而且等于 $\hbar$ 的整数倍。

---

① 由欧拉公式 $e^{im_l2\pi}=\cos(m_l2\pi)+i\sin(m_l2\pi)=1$，由此得 $\cos(m_l\cdot2\pi)=1$，于是 m_l=整数。

[注] 薛定谔建立他的方程的大致过程[①]

薛定谔注意到德布罗意波的相速与群速的区别以及德布罗意波的相速度(非相对论情形)为

$$u=\lambda\nu=\frac{E}{p}=\frac{E}{\sqrt{2mE_{\mathrm{k}}}}=\frac{E}{\sqrt{2m(E-U)}} \tag{24.14}$$

其中 m 为粒子的质量，E 为粒子的总能量，$U=U(x,y,z)$ 为粒子在给定的保守场中的势能。$\sqrt{2m(E-U)}$，于是就有式(24.14)。对于一个波，薛定谔假设其波函数 $\Psi(x,y,z,t)$ 通过一个振动因子

$$\exp[-\mathrm{i}\omega t]=\exp[-2\pi\,\mathrm{i}\nu t]=\exp\left[-2\pi\,\mathrm{i}\,\frac{E}{h}t\right]=\exp[-\mathrm{i}Et/\hbar]$$

和时间 t 有关，式中 $\mathrm{i}=\sqrt{-1}$ 为虚数单位。于是有

$$\Psi(x,y,z,t)=\psi(x,y,z)\exp\left[-\mathrm{i}\,\frac{E}{\hbar}t\right]$$

其中 $\psi(x,y,z)$ 可以是空间坐标的复函数。下面先就一维的情况进行讨论，即 Ψ 取式(24.2)那样的形式

$$\Psi(x,t)=\psi(x)\exp\left[-\mathrm{i}\,\frac{E}{\hbar}t\right] \tag{24.15}$$

将式(24.15)和式(24.14)代入波动方程的一般形式

$$\frac{\partial^2\Psi}{\partial x^2}=\frac{1}{u^2}\frac{\partial^2\Psi}{\partial t^2}$$

稍加整理，即可得

$$-\frac{\hbar}{2m}\frac{\partial^2\psi}{\partial x^2}+U\psi=E\psi \tag{24.16}$$

式中 $\hbar=h/2\pi$。由式(24.15)可得粒子的概率密度为

$$|\Psi|^2=\Psi\Psi^*=\psi(x)\exp\left[-\mathrm{i}\,\frac{E}{\hbar}t\right]\psi(x)\exp\left[\mathrm{i}\,\frac{E}{\hbar}t\right]=|\psi(x)|^2$$

由于此概率密度与时间无关，所以式(24.15)中的 $\psi=\psi(x)$ 称为粒子的定态波函数，而决定这一波函数的微分方程式(24.16)就是定态薛定谔方程式(24.3)。这一方程是研究原子系统的定态的基本方程。

原子系统可以从一个定态转变到另一个定态，例如氢原子的发光过程。在这一过程中，原子系统的能量 E 将发生变化。注意到这种随时间变化的情况，薛定谔认为这时 E 不应该出现在他的波动方程中。他于是用式(24.15)来消去式(24.16)中的 E。式(24.15)可换写为

$$\psi(x)=\Psi\exp\left[\mathrm{i}\,\frac{E}{\hbar}t\right]$$

将此式回代入式(24.16)可以得到

$$-\frac{\hbar^2}{2m}\frac{\partial^2\Psi}{\partial x^2}+U\Psi=E\Psi \tag{24.17}$$

由式(24.15)可得

$$E\Psi=\mathrm{i}\,\hbar\frac{\partial\Psi}{\partial t}$$

所以由式(24.17)又可得

$$-\frac{\hbar^2}{2m}\frac{\partial^2\Psi}{\partial x^2}+U\Psi=\mathrm{i}\,\hbar\frac{\partial\Psi}{\partial t}$$

式中的 U 可以推广为也是时间 t 的函数。此式就是式(24.1)。这是关于粒子运动的普遍的运动方程，是非相对论量子力学的基本方程。

---

① 参看赵凯华.创立量子力学的睿智才思.大学物理，2006，25(11)，5-8.

从以上介绍可知，薛定谔建立他的方程时，虽然也有些“根据”，但并不是什么严格的推理过程。实际上，可以说，式(24.1)和式(24.3)都是“凑”出来的。这种根据少量的事实，半猜半推理的思维方式常常萌发出全新的概念或理论。这是一种创造性的思维方式。这种思维得出的结论的正确性主要不是靠它的“来源”，而是靠它的预言和大量事实或实验结果相符来证明的。物理学发展史上这样的例子是很多的。普朗克的量子概念，爱因斯坦的相对论，德布罗意的物质波大致都是这样。薛定谔得出他的方程后，就把它应用于氢原子中的电子，所得结论和已知的实验结果相符，而且比当时用于解释氢原子的玻尔理论更为合理和“顺畅”。这一尝试曾大大增强了他的自信，也使得当时的学者们对他的方程倍加关注，经过玻恩、海森伯、狄拉克等诸多物理学家的努力，几年的时间内就建成了一套完整的和经典理论迥然不同的量子力学理论。

24.2 无限深方势阱中的粒子

本节讨论粒子在一种简单的外力场中做一维运动的情形，分析薛定谔方程会给出什么结果。粒子在这种外力场中的势能函数为

$$U=\begin{cases}0, & 0\leqslant x\leqslant a\\ \infty, & x<0,x>a\end{cases} \tag{24.18}$$

这种势能函数的势能曲线如图 24.2 所示。由于图形像井，所以这种势能分布叫**势阱**。图 24.2 中的井深无限，所以叫**无限深方势阱**。在阱内，由于势能是常量，所以粒子不受力而做自由运动，在边界 $x=0$ 和 a 处，势能突然增至无限大，所以粒子会受到无限大的指向阱内的力。因此，粒子的位置就被限制在阱内，粒子这时的状态称为**束缚态**。

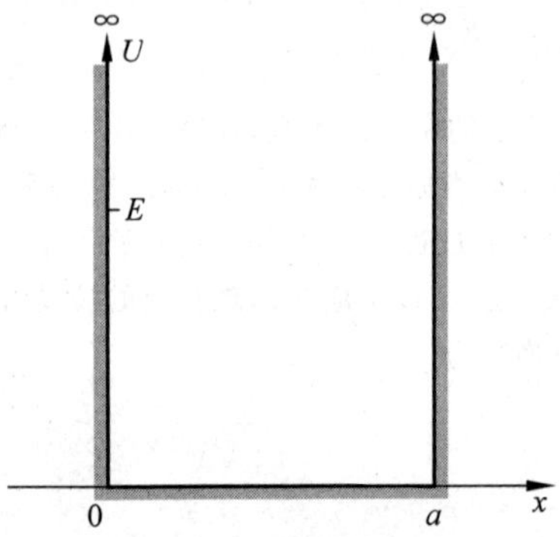

图 24.2 无限深方势阱

势阱是一种简单的理论模型。自由电子在金属块内部可以自由运动，但很难逸出金属表面。这种情况下，自由电子就可以认为是处于以金属块表面为边界的无限深势阱中。在粗略地分析自由电子的运动(不考虑点阵离子的电场)时，就可以利用无限深方势阱这一模型。

为研究粒子的运动，利用薛定谔方程式(24.3)

$$-\frac{\hbar^2}{2m}\frac{\partial^2\psi}{\partial x^2}+U\psi=E\psi$$

在势阱外，即 $x<0$ 和 $x>a$ 的区域，由于 $U=\infty$，所以必须有

$$\psi=0,\quad x<0\text{ 和 }x>a \tag{24.19}$$

否则式(24.3)将给不出任何有意义的解。$\psi=0$ 说明粒子不可能到达这些区域，这是和经典概念相符的。

在势阱内，即 $0\leqslant x\leqslant a$ 的区域，由于 $U=0$，式(24.3)可写成

$$\frac{\partial^2 \psi}{\partial x^2} = -\frac{2mE}{\hbar^2}\psi = -k^2\psi \tag{24.20}$$

式中

$$k = \sqrt{2mE}/\hbar \tag{24.21}$$

式(24.20)和简谐运动的微分方程式(16.11)形式上一样，其解应为

$$\psi = A\sin(kx + \varphi), \quad 0 \leqslant x \leqslant a \tag{24.22}$$

由式(24.19)和式(24.22)分别表示的在各区域的解在各区域内显然是单值而有限且连续的，但整个波函数还被要求在 $x=0$ 和 $x=a$ 处是连续的，即在 $x=0$ 处应有

$$A\sin\varphi = 0 \tag{24.23}$$

而在 $x=a$ 处应有

$$A\sin(ka + \varphi) = 0 \tag{24.24}$$

式(24.23)给出 $\varphi=0$，于是式(24.24)又给出

$$ka = n\pi, \quad n = 1,2,3,\cdots \tag{24.25}$$

将此结果代入式(24.22)，可得

$$\psi = A\sin\frac{n\pi}{a}x, \quad n = 1,2,3,\cdots \tag{24.26}$$

振幅 A 的值，可以根据**归一化条件**，即粒子在空间各处的概率的总和应该等于1，来求得。利用概率和波函数的关系分区积分可得

$$1 = \int_{-\infty}^{+\infty} |\psi|^2 \mathrm{d}x = \int_{-\infty}^{0} |\psi|^2 \mathrm{d}x + \int_{0}^{a} |\psi|^2 \mathrm{d}x + \int_{a}^{+\infty} |\psi|^2 \mathrm{d}x$$

$$= \int_0^a A^2 \sin^2\frac{n\pi}{a}x = \frac{a}{2}A^2$$

由此得

$$A = \sqrt{2/a} \tag{24.27}$$

于是，最后得粒子在无限深方势阱中的波函数为

$$\psi_n = \sqrt{\frac{2}{a}}\sin\frac{n\pi}{a}x, \quad n = 1,2,3,\cdots \tag{24.28}$$

n 等于某个整数，ψ_n 表示粒子的相应的定态波函数，相应的粒子的能量可以由式(24.21)代入式(24.25)求出，即有

$$E_n = \frac{\pi^2\hbar^2}{2ma^2}n^2, \quad n = 1,2,3,\cdots \tag{24.29}$$

式中 n 只能取整数值。这样，根据标准条件的要求由薛定谔方程就自然地得出：束缚在势阱内的粒子的能量只能取**离散**的值，即**能量是量子化**的。每一个能量值对应于一个**能级**。这些能量值称为**能量本征值**，而 n 称为**量子数**。

将式(24.28)代入式(24.2)，即可得全部波函数为

$$\Psi_n = \psi_n \exp(-2\pi \mathrm{i} E_n t/h) \tag{24.30}$$

这些波函数叫做**能量本征波函数**。由每个本征波函数所描述的粒子的状态称为粒子的**能量本征态**，其中能量最低的态称为**基态**，其上的能量较大的系统称为**激发态**。

式(24.26)所表示的波函数和坐标的关系如图24.3中的实线所示。图中虚线表示相

应的$|\psi_n|^2$-x关系，即概率密度与坐标的关系。注意，这里由粒子的波动性给出的概率密度的周期性分布和经典粒子的完全不同。按经典理论，粒子在阱内来来回回自由运动，在各处的概率密度应该是相等的，而且与粒子的能量无关。

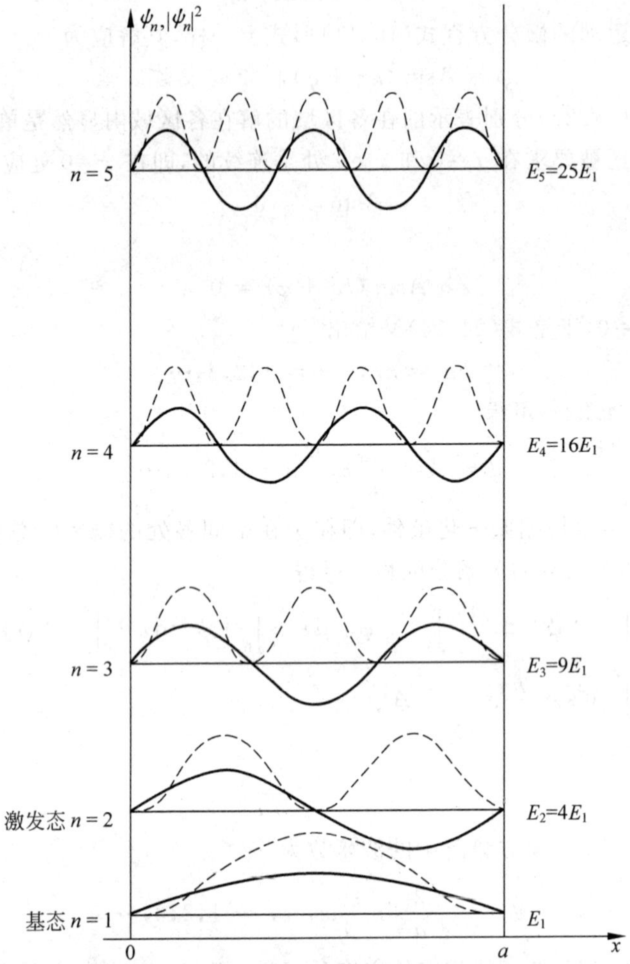

图 24.3　无限深方势阱中粒子的能量本征函数 ψ_n（实线）及概率密度$|\psi_n|^2$（虚线）与坐标的关系

和经典粒子不同的另一点是，由式(24.29)知，量子粒子的最小能量，即基态能量为$E_1=\pi^2\hbar^2/(2ma^2)$，不等于零。这是符合不确定关系的，因为量子粒子在有限空间内运动，其速度不可能为零，而经典粒子可能处于静止的能量为零的最低能态。

由式(24.29)可以得到粒子在势阱中运动的动量为

$$p_n=\pm\sqrt{2mE_n}=\pm n\frac{\pi\hbar}{a}=\pm k\hbar \tag{24.31}$$

相应地，粒子的德布罗意波长为

$$\lambda_n=\frac{h}{p_n}=\frac{2a}{n}=\frac{2\pi}{k} \tag{24.32}$$

此波长也量子化了，它只能是势阱宽度两倍的整数分之一。这使我们回想起两端固定的弦中产生驻波的情况。图 24.3 和图 7.25 是一样的，而式(24.32)和式(7.39)相同。因此可以说，**无限深方势阱中粒子的每一个能量本征态对应于德布罗意波的一个特定波长的驻波。**

例 24.2

在核内的质子和中子可粗略地当成是处于无限深势阱中而不能逸出，它们在核中的运动也可以认为是自由的。按一维无限深方势阱估算，质子从第 1 激发态($n=2$)到基态($n=1$)转变时，放出的能量是多少 MeV？核的线度按 1.0×10^{-14} m 计。

解　由式(24.29)，质子的基态能量为

$$E_1=\frac{\pi^2\hbar^2}{2m_{\mathrm p}a^2}=\frac{\pi^2\times(1.05\times10^{-34})^2}{2\times1.67\times10^{-27}\times(1.0\times10^{-14})^2}=3.3\times10^{-13}\,(\mathrm J)$$

第 1 激发态的能量为

$$E_2=4E_1=13.2\times10^{-13}\,(\mathrm J)$$

从第 1 激发态转变到基态所放出的能量为

$$E_2-E_1=13.2\times10^{-13}-3.3\times10^{-13}=9.9\times10^{-13}\,(\mathrm J)=6.2\,(\mathrm{MeV})$$

实验中观察到的核的两定态之间的能量差一般就是几 MeV，上述估算和此事实大致相符。

例 24.3

根据叠加原理，几个波函数的叠加仍是一个波函数。假设在无限深方势阱中的粒子的一个叠加态是由基态和第 1 激发态叠加而成，前者的波函数为其概率幅的 1/2，后者的波函数为其概率幅的$\sqrt{3}/2$(这意味着基态概率是 1/4，第 1 激发态的概率为 3/4)。试求这一叠加态的概率分布。

解　由于基态和第 1 激发态的波函数分别是

$$\Psi_1=\Psi_{\mathrm e1}=\sqrt{\frac{2}{a}}\cos\left(\frac{\pi}{a}x\right)\mathrm e^{-\mathrm iE_1t/\hbar}$$

$$\Psi_2=\Psi_{\mathrm o2}=\sqrt{\frac{2}{a}}\sin\left(\frac{2\pi}{a}x\right)\mathrm e^{-\mathrm iE_2t/\hbar}$$

所以题设叠加态的波函数为

$$\Psi_{12}=\frac{1}{2}\Psi_1+\frac{\sqrt3}{2}\Psi_2=\frac{1}{2}\sqrt{\frac{2}{a}}\cos\left(\frac{\pi}{a}x\right)\mathrm e^{-\mathrm iE_1t/\hbar}+\frac{\sqrt3}{2}\sqrt{\frac{2}{a}}\sin\left(\frac{2\pi}{a}x\right)\mathrm e^{-\mathrm iE_2t/\hbar}$$

这一叠加态的概率分布为

$$\begin{aligned}P_{12}&=|\Psi_{12}|^2\\&=\left[\frac{1}{2}\sqrt{\frac{2}{a}}\cos\left(\frac{\pi}{a}x\right)\mathrm e^{-\mathrm iE_1t/\hbar}+\frac{\sqrt3}{2}\sqrt{\frac{2}{a}}\sin\left(\frac{2\pi}{a}x\right)\mathrm e^{-\mathrm iE_2t/\hbar}\right]\\&\quad\times\left[\frac{1}{2}\sqrt{\frac{2}{a}}\cos\left(\frac{\pi}{a}x\right)\mathrm e^{\mathrm iE_1t/\hbar}+\frac{\sqrt3}{2}\sqrt{\frac{2}{a}}\sin\left(\frac{2\pi}{a}x\right)\mathrm e^{\mathrm iE_2t/\hbar}\right]\\&=\frac{1}{2a}\cos^2\left(\frac{\pi}{a}x\right)+\frac{3}{2a}\sin^2\left(\frac{2\pi}{a}x\right)+\frac{\sqrt3}{2a}\cos\left(\frac{\pi}{a}x\right)\sin\left(\frac{2\pi}{a}x\right)\left[\mathrm e^{\mathrm i(E_2-E_1)t/\hbar}+\mathrm e^{-\mathrm i(E_2-E_1)t/\hbar}\right]\end{aligned}$$

$$=\frac{1}{2a}\cos^2\left(\frac{\pi}{a}x\right)+\frac{3}{2a}\sin^2\left(\frac{2\pi}{a}x\right)+\frac{\sqrt{3}}{a}\cos\left(\frac{\pi}{a}x\right)\sin\left(\frac{2\pi}{a}x\right)\cos\left[(E_2-E_1)t/\hbar\right]$$

注意，这一结果的前两项与时间无关，而第三项则是一个频率为 $\omega=(E_2-E_1)/\hbar$ 的振动项。因此，这一叠加态**不是**定态。概率分布的这一振动项（出自两定态波函数相乘的交叉项）给出量子力学对电磁波发射的解释。两个定态的叠加表示粒子从一个态过渡或跃迁到另一个态。如果粒子是带电的，上述结果中的振动项就表示一个振动的电荷分布，相当于一个振动电偶极子。这个振动电偶极子将向外发射电磁波或光子。此电磁波的频率就是 $\omega=(E_2-E_1)/\hbar$，而相应光子的能量 $\varepsilon=h\nu=\hbar\omega=E_2-E_1$。这正是玻尔当初提出的原子发光的频率条件。在玻尔那里，这条件是一个"假设"，在量子力学中它却是理论的一个逻辑推论。不仅如此，量子力学还可以给出粒子在两个定态之间的跃迁概率，从而对所发出的电磁波的强度做出定量的解释。

24.3 势垒穿透

让我们考虑"半无限深方势阱"中的粒子。这势阱的势能函数为

$$U=\begin{cases}\infty, & x<0\\ 0, & 0\leqslant x\leqslant a\\ U_0, & x>a\end{cases} \tag{24.33}$$

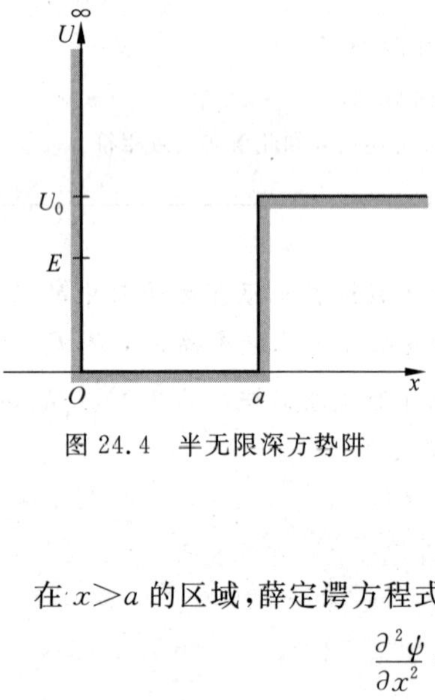

图 24.4 半无限深方势阱

势能曲线如图 24.4 所示。

在 $x<0$ 而 $U=\infty$ 的区域，粒子的波函数 $\psi=0$。

在阱内部，即 $0\leqslant x\leqslant a$ 的区域，粒子具有小于 U_0 的能量 E。薛定谔方程和式(24.20)一样，为

$$\frac{\partial^2\psi}{\partial x^2}=-\frac{2mE}{\hbar^2}\psi=-k^2\psi \tag{24.34}$$

式中 $k=\sqrt{2mE}/\hbar$。此式的解仍具有式(24.22)的形式，即

$$\psi=A\sin(kx+\varphi) \tag{24.35}$$

在 $x>a$ 的区域，薛定谔方程式(24.3)可写成

$$\frac{\partial^2\psi}{\partial x^2}=\frac{2m}{\hbar^2}(U_0-E)\psi=k'^2\psi \tag{24.36}$$

其中

$$k'=\sqrt{2m(U_0-E)}/\hbar \tag{24.37}$$

式(24.36)的解一般应为

$$\psi=Ce^{-k'x}+De^{k'x}$$

其中 C,D 为常数。为了满足 $x\to\infty$ 时，波函数有限的条件，必须 $D=0$。于是得

$$\psi=Ce^{-k'x} \tag{24.38}$$

为了满足此波函数在 $x=a$ 处连续，由式(24.35)和式(24.38)得出

$$A\sin(ka+\varphi)=Ce^{-k'a} \tag{24.39}$$

此外，$d\psi/dx$ 在 $x=a$ 处也应连续（否则 $d^2\psi/dx^2$ 将变为无限大而与式(24.34)和

式(24.36)表明的 $d^2\psi/dx^2$ 有限相矛盾),因而又有

$$kA\cos(ka+\varphi) = -k'Ce^{-k'a} \tag{24.40}$$

式(24.39)和式(24.40)将给出:对于束缚在阱内的粒子(即$E<U_0$),其**能量也是量子化的**,不过其能量的本征值不再能用式(24.29)表示。由于数学过程较为复杂,我们不再讨论其能量本征值的具体数值。这里只想着重指出,式(24.38)说明,在 $x>a$ 而势能有限的区域,粒子出现的概率**不为零**,即粒子在运动中可能到达这一区域,不过到达的概率随 x 的增大而按指数规律减小。粒子处于可能的基态和第1,2激发态(U_0 太小时,粒子不能被束缚在阱内)的波函数如图24.5中的实线所示,虚线表示粒子的概率密度分布。

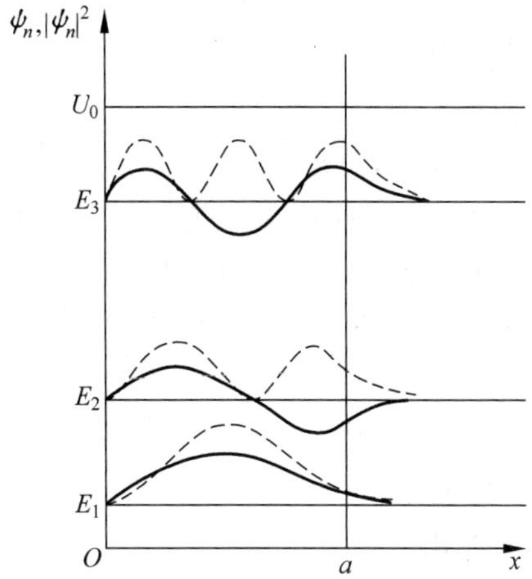

图 24.5 半无限深方势阱中粒子的波函数 ψ_n(实线)与概率密度 $|\psi_n|^2$(虚线)分布

在这里我们又一次看到量子力学给出的结果与经典力学给出的不同。不但处于束缚态的粒子的能量量子化了,而且还需注意的是,在$E<U_0$的情况下,按经典力学,粒子只能在阱内(即 $0<x<a$)运动,不可进入其能量小于势能的 $x>a$ 的区域,因为在这一区域粒子的动能 $E_k(E_k=E-U_0)$将为负值。这在经典力学中是不可能的。但是,量子力学理论给出,在其势能大于其总能量的区域内,如图24.5所示,粒子仍有一定的概率密度,即粒子可以进入这一区域,虽然这概率密度是按指数规律随进入该区域的深度而很快减小的。

怎样理解量子力学给出的这一结果呢?为什么粒子的动能可能有负值呢?这要归之于不确定关系。根据式(24.38),粒子在 $E<U_0$ 的区域的概率密度为 $|\psi|^2=C^2e^{-2k'x}$。$x=1/2k'$可以看做粒子进入该区域的典型深度,在此处发现粒子的概率已降为 $1/e$。这一距离可以认为是在此区域内发现粒子的位置不确定度,即

$$\Delta x = \frac{1}{2k'} = \frac{\hbar}{2\sqrt{2m(U_0-E)}} \tag{24.41}$$

根据不确定关系,粒子在这段距离内的动量不确定度为

$$\Delta p \geqslant \frac{\hbar}{\Delta x} = \sqrt{2m(U_0-E)} \tag{24.42}$$

粒子进入的速度可认为是

$$v = \Delta v = \frac{\Delta p}{m} \geqslant \sqrt{\frac{2(U_0-E)}{m}} \tag{24.43}$$

于是粒子进入的时间不确定度为

$$\Delta t = \frac{\Delta x}{v} \leqslant \frac{\hbar}{4(U_0-E)} \tag{24.44}$$

由此,按能量-时间的不确定关系式,粒子能量的不确定度为

$$\Delta E \geqslant \frac{\hbar}{2\Delta t} \geqslant 2(U_0-E) \tag{24.45}$$

这时,粒子的总能量将为$E+\Delta E$,而其动能的不确定度为

$$\Delta E_k = E + \Delta E - U_0 \geqslant U_0 - E \tag{24.46}$$

这就是说,粒子在到达的区域内,其动能的不确定度大于其名义上的负动能的值。因此,负动能被不确定关系"掩盖"了,它只是一种观察不到的"虚"动能。这和实验中能观察到的能量守恒并不矛盾。(上述关于式(24.46)的计算有些巧合,它实质上是说明薛定谔方程给出的粒子的行为是符合量子力学不确定关系的要求的。)

由于粒子可以进入$U_0>E$的区域,如果这一高势能区域是有限的,即粒子在运动中为一**势垒**所阻(如图24.6所示),则粒子就有可能穿过势垒而到达势垒的另一侧。这一量子力学现象叫做**势垒穿透**或**隧道效应**。

隧道效应的一个例子是α粒子从放射性核中逸出,即α衰变。如图24.7所示,核半径为R,α粒子在核内由于核力的作用其势能是很低的。在核边界上有一个因库仑力而产生的势垒。对^{238}U核,这一库仑势垒可高达35 MeV,而这种核在α衰变过程中放出的α粒子的能量E_α不过4.2 MeV。理论计算表明,这些α粒子就是通过隧道效应穿透库仑势垒而跑出的。

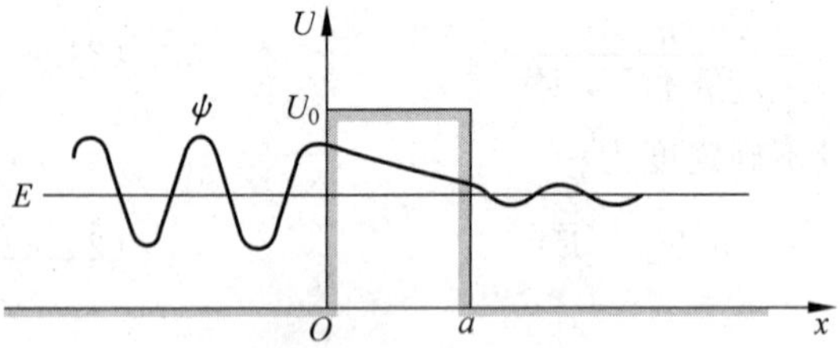

图24.6 势垒穿透

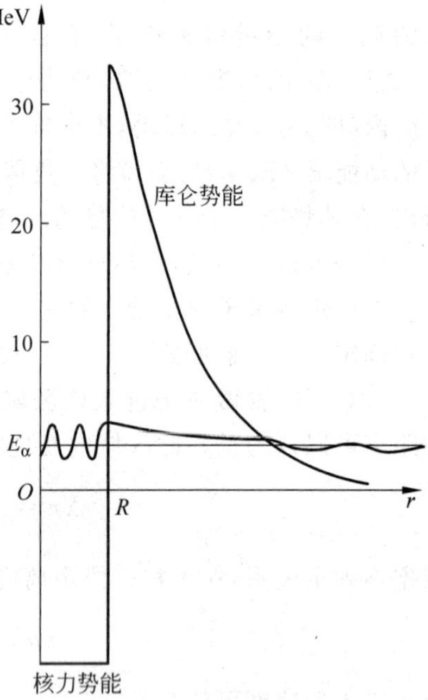

图24.7 α粒子的隧道效应

黑洞的边界是一个物质(包括光)只能进不能出的"单向壁"。这单向壁对黑洞内的物质来说就是一个绝高的势垒。理论物理学家霍金(S. W. Hawking)认为黑洞并不是绝对黑的。黑洞内部的物质能通过量子力学隧道效应而逸出。但他估计,这种过程很慢。一个质量等于太阳质量的黑洞温度约为10^{-6} K,约需10^{67} a才能完全"蒸发"消失。不过据信有一些微型黑洞(质量大约是太阳质量的10^{-20}倍)产生于宇宙大爆炸初期,经过2×10^{10} a到现在已经蒸发完了。

热核反应所释放的核能是两个带正电的核，如^{2}H 和^{3}H，聚合时产生的。这两个带正电的核靠近时将为库仑斥力所阻，这斥力的作用相当于一个高势垒。^{2}H 和^{3}H 就是通过隧道效应而聚合到一起的。这些核的能量越大，它们要穿过的势垒厚度越小，聚合的概率就越大。这就是为什么热核反应需要高达 10^8 K 的高温的原因。

隧道效应的一个重要的实际应用是扫描隧穿显微镜，用它可以观测固体表面原子排列的状况，其详细原理可参看“物理学与现代技术 I 扫描隧穿显微镜”。

在《聊斋志异》中，蒲松龄讲述了一个故事，说的是一个崂山道士能够穿墙而过(图 24.8)。这虽然是虚妄之谈，但从量子力学的观点来看，也还不能说是完全没有道理吧！只不过是概率“小”了一些。

图 24.8 崂山道士穿墙而过

势垒穿透现象目前的一个重要应用是**扫描隧穿显微镜**，简称 STM。它的设备和原理示意图如图 24.9 所示。

在样品的表面有一表面势垒阻止内部的电子向外运动。但正如量子力学所指出的那样，表面内的电子能够穿过这表面势垒，到达表面外形成一层电子云。这层电子云的密度随着与表面的距离的增大而按指数规律迅速减小。这层电子云的纵向和横向分布由样品表面的微观结构决定，STM 就是通过显示这层电子云的分布而考察样品表面的微观结构的。

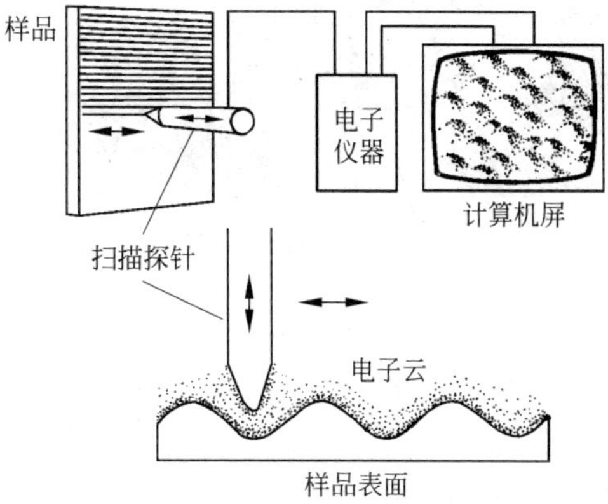

图 24.9 STM 示意图

使用 STM 时，先将探针推向样品，直至二者的电子云略有重叠为止。这时在探针和样品间加上电压，电子便会通过电子云形成隧穿电流。由于电子云密度随距离迅速变化，所以隧穿电流对针尖与表面间的距离极其敏感。例如，距离改变一个原子的直径，隧穿电流会变化 1 000 倍。当探针在样品表面上方全面横向扫描时，根据隧穿电流的变化利用一反馈装置控制针尖与表面间保持一恒定的距离。把探针尖扫描和起伏运动的数据送入计算机进行处理，就可以在荧光屏或绘图机上显示出样品表面的三维图像，和实际尺寸相比，这一图像可放大到 1 亿倍。

目前用 STM 已对石墨、硅、超导体以及纳米材料等的表面状况进行了观察，取得了很好的结果。图 24.10 是 STM 的石墨表面碳原子排列的计算机照片。

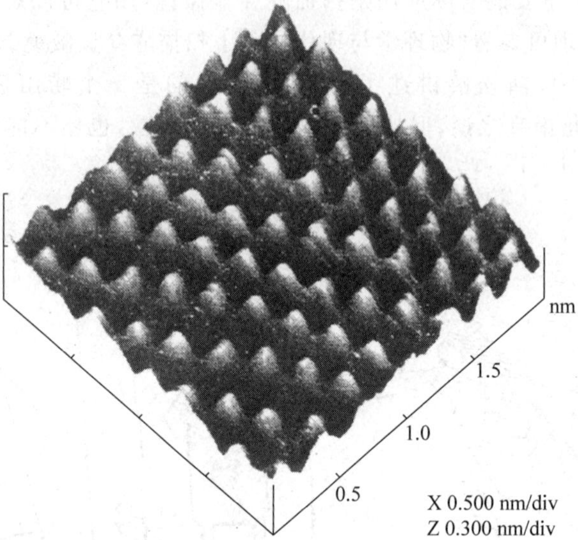

图 24.10 石墨表面的 STM 照片

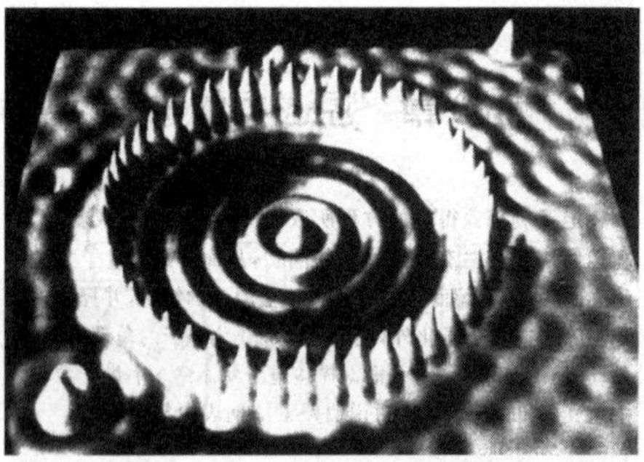

图 24.11 量子围栏照片

STM 不但可以当作“眼”来观察材料表面的细微结构，而且可以用作“手”来摆弄单个原子。可以用它的探针尖吸住一个孤立原子，然后把该原子放到另一个位置。这就迈出了人类用单个原子这样的“砖块”来建造“大厦”即各种理想材料的第一步。图 24.11 是 IBM 公司的科学家精心制作的**“量子围栏”**的计算机照片。他们在 4 K 的温度下用 STM 的针尖一个个地把 48 个铁原子“栽”到了一块精制的铜表面上，围成一个圆圈，圈内就形成了一个势阱，把在该处铜表面运动的电子圈了起来。图中圈内的圆形波纹就是这些电子的波动图景，它的大小及图形和量子力学的预言符合得非常好。

24.4 谐振子

本节讨论粒子在略为复杂的势场中做一维运动的情形，即谐振子的运动。这也是一个很有用的模型，固体中原子的振动就可以用这种模型加以近似地研究。

一维谐振子的势能函数为

$$U = \frac{1}{2}kx^2 = \frac{1}{2}m\omega^2 x^2 \tag{24.47}$$

其中 $\omega = \sqrt{k/m}$是振子的固有角频率，m 是振子的质量，k 是振子的等效劲度系数。将此式代入式(24.3)，可得一维谐振子的薛定谔方程为

$$\frac{d^2\psi}{dx^2} + \frac{2m}{\hbar^2}\left(E - \frac{1}{2}m\omega^2 x^2\right)\psi = 0 \tag{24.48}$$

这是一个变系数的常微分方程，求解较为复杂(最简单的情况参看习题 24.10)。因此我们将不再给出波函数的解析式，只是着重指出：为了使波函数 ψ 满足单值、有限和连续的标准条件，谐振子的能量只能是

$$E_n = \left(n + \frac{1}{2}\right)\hbar\omega = \left(n + \frac{1}{2}\right)h\nu, \quad n = 0,1,2,\cdots \tag{24.49}$$

这说明，谐振子的能量也只能取离散的值，即也是量子化的，n 就是相应的量子数。和无限深方势阱中粒子的能级不同的是，谐振子的能级是等间距的。

谐振子的能量量子化概念是普朗克首先提出的(见式(23.4))。但在普朗克那里，这种能量量子化是一个大胆的有创造性的假设。在这里，它成了量子力学理论的一个自然推论。从量上说，式(23.4)和式(24.49)还有不同。式(23.4)给出的谐振子的最低能量为零，这符合经典概念，即认为粒子的最低能态为静止状态。但式(24.49)给出的最低能量为$\frac{1}{2}h\nu$，这意味着微观粒子不可能完全静止。这是波粒二象性的表现，它满足不确定关系的要求(参看例 23.11)。这一谐振子的最低能量叫**零点能**。

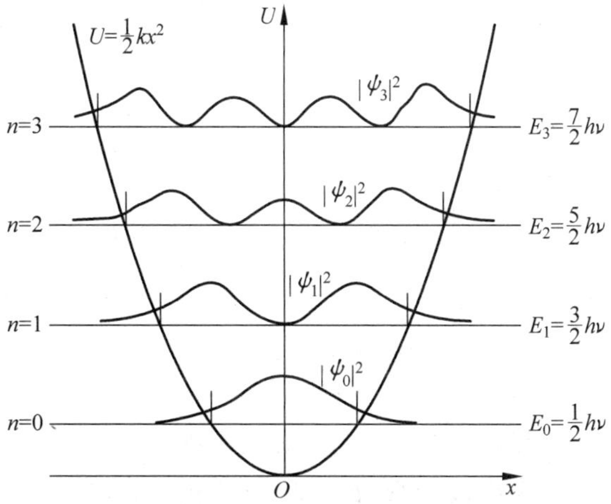

图 24.12 一维谐振子的能级和概率密度分布图

图 24.12 中画出了谐振子的势能曲线、能级以及概率密度与 x 的关系曲线。由图中可以看出，在任一能级上，在势能曲线 $U=U(x)$以外，概率密度并不为零。这也表示了微观粒子运动的这一特点：它在运动中有可能进入势能大于其总能量的区域，这在经典理论看来是不可能出现的。

例 24.4

设想一质量为 $m=1\,\mathrm{g}$ 的小珠子悬挂在一个小轻弹簧下面做振幅为 $A=1\,\mathrm{mm}$ 的谐振动。弹簧的劲度系数为 $k=0.1\,\mathrm{N/m}$。按量子理论计算，此弹簧振子的能级间隔多大？和它现有的振动能量对应的量子数 n 是多少？

解 弹簧振子的角频率是

$$\omega=\sqrt{\frac{k}{m}}=\sqrt{\frac{0.1}{10^{-3}}}=10\ (\mathrm{s}^{-1})$$

据式(24.49)，能级间隔为

$$\Delta E=\hbar\omega=1.05\times10^{-34}\times10=1.05\times10^{-33}\ (\mathrm{J})$$

振子现有的能量为

$$E=\frac{1}{2}kA^2=\frac{1}{2}\times0.1\times(10^{-3})^2=5\times10^{-8}\ (\mathrm{J})$$

再由式(24.49)可知相应的量子数

$$n=\frac{E}{\hbar\omega}-\frac{1}{2}=4.7\times10^{25}$$

这说明，用量子的概念，宏观谐振子是处于能量非常高的状态的。相对于这种状态的能量，两个相邻能级的间隔 ΔE 是完全可以忽略的。因此，当宏观谐振子的振幅发生变化时，它的能量将连续地变化。这就是经典力学关于谐振子能量的结论。

提要

1. 薛定谔方程(一维)

$$-\frac{\hbar^2}{2m}\frac{\partial^2\Psi}{\partial x^2}+U\Psi=\mathrm{i}\,\hbar\frac{\partial\Psi}{\partial t},\quad \Psi=\Psi(x,t)$$

定态薛定谔方程

$$-\frac{\hbar^2}{2m}\frac{\partial^2\psi}{\partial x^2}+U\psi=E\psi$$

波函数 $\Psi=\psi(x)\mathrm{e}^{-\mathrm{i}Et/\hbar}$，其中 $\psi(x)$ 为定态波函数。

以上微分方程的线性表明波函数 $\Psi=\Psi(x,t)$ 和定态波函数 $\psi=\psi(x)$ 都服从叠加原理。

波函数必须满足的标准物理条件：单值，有限，连续。

2. 一维无限深方势阱中的粒子

能量量子化：

$$E=\frac{\pi^2\hbar^2}{2ma^2}n^2,\quad n=1,2,3,\cdots$$

概率密度分布不均匀。

德布罗意波长量子化：

$$\lambda_n = 2a/n = \frac{2\pi}{k}$$

此式类似于经典的两端固定的弦驻波。

3. 势垒穿透

微观粒子可以进入其势能(有限的)大于其总能量的区域，这是由不确定关系决定的。在势垒有限的情况下，粒子可以穿过势垒到达另一侧，这种现象又称隧道效应。

4. 谐振子

能量量子化：

$$E = \left(n + \frac{1}{2}\right)h\nu, \quad n = 0,1,2,3,\cdots$$

零点能：

$$E_0 = \frac{1}{2}h\nu$$

思考题

24.1 薛定谔方程是通过严格的推理过程导出的吗？

24.2 薛定谔方程怎样保证波函数服从叠加原理？

24.3 什么是波函数必须满足的标准条件？

24.4 波函数归一化是什么意思？

24.5 从图 24.3、图 24.5 和图 24.12 分析，粒子在势阱中处于基态时，除边界外，它的概率密度为零的点有几处？在激发态中，概率密度为零的点又有几处？这种点的数目和量子数 n 有什么关系？

24.6 在势能曲线如图 24.13 所示的一维阶梯式势阱中能量为$E_5(n=5)$的粒子，就 O—a 和 $-a$—O 两个区域比较，它的波长在哪个区域内较大？它的波函数的振幅又在哪个区域内较大？

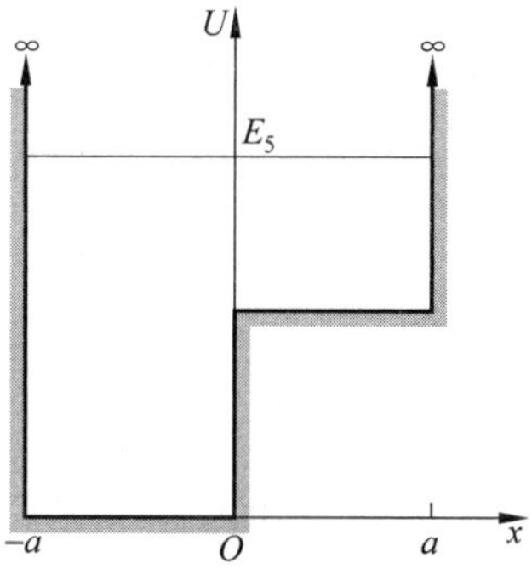

图 24.13 思考题 24.6 用图

24.7 本章讨论的势阱中的粒子(包括谐振子)处于激发态时的能量都是完全确定的——没有不确定量。这意味着粒子处于这些激发态的寿命将为多长？它们自己能从一个态跃迁到另一态吗？

习题

24.1 一个细胞的线度为 10^{-5} m，其中一粒子质量为 10^{-14} g。按一维无限深方势阱计算，这个粒子的 $n_1=100$ 和 $n_2=101$ 的能级和它们的差各是多大？

24.2 一个氧分子被封闭在一个盒子内。按一维无限深方势阱计算，并设势阱宽度为 10 cm。

(1) 该氧分子的基态能量是多大?

(2) 设该分子的能量等于 $T=300\ \mathrm{K}$ 时的平均热运动能量 $\frac{3}{2}kT$,相应的量子数 n 的值是多少?这第 n 激发态和第 $n+1$ 激发态的能量差是多少?

*24.3 在如图 24.14 所示的无限深斜底势阱中有一粒子。试画出它处于 $n=5$ 的激发态时的波函数曲线。

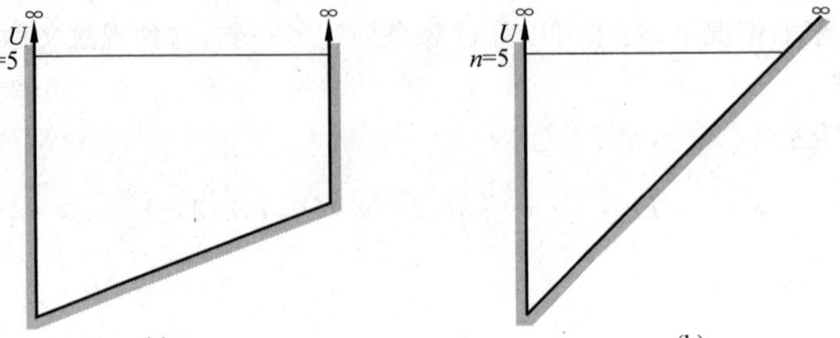

图 24.14 习题 24.3 用图

24.4 一粒子在一维无限深方势阱中运动而处于基态。从阱宽的一端到离此端 1/4 阱宽的距离内它出现的概率多大?

*24.5 一粒子在一维无限深方势阱中运动,波函数如式(24.28)表示。求 x 和 x^2 的平均值。

*24.6 证明:如果 $\Psi_m(x,t)$ 和 $\Psi_n(x,t)$ 为一维无限深方势阱中粒子的两个不同能态的波函数,则

$$\int_0^a \Psi_m^*(x,t)\Psi_n(x,t)\mathrm{d}x = 0$$

此结果称为波函数的**正交性**。它对任何量子力学系统的任何两个能量本征波函数都是成立的。

24.7 在一维盒子(图 24.2)中的粒子,在能量本征值为 E_n 的状态中,对盒子的壁的作用力多大?

24.8 一维无限深方势阱中的粒子的波函数在边界处为零。这种定态物质波相当于两端固定的弦中的驻波,因而势阱宽度 a 必须等于德布罗意波的半波长的整数倍。试由此求出粒子能量的本征值为

$$E_n = \frac{\pi^2\hbar^2}{2ma^2}n^2$$

24.9 一粒子处于一正立方盒子中,盒子边长为 a。试利用驻波概念导出粒子的能量为

$$E = \frac{\pi^2\hbar^2}{2ma^2}(n_x^2+n_y^2+n_z^2)$$

其中 n_x,n_y,n_z 为相互独立的正整数。

24.10 谐振子的基态波函数为 $\psi=A\mathrm{e}^{-ax^2}$,其中 A,a 为常量。将此式代入式(24.48),试根据所得出的式子在 x 为任何值时均成立的条件导出谐振子的零点能为

$$E_0 = \frac{1}{2}h\nu$$

24.11 H_2 分子中原子的振动相当于一个谐振子,其等效劲度系数为 $k=1.13\times10^3\ \mathrm{N/m}$,质量为 $m=1.67\times10^{-27}\ \mathrm{kg}$。此分子的能量本征值(以 eV 为单位)为何?当此谐振子由某一激发态跃迁到相邻的下一激发态时,所放出的光子的能量和波长各是多少?

科学家介绍

薛 定 谔

(E. Schrödinger,1887—1961 年)

ERWIN SCHRÖDINGER

The fundamental idea of wave mechanics

Nobel Lecture, December 12, 1933

On passing through an optical instrument, such as a telescope or a camera lens, a ray of light is subjected to a change in direction at each refracting or reflecting surface. The path of the rays can be constructed if we know the two simple laws which govern the changes in direction: the law of refraction which was discovered by Snellius a few hundred years ago, and the law of reflection with which Archimedes was familiar more than 2,000 years ago. As a simple example, Fig. 1 shows a ray A–B which is subjected to retraction at each of the four boundary surfaces of two lenses in accordance with the law of Snellius.

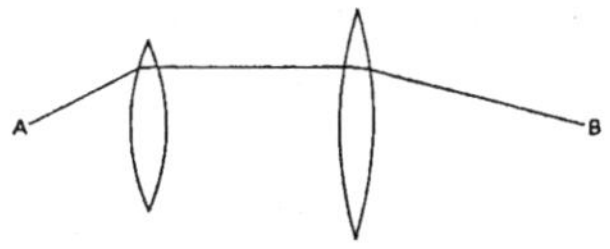

Fig. 1.

Fermat defined the total path of a ray of light from a much more general point of view. In different media, light propagates with different velocities, and the radiation path gives the appearance as if the light must arrive at its destination *as quickly as possible*. (Incidentally, it is permissible here to consider *any two* points along the ray as the starting- and end-points.) The least deviation from the path actually taken would mean a delay. This is the famous Fermat *principle of the shortest light time*, which in a marvellous manner determines the entire fate of a ray of light by a single statement and also includes the more general case, when the nature of the medium varies not suddenly at individual surfaces, but gradually from place to place. The atmosphere of the earth provides an example. The more deeply a ray of light penetrates into it from outside, the more slowly it progresses in an increasingly denser air. Although the differences in the speed of propagation are

获诺贝尔物理奖演讲稿的首页

奥地利物理学家薛定谔 1887 年 8 月 12 日出生于奥地利首都维也纳。父亲是漆布厂企业主,幼年时受到很好的培养和教育。由于他聪明过人,基础好,上学后在班上始终名列前茅。

薛定谔 23 岁时获哲学博士。后来担任实验物理方面的工作,受到很好的实际锻炼。

第一次世界大战期间,薛定谔参军服役,担任炮兵军官。在此期间,他仍用零星时间阅读专业文献,1916 年在广义相对论刚刚发表后,他就以极大的兴趣阅读了这篇论文。

战后,先在维也纳物理研究所工作,后到耶鲁大学任讲师,并做实验物理学家 M. 玻恩的助手。

1921 年任苏黎世大学教授。1924 年受德布罗意物质波理论的影响,着手把物质波概念用于束缚电子,以改进玻尔的原子模型。起初,薛定谔把相对论力学用于电子的运动,但因未考虑电子的自旋,结果与实验不符。1926年薛定谔发表了他的非相对论形式的研究结果,提出了著名的薛定谔方程,建立了新型的量子理论。

1927年受聘去柏林大学接替普朗克的职务,任理论物理学教授。在此,他经常和普朗克、爱因斯坦等探讨理论物理中的重大疑难问题。

英国理论物理学家狄拉克,考虑了电子的自旋和氢原子能级的精细结构,于1928年提出了相对论性的运动方程——狄拉克方程,对量子论的发展作出了突出的贡献。

1933年,薛定谔和狄拉克分享了该年度的诺贝尔物理奖。

1938年,薛定谔受爱尔兰首相瓦列拉的邀请去爱尔兰,建立了一个高级研究所。在这里,他专心致志从事科学研究工作达17年之久。在这期间,他进一步发展了波动力学,同时还研究宇宙论和统一场论。

1956年,在他70岁高龄时返回维也纳。维也纳大学的物理研究所为他提供了一个特设研究室,他继续进行研究,直到逝世。

薛定谔除了在量子力学方面的重大贡献和相对论以及统一场论等方面的工作外,他还把量子力学理论应用到生命现象中,发展了生物物理这一边缘学科,撰写了《生命是什么》一书。

此外,他对哲学也很感兴趣,还很注意普及科学知识,酷爱文学。他撰写的文章有《精神和物质》,《我的世界观》,《自然科学和人道主义》,《自然规律是什么?》等。此外,还发表过诗集。

第25章

原子中的电子

薛定谔利用他得到的方程(非相对论情况)所取得的第一个突出成就是，它更合理地解决了当时有关氢原子的问题，从而开始了量子力学理论的建立。本章先介绍薛定谔方程关于氢原子的结论，并提及多电子原子。除了能量量子化外，还要说明原子内电子的角动量(包括自旋角动量)的量子化。然后根据描述电子状态的 4 个量子数讲解原子中电子排布的规律，从而说明元素周期表中各元素的排序以及 X 光的发射机制。最后介绍激光产生的原理及其应用。

25.1 氢原子

氢原子是一个三维系统，其电子在质子的库仑场内运动，处于束缚状态。它的势能为

$$U(r) = -\frac{e^2}{4\pi\varepsilon_0 r} \tag{25.1}$$

其中 r 为电子到质子的距离。由于此势能具有球对称性，为方便求解，就利用定态薛定谔方程式(24.5)，即

$$-\frac{\hbar^2}{2m}\left[\frac{\partial^2\psi}{\partial r^2}+\frac{2}{r}\frac{\partial\psi}{\partial r}+\frac{1}{r^2\sin\theta}\frac{\partial}{\partial\theta}\left(\sin\theta\frac{\partial\psi}{\partial\theta}\right)+\frac{1}{r^2\sin^2\theta}\frac{\partial^2\psi}{\partial\varphi^2}\right]-\frac{e^2}{4\pi\varepsilon_0 r}\psi = E\psi \tag{25.2}$$

其中波函数应为 r,θ 和 φ 的函数，即 $\psi=\psi(r,\theta,\varphi)$。

式(25.2)可以用分离变量法求解，即有

$$\psi(r,\theta,\varphi) = R(r)\Theta(\theta)\Phi(\varphi)$$

由于求解的过程和 ψ 的具体形式比较复杂，下面只给出关于波函数 ψ 的一些结论。

根据处于束缚态的粒子的波函数必须满足的标准条件，求解式(25.2)时就自然地(即不是作为假设条件提出的)得出了量子化的结果，即氢原子中电子的状态由 3 个量子数 n,l,m_l 决定，它们的名称和可能取值如表 25.1 所示。

主量子数 n 和波函数的径向部分($R(r)$)有关，它决定电子的(也就是整个氢原子在其

表 25.1 氢原子的量子数

名 称	符 号	可能取值
主量子数	n	$1,2,3,4,5,\cdots$
轨道量子数	l	$0,1,2,3,4,\cdots,n-1$
轨道磁量子数	m_l	$-l,-(l-1),\cdots,0,1,2,\cdots,l$

质心坐标系中的)能量。这一能量的表示式为①

$$E_n=-\frac{m_e e^4}{2(4\pi\varepsilon_0)^2\hbar^2}\frac{1}{n^2} \tag{25.3}$$

其中 m_e 是电子的质量。此式表示氢原子的能量只能取离散的值，这就是**能量的量子化**。式(25.3)也可以写成

$$E_n=-\frac{e^2}{2(4\pi\varepsilon_0)a_0}\frac{1}{n^2} \tag{25.4}$$

式中

$$a_0=\frac{4\pi\varepsilon_0\hbar^2}{m_e e^2} \tag{25.5}$$

具有长度的量纲，叫**玻尔半径**。将各常量值代入可得其值为

$$a_0=0.529\times10^{-10}\ \text{m}=0.052\ 9\ \text{nm}$$

$n=1$ 的状态叫氢原子的**基态**。代入各常量后，可得氢原子的基态能量为

$$E_1=-\frac{m_e e^4}{2(4\pi\varepsilon_0)^2\hbar^2}=-13.6\ \text{eV}$$

式(25.3)给出的每一个能量的可能取值叫做一个能级。氢原子的能级可以用图 25.1 所示的能级图表示。$E>0$ 的情况表示电子已脱离原子核的吸引，即氢原子已电离。这时的电子成为自由电子，其能量可以具有大于零的连续值。

使氢原子电离所必需的最小能量叫**电离能**，它的值就等于 $|E_1|$。

$n>1$ 的状态统称为**激发态**。在通常情况下，氢原子就处在能量最低的基态。但当外界供给能量时，氢原子也可以跃迁到某一激发态。常见的激发方式之一是氢原子吸收一个光子而得到能量 $h\nu$。处于激发态的原子是不稳定的，经过或长或短的时间(典型的为 10^{-8} s)，它会跃迁到能量较低的状态而以光子或其他方式放出能量。不论向上或向下跃迁，氢原子所吸收或放出的能量都必须等于相应的能级差。就吸收或放出光子来说，必须有

$$h\nu=E_h-E_l \tag{25.6}$$

其中 E_h 和 E_l 分别表示氢原子的高能级和低能级。式(25.6)叫**玻尔频率条件**②。

---

① 对于**类氢离子**，即一个电子围绕一个具有 Z 个质子的核运动的情况，式(25.1)的势能函数应为 $U(r)=-Ze^2/4\pi\varepsilon_0 r$，而式(25.3)的能量表示式相应地为

$$E_n=-\frac{m_e Z^2 e^4}{2(4\pi\varepsilon_0)^2\hbar^2}\frac{1}{n^2}$$

② 根据不确定关系式(23.34)，氢原子的各能级的能量值不可能“精确地”由式(25.3)决定，而是各有一定的不确定量 ΔE，因而氢原子在各能级上存在的时间也就有一个不确定量 Δt(基态除外)。这样，处于激发态的原子就会经历或长或短($\sim10^{-8}$ s)的时间后，自发地跃迁到较低能态而发射出光子。由于能级的宽度模糊，也使得所发出的光子的频率不“单纯”而具有一定的“自然宽度”。

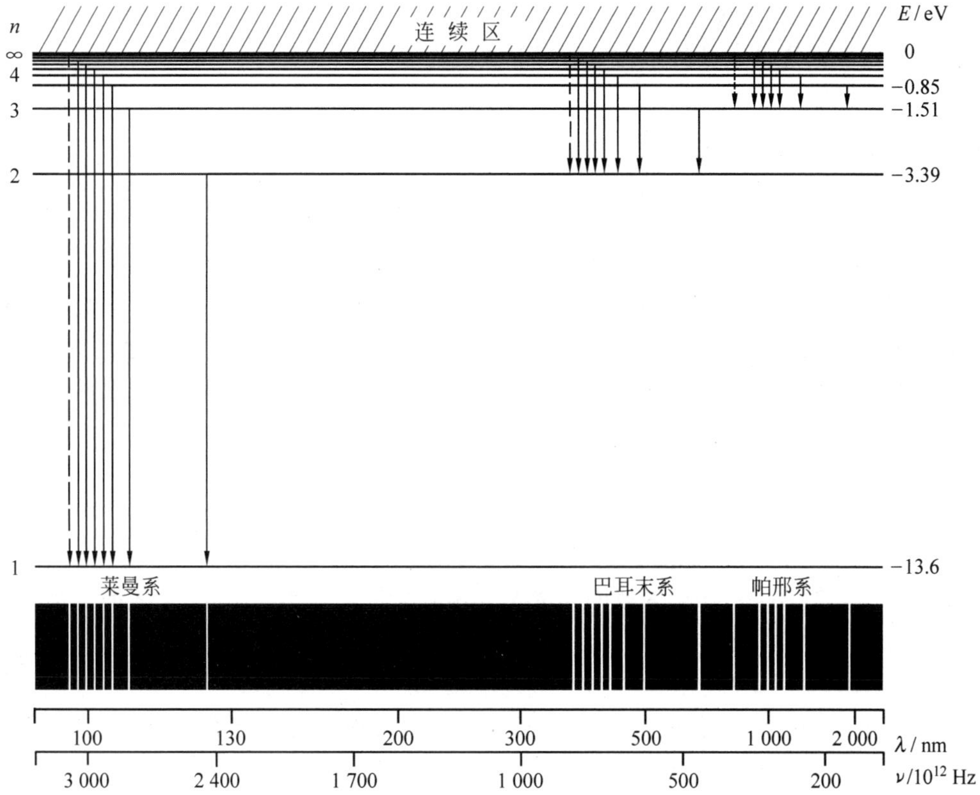

图 25.1 氢原子能级与光谱系图

在氢气放电管放电发光的过程中,氢原子可以被激发到各个高能级中。从这些高能级向不同的较低能级跃迁时,就会发出各种相应的频率的光。经过分光镜后,每种频率的光会形成一条**谱线**。氢原子发出的光组成一组组的**谱线系**,如图 25.1 所示。从较高能级回到基态的跃迁形成**莱曼系**,这些光在紫外区。从较高能级回到 $n=2$ 的能级的跃迁发出的光形成**巴耳末系**,处于可见光区。从较高能级回到 $n=3$ 的能级的跃迁发出的光形成**帕邢系**,在红外区,等等。

例 25.1

求巴耳末系光谱的最大和最小波长。

解 由 $h\nu=E_h-E_l$ 和 $\lambda\nu=c$ 可得最大波长为

$$\lambda_{max}=\frac{ch}{E_3-E_2}=\frac{3\times10^8\times6.63\times10^{-34}}{[-13.6/3^2-(-13.6/2^2)]\times1.6\times10^{-19}}=6.58\times10^{-7}\,(\mathrm{m})=658\,(\mathrm{nm})$$

这一波长的光为红光。最小波长为

$$\lambda_{min}=\frac{ch}{E_\infty-E_2}=\frac{3\times10^8\times6.63\times10^{-34}}{0-(-13.6/2^2)\times1.6\times10^{-19}}=3.66\times10^{-7}\,(\mathrm{m})=366\,(\mathrm{nm})$$

这一波长的光在近紫外区,此波长叫巴耳末系的**极限波长**。$E>0$ 的自由电子跃迁到 $n=2$ 的能级所发的光在此极限波长之外形成连续谱。

表 25.1 中的**轨道量子数** l 和波函数的 $\Theta(\theta)$ 部分有关，它决定了电子的轨道角动量的大小 L。电子在核周围运动的角动量的可能取值为

$$L = \sqrt{l(l+1)}\,\hbar \tag{25.7}$$

这说明轨道角动量的数值也是量子化的。

波函数 ψ 中的 $\Phi(\varphi)$ 部分可证明就是例 24.1 求出的式(24.10)，即 $\Phi_{m_l}=\frac{1}{\sqrt{2\pi}}\mathrm{e}^{\mathrm{i}m_l\varphi}$，其中 m_l 就是**轨道磁量子数**。m_l 决定了电子轨道角动量 $\boldsymbol{L}$ 在空间某一方向(如 z 方向)的投影。在通常情况下，自由空间是各向同性的，z 轴可以取任意方向，这一量子数没有什么实际意义。如果把原子放到磁场中，则磁场方向就是一个特定的方向，取磁场方向为 z 方向，m_l 就决定了轨道角动量在 z 方向的投影(这也就是 m_l 所以叫做**磁**量子数的原因)。这一投影也是量子化的，据式(24.13)其可能取值为

$$L_z = m_l\,\hbar \tag{25.8}$$

此投影值的量子化意味着电子的轨道角动量的指向是量子化的。因此这一现象叫**空间量子化**。

空间量子化的含义可用一经典的矢量模型来形象化地说明。图 25.2 中的 z 轴方向为外磁场方向。在 $l=2$ 时，$m_l=-2,-1,0,1,2$，$L=\sqrt{2(2+1)}\hbar=\sqrt{6}\hbar$，而 L_z 的可能取值为 $\pm 2\,\hbar,\pm\hbar,0$。

对于确定的 m_l 值，L_z 是确定的，但是 L_x 和 L_y 就完全不能确定了。这是海森伯不确定关系给出的结果。和 L_z 对应的空间变量是方位角 φ，因此海森伯不确定关系给出，沿 z 方向

$$\Delta L_z \Delta\varphi \geqslant \hbar/2 \tag{25.9}$$

L_z 的确定意味着 $\Delta L_z=0$，而 $\Delta\varphi$ 变为无限大，即 φ 就完全不确定了，因此 L_x, L_y 也就完全不确定了。这可以用图 25.3 所示的矢量模型说明。L_z 的保持恒定可视为 $\boldsymbol{L}$ 矢量绕 z 轴高速进动，方位角 φ 不断变化就使得 L_x 和 L_y 都不能有确定的值。由图也可知 L_x 和 L_y 的时间平均值为零。由于 L_x, L_y 不确定，所以它们不可能测定。能测定的就是具有恒定

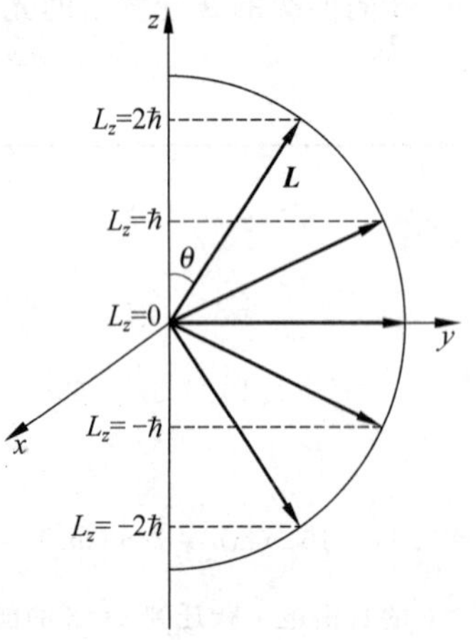

图 25.2 空间量子化的矢量模型

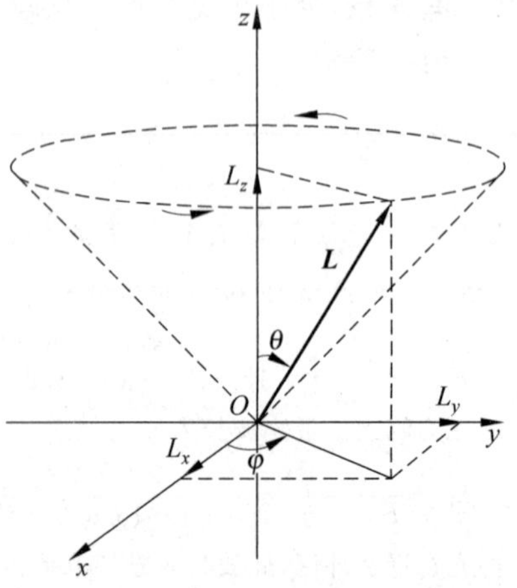

图 25.3 电子角动量变化的矢量模型

值的轨道角动量的大小 L 及其分量 L_z。

有确定量子数 n,l,m_l 的电子状态的波函数记作 $\psi_{n,l,m_l}=R_{n,l}(r)\Theta_{l,m_l}(\theta)\Phi_{m_l}(\varphi)$。对于基态，$n=1$，$l=0$，$m_l=0$，其波函数为

$$\psi_{1,0,0}=\frac{1}{\sqrt{\pi}a_0^{3/2}}\mathrm{e}^{-r/a_0} \tag{25.10}$$

此状态下的电子概率密度分布为

$$|\psi_{1,0,0}|^2=\frac{1}{\pi a_0^3}\mathrm{e}^{-2r/a_0} \tag{25.11}$$

这是一个球对称分布。以点的密度表示概率密度的大小，则基态下氢原子中电子的概率密度分布可以形象化地用图 25.4 表示。这种图常被说成是“**电子云**”图。注意，量子力学对电子绕原子核**运动**的图像(或意义)只是给出这个疏密分布，即只能说出电子在空间某处小体积内出现的概率多大，而没有经典的位移随时间变化的概念，因而也就没有轨道的概念。早期量子论，如玻尔最先提出的原子模型，认为电子是绕原子核在确定的轨道上运动的，这种概念今天看来是过于简单了。上面提到角动量时所加的“轨道”二字只是沿用的词，不能认为是电子沿某封闭轨道运动时的角动量。现在可以理解为“和位置变动相联系的”角动量，以区别于在 25.2 节将要讨论的“自旋角动量”。

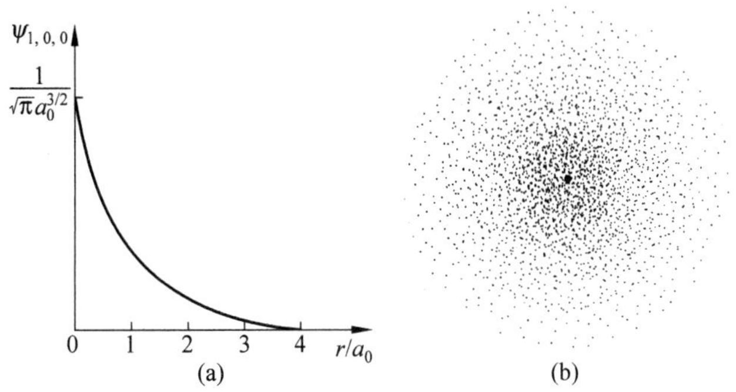

图 25.4 氢原子基态的(a)波函数曲线和(b)电子云图

对于 $n=2$ 的状态，l 可取 0 和 1 两个值。$l=0$ 时，$m_l=0$；$l=1$ 时，$m_l=-1,0$ 或 $+1$。这几个状态下氢原子电子云图如图 25.5 所示。$l=0$，$m_l=0$ 的电子云分布具有球对称性。$l=1$，$m_l=\pm1$ 这两个状态的电子云分布是完全一样的。它们和 $l=1$，$m_l=0$ 的状态的电子云分布都具有对 z 轴的轴对称性。对孤立的氢原子来说，空间没有确定的方向，可以认为电子平均地往返于这三种状态之间。如果把这三种状态的概率密度加在一起，就发现总和也是球对称的。由此我们可以把 $l=1$ 的三个相互独立的波函数归为一组。一般地说，l 相同的波函数都可归为一组，这样的一组叫一个**次壳层**，其中电子概率密度分布的总和具有球对称性。$l=0,1,2,3,4,\cdots$ 的次壳层分别依次命名为 $s,p,d,f,g,\cdots$ 次壳层。

由式(25.3)可以看到氢原子的能量只和主量子数 n 有关①，n 相同而 l 和 m_l 不同的

① 实际上还和电子的自旋状态有关，见 25.2 节。

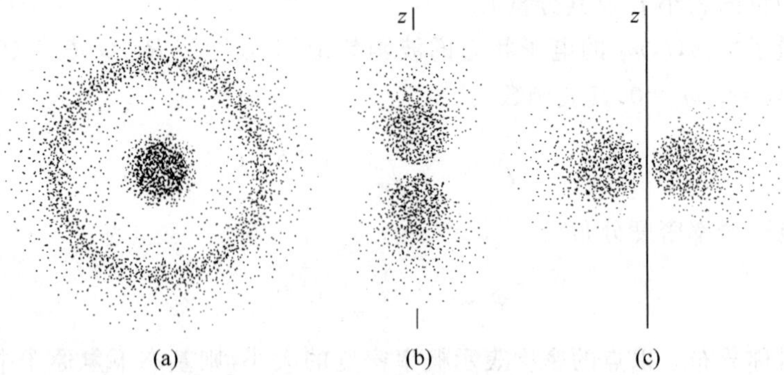

图 25.5 氢原子 $n=2$ 的各状态的电子云图

(a) $l=0, m_l=0$；(b) $l=1, m_l=0$；(c) $l=1, m_l=\pm 1$

各状态的能量是相同的。这种情形叫能级的**简并**。具有同一能级的各状态称为**简并态**。具有同一主量子数的各状态可以认为组成一组，这样的一组叫做一个**壳层**。$n=1,2,3,4,\cdots$的壳层分别依次命名为 $K,L,M,N,\cdots$壳层。联系到上面提到的次壳层的意义及其可能取值可知，主量子数为 n 的壳层内共有 n 个次壳层。

对于概率密度分布，考虑到势能的球对称性，我们更感兴趣的是**径向概率密度** $P(r)$。它的定义是：在半径为 r 和 $r+\mathrm{d}r$ 的两球面间的体积内电子出现的概率为 $P(r)\mathrm{d}r$。对于氢原子基态，由于式(25.11)表示的概率密度分布是球对称的，因此可以有

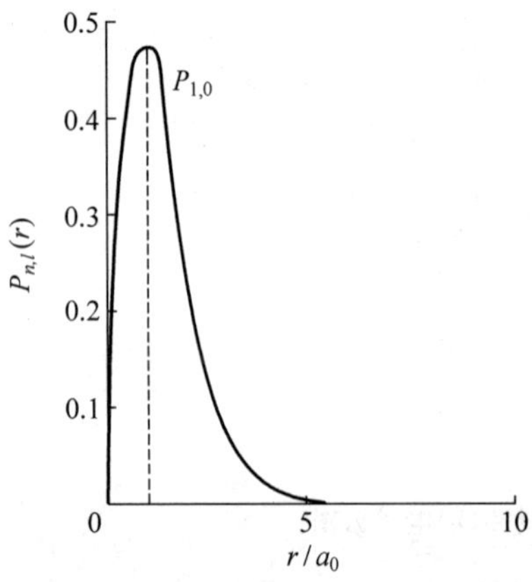

图 25.6 氢原子基态的电子径向概率密度分布曲线

$$P_{1,0,0}(r)\mathrm{d}r=|\psi_{1,0,0}|^2\cdot 4\pi r^2\mathrm{d}r$$

由此可得

$$P_{1,0,0}(r)=|\psi_{1,0,0}|^2\cdot 4\pi r^2=\frac{4}{a_0^3}r^2\mathrm{e}^{-2r/a_0} \tag{25.12}$$

此式所表示的关系如图 25.6 所示。由式(25.12)可求得 $P_{1,0,0}(r)$的极大值出现在 $r=a_0$ 处，即从离原子核远近来说，电子出现在 $r=a_0$ 附近的概率最大。在量子论早期，玻尔用半经典理论求出的氢原子中电子绕核运动的最小($n=1$)的可能圆轨道的半径就是这个 a_0 值，这也是把 a_0 叫做玻尔半径的原因。

$n=2, l=0$ 的径向概率密度分布如图 25.7(a)中的 $P_{2,0}$曲线(图(b)为(a)的局部放大图)所示，它对应于图 25.5(a)的电子云分布。$n=2, l=1$ 的径向概率密度分布如图 25.7(a)中的 $P_{2,1}$曲线所示，它对应于图 25.5(b)，(c)叠加后的电子云分布。$P_{2,1}$曲线的极大值出现在 $r=4a_0$ 的地方(这也就是玻尔理论中 $n=2$ 的轨道半径)。

$n=3, l=0,1,2$ 的电子径向概率密度分布如图 25.8 所示，$P_{3,2}$曲线的最大值出现在 $r=9a_0$的地方(这也就是玻尔理论中 $n=3$ 的轨道半径)。

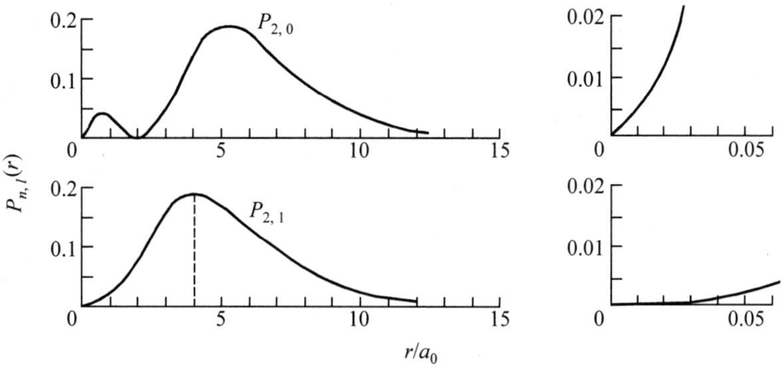

图 25.7 $n=2$ 的电子径向概率密度分布曲线

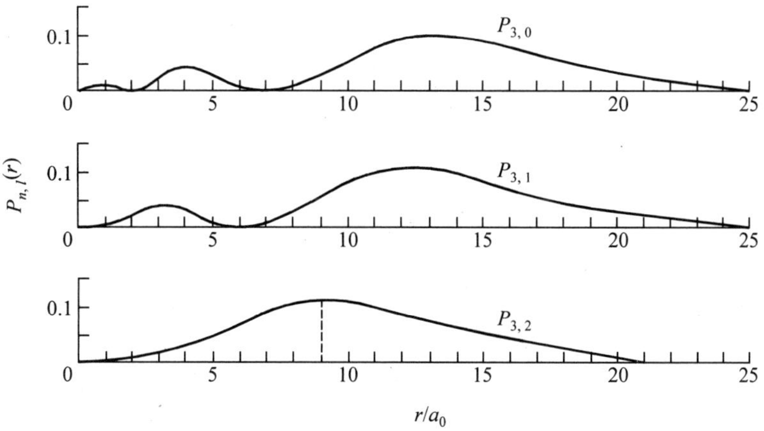

图 25.8 $n=3$ 的电子径向概率密度分布曲线

例 25.2

求氢原子处于基态时，电子处于半径为玻尔半径的球面内的概率。

解 由式(25.12)可得所求概率为

$$P_{\text{int}}=\int_0^{a_0}P_{1,0,0}(r)\mathrm{d}r=\int_0^{a_0}\frac{4}{a_0^3}r^2\mathrm{e}^{-2r/a_0}\mathrm{d}r=\left[1-\mathrm{e}^{-2r/a_0}\left(1+\frac{2r}{a_0}+\frac{2r^2}{a_0^2}\right)\right]_{r=a_0}$$

$$=1-5\mathrm{e}^{-2}=0.32$$

概率流密度 电子云的转动

上面讲了由定态薛定谔方程导出的氢原子的定态波函数 ψ_{n,l,m_l} 的特征，此波函数的平方，即 $|\psi|^2=\psi\psi^*$，给出电子的概率密度分布。此概率密度分布是和时间无关的。若用电子云来描述，则如图 25.4 和图 25.5 中的电子云图形总是保持静止的，这就是“定态”的含义。这些电子云真是完全静止的吗？不！它们都是绕 z 轴转动的。下面用波函数的性质说明这一点。

一般说来，电子在一定状态时，其概率密度 $|\Psi(\boldsymbol{r},t)|^2$ 是随时间改变的，但全空间的总概率

$$\int|\Psi(\boldsymbol{r},t)|^2\mathrm{d}V$$

是不改变的。$\Psi(\boldsymbol{r},t)$归一化后，上述总概率应等于 1，这一结果是粒子数守恒的反映。一个粒子，无论怎样运动，无论过了多长时间，在各处出现的概率可以变化，但永远是一个粒子，粒子数目不会增加，也不会减少。

由于全空间的概率密度总和是恒定的，所以某处的概率密度减少时，在另外某处的概率密度一定同时要增加，好像概率密度由一处流向另一处一样。概率密度的这种变化在量子力学中用**概率流密度**来描述。某点的概率流密度 $\boldsymbol{j}$ 是一个矢量，大小等于该点附近单位时间内流过与 $\boldsymbol{j}$ 垂直的单位面积的概率密度。量子力学给出①

$$\boldsymbol{j}=\frac{\mathrm{i}\hbar}{2m_e}(\Psi\nabla\Psi^*-\Psi^*\nabla\Psi) \tag{25.13}$$

式中∇是梯度算符。在球坐标中

$$\nabla=\boldsymbol{e}_r\frac{\partial}{\partial r}+\boldsymbol{e}_\theta\frac{1}{r}\frac{\partial}{\partial\theta}+\boldsymbol{e}_\varphi\frac{1}{r\sin\theta}\frac{\partial}{\partial\varphi} \tag{25.14}$$

对氢原子的量子数为 n,l,m_l 的定态，其波函数为

$$\Psi=\Psi_{n,l,m_l}=R_{n,l}(r)\Theta_{l,m_l}(\theta)\Phi_{m_l}(\varphi)\boldsymbol{e}^{-\mathrm{i}Et/\hbar}$$

其中，$R_{n,l}(r)$和 $\Theta_{l,m_l}(\theta)$两部分都是实函数，而 $\Phi_{m_l}(\varphi)=\mathrm{e}^{\mathrm{i}m_l\varphi}\big/\sqrt{2\pi}$。由于决定 $\boldsymbol{j}$ 的公式(25.13)中括号内为一减号，所以由式(25.14)的算符给出的在 $\boldsymbol{e}_r$ 和 $\boldsymbol{e}_\theta$ 方向 $\boldsymbol{j}$ 的分量是零。由 $\Phi_{m_l}(\varphi)=\mathrm{e}^{\mathrm{i}m_l\varphi}\big/\sqrt{2\pi}$ 可得

$$\frac{\partial}{\partial\varphi}\Psi=\mathrm{i}m_l\Psi,\quad \frac{\partial}{\partial\varphi}\Psi^*=-\mathrm{i}m_l\Psi^*$$

将此结果代入式(25.13)可得

$$\begin{aligned}\boldsymbol{j}&=\frac{\mathrm{i}\hbar}{2m_e}\left[0+0+\frac{\boldsymbol{e}_\varphi}{r\sin\theta}\left(\Psi\frac{\partial}{\partial\varphi}\Psi^*-\Psi^*\frac{\partial}{\partial\varphi}\Psi\right)\right]=\frac{\mathrm{i}\hbar(-\mathrm{i}m_l)}{2m_e r\sin\theta}[\Psi\Psi^*+\Psi^*\Psi]\boldsymbol{e}_\varphi\\&=\frac{\hbar m_l}{m_e r\sin\theta}|\Psi|^2\boldsymbol{e}_\varphi\end{aligned}$$

由于$|\Psi|^2=|\psi|^2$，所以可得

$$\boldsymbol{j}=\frac{\hbar m_l}{m_e r\sin\theta}\psi^2\boldsymbol{e}_\varphi \tag{25.15}$$

这一结果说明，在氢原子内，各处的概率流密度都沿 $\boldsymbol{e}_\varphi$ 方向，即绕 z 轴的正方向，大小与$|\psi|^2$ 成正比，与矩 z 轴的距离 $r\sin\theta$ 成反比。由于氢原子所有的状态的电子云分布都是对 z 轴对称的(参看图 25.4 和图 25.5，这是因为$|\psi|^2$ 和 φ 无关)，所以尽管电子云各部分都在绕 z 轴转动，但概率密度分布，亦即电子云的形状，却能保持不随时间改变。这就是定态电子云的真实情况。

概率密度表示电子在各处出现的概率。由于电子具有质量 m_e 和电荷$-e$，所以概率密度乘以 m_e，即 $m_e|\psi|^2$，就是氢原子内各处的电子云的质量密度；概率密度乘以$-e$，即$-e|\psi|^2$，就是电荷密度；而概率流密度分别乘以 m_e 和$-e$，即 $m_e\boldsymbol{j}$ 和$-e\boldsymbol{j}$，就分别是质量流密度和电流密度。由于电子云是绕 z 轴转动的，所形成的环形质量流必然产生沿 z 轴的角动量，而环形的电流必然产生沿 z 轴的磁矩。下面就用这样的量子力学观点来计算氢原子的角动量和磁矩沿 z 轴方向的分量。

如图 25.9 所示，以球坐标的原点 O 为氢原子的中心，选一垂直于 z 轴的细圆环，其半径为 $r\sin\theta$，截面积为 $\mathrm{d}S=r\mathrm{d}\theta\mathrm{d}r$，以 v 表示 $\mathrm{d}S$ 处的质量流的速度，则 $\mathrm{d}t$ 时间内流过 $\mathrm{d}S$ 的质量为

$$\mathrm{d}m_e=m_e j\mathrm{d}S\mathrm{d}t=m_e|\psi|^2\mathrm{d}Sv\mathrm{d}t$$

由此得

$$v=j/|\psi|^2$$

① 见曾谨言. 量子力学. 第 3 版. 科学出版社，2001，63.

将式(25.15)中 j 的大小代入，可得

$$v=\frac{\hbar m_l}{m_e r\sin\theta}$$

dm_e 对 z 轴的角动量为

$$dL_z=dm_e r\sin\theta v=\frac{\hbar m_l}{m_e}dm_e$$

此式对电子云的所有部分积分，可得电子云对 z 轴的总角动量为

$$L_z=\int dL_z=\int_{m_e}\frac{\hbar m_l}{m_e}dm_e=\hbar m_l \tag{25.16}$$

这正是角动量在 z 方向的分量的量子化公式(25.8)。

下面再求电子云的总磁矩沿 z 方向的分量。仍参照图 25.9，截面积 $dS=rd\theta dr$ 的细环形电流为 $di=-ejdS$，细环围绕的面积为 $A=\pi r^2\sin^2\theta$。此环形电流沿 z 方向的磁矩的大小为

$$d\mu_z=Adi=-ej\pi r^2\sin^2\theta dS$$

将式(25.15)j 的大小代入可得

$$d\mu_z=-\frac{e\hbar m_l}{2m_e}|\psi|^2\cdot 2\pi r\sin\theta r d\theta dr$$

此式对全空间进行积分，可得总磁矩沿 z 方向的分量为

$$\mu_z=\int d\mu_z=-\frac{e\hbar m_l}{2m_e}\int_0^{2\pi}\int_0^{\pi}\int_0^{\infty}|\psi|^2 r^2\sin\theta dr d\theta d\varphi$$

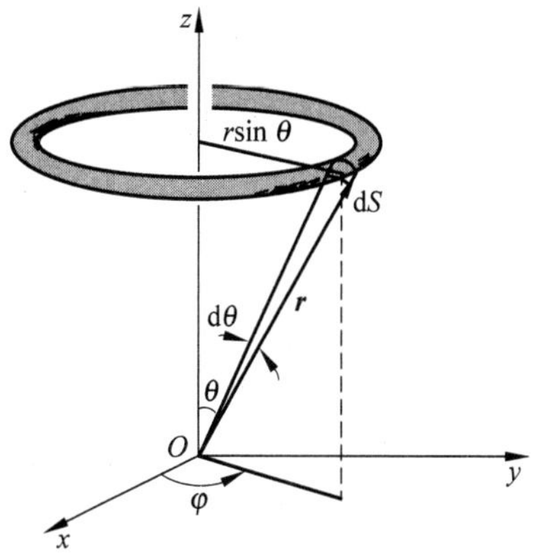

图 25.9 氢原子中电子概率流密度分析

考虑到 $r^2\sin\theta dr d\theta d\varphi$ 就是球坐标中的体积元，上式中的积分即为 $|\psi|^2$ 对全空间的积分。由于 $|\psi|^2$ 的归一化，此积分应等于 1，于是得

$$\mu_z=-\frac{e\hbar}{2m_e}m_l=-\mu_B m_l \tag{25.17}$$

这就是电子轨道运动的磁矩沿 z 方向的量子化公式，其中 $\mu_B=e\hbar/2m_e$ 叫做玻尔磁子(见式(25.26))。

单价原子的能级

单价原子，如锂、钠等碱金属元素的原子中有多个电子围绕着带正电的原子核运动，最外层只有一个电子，叫做**价电子**。和氢原子相比，这一价电子所围绕的不是一个质子而是一个原子核和许多电子组成的实体，叫**原子实**。价电子就在这原子实的库仑场中运动。如果原子核中有 Z 个质子，则原子实内将有 $Z-1$ 个电子。原子核对价电子的作用将被这些电子所减弱或屏蔽。如果价电子完全在原子实之外运动，则它受原子实的作用就和在一个质子的库仑场中所受的作用一样。它的能级分布将和氢原子的一样，只是由于离核较远，因而基态处于 $n>1$ 的状态而能量较高。实际上，价电子在运动中还可以到达原子实内，这可以从图 25.7 和图 25.8 所显示的电子出现的概率在离核很近(即 r 值很小的区域)处还有一定的值看出来。图中还显示，l 越小，电子出现在核周围的概率越大。价电子进入原子实时，所受库仑力将增大，因而所具有的能量减小，能级变低，而且 l 越小，能级越低。这样，孤立原子中价电子的能量，亦即原子的能量将不再具有氢原子那样的能量简并情况，而是由 n 和 l 值共同决定了。图 25.10 画出了钠原子的能级图。钠原子的基态的主量子数 $n=3$，对应的 $l=0,1,2$，即分别为 $3s,3p,3d$ 态(数字表示 n 值，字母表示 l 值)。这三个态的能量不同，而以 $3s$ 态的能量最低。类似的 $n=4$ 的 $4s,4p,4d,4f$ 各态的能量也不相同。由于这种能级的分裂，当原子的状态由高能态跃迁到低能态时所发出的光形成的谱线系就比氢原子更为复杂了。钠原子发的光形成的较为明显的谱线系有主线系、锐线系和漫线系，如

图 25.9 标出的那样，其中由 $3p$ 态到 $3s$ 态跃迁时发出的光就是著名的钠黄光，波长为 589 nm。

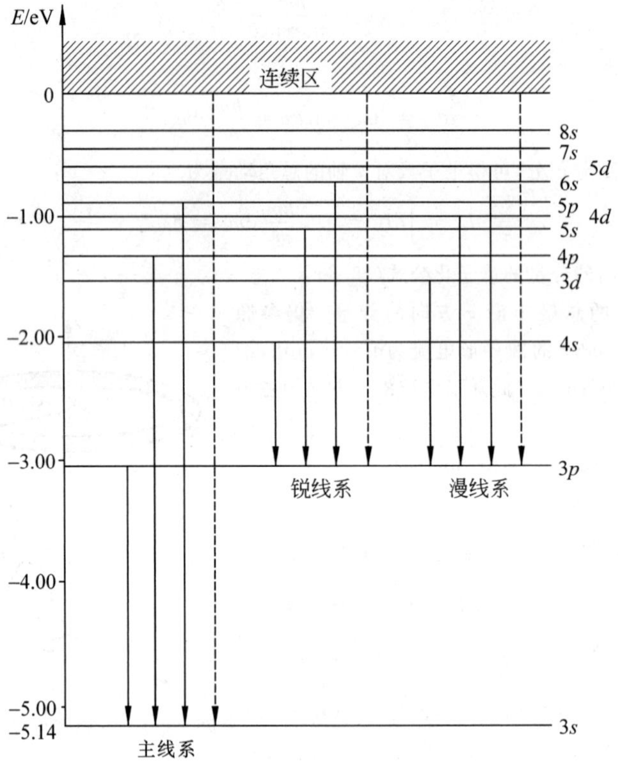

图 25.10 钠原子的能级图

还应指出，原子并非在任意两个能级之间都能跃迁。跃迁要遵守一定的**选择定则**。对图 25.9 所标出的跃迁来说，必须遵守的选择定则为，跃迁前后轨道量子数的变化为

$$\Delta l = \pm 1 \tag{25.18}$$

这一选择定则是角动量守恒所要求的。由于光子具有角动量，所以原子发出一个光子时，原子本身的轨道角动量也要发生变化，其变化的值可以由量子力学导出，即由式(25.18)决定。

25.2 电子的自旋与自旋轨道耦合

原子中的电子不但具有轨道角动量，而且具有**自旋角动量**。这一事实的经典模型是太阳系中地球的运动。地球不但绕太阳运动具有轨道角动量，而且由于围绕自己的轴旋转而具有自旋角动量。但是，正像不能用轨道概念来描述电子在原子核周围的运动一样，也不能把经典的小球的自旋图像硬套在电子的自旋上。电子的自旋和电子的电量及质量一样，是一种"内禀的"，即本身固有的性质。由于这种性质具有角动量的一切特征(例如参与角动量守恒)，所以称为自旋角动量，也简称**自旋**。

电子的自旋也是量子化的。对应的**自旋量子数**用 s 表示。和轨道量子数 l 不同，s 只能取 1/2 这一个值。电子自旋的大小为

$$S = \sqrt{s(s+1)}\,\hbar = \sqrt{\frac{3}{4}}\,\hbar \tag{25.19}$$

电子自旋在空间某一方向的投影为

$$S_z = m_s \hbar \tag{25.20}$$

其中 m_s 叫电子的**自旋磁量子数**，它只取 $\frac{1}{2}$ 和 $-\frac{1}{2}$ 两个值，即

$$m_s = -\frac{1}{2}, \frac{1}{2} \tag{25.21}$$

和轨道角动量一样，自旋角动量 $\boldsymbol{S}$ 是不能测定的，只有 S_z 可以测定(图 25.11)。

一个电子绕核运动时，既有轨道角动量 $\boldsymbol{L}$，又有自旋角动量 $\boldsymbol{S}$。这时电子的状态和总的角动量 $\boldsymbol{J}$ 有关，总角动量为前二者的和，即

$$\boldsymbol{J} = \boldsymbol{L} + \boldsymbol{S} \tag{25.22}$$

这一角动量的合成叫**自旋轨道耦合**。由量子力学可知，J 也是量子化的。相应的总角动量量子数用 j 表示，则总角动量的值为

$$J = \sqrt{j(j+1)}\,\hbar \tag{25.23}$$

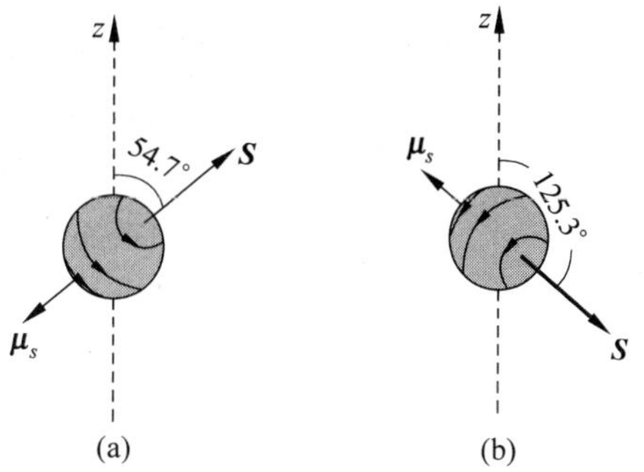

图 25.11　电子自旋的经典矢量模型

(a) $m_s=1/2$；(b) $m_s=-1/2$

j 的取值取决于 l 和 s。在 $l=0$ 时，$\boldsymbol{J}=\boldsymbol{S}$，$j=s=1/2$。在 $l\neq 0$ 时，$j=l+s=l+1/2$ 或 $j=l-s=l-1/2$。$j=l+1/2$ 的情况称为自旋和轨道角动量平行；$j=l-1/2$ 的情况称为自旋和轨道角动量反平行。图 25.12 画出 $l=1$ 时这两种情况下角动量合成的经典矢量模型图，其中 $S=\sqrt{3}\hbar/2$，$L=\sqrt{2}\hbar$，$J=\sqrt{15}\hbar/2$ 或 $\sqrt{3}\hbar/2$。

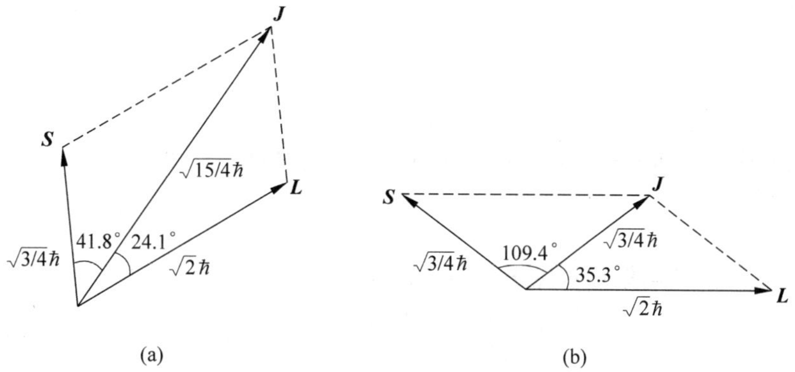

图 25.12　自旋轨道耦合矢量模型

(a) $j=\frac{3}{2}$；(b) $j=\frac{1}{2}$

在实际的氢原子中，自旋轨道耦合可以用图 25.13 所示的玻尔模型图来定性地说明。在原子核参考系中(图 25.13(a))，原子核 p 静止，电子 e 围绕它做圆周运动。在电子参考系中(图 25.13(b)，(c))电子是静止的，而原子核绕电子做相同转向的圆周运动，因而在电子所在处产生向上的磁场 $\boldsymbol{B}$。以 $\boldsymbol{B}$ 的方向为 z 方向，则电子的角动量相对于此方向，只可能有平行与反平行两个方向。图 25.13(b)，(c)分别画出了这两种情况。

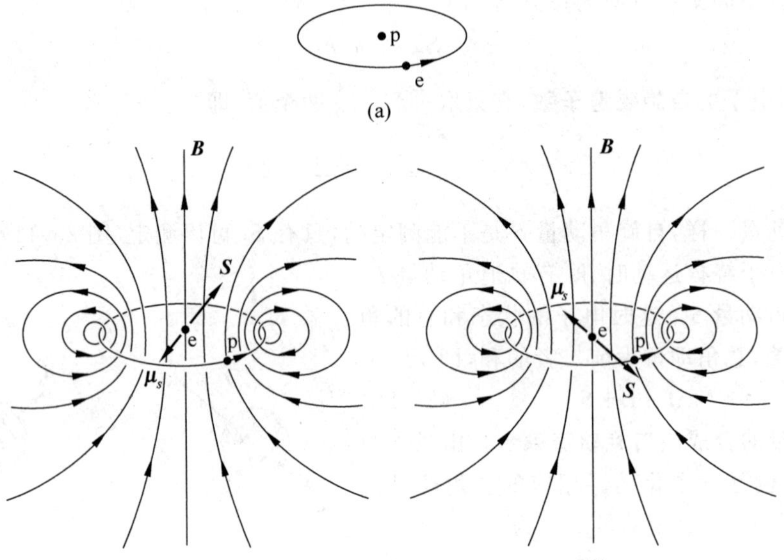

图 25.13 自旋轨道耦合的简单说明

自旋轨道耦合使得电子在 l 为某一值($l=0$ 除外)时,其能量由单一的 $E_{n,l}$ 值分裂为两个值,即同一个 l 能级分裂为 $j=l+1/2$ 和 $j=l-1/2$ 两个能级。这是因为和电子的自旋相联系,电子具有内禀**自旋磁矩 $\boldsymbol{\mu}_s$**。量子理论给出,电子的自旋磁矩与自旋角动量 $\boldsymbol{S}$ 有以下关系:

$$\boldsymbol{\mu}_s = -\frac{e}{m_e}\boldsymbol{S} \tag{25.24}$$

它在 z 方向的投影为

$$\mu_{s,z} = \frac{e}{m_e}S_z = \frac{e}{m_e}\hbar m_s$$

由于 m_s 只能取 1/2 和 −1/2 两个值,所以 $\mu_{s,z}$ 也只能取两个值,即

$$\mu_{s,z} = \pm\frac{e\hbar}{2m_e} \tag{25.25}$$

此式所表示的磁矩值叫做**玻尔磁子**,用 μ_B 表示,即

$$\mu_B = \frac{e\hbar}{2m_e} = 9.27\times10^{-24}\ \mathrm{J/T} \tag{25.26}$$

因此,式(25.25)又可写成①

$$\mu_{s,z} = \pm\mu_B \tag{25.27}$$

在电磁学中学过,磁矩 $\boldsymbol{\mu}_s$ 在磁场中是具有能量的,其能量为

$$E_s = -\boldsymbol{\mu}_s\cdot\boldsymbol{B} = -\mu_{s,z}B \tag{25.28}$$

① 在高等量子理论,即量子电动力学中,$\mu_{s,z}$ 的值不是正好等于式(25.26)的 μ_B,而是等于它的 1.001 159 652 38 倍。这一结果已被实验在实验精度范围内确认了。理论和实验在这么多的有效数字范围内相符合,被认为是物理学的惊人的突出成就之一。

将式(25.27)代入,可知由于自旋轨道耦合,电子所具有的能量为

$$E_s = \mp \mu_B B \tag{25.29}$$

其中 B 是电子在原子中所感受到的磁场。

对孤立的原子来说,电子在某一主量子数 n 和轨道量子数 l 所决定的状态内,还可能有自旋向上($m_s=1/2$)和自旋向下($m_s=-1/2$)两个状态,其能量应为轨道能量 $E_{n,l}$ 和自旋轨道耦合能 E_s 之和,即

$$E_{n,l,s} = E_{n,l} + E_s = E_{n,l} \pm \mu_B B \tag{25.30}$$

这样,$E_{n,l}$ 这一个能级就分裂成了两个能级($l=0$ 除外),自旋向上(如图 25.13(b))的能级较高,自旋向下(如图 25.13(c))的能级较低。

考虑到自旋轨道耦合,常将原子的状态用 n 的数值、l 的代号和总角动量量子数 j 的数值(作为下标)表示。如 $l=0$ 的状态记做 $nS_{1/2}$;$l=1$ 的两个可能状态分别记作 $nP_{3/2}$,$nP_{1/2}$;$l=2$ 的两个可能状态分别记做 $nD_{5/2}$,$nD_{3/2}$;等等。图 25.14 中钠原子的基态能级 $3S_{1/2}$ 不分裂,$3P$ 能级分裂为 $3P_{3/2}$,$3P_{1/2}$ 两个能级,分别比不考虑自旋轨道耦合时的能级($3P$)大 $\mu_B B$ 和小 $\mu_B B$。这样,原来认为钠黄光(D 线)只有一个频率或波长,现在可以看到它实际上是由两种频率很接近的光(D_1 线和 D_2 线)组成的。由于自旋轨道耦合引起

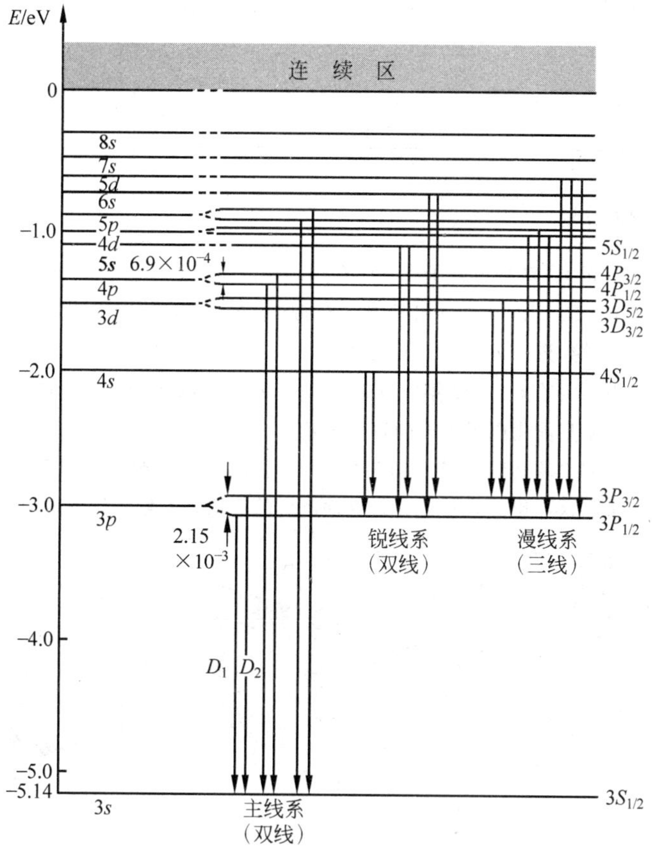

图 25.14 钠原子能级的分裂和光谱线的精细结构

的能量差很小(典型值 10^{-5} eV),所以 D_1 和 D_2 的频率或波长差也是很小的,但用较精密的光谱仪还是很容易观察到的。这样形成的光谱线组合叫光谱的**精细结构**,组成钠黄线的两条谱线的波长分别为 $\lambda_{D_1}=589.592$ nm 和 $\lambda_{D_2}=588.995$ nm。

例 25.3

试根据钠黄线双线的波长求钠原子 $3P_{1/2}$ 态和 $3P_{3/2}$ 态的能级差,并估算在该能级时价电子所感受到的磁场。

解 由于

$$h\nu_{D_1}=\frac{hc}{\lambda_{D_1}}=E_{3P_{1/2}}-E_{3S_{1/2}}$$

$$h\nu_{D_2}=\frac{hc}{\lambda_{D_2}}=E_{3P_{3/2}}-E_{3S_{1/2}}$$

所以有

$$\Delta E=E_{3P_{3/2}}-E_{3P_{1/2}}=hc\left(\frac{1}{\lambda_{D_2}}-\frac{1}{\lambda_{D_1}}\right)=6.63\times10^{-34}\times3\times10^{8}\times\left(\frac{1}{588.995}-\frac{1}{589.592}\right)\times\frac{1}{10^{-9}}$$

$$=3.44\times10^{-22}(\mathrm{J})=2.15\times10^{-3}(\mathrm{eV})$$

又由于 $\Delta E=2\mu_B B$,所以有

$$B=\frac{\Delta E}{2\mu_B}=\frac{3.44\times10^{-22}}{2\times9.27\times10^{-24}}=18.6(\mathrm{T})$$

这是一个相当强的磁场。

施特恩-格拉赫实验

1924 年泡利(W. Pauli)在解释氢原子光谱的精细结构时就引入了量子数 1/2,但是未能给予物理解释。1925 年乌伦贝克(G. E. Uhlenbeck)和哥德斯密特(S. A. Goudsmit)提出电子自旋的概念,并给出式(25.19),指出自旋量子数为 1/2。1928 年狄拉克(P. A. M. Dirac)用相对论波动方程自然地得出了电子具有自旋的结论。但在实验上,1922 年施特恩(O. Stern)和格拉赫(W. Gerlach)已得出了角动量空间量子化的结果。这一结果只能用电子自旋的存在来解释。

施特恩和格拉赫所用实验装置如图 25.15 所示,在高温炉中,银被加热成蒸气,飞出的银原子经过准直屏后形成银原子束。这一束原子经过异形磁铁产生的不均匀磁场后打到玻璃板上淀积下来。实验

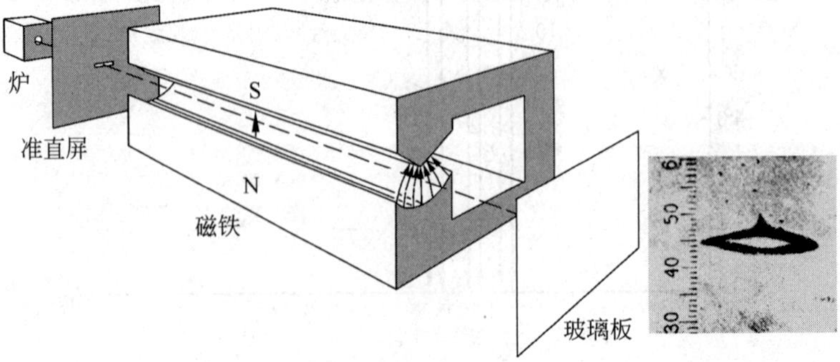

图 25.15 旋特恩-格拉赫实验装置简图

结果是在玻璃板上出现了对称的两条银迹。这一结果说明银原子束在不均匀磁场作用下分成了两束，而这又只能用银原子的磁矩在磁场中只有两个取向来说明。由于原子的磁矩和角动量的方向相同(或相反)，所以此结果就说明了角动量的空间量子化。实验者当时就是这样下结论的。

后来知道银原子的轨道角动量为零，其总角动量就是其价电子的自旋角动量。银原子在不均匀磁场中分为两束就证明原子的自旋角动量的空间量子化，而且这一角动量沿磁场方向的分量只可能有两个值。这一实验结果的定量分析如下。

电子磁矩在磁场中的能量由式(25.29)给出。在不均匀磁场中，电子磁矩会受到磁场力 F_m 的作用，而

$$F_m=-\frac{\partial E_s}{\partial z}=-\frac{d}{dz}(\mp\mu_B B)=\pm\mu_B\frac{dB}{dz} \tag{25.31}$$

此力与磁场增强的方向相同或相反，视磁矩的方向而定，如图 25.16 所示。在此力作用下，银原子束将向相反方向偏折。以 m 表示银原子的质量，则银原子受力而产生的垂直于初速方向的加速度为

$$a=\frac{F_m}{m}=\pm\frac{\mu_B}{m}\frac{dB}{dz}$$

以 d 表示磁铁极隙的长度，以 v 表示银原子的速度，则可得出两束银原子飞出磁场时的间隔为

$$\Delta z=2\times\frac{1}{2}|a|\left(\frac{d}{v}\right)^2=\frac{\mu_B}{m}\frac{dB}{dz}\left(\frac{d}{v}\right)^2$$

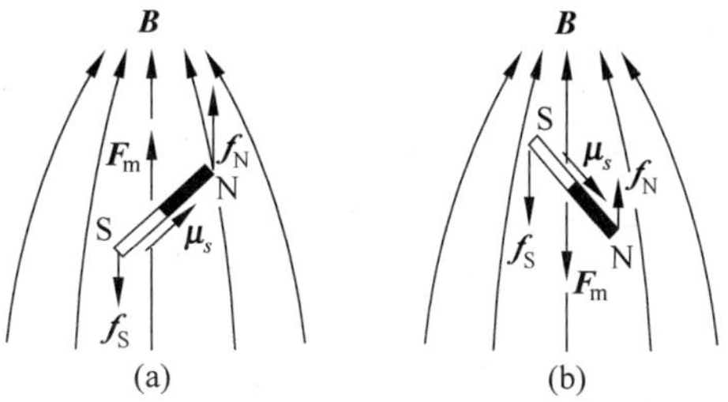

图 25.16 磁矩在不均匀磁场中受的力

(a) 自旋向下；(b) 自旋向上

银原子的速度可由炉的温度 T 根据 $v=\sqrt{3kT/m}$ 求得。所以最后可得

$$\Delta z=\frac{\mu_B d^2}{3kT}\frac{dB}{dz} \tag{25.32}$$

实验中求得的 μ_B 值和式(25.26)相符，证明电子自旋概念是正确的。

25.3 微观粒子的不可分辨性和泡利不相容原理

每一种微观粒子，如电子、质子、中子、氘核、α 粒子等，各个个体的质量、电荷、自旋等固有性质都是完全相同的，因而是不能区分的。在这一点上经典理论和量子理论的认识是一样的。但二者还有很大的差别。经典理论认为同种粒子虽然不能区分，但是它们在运动中可以识别。这是由于经典粒子在运动中各有一定的确定的轨道，我们可以沿轨道追踪所选定的粒子。例如，粒子 1 和粒子 2 碰撞前后，各有清晰的轨道可寻，因而在碰撞后我们还能认出哪个是碰前的粒子 1，哪个是碰前的粒子 2。量子理论则不同，由于粒子的波动性，它们并没有确定的轨道，两个粒子的"碰撞"必须用波函数的叠加来描述。由于这种"混合"，碰撞后哪个是碰前的粒子 1，哪个是碰前的粒子 2，再也不能识别了。可以说，量子物理对同类微观粒子不能区分的认识，更要"彻底"一些。量子物理把这种不能区分称做**不可分辨性**。

量子理论对微观粒子的不可分辨性的这种认识产生重要的结果。对于有几个粒子组成的系统的波函数必须考虑这种不可分辨性。以在一维势阱中的两个粒子为例。以 x 和 x' 分别表示二者的坐标，它们的空间波函数应是两个坐标的函数，即

$$\psi=\psi(x,x') \tag{25.33}$$

粒子 1 出现在 dx 区间和粒子 2 出现在 dx'区间的概率为

$$P_{x,x'} = |\psi(x,x')|^2 dx dx' \tag{25.34}$$

如果将两粒子交换,即粒子 1 出现在 dx'区间,粒子 2 出现在 dx 区间,则其概率为

$$P_{x',x} = |\psi(x',x)|^2 dx' dx \tag{25.35}$$

由于两个粒子无法分辨,不能识别哪个是粒子 1,哪个是粒子 2,所以式(25.34)和式(25.35)表示的概率必须相等,即

$$|\psi(x,x')|^2 = |\psi(x',x)|^2 \tag{25.36}$$

于是,两个粒子的波函数必须满足下列条件之一,即

$$\psi(x,x') = \psi(x',x) \tag{25.37}$$

或是

$$\psi(x,x') = -\psi(x',x) \tag{25.38}$$

满足式(25.37)的波函数称为**对称的**,波函数为对称的粒子叫做**玻色子**。满足式(25.38)的波函数称为**反对称的**,波函数是反对称的粒子称为**费米子**。实验证明,自旋量子数为半整数(1/2,3/2,5/2 等)的粒子,如电子、质子、中子等是费米子;自旋量子数是 0 或正整数的粒子,如氘核、氢原子、α 粒子以及光子等是玻色子。

在应用式(25.34)和式(25.35)时还需注意,要完整地描述粒子的状态,其波函数除了包含空间波函数外,还需要包括自旋波函数 X。因此在交换坐标 x,x'时,还需要交换自旋 m_s 和 m_s' 。以电子为例,由于 m_s 和 m_s' 都只能取值 1/2 或 −1/2,我们将以"+"号和"−"号分别标记"自旋上"和"自旋下"的自旋波函数 X_+ 和 X_-。这样包含自旋的波函数的反对称性(式(25.38))可进一步表示为

$$\psi(x,x')X_+ + X'_- = -\psi(x',x)X_-X'_+ \tag{25.39}$$

为了进一步说明这一反对称性的影响,我们假设在一维势阱中的两电子的相互影响可以忽略不计,它们的状态只由势阱的势函数决定。在两个电子都处于同一轨道状态时,它们每个的轨道的波函数相同,用 $\psi_1(x)$表示。每个电子的整个波函数(包括自旋)可表示为

$$\psi_1(x)X_+ \quad \text{或} \quad \psi_1(x)X_-$$

由于两个电子分别出现在 x 和 x'处的概率为二者概率之积,这个两电子系统的整个波函数可写做

$$\psi(x,x',m_s,m_s') = \psi_1(x)X_\pm \psi_1(x')X'_\pm$$

或几个这样的积的叠加。考虑到反对称要求的式(25.38),唯一可能的叠加式是

$$\psi(x,x',m_s,m_s') = \psi_1(x)\psi_1(x')X_+ X'_- - \psi_1(x')\psi_1(x)m_{s-}X_- X'_+ \tag{25.40}$$

注意,此式中两个粒子的自旋是**相反**的。这就是说,在轨道波函数相同(或说描述轨道运动的量子数都相同)的情况下,电子的自旋必须是相反的,即一个向上($m_s=1/2$),另一个向下($m_s=-1/2$)。于是我们得到一个重要结论:**对一个电子系统,如果描述状态的量子数包括自旋磁量子数,则该系统的任何一个确定的状态内不可能有多于一个的电子存在。**

上面的论证可用于任何**费米子**系统的任何状态,所得的上述结论叫**不相容原理**,它是泡利于 1925 年研究原子中电子的排布时在理论上提出的。

25.4 各种原子核外电子的组态

对于多电子原子，薛定谔方程不能完全精确地求解，但可以利用近似方法求得足够精确的解。其结果是在原子中每个电子的状态仍可以用 n,l,m_l 和 m_s 四个量子数来确定。主量子数 n 和电子的概率密度分布的径向部分有关，n 越大，电子离核越远。电子的能量主要由 n，较小程度上由 l，所决定。一般地，n 越大，l 越大，则电子能量越大。轨道磁量子数 m_l 决定电子的轨道角动量在 z 方向的分量。自旋磁量子数 m_s 决定自旋方向是"向上"还是"向下"，它对电子的能量也稍有影响。由各量子数可能取值的范围可以求出电子以四个量子数为标志的可能状态数分布如下：

n,l,m_l 相同，但 m_s 不同的可能状态有 2 个。

n,l 相同，但 m_l,m_s 不同的可能状态有 $2(2l+1)$ 个，这些状态组成一个次壳层。

n 相同，但 l,m_l 和 m_s 不同的可能状态有 $2n^2$ 个，这些状态组成一个壳层。

原子处于基态时，其中各电子各处于一定的状态。这时各电子**实际上**处于哪个状态，由两条规律决定：

其一是能量最低原理，即电子总处于可能最低的能级；

其二是泡利不相容原理，即同一状态不可能有多于一个电子存在。

元素周期表中各元素是按原子序数 Z 由小到大依次排列的。原子序数就是各元素原子的核中的质子数，也就是正常情况下各元素原子中的核外电子数。各元素的原子在基态时核外电子的排布情况如表 25.2 所示。这种电子的排布叫原子的**电子组态**。下面举几个典型例子说明电子排布的规律性。

氢(H，$Z=1$)　它的一个电子就在 K 壳层($n=1$)内，$m_s=1/2$ 或 $-1/2$。

氦(He，$Z=2$)　它的两个电子都在 K 壳层内，m_s 分别是 1/2 和 $-1/2$。K 壳层已被填满了。

表 25.2　各元素原子在基态时电子的组态

元素	Z	K	L		M			N				O				P			Q	电离能/eV
		1s	2s	2p	3s	3p	3d	4s	4p	4d	4f	5s	5p	5d	5f	6s	6p	6d	7s	
H	1	1																		13.5981
He	2	2																		24.5868
Li	3	2	1																	5.3916
Be	4	2	2																	9.322
B	5	2	2	1																8.298
C	6	2	2	2																11.260
N	7	2	2	3																14.534
O	8	2	2	4																13.618
F	9	2	2	5																17.422
Ne	10	2	2	6																21.564

续表

元素	Z	K	L		M			N				O				P			Q	电离能/eV
		1s	2s	2p	3s	3p	3d	4s	4p	4d	4f	5s	5p	5d	5f	6s	6p	6d	7s	
Na	11	2	2	6	1															5.139
Mg	12	2	2	6	2															7.646
Al	13	2	2	6	2	1														5.986
Si	14	2	2	6	2	2														8.151
P	15	2	2	6	2	3														10.486
S	16	2	2	6	2	4														10.360
Cl	17	2	2	6	2	5														12.967
Ar	18	2	2	6	2	6														15.759
K	19	2	2	6	2	6		1												4.341
Ca	20	2	2	6	2	6		2												6.113
Sc	21	2	2	6	2	6	1	2												6.54
Ti	22	2	2	6	2	6	2	2												6.82
V	23	2	2	6	2	6	3	2												6.74
Cr	24	2	2	6	2	6	5	1												6.765
Mn	25	2	2	6	2	6	5	2												7.432
Fe	26	2	2	6	2	6	6	2												7.870
Co	27	2	2	6	2	6	7	2												7.86
Ni	28	2	2	6	2	6	8	2												7.635
Cu	29	2	2	6	2	6	10	1												7.726
Zn	30	2	2	6	2	6	10	2												9.394
Ga	31	2	2	6	2	6	10	2	1											5.999
Ge	32	2	2	6	2	6	10	2	2											7.899
As	33	2	2	6	2	6	10	2	3											9.81
Se	34	2	2	6	2	6	10	2	4											9.752
Br	35	2	2	6	2	6	10	2	5											11.814
Kr	36	2	2	6	2	6	10	2	6											13.999
Rb	37	2	2	6	2	6	10	2	6			1								4.177
Sr	38	2	2	6	2	6	10	2	6			2								5.693
Y	39	2	2	6	2	6	10	2	6	1		2								6.38
Zr	40	2	2	6	2	6	10	2	6	2		2								6.84
Nb	41	2	2	6	2	6	10	2	6	4		1								6.88
Mo	42	2	2	6	2	6	10	2	6	5		1								7.10
Tc	43	2	2	6	2	6	10	2	6	5		2								7.28
Ru	44	2	2	6	2	6	10	2	6	7		1								7.366
Rh	45	2	2	6	2	6	10	2	6	8		1								7.46

续表

元素	Z	K	L		M			N				O				P			Q	电离能
		1s	2s	2p	3s	3p	3d	4s	4p	4d	4f	5s	5p	5d	5f	6s	6p	6d	7s	/eV
Pd	46	2	2	6	2	6	10	2	6	10										8.33
Ag	47	2	2	6	2	6	10	2	6	10		1								7.576
Cd	48	2	2	6	2	6	10	2	6	10		2								8.993
In	49	2	2	6	2	6	10	2	6	10		2	1							5.786
Sn	50	2	2	6	2	6	10	2	6	10		2	2							7.344
Sb	51	2	2	6	2	6	10	2	6	10		2	3							8.641
Te	52	2	2	6	2	6	10	2	6	10		2	4							9.01
I	53	2	2	6	2	6	10	2	6	10		2	5							10.457
Xe	54	2	2	6	2	6	10	2	6	10		2	6							12.130
Cs	55	2	2	6	2	6	10	2	6	10		2	6			1				3.894
Ba	56	2	2	6	2	6	10	2	6	10		2	6			2				5.211
La	57	2	2	6	2	6	10	2	6	10		2	6	1		2				5.5770
Ce	58	2	2	6	2	6	10	2	6	10	1	2	6	1		2				5.466
Pr	59	2	2	6	2	6	10	2	6	10	3	2	6			2				5.422
Nd	60	2	2	6	2	6	10	2	6	10	4	2	6			2				5.489
Pm	61	2	2	6	2	6	10	2	6	10	5	2	6			2				5.554
Sm	62	2	2	6	2	6	10	2	6	10	6	2	6			2				5.631
Eu	63	2	2	6	2	6	10	2	6	10	7	2	6			2				5.666
Gd	64	2	2	6	2	6	10	2	6	10	7	2	6	1		2				6.141
Tb	65	2	2	6	2	6	10	2	6	10	(8)	2	6	(1)		(2)				5.852
Dy	66	2	2	6	2	6	10	2	6	10	10	2	6			2				5.927
Ho	67	2	2	6	2	6	10	2	6	10	11	2	6			2				6.018
Er	68	2	2	6	2	6	10	2	6	10	12	2	6			2				6.101
Tm	69	2	2	6	2	6	10	2	6	10	13	2	6			2				6.184
Yb	70	2	2	6	2	6	10	2	6	10	14	2	6			2				6.254
Lu	71	2	2	6	2	6	10	2	6	10	14	2	6	1		2				5.426
Hf	72	2	2	6	2	6	10	2	6	10	14	2	6	2		2				6.865
Ta	73	2	2	6	2	6	10	2	6	10	14	2	6	3		2				7.88
W	74	2	2	6	2	6	10	2	6	10	14	2	6	4		2				7.98
Re	75	2	2	6	2	6	10	2	6	10	14	2	6	5		2				7.87
Os	76	2	2	6	2	6	10	2	6	10	14	2	6	6		2				8.5
Ir	77	2	2	6	2	6	10	2	6	10	14	2	6	7		2				9.1
Pt	78	2	2	6	2	6	10	2	6	10	14	2	6	9		1				9.0
Au	79	2	2	6	2	6	10	2	6	10	14	2	6	10		1				9.22
Hg	80	2	2	6	2	6	10	2	6	10	14	2	6	10		2				10.43
Tl	81	2	2	6	2	6	10	2	6	10	14	2	6	10		2	1			6.108

续表

元素	Z	K	L		M			N				O				P			Q	电离能/eV
		$1s$	$2s$	$2p$	$3s$	$3p$	$3d$	$4s$	$4p$	$4d$	$4f$	$5s$	$5p$	$5d$	$5f$	$6s$	$6p$	$6d$	$7s$	
Pb	82	2	2	6	2	6	10	2	6	10	14	2	6	10		2	2			7.417
Bi	83	2	2	6	2	6	10	2	6	10	14	2	6	10		2	3			7.289
Po	84	2	2	6	2	6	10	2	6	10	14	2	6	10		2	4			8.43
At	85	2	2	6	2	6	10	2	6	10	14	2	6	10		2	5			8.8
Rn	86	2	2	6	2	6	10	2	6	10	14	2	6	10		2	6			10.749
Fr	87	2	2	6	2	6	10	2	6	10	14	2	6	10		2	6		(1)	3.8
Ra	88	2	2	6	2	6	10	2	6	10	14	2	6	10		2	6		2	5.278
Ac	89	2	2	6	2	6	10	2	6	10	14	2	6	10		2	6	1	2	5.17
Th	90	2	2	6	2	6	10	2	6	10	14	2	6	10		2	6	2	2	6.08
Pa	91	2	2	6	2	6	10	2	6	10	14	2	6	10	2	2	6	1	2	5.89
U	92	2	2	6	2	6	10	2	6	10	14	2	6	10	3	2	6	1	2	6.05
Np	93	2	2	6	2	6	10	2	6	10	14	2	6	10	4	2	6	1	2	6.19
Pu	94	2	2	6	2	6	10	2	6	10	14	2	6	10	6	2	6		2	6.06
Am	95	2	2	6	2	6	10	2	6	10	14	2	6	10	7	2	6		2	5.993
Cm	96	2	2	6	2	6	10	2	6	10	14	2	6	10	7	2	6	1	2	6.02
Bk	97	2	2	6	2	6	10	2	6	10	14	2	6	10	(9)	2	6	(0)	(2)	6.23
Cf	98	2	2	6	2	6	10	2	6	10	14	2	6	10	(10)	2	6	(0)	(2)	6.30
Es	99	2	2	6	2	6	10	2	6	10	14	2	6	10	(11)	2	6	(0)	(2)	6.42
Fm	100	2	2	6	2	6	10	2	6	10	14	2	6	10	(12)	2	6	(0)	(2)	6.50
Md	101	2	2	6	2	6	10	2	6	10	14	2	6	10	(13)	2	6	(0)	(2)	6.58
No	102	2	2	6	2	6	10	2	6	10	14	2	6	10	(14)	2	6	(0)	(2)	6.65
Lw	103	2	2	6	2	6	10	2	6	10	14	2	6	10	(14)	2	6	(1)	(2)	8.6

* 括号内的数字尚有疑问。

锂(Li,$Z=3$) 它的两个电子填满 K 壳层,第三个电子只能进入能量较高的 L 壳层($n=2$)的 s 次壳层($l=0$)内。这种排布记作 $1s^2 2s^1$,其中,数字表示壳层的 n 值,其后的字母是 n 壳层中次壳层的符号,指数表示在该次壳层中的电子数。

氖(Ne,$Z=10$) 电子组态为 $1s^2 2s^2 2p^6$。由于各次壳层的电子都已成对,所以总自旋角动量为零。又由于 p 次壳层都已填满,所以这一次壳层中电子的轨道角动量在各可能的方向都有(参看图 25.2 和图 25.3)。这些各可能方向的轨道角动量矢量叠加的结果,使得这一次壳层中电子的总轨道角动量也等于零。这一情况叫做次壳层的**闭合**。由于这一闭合,使得氖原子不容易和其他原子结合而成为"惰性"原子。

钠(Na,$Z=11$) 电子组态为 $1s^2 2s^2 2p^6 3s^1$。由于 3 个内壳层都是闭合的,而最外的一个电子离核又较远因而受核的束缚较弱,所以钠原子很容易失去这个电子而与其他原子结合,例如与氯原子结合。这就是钠原子化学活性很强的原因。

氯(Cl,$Z=17$) 电子组态为 $1s^2 2s^2 2p^6 3s^2 3p^5$。$3p$ 次壳层可以容纳 6 个电子而闭合,

这里已有了5个电子，所以还有一个电子的“空位”。这使得氯原子很容易夺取其他原子的电子来填补这一空位而形成闭合次壳层，从而和其他原子形成稳定的分子。这使得氯原子也成为化学活性大的原子。

铁(Fe,$Z=26$)　电子组态是$1s^2 2s^2 2p^6 3s^2 3p^6 3d^6 4s^2$，直到$3p^6$的18个电子的组态是“正常”的。$d$次壳层可以容纳10个电子，但$3d$壳层还未填满，最后两个电子就进入了$4s$次壳层。这是由于$3d^6 4s^2$的组态的能量比$3d^8$排布的能量还要低的缘故。这种组态的“反常”对电子较多的原子是常有的现象。可以附带指出，铁的铁磁性就和这两个$4s$电子有关。

银(Ag,$Z=47$)　电子组态是$1s^2 2s^2 2p^6 3s^2 3p^6 3d^{10} 4s^2 4p^6 4d^{10} 5s^1$。这一组态中，除了$4f(l=3)$次壳层似乎“应该”填入而没有填入，而最后一个电子就填入了$5s$次壳层这种“反常”现象外，可以注意到已填入电子的各次壳层都已闭合，因而它们的总角动量为零，而银原子的总角动量就是这个$5s$电子的自旋角动量。在施特恩-格拉赫实验中，银原子束的分裂能说明电子自旋的量子化就是这个缘故。

25.5 X射线

X射线的波长可以用衍射的方法测出。图25.17是X射线谱的两个实例，图(a)是在同样电压(35 kV)下不同靶材料(钨、钼、铬)发出的X射线谱，图(b)是同一种靶材料(钨)在不同电压下发射的X射线谱。从图中可看出，X射线谱一般分为两部分：**连续谱**和**线状谱**。不同电压下的连续谱都有一个**截止波长**(或频率)，电压越高，截止波长越短，而且在同一电压下不同材料发出的X射线的截止波长一样。线状谱有明显的强度峰——谱线，不同材料的谱线的位置(即波长)不同，这谱线就叫各种材料的**特征谱线**(钨和铬的特征谱线波长在图25.17(a)所示的波长范围以外)。

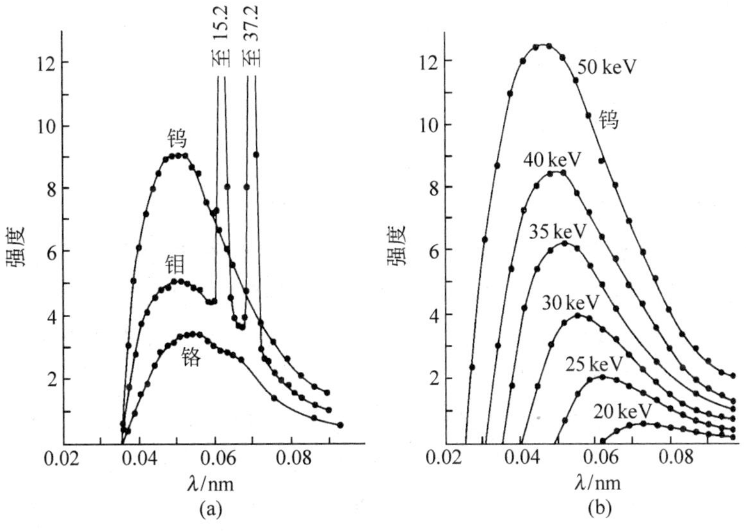

图25.17　X射线谱

X 射线连续谱是电子和靶原子非弹性碰撞的结果，这种产生 X 射线的方式叫**韧致辐射**。入射电子经历每一次碰撞都会损失一部分能量，这能量就以光子的形式发射出去。由于每个电子可能经历多次碰撞，每一次碰撞损失的能量又可能大小不同，所以就辐射出各种能量不同的光子而形成连续谱。由于电子所损失的能量的最大值就是电子本身从加速电场获得的能量，所以发出的光子的最大能量也就是这个能量。因此在一定的电压下发出的 X 射线的频率有一极大值。相应地，波长有一极小值，这就是截止波长。以 E_k 表示射入靶的电子的动能，则有 $h\nu_{max}=E_k$。由此可得截止波长为

$$\lambda_{cut}=\frac{c}{\nu_{max}}=\frac{hc}{E_k} \tag{25.41}$$

例如，当 $E_k=35$ keV 时，上式给出 $\lambda_{cut}=0.036$ nm，和图 25.17 所给的相符。

X 射线特征谱线只能和可见光谱一样，是原子能级跃迁的结果。但是由于 X 射线光子能量比可见光光子能量大得多，所以不可能是原子中外层电子能级跃迁的结果，但可以用内层电子在不同壳层间的跃迁来说明。然而在正常情况下，原子的内壳层都已为电子填满，由泡利不相容原理可知，电子不可能再跃入。在这里，加速电子的碰撞起了关键的作用。加速电子的碰撞有可能将内壳层(如 K 壳层)的电子击出原子，这样便在内壳层留下一个空穴。这时，较外壳层的电子就有可能跃迁入这一空穴而发射出能量较大的光子。以 K 壳层为例，填满时有两个电子。其中一个电子所感受到的核的库仑场，由于另一电子的屏蔽作用，就约相当于 $Z-1$ 个质子的库仑场。仿类氢离子的能量公式，此壳层上一个电子的能量应为

$$E_1=-\frac{m_e(Z-1)^2e^4}{2(4\pi\varepsilon_0)^2\hbar^2}\frac{1}{n^2}=-13.6(Z-1)^2\ \text{eV} \tag{25.42}$$

同理，在 L 壳层内一个电子的能量为

$$E_2=-\frac{13.6(Z-1)^2}{4}\ \text{eV}$$

因此，当 K 壳层出现一空穴而 L 层一个电子跃迁进入时，所发出的光子的频率为

$$\nu=\frac{E_2-E_1}{h}=\frac{3\times13.6(Z-1)^2}{4h}=2.46\times10^{15}(Z-1)^2$$

或者

$$\sqrt{\nu}=4.96\times10^7(Z-1) \tag{25.43}$$

这一公式称为**莫塞莱公式**。

频率由式(25.43)给出的谱线称为 K_α 线。由于多电子原子的内层电子结构基本上是一样的，所以各种序数较大的元素的原子的 K_α 线都可由式(25.43)给出。这一公式说明，不同元素原子的 K_α 线的频率的平方根和元素的原子序数成线性关系。这一线性关系已为实验所证实，如图 25.18 所示。

由 M 壳层($n=3$)电子跃入 K 壳层空穴形成的 X 射线叫 K_β 线。K_α，K_β 和更外的壳层跃入 K 壳层空穴形成的诸谱线组成 X 射线的 K 系，由较外壳层跃入 L 壳层的空穴形成的谱线组成 L 系。类似地还有 M 系、N 系等。实际上，由于各壳层(K 壳层除外)的能级分裂，各系的每条谱线都还有较精细的结构。图 25.19 给出了铀(U)的 X 射线能级及跃迁图。

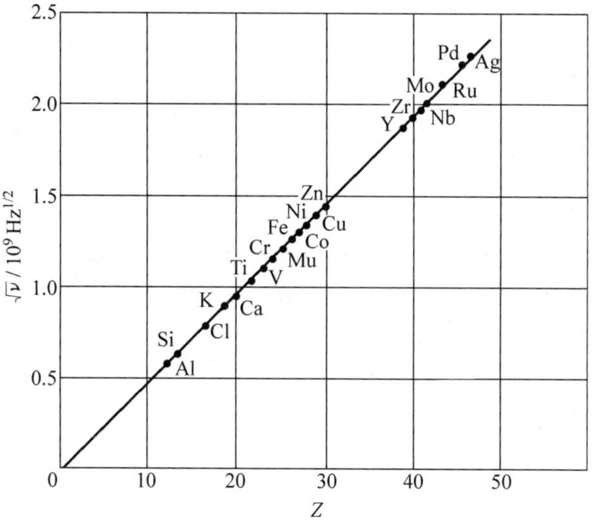

图 25.18 K_α 线的频率和原子序数的关系

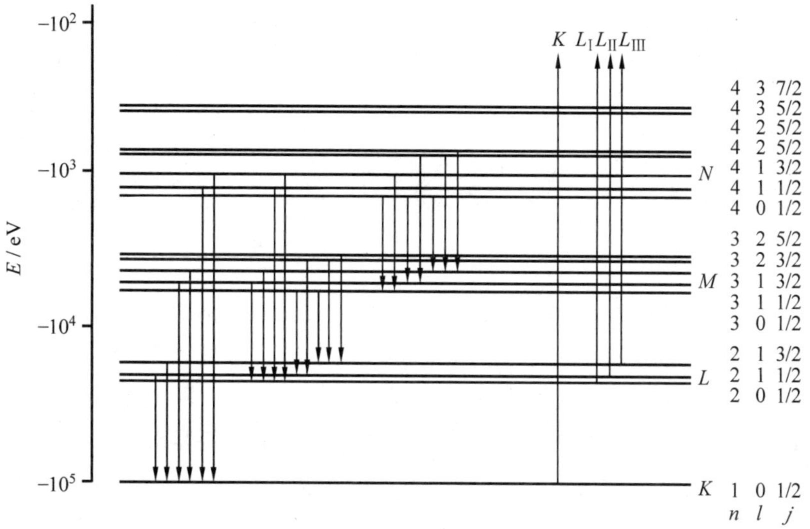

图 25.19 U 原子的 X 射线能级图

1913 年莫塞莱(H. G. J. Moseley)仔细地用晶体测定了近 40 种元素的原子的 X 射线的 K 线和 L 线,首次得出了式(25.43)。当年玻尔发表了他的氢原子模型理论。这使得莫塞莱可以得出下述结论:“我们已证实原子有一个基本量,它从一个元素到下一个元素有规律地递增。这个量只能是原子核的电量。”当年由他准确测定的 Z 值曾校验了当时周期表中各元素的排序。至今超铀元素的认定也靠足够量的这些元素的 X 射线谱。

25.6 激光

激光现今已得到了极为广泛的应用。从光缆的信息传输到光盘的读写，从视网膜的修复到大地的测量，从工件的焊接到热核反应的引发等等都利用了激光。"激光"是"受激辐射的光放大"的简称①。第一台激光器是 1960 年休斯飞机公司实验室的梅曼(T. H. Maiman)首先制成的，在此之前的 1954 年哥伦比亚大学的唐斯(C. H. Townes)已制成了受激辐射的微波放大装置。但是，它的基本原理早在 1916 年已由爱因斯坦提出了。

激光是怎么产生的？它有哪些特点？为什么有这些特点呢？下面通过氦氖激光器加以说明。

氦氖激光器的主要结构如图 25.20 所示，玻璃管内充有氦气(压强为 1 mmHg②)和氖气(压强为 0.1 mmHg)。所发激光是氖原子发出的，波长为 632.8 nm 的红光，它是氖原子由 $5s$ 能级跃迁到 $3p$ 能级的结果。

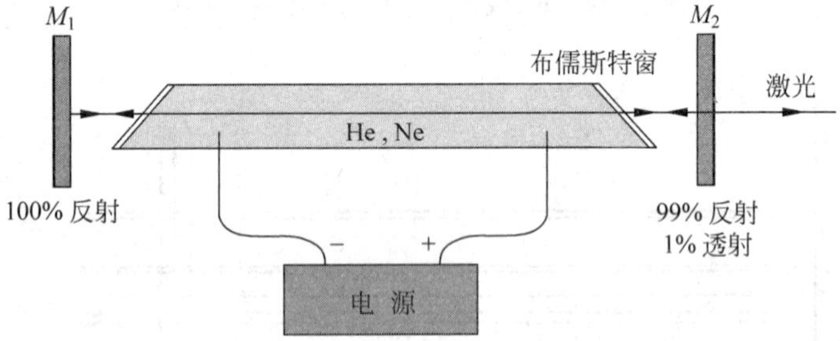

图 25.20 氦氖激光器结构简图

处于激发态的原子(或分子)是不稳定的。经过或长或短的时间(例如 10^{-8} s)会自发地跃迁到低能级上，同时发出一个光子。这种辐射光子的过程叫**自发辐射**(图 25.21(a))。相反的过程，光子射入原子内可能被吸收而使原子跃迁到较高的能级上去(图 25.21(b))。不论发射和吸收，所涉及的光子的能量都必须满足玻尔频率条件 $h\nu = E_h - E_l$。爱因斯坦在研究黑体辐射时，发现辐射场和原子交换能量时，只有自发辐射和吸收是不可能达到热平衡的。要达到热平衡，还必须存在另一种辐射方式——**受激辐射**。它指的是，如果入射光子的能量等于相应的能级差，而且在高能级上有原子存在，入射光子的电磁场就会引发原子从高能级跃迁到低能级上，同时放出一个与入射光子的频率、相位、偏振方向和传播方向都完全相同的光子(图 25.21(c))。在一种材料中，如果有一个光子引发了一次受激辐射，就会产生两个相同的光子。这两个光子如果都再遇到类似的情况，就能够产生 4 个相同的光子。由此可以产生 8 个、16 个……为数不断倍增的光子，这就可以形成"光放大"。看来，只要有一个适当的光子入射到给定的材料内就可以很容易地得到光放大了，其实不然。

---

① 激光的英文为 laser，它是 light amplification by stimulated emission of radiation 一词的首字母缩略词。

② 1 mmHg=133 Pa。

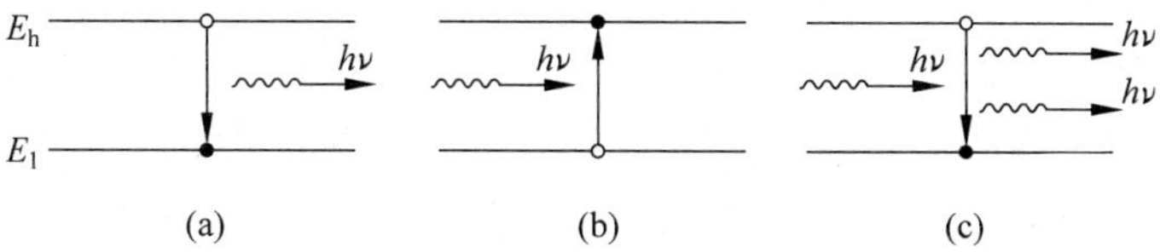

图 25.21　自发辐射(a)、吸收(b)和受激辐射(c)

这里还有原子数的问题。在正常情况下,在高能级 E_h 上的原子数 N_h 总比在低能级 E_l 上的原子数 N_l 小得多。它们的比值由玻耳兹曼关系决定,即

$$\frac{N_h}{N_l} = e^{-(E_h - E_l)/kT} \tag{25.44}$$

以氦氖激光器为例,在室温热平衡的条件下,相应于激光波长 632.8 nm 的两能级上氖原子数的比为

$$\frac{N_h}{N_l} = e^{-(E_h - E_l)/kT} = \exp\left(-\frac{hc}{\lambda kT}\right)$$

$$= \exp\left(-\frac{6.63\times10^{-34}\times3\times10^{8}}{632.8\times10^{-9}\times1.38\times10^{-23}\times300}\right) = e^{-76} = 10^{-33}$$

这一极小的数值说明 $N_h \ll N_l$。爱因斯坦理论指出原子受激辐射的概率和吸收的概率是相同的。因此,合适的光子入射到处于正常状态的材料中,主要的还是被吸收而不可能发生光放大现象。

如上所述,要想实现光放大,必须使材料处于一种"反常"状态,即 $N_h > N_l$。这种状态叫**粒子数布居反转**[①]。要想使处于正常状态的材料转化为这种状态,必须激发低能态的原子使之跃迁到高能态,而且在高能态有较长的"寿命"。激发的方式有光激发、碰撞激发等方式。氦氖激光器的激发方式是碰撞激发。氦原子和氖原子的有关能级如图 25.22 所示。氦原子的 2s 能级(20.61 eV)和氖原子的 5s 能级(20.66 eV)非常接近。当激光管加上电压后,管内产生电子流,运动的电子和氦原子的碰撞可使之升到 2s 能级上。处于此激发态的氦原子和处于基态(2p)的氖原子相碰时,就能将能量传给氖原子使之达到 5s 态。氦原子的 2s 态和氖原子的 5s 态的寿命相对地较长(这种状态叫亚稳态),而氖原子的 3p 态的寿命很短。这一方面保证了氖原子有充分的激发能源,同时由于处于 3p 态的氖原子很快地由于自发辐射而减少,所以就实现了氖原子在 5s

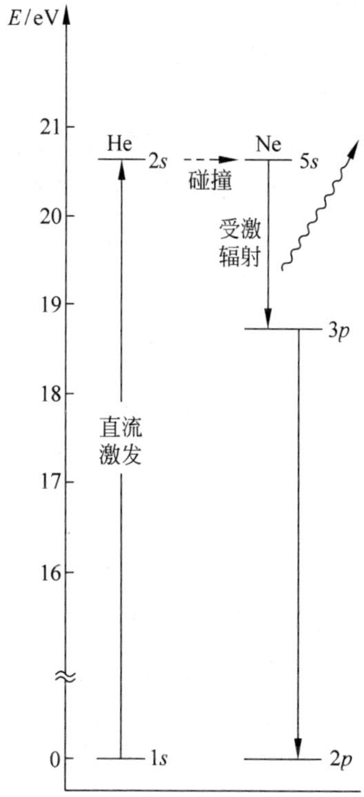

图 25.22　氦氖能级图

① 由式(25.44)可知,在 $N_h > N_l$ 的情况下,$T < 0$。这是一个可以用负热力学温度描述状态的一个例子。

态和 $3p$ 态之间的粒子数布居反转，从而为光放大提供了必要条件。一旦有一个光子由于氖原子从 $5s$ 态到 $3p$ 态的自发辐射而产生，这种光将由于不断的受激辐射而成倍地急剧增加。在激光器两端的平面镜（或凹面镜）M_1 和 M_2（见图 25.20）的反射下，光子来回穿行于激光管内，这更增大了加倍的机会从而产生很强的光。这光的一部分从稍微透射的镜 M_2 射出就成了实际应用的激光束。

由于受激辐射产生的光子频率与偏振方向都相同，所以经放大后的激光束，不管光束截面多大，都是完全相干的。普通光源发的光是不相干的，所发光的强度是各原子发的光的非相干叠加，因而和原子数成正比。激光发射时，由于各原子发的光是相干的，其强度是各原子发的光的相干叠加，因而和原子数的平方成正比。由于光源内原子数很大，因而和普通光源发的光相比，激光光强可以大得惊人。例如经过会聚的激光强度可达 10^{17} W/cm^2，而氧炔焰的强度不过 10^3 W/cm^2。针头大的半导体激光器的功率可达 200 mW（现已制造出纳米级的半导体激光器），连续功率达1 kW的激光器已经制成，而用于热核反应实验的激光器的脉冲平均功率已达 10^{14} W（这大约是目前全世界所有电站总功率的100 倍），可以产生 10^8 K 的高温以引发氘-氚燃料微粒发生聚变。

在图 25.20 中，激光是在两面反射镜 M_1 和 M_2 之间来回反射的。作为电磁波，激光将在 M_1，M_2 之间形成驻波，驻波的波长和 M_1，M_2 之间的距离是有确定关系的。在实际的激光器中 M_1，M_2 之间的距离都已调至和所发出激光波长严格地相对应，其他波长的光不能形成驻波因而不能加强。在激光器稳定工作时，激光由于来回反射过程中的受激辐射而得到的加强，即能量增益，和各种能量损耗正好相等，因而使激光振幅保持不变。这相当于无限长的波列，因而所发出的激光束就可能是高度单色性的。普通氖红光的单色性（$\Delta\nu/\nu$）不过 10^{-6}，而激光则可达到 10^{-15}。这种单色性有重要的应用，例如可以准确地选择原子而用在单原子探测中。

图 25.20 中的两个反射镜都是与激光管的轴严格垂直的，因此只有那些传播方向与管轴严格平行的激光才能来回反射得到加强，其他方向的光线经过几次反射就要逸出管外。因此由 M_2 透出的激光束将是高度"准直"的，即具有高度的方向性，其发散角一般在 $1'$（[角]分）以下。这种高度的方向性被用来作精密长度测量。例如曾利用月亮上的反射镜对激光的反射来测量地月之间的距离，其精度达到几个厘米。

现在利用反馈可使激光的频率保持非常稳定，例如稳定到 2×10^{-12} 甚至 10^{-14}（这相当于每年变化 10^{-7} s！）这种稳定激光器可以用来极精密地测量光速，以致在 1983 年国际计量大会上利用光速值来规定"米"的定义：1 m 就是在（1/299 792 458）s 内光在真空中传播的距离。

除了固定波长的激光器外，还有可调激光器。它们通常用化学染料做工作物质，所以又叫染料激光器。它们可以在一定范围内调节输出激光的频率。这种激光器也有多方面的应用，其中一个应用是制成**消多普勒饱和分光仪**，可消除多普勒效应对光谱线的影响，从而研究光谱的超精细结构。

消多普勒饱和分光仪

光源内发光原子的无规则运动对原子所发光子的频率会发生多普勒效应，从而使频率的不确定度增大，相应的光谱线会展宽。谱线的展宽会掩盖光谱的精细结构而妨碍对原子结构更精细的研究。为了消除多普勒效应的影响，设计了一种消多普勒饱和分光仪，其结构简图如图 25.23 所示。图中 L 是一可调激光器，它发出的光经过分束器 M(半镀银玻璃板)分为两束。一束叫探测束 P，可射入探测器 D；另一束叫致饱和束 S。这两束分别经过 M_1 和 M_2 反射后沿相反方向通过吸收盒 A，盒内装有谱线待测的样品。致饱和束经过斩波器 C 被周期性地遮断。当致饱和束被遮断时，探测束频率如果和样品某光谱线频率相同，则被共振吸收，探测器将收不到信号。当致饱和束被斩波器放过，再被反射通过样品时，它将被共振吸收从而导致样品的相应低能级上的原子都跃迁到高级上去而低能级被腾空，探测束射过来就不能再被吸收。这时接收器将接收到最大强度的光强。但要注意，能够这样对方向相反的两束光都共振吸收的原子只能是那些沿光束方向速度为零的原子。对沿光束方向速度不为零的原子，相反方向射来的同样频率的激光，将因多普勒效应而具有不同的频率，因此不能同时发生共振，而接收器接收的光强也就不会有明显的变化。这样两束方向相反的激光就选出了那些速度为零的原子，它们的共振吸收不再受多普勒效应的影响，而相应的谱线变得非常细，以致频率差很小的两条谱线也能区别开来。调节入射激光的频率，就可在探测器的光强记录上相应的极大处得到样品的线状谱。

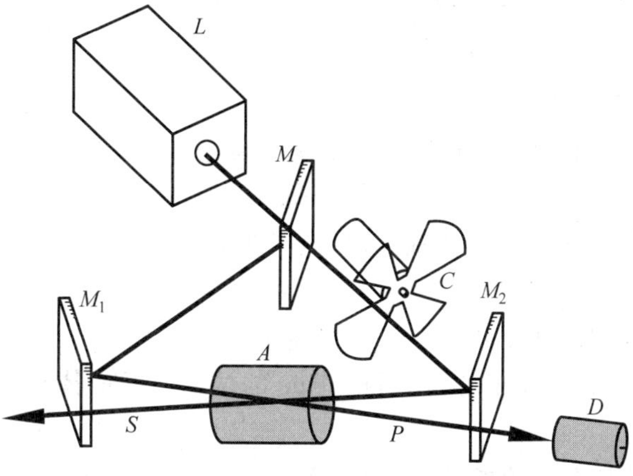

图 25.23　消多普勒饱和分光仪

利用消多普勒饱和分光仪第一次清楚地观察到了氢原子光谱的精细结构和超精细结构。如图 25.24 所示，图(a)的曲线表示氢原子巴耳末系 H_α(由 $n=3$ 态跃迁到 $n=2$ 态发出)线的光强分布，它

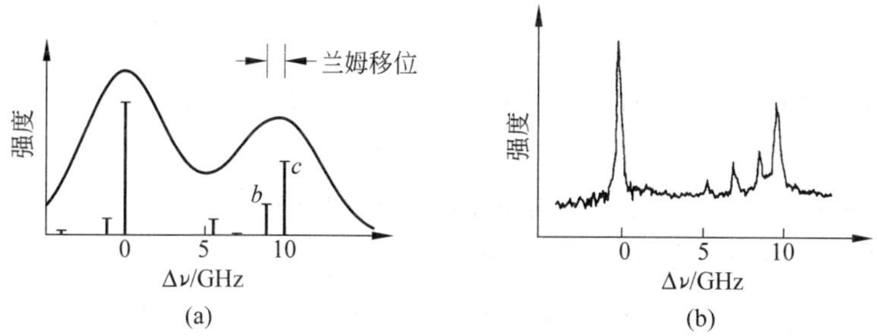

图 25.24　氢原子 H_α 线的精细结构与超精细结构

只能大致地显示精细结构。这精细结构是电子自旋轨道耦合的结果。量子电动力学给出，由于核自旋、相对论效应以及量子涨落效应，H_α 谱线还应包含由图中其他竖线表示的光谱线。在一般的分光计中这些谱线就被淹没到精细结构的谱线宽度以内而分辨不出来了。利用消多普勒饱和分光仪得出的氢原子光谱 H_α 线附近的强度分布如图(b)所示。它清楚地显示了量子电动力学的理论结果。图(a)中 b,c 两谱线的频率差是有名的兰姆移位，其频率差为 1.05×10^9 Hz，而波长差仅为 1.5 pm。

提要

1. 氢原子：由薛定谔方程得到 3 个量子数：

主量子数 $n=1,2,3,4,\cdots$

轨道量子数 $l=0,1,2,\cdots,n-1$

轨道磁量子数 $m_l=-l,-(l-1),\cdots,0,1,\cdots,l$

氢原子能级：

$$E_n=-\frac{m_e e^4}{2(4\pi\varepsilon_0)^2\hbar^2}\frac{1}{n^2}=-\frac{e^2}{2(4\pi\varepsilon_0)a_0}\frac{1}{n^2}=-13.6\times\frac{1}{n^2}$$

玻尔频率条件： $h\nu=E_h-E_l$

轨道角动量： $L=\sqrt{l(l+1)}\hbar$

轨道角动量沿某特定方向(如磁场方向)的分量：

$$L_z=m_l\hbar$$

原子内电子的运动不能用轨道描述，只能用波函数给出的概率密度描述，形象化地用电子云图来描绘。

简并态：能量相同的各个状态。

径向概率密度 $P(r)$：在半径为 r 和 $r+dr$ 的两球面间的体积内电子出现的概率为 $P(r)dr$。

* 单价原子中核外电子的能量也和 l 有关。

2. 电子的自旋与自旋轨道耦合

电子自旋角动量是电子的内禀性质。它的大小是

$$S=\sqrt{s(s+1)}\hbar=\sqrt{\frac{3}{4}}\hbar$$

s 是电子的自旋量子数，只有一个值，即 1/2。

电子自旋在空间某一方向的投影为

$$S_z=m_s\hbar$$

m_s 只有 1/2(向上)和 −1/2(向下)两个值，叫自旋磁量子数。

轨道角动量和自旋角动量合成的角动量 $\boldsymbol{J}$ 的大小为

$$J=|\boldsymbol{L}+\boldsymbol{S}|=\sqrt{j(j+1)}\hbar$$

j 为总角动量量子数，可取值为 $j=l+\frac{1}{2}$ 和 $j=l-\frac{1}{2}$。

玻尔磁子：$\mu_B=\frac{e\hbar}{2m_e}=9.27\times10^{-24}$ J/T

电子自旋磁矩在磁场中的能量：$E_s=\mp\mu_B B$

自旋轨道耦合使能级分裂，产生光谱的精细结构。

*3. **微观粒子的不可分辨性**：在同种粒子组成的系统中，在各状态间交换粒子并不产生新的状态。由此可知粒子分为两类：玻色子(波函数是对称的，自旋量子数为0或整数)和费米子(波函数是反对称的，自旋量子数为半整数)。电子是费米子。

4. 多电子原子的电子组态

电子的状态用4个量子数 n,l,m_l,m_s 确定。n 相同的状态组成一壳层，可容纳 $2n^2$ 个电子；l 相同的状态组成一次壳层，可容纳 $2(2l+1)$ 个电子。

基态原子的电子组态遵循两个规律：

(1) 能量最低原理，即电子总处于可能最低的能级。一般地说，n 越大，l 越大，能量就越高。

(2) 泡利不相容原理，即同一状态(四个量子数 n,l,m_l,m_s 都已确定)不可能有多于一个电子存在。

*5. **X射线**：X射线谱有连续谱和线状谱之分。

连续谱是入射高能电子与靶原子发生非弹性碰撞时发出——韧致辐射。截止波长由入射电子的能量 E_k 决定，即

$$\lambda_{cut}=hc/E_k$$

线状谱为靶元素的特征谱线，它是由靶原子中的电子在内壳层间跃迁时发出的光子形成的。这需要入射电子将内层电子击出而产生空穴。以 Z 表示元素的原子序数，则这种元素的X射线的 K_α 谱线的频率 ν 由下式给出：

$$\sqrt{\nu}=4.96\times10^7(Z-1)$$

6. 激光：激光由原子的受激辐射产生，这需要在发光材料中造成粒子数布居反转状态。

激光是完全相干的，光强和原子数的平方成正比，所以光强可以非常大。

激光器两端反射镜之间的距离控制其间驻波的波长，因而激光有极高的单色性。

激光器两端反射镜严格与管轴垂直，使得激光具有高度的指向性。

思考题

25.1 为什么说原子内电子的运动状态用轨道来描述是错误的？

25.2 什么是能级的简并？若不考虑电子自旋，氢原子的能级由什么量子数决定？

*25.3 钾原子的价电子的能级由什么量子数决定？为什么？

25.4 1996年用加速器“制成”了**反氢原子**，它是由一个反质子和围绕它运动的正电子组成。你认为它的光谱和氢原子的光谱会完全相同吗？

25.5 $n=3$ 的壳层内有几个次壳层，各次壳层都可容纳多少个电子？

25.6 证明按经典模型，电子绕质子沿半径为 r 的圆轨道上运动时能量应为 $E_{class}=-e^2/2(4\pi\varepsilon_0)r$。

将此式和式(25.4)对比,说明可能的轨道半径和 n^2 成正比。

*25.7 施特恩-格拉赫实验中,如果银原子的角动量不是量子化的,会得到什么样的银迹?又为什么两条银迹不能用轨道角动量量子化来解释?

25.8 处于基态的 He 原子的两个电子的各量子数各是什么值?

*25.9 在保持 X 射线管的电压不变的情况下,将银靶换为铜靶,所产生的 X 射线的截止波长和 K_α 线的波长将各有何变化?

*25.10 光子是费米子还是玻色子?它遵守泡利不相容原理吗?

25.11 什么是粒子数布居反转?为什么说这种状态是负热力学温度的状态?

25.12 为了得到线偏振光,就在激光管两端安装一个玻璃制的"布儒斯特窗"(见图 25.20),使其法线与管轴的夹角为布儒斯特角。为什么这样射出的光就是线偏振的?光振动沿哪个方向?

*25.13 分子的电子能级、振动能级和转动能级在数量级上有何差别?带光谱是怎么产生的?

*25.14 为什么在常温下,分子的转动状态可以通过加热而改变,因而分子转动和气体比热有关?为什么振动状态却是"冻结"着而不能改变,因而对气体比热无贡献?电子能级也是"冻结"着吗?

习题

25.1 求氢原子光谱莱曼系的最小波长和最大波长。

25.2 一个被冷却到几乎静止的氢原子从 $n=5$ 的状态跃迁到基态时发出的光子的波长多大?氢原子反冲的速率多大?

25.3 证明:氢原子的能级公式也可以写成

$$E_n=-\frac{\hbar^2}{2m_e a_0^2}\frac{1}{n^2}$$

或

$$E_n=-\frac{e^2}{8\pi\varepsilon_0 a_0}\frac{1}{n^2}$$

25.4 证明 $n=1$ 时,式(25.4)所给出的能量等于经典图像中电子围绕质子做半径为 a_0 的圆周运动时的总能量。

25.5 1884 年瑞士的一所女子中学的教师巴耳末仔细研究氢原子光谱的各可见光谱线的"波数"$\tilde{\nu}$(即 $1/\lambda$)时,发现它们可以用下式表示:

$$\tilde{\nu}=R\left(\frac{1}{4}-\frac{1}{n^2}\right),\quad n=3,4,5,\cdots$$

其中 R 为一常量,叫**里德伯常量**。试由氢原子的能级公式求里德伯常量的表示式并求其值(现代光谱学给出的数值是 $R=1.097\,373\,153\,4\times10^7\ \mathrm{m^{-1}}$)。

25.6 **电子偶素**的原子是由一个电子和一个正电子围绕它们的共同质心转动形成的。设想这一系统的总角动量是量子化的,即 $L_n=n\hbar$,用经典理论计算这一原子的最小可能圆形轨道的半径多大?当此原子从 $n=2$ 的轨道跃迁到 $n=1$ 的轨道上时,所发出的光子的频率多大?

25.7 原则上讲,玻尔理论也适用于太阳系:太阳相当于核,万有引力相当于库仑电力,而行星相当于电子,其角动量是量子化的,即 $L_n=n\hbar$,而且其运动服从经典理论。

(1) 求地球绕太阳运动的可能轨道的半径的公式;

(2) 地球运行轨道的半径实际上是 1.50×10^{11} m,和此半径对应的量子数 n 是多少?

(3) 地球实际运行轨道和它的下一个较大的可能轨道的半径相差多少?

25.8 天文学家观察远处星系的光谱时,发现绝大多数星系的原子光谱谱线的波长都比观察到的地球上的同种原子的光谱谱线的波长长。这个现象就是**红移**,它可以用多普勒效应解释。在室女座外面一星系射来的光的光谱中发现有波长为 411.7 nm 和 435.7 nm 的两条谱线。

(1) 假设这两条谱线的波长可以由氢原子的两条谱线的波长乘以同一因子得出,它们相当于氢原子谱线的哪两条谱线?相乘因子多大?

(2) 按多普勒效应计算,该星系离开地球的退行速度多大?

25.9 处于激发态的原子是不稳定的,经过或长或短的时间 Δt(Δt 的典型值为 1×10^{-8} s)就要自发地跃迁到较低能级上而发出相应的光子。由海森伯不确定关系式(23.34)可知,在激发态的原子的能级 E 就有一个相应的不确定值 ΔE,这又使得所发出的光子的频率有一不确定值 $\Delta\nu$ 而使相应的光谱线变宽。此 $\Delta\nu$ 值叫做光谱线的**自然宽度**。试求电子由激发态跃迁回基态时所发出的光形成的光谱线的自然宽度。

*25.10 由于多普勒效应,氢放电管中发出的各种单色光都不是"纯"(单一频率)的单色光,而是具有一定的频率范围,因而使光谱线有一定的宽度。如果放电管的温度为 300 K,试估算所测得的 H_α 谱线(频率为 4.56×10^{14} Hz)的频率范围多大?

25.11 证明:就氢原子基态来说,电子的径向概率密度(式(25.12))对 r 从 0 到∞的积分等于 1。这一结果具有什么物理意义?

*25.12 求氢原子处于基态时,电子离原子核的平均距离 $\bar{r}$。

*25.13 求氢原子处于基态时,电子的库仑势能的平均值,并由此计算电子动能的平均值。若按经典力学计算,电子的方均根速率多大?

*25.14 氢原子的 $n=2,l=1$ 和 $m_l=0,+1,-1$ 三个状态的电子的波函数分别是

$$\psi_{2,1,0}(r,\theta,\varphi) = (1/4\sqrt{2\pi})(a_0^{-3/2})(r/a_0)\mathrm{e}^{-r/2a_0}\cos\theta$$

$$\psi_{2,1,1}(r,\theta,\varphi) = (1/8\sqrt{\pi})(a_0^{-3/2})(r/a_0)\mathrm{e}^{-r/2a_0}\sin\theta\mathrm{e}^{\mathrm{i}\varphi}$$

$$\psi_{2,1,-1}(r,\theta,\varphi) = (1/8\sqrt{\pi})(a_0^{-3/2})(r/a_0)\mathrm{e}^{-r/2a_0}\sin\theta\mathrm{e}^{-\mathrm{i}\varphi}$$

(1) 求每一状态的概率密度分布 $P_{2,1,0}$,$P_{2,1,1}$ 和 $P_{2,1,-1}$ 并和图 25.5(b),(c)对比验证。

(2) 说明这三状态的概率密度之和是球对称的。

(3) 证明 $P_{2,1,0}$ 对全空间积分等于 1,即

$$P = \int P_{2,1,0} = \int_0^{2\pi}\int_0^{\pi}\int_0^{\infty} |\psi_{2,1,0}|^2 r^2\sin\theta\mathrm{d}r\mathrm{d}\theta\mathrm{d}\varphi = 1$$

并说明其物理意义。

25.15 求在 $l=1$ 的状态下,电子自旋角动量与轨道角动量之间的夹角。

25.16 由于自旋轨道耦合效应,氢原子的 $2P_{3/2}$ 和 $2P_{1/2}$ 的能级差为 4.5×10^{-5} eV。

(1) 求莱曼系的最小频率的两条精细结构谱线的频率差和波长差。

(2) 氢原子处于 $n=2,l=1$ 的状态时,其中电子感受到的磁场多大?

25.17 求银原子在外磁场中时,它的角动量和外磁场方向的夹角以及磁场能。设外磁场 $B=1.2$ T。

*25.18 在施特恩-格拉赫实验中,磁极长度为 4.0 cm,其间垂直方向的磁场梯度为 1.5 T/mm。如果银炉温度为 2 500 K,求:

(1) 银原子在磁场中受的力;

(2) 玻璃板上沉积的两条银迹的间距。

25.19 在 1.60 T 的磁场中悬挂一小瓶水,今加以交变电磁场通过共振吸收可使水中质子的自旋反转。已知质子的自旋磁矩沿磁场方向的分量的大小为 1.41×10^{-26} J/T,设分子内本身产生的局部磁场和外加磁场相比可以忽略,求所需的交变电磁场的频率多大?波长多长?

25.20 证明:在原子内,

(1) n,l 相同的状态最多可容纳 $2(2l+1)$个电子;

(2) n 相同的状态最多可容纳 $2n^2$ 个电子。

25.21 写出硼($B,Z=5$),氩($Ar,Z=18$),铜($Cu,Z=29$),溴($Br,Z=35$)等原子在基态时的电子组态式。

*25.22 用能量为 30 keV 的电子产生的 X 射线的截止波长为 0.041 nm,试由此计算普朗克常量值。

*25.23 要产生 0.100 nm 的 X 射线,X 光管所要加的电压最小应多大?

*25.24 40 keV 的电子射入靶后经过 4 次碰撞而停止。设经过前 3 次碰撞每次能量都减少一半,则所能发出的 X 射线的波长各是多大?

*25.25 某元素的 X 射线的 K_α 线的波长为 3.16 nm。

(1) 该元素原子的 L 壳层和 K 壳层的能量差是多少?

(2) 该元素是什么元素?

*25.26 铜的 K 壳层和 L 壳层的电离能分别是 8.979 keV 和 0.951 keV。铜靶发射的 X 射线入射到 NaCl 晶体表面在掠射角为 74.1°时得到第一级衍射极大,这衍射是由于钠离子散射的结果。求平行于晶体表面的钠离子平面的间距是多大?

25.27 CO_2 激光器发出的激光波长为 10.6 μm。

(1) 和此波长相应的 CO_2 的能级差是多少?

(2) 温度为 300 K 时,处于热平衡的 CO_2 气体中在相应的高能级上的分子数是低能级上的分子数的百分之几?

(3) 如果此激光器工作时其中 CO_2 分子在高能级上的分子数比低能级上的分子数多 1%,则和此粒子数布居反转对应的热力学温度是多少?

25.28 现今激光器可以产生的一个光脉冲的延续时间只有 10 fs($1\ fs=10^{-15}\ s$)。这样一个光脉冲中有几个波长?设光波波长为 500 nm。

25.29 一脉冲激光器发出的光波长为 694.4 nm 的脉冲延续时间为 12 ps,能量为 0.150 J。求:(1)该脉冲的长度;(2)该脉冲的功率;(3)一个脉冲中的光子数。

25.30 GaAlAs 半导体激光器的体积可小到 200 μm^3(即 $2\times10^{-7}\ mm^3$),但仍能以 5.0 mW 的功率连续发射波长为 0.80 μm 的激光。这一小激光器每秒发射多少光子?

25.31 一氩离子激光器发射的激光束截面直径为 3.00 mm,功率为 5.00 W,波长为 515 nm。使此束激光沿主轴方向射向一焦距为 3.50 cm 的凸透镜,透过后在一毛玻璃上焦聚,形成一衍射中心亮斑。(1)求入射光束的平均强度多大?(2)求衍射中心亮斑的半径多大?(3)衍射中心亮斑占有全部功率的 84%,此中心亮斑的强度多大?

*25.32 氧分子的转动光谱相邻两谱线的频率差为 8.6×10^{10} Hz,试由此求氧分子中两原子的间距。已知氧原子的质量为 2.66×10^{-26} kg。

*25.33 将氢原子看作球形电子云裹着质子的球,球半径为玻尔半径。试估计氢分子绕通过两原子中心的轴转动的第一激发态的转动能量,这一转动能量对氢气的比热有无贡献?

*25.34 CO 分子的振动频率为 6.42×10^{13} Hz。求它的两原子间相互作用力的等效劲度系数。

科学家介绍

玻　尔

（Niels Bohr，1885—1962年）

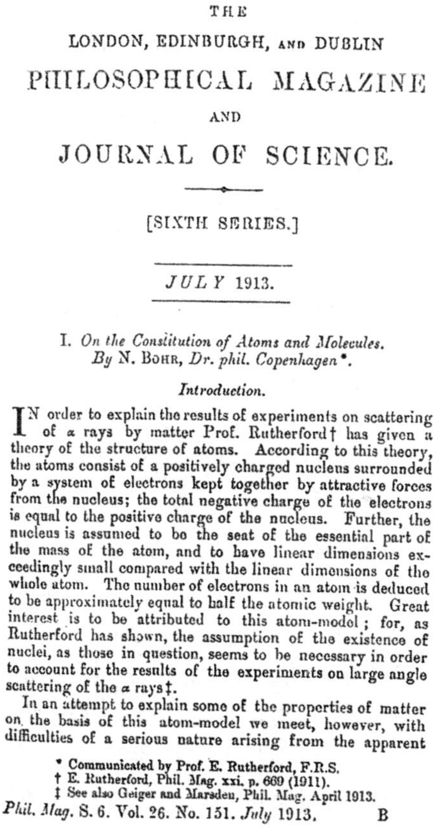

THE

LONDON, EDINBURGH, AND DUBLIN

PHILOSOPHICAL MAGAZINE

AND

JOURNAL OF SCIENCE.

[SIXTH SERIES.]

JULY 1913.

I. *On the Consitution of Atoms and Molecules.*
By N. BOHR, *Dr. phil. Copenhagen**.

Introduction.

IN order to explain the results of experiments on scattering of α rays by matter Prof. Rutherford† has given a theory of the structure of atoms. According to this theory, the atoms consist of a positively charged nucleus surrounded by a system of electrons kept together by attractive forces from the nucleus; the total negative charge of the electrons is equal to the positive charge of the nucleus. Further, the nucleus is assumed to be the seat of the essential part of the mass of the atom, and to have linear dimensions exceedingly small compared with the linear dimensions of the whole atom. The number of electrons in an atom is deduced to be approximately equal to half the atomic weight. Great interest is to be attributed to this atom-model; for, as Rutherford has shown, the assumption of the existence of nuclei, as those in question, seems to be necessary in order to account for the results of the experiments on large angle scattering of the α rays‡.

In an attempt to explain some of the properties of matter on the basis of this atom-model we meet, however, with difficulties of a serious nature arising from the apparent

* Communicated by Prof. E. Rutherford, F.R.S.
† E. Rutherford, Phil. Mag. xxi. p. 669 (1911).
‡ See also Geiger and Marsden, Phil. Mag. April 1913.

Phil. Mag. S. 6. Vol. 26. No. 151. *July* 1913.　　B

“三部曲”的首页

丹麦理论物理学家尼尔斯·玻尔，1885年10月7日出生于哥本哈根。父亲是位有才华的生理学教授，幼年时的玻尔受到了良好的家庭教育和熏陶。

在哥本哈根大学学习期间，玻尔参加了丹麦皇家学会组织的优秀论文竞赛，题目是测定液体的表面张力，他提交的论文获丹麦科学院金质奖章。玻尔作为一名才华出众的物理系学生和一名著名的足球运动员而蜚声全校。

1911年玻尔获哥本哈根大学哲学博士学位，论文是有关金属电子论的。由于玻尔别具一格的认真，此时他已开始领悟到了经典电动力学在描述原子现象时所遇到的困难。

获得博士学位后，玻尔到了剑桥大学，希望在电子的发现者汤姆孙的指导下，继续他的电子论研究，然而汤姆孙已对这个课题不感兴趣。不久他转到曼彻斯特卢瑟福实验室工作。在这里，他和卢瑟福之间建立了终生不渝的友谊，并且奠定了他在物理学上取得伟大成就的基础。

1913 年，玻尔回到哥本哈根，开始研究原子辐射问题。在受到巴耳末公式的启发后，他把作用量子引入原子系统，写成了长篇论文《论原子和分子结构》，并由卢瑟福推荐分三部分发表在伦敦皇家学会的《哲学杂志》上。后来人们称玻尔的这三部分论文为"三部曲"。论文的第一部分着重阐述有关辐射的发射和吸收，以及氢原子光谱的规律。大家熟悉的原子的稳定态，发射和吸收时的频率条件及角动量量子化条件就是在这一部分提出来的。第二和第三部分的标题分别是单原子核系统和多原子核系统，这两部分着重阐述原子和分子的结构。玻尔在论文中对比氢原子重的原子得出了正确的结论，提出了原子结构和元素性质相对应的论断。对于放射现象，玻尔认为，如果承认卢瑟福的原子模型，就只能得出一个结论，即 α 射线和 β 粒子都来自原子核，并给出了每放射一个 α 粒子或 β 粒子时原子结构的相应的变化规律。玻尔在论文最后做总述时，归纳了自己的假设，这就是著名的玻尔假设。当时以及后来的实验都证明了玻尔关于原子、分子的理论是正确的。

论文发表后，引起了物理学界的注意。1916 年，玻尔在进一步研究的基础上，提出了"对应原理"，指出经典行为和量子的关系。

1920 年，丹麦理论物理研究所(现名玻尔研究所)建成，在玻尔领导下，研究所成了吸引年轻物理学家研究原子和微观世界的中心。海森伯、泡利、狄拉克、朗道等许多杰出的科学家都先后在这里工作过。

玻尔不断完善自己的原子论，他的开创性工作，加上 1925 年泡利提出的不相容原理，从根本上揭示了元素周期表的奥秘。

此后，德布罗意、海森伯、玻恩、约旦、狄拉克、薛定谔等人成功地创立了量子力学，海森伯提出了不确定性关系，玻尔提出了"并协原理"，物理学取得了巨大进展。同时也引起了一场争论，特别是爱因斯坦和玻尔之间的争论持续了将近 30 年之久，争论的焦点是关于不确定性关系。爱因斯坦对于带有不确定性的任何理论，都是反对的，他说："……从根本上说，量子理论的统计表现是由于这一理论所描述的物理体系还不完备。"他认为，玻尔还没有研究到根本上，反而把不完备的答案当成了根本性的东西。他相信，只要掌握了所有的定律，一切活动都是可以预言的。争论中，他提出不同的"假想实验"以实现对微观粒子的位置和动量或时间和能量进行准确的测量，结果都被玻尔理论所否定。然而爱因斯坦还是不喜欢玻尔提出的理论。在争论的基础上，玻尔写成了两部著作：《原子理论和对自然的描述》、《原子物理学和人类的知识》，分别在 1931 年和 1958 年出版。

在 20 世纪 30 年代中期，量子物理转向研究核物理，1936 年玻尔发表了《中子的俘获及原子核的构成》一文，提出了原子核液滴模型。1939 年和惠勒共同发表了关于原子核裂变力学机制的论文。在发现链式反应后，玻尔继续完善他的原子核分裂的理论。

二次世界大战期间，玻尔参加了制造原子弹的曼哈顿计划，但他坚决反对使用原子弹。

1952 年欧洲核子研究中心成立，玻尔任主席。

玻尔一生中获得了许多荣誉、奖励和头衔，享有崇高的威望。1922 年由于他对原子结构和原子放射性的研究获诺贝尔物理奖。

今日物理趣闻 H

激光应用二例

H.1 多光子吸收

频率为 ν 的单色光照射金属时，能产生光电效应。根据能量守恒，可以得出如下的光电效应方程：

$$h\nu = \frac{1}{2}mv^2 + A$$

式中 A 为金属的逸出功。由此式可知，产生光电效应的光子的最低频率为

$$\nu_0 = \frac{A}{h}$$

以前我们讨论的都是单光子效应。当光子能量低于 $h\nu_0$ 时，金属中的自由电子能否从入射光中吸收多个光子而产生光电效应呢？如果这种多光子效应是可能的，则光电效应方程应为

$$nh\nu = \frac{1}{2}mv^2 + A$$

式中 n 是一个光电子吸收的光子数。

在量子论建立的初期，认为一个电子一次只能吸收一个频率大于 ν_0 的光子，而且实验结果和此设想相符合。激光出现后，实验上发现了新的吸收过程。1962 年发现了铯原子的双光子激发过程，1964 年发现了氙原子的七光子电离过程，1978 年又做了铯原子的四光子激发，以后又取得了关于多光子吸收过程的很多进展，特别是对双光子吸收的研究，在实验和理论上都取得了许多成果。

按照量子力学理论，无论是金属中的单个自由电子，或是原子、分子中处于束缚态的单个电子，在强光照射下，使光电子逸出金属表面的多光子光电效应，或使原子从低能态跃迁到高能态的多光子激发甚至多光子电离，在原则上都是容许的。但在实验上观察到多光子光电效应存在着一定困难。以双光子吸收来看，自由电子在吸收一个光子后，如果此光子频率小于红限频率，电子并不能逸出金属表面。这时如果它能紧接着吸收第二个光子，其能量积累有可能使它逸出金属产生双光子光电效应；如果不能紧接着吸收第二个光子，则通过和晶格的碰撞，电子会很快地失去原来吸收的光子的能量，双光子光电效应

就不能发生。能否发生双光子吸收,一方面取决于电子和金属晶格的碰撞概率,同时又取决于入射光子数的多少(即光强的大小)。如果入射光足够强,电子吸收的机会就多,就能在发生能量损失之前,紧接着吸收第二个光子而产生双光子光电效应。

多光子吸收,从理论上可做如下简单说明:

用频率为 ν 的光照射某种原子,单光子激发需要满足频率条件

$$E_2 - E_1 = h\nu$$

如果一个光子的能量不足以使原子从 E_1 态跃迁到 E_2 态,就需要多个光子,这时的频率条件应为

$$E_2 - E_1 = nh\nu$$

如果原子只吸收了一个光子,则所处的状态并不和原子有任何稳定状态对应,如图 H.1 所示。图中 E_1 和 E_2 表示实际的能级,单向箭头表示每吸收一个光子后所发生的跃迁。这种跃迁因为不符合频率条件所以称为虚跃迁,而所达到的能量状态称为虚能级(图中水平虚线),虚跃迁和虚能级在量子力学中是允许的。按照能量-时间的不确定性关系,即

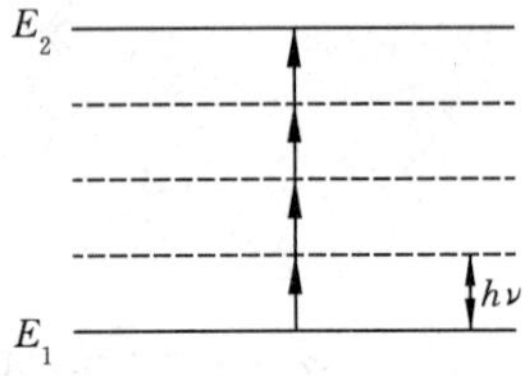

图 H.1 多光子激发示意图

$$\Delta E \cdot \Delta t \approx \hbar$$

其中 Δt 为原子能量处在 ΔE 区间内的时间。ΔE 愈小则 Δt 愈大,即原子的能量处在 ΔE 区间的状态的时间愈长。在原子吸收一个光子后,其能量和 E_2 之差

$$\Delta E_2 = E_2 - E_1 - h\nu$$

根据上述不确定性关系,在

$$\Delta t \approx \frac{\hbar}{E_2 - E_1 - h\nu}$$

的时间内,电子是能够处于 E_2 态(或 $E_1 + h\nu$ 的虚状态)的。如果电子连续吸收了 n 个光子的能量而且总能量等于 $E_2 - E_1$,原子将由 E_1 态跃迁到稳定的 E_2 态,它在 E_2 状态的时间由此状态的平均寿命 τ 决定。

对于双光子跃迁的简单情况,

$$E_2 - E_1 = 2h\nu$$

由此可得

$$\Delta t \approx 1/\nu$$

对于可见光,$\Delta t \approx 10^{-15}$ s,同激发态的平均寿命 $\tau \approx 10^{-8}$ s 相比,Δt 是很小的,这一 Δt 也就是产生双光子吸收时两个光子到达所隔时间的最大容许值。这一时间越短,多光子吸收的概率就越小。实验和理论指出,单位时间内,n 光子吸收的概率 $W^{(n)}$ 与入射光强 I(以单位时间通过单位面积的光子数表示)的 n 次方成正比,即

$$W^{(n)} = \sigma_n I^n$$

其中 σ_n 为一常数,它随 n 的增大而迅速减小。对于原子体系的单光子吸收,$\sigma_1 \approx 10^{-17}\ \mathrm{cm}^2$,而双光子吸收的 $\sigma_2 \approx 10^{-50}\ \mathrm{cm}^4 \cdot \mathrm{s}$。由此可见,要产生双光子吸收,入射光强度要大大增加才行。这也就是为什么只是在激光器这种单色强光源出现后多光子吸收才被有效地进行研究的原因。

然而,强激光能引起金属表面的蒸发和熔化,这给多光子光电效应的观察带来困难,因此多光子吸收的实验,通常是在低气压稀薄气体中进行,而观察到的常常是原子的多光子电离。

多光子过程的研究,已经在科学技术上取得了一些应用,如应用双光子吸收光谱,可以研究分子、原子能级的超精细结构。利用这种光谱技术已经测定了氢原子从 $2s$ 态跃迁到 $1s$ 态产生的光谱的超精细结构。利用多光子吸收光谱,可以大大扩展激光器的有效频率范围,如利用可见的或红外激光可研究属于紫外波段的光谱结构,研究高激发态的能级结构。这就解决了紫外光谱研究中光源缺乏的问题。目前正在发展中的分子红外激光多光子光谱学对于单原子的探测、高分子的离解和合成、同位素的分离以及激光核聚变等领域都有重要的应用。

一种单原子探测装置如图 H.2 所示。在原子化器内用电热法将样品(含有极少量待测原子)蒸发成原子束,然后用三束频率不同的激光同时照射此原子束。待测原子,例如金原子,它的外围电子的能级有一确定的分布。调节染料激光器的输出频率使它们的光子分别与三个能级差对应。这样金原子就能一次吸收三个不同的光子而变为正离子(图 H.3),然后再由离子探测器加以确认。这种多光子吸收的选择性是非常高的,因为不同元素的原子的能级结构是不同的。这种探测方法的灵敏度也很高。清华大学单原子分子测控实验室对地质样品中黄金微量含量的直接测量的灵敏度(2000 年)达到 10^{-12},即在 10^{12} 个其他原子中检测出一个金原子。

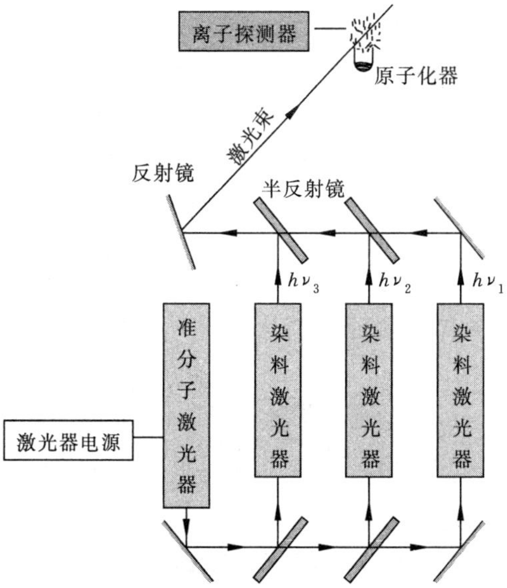

图 H.2 单原子探测装置示意图

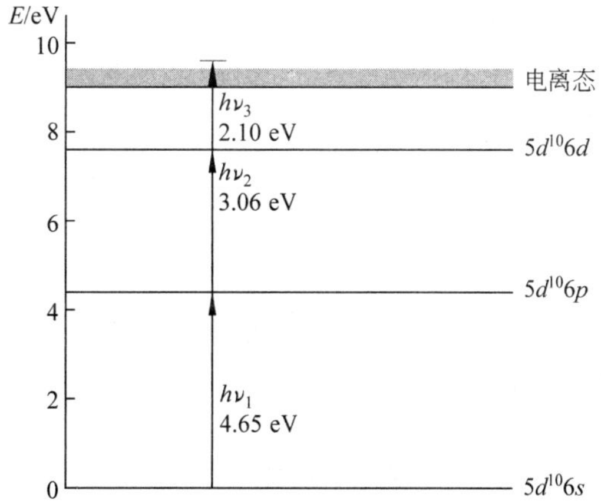

图 H.3 金原子的多光子电离

H.2 激光冷却与捕陷原子

获得低温是长期以来科学家所刻意追求的一种技术。它不但给人类带来实惠,例如超导的发现与研究,而且为研究物质的结构与性质创造了独特的条件。例如在低温下,分子、原子热运动的影响可以大大减弱，原子更容易暴露出它们的“本性”。以往低温多在固体或液体系统中实现，这些系统都包含着有较强的相互作用的大量粒子。20 世纪 80 年代，借助于激光技术获得了中性气体分子的极低温(例如，10^{-10} K)状态，这种获得低温的方法就叫**激光冷却**。

图 H.4 原子吸收光子动量减小

激光冷却中性原子的方法是汉斯(T. W. Hänsch)和肖洛(A. L. Schawlow)于 1975 年提出的，80 年代初就实现了中性原子的有效减速冷却。这种激光冷却的基本思想是：运动着的原子在共振吸收迎面射来的光子(图 H.4)后，从基态过渡到激发态，其动量就减小，速度也就减小了。速度减小的值为

$$-\Delta v = \frac{h\nu}{Mc} \tag{H.1}$$

处于激发态的原子会自发辐射出光子而回到初态，由于反冲会得到动量。此后，它又会吸收光子，又自发辐射出光子。但应注意的是，它吸收的光子来自同一束激光，方向相同，都将使原子动量减小。但自发辐射出的光子的方向是随机的，多次自发辐射平均下来并不增加原子的动量。这样，经过多次吸收和自发辐射之后，原子的速度就会明显地减小，而温度也就降低了。实际上一般原子一秒钟可以吸收发射上千万个光子，因而可以被有效地减速。对冷却钠原子的波长为 589 nm 的共振光而言，这种减速效果相当于 10 万倍的重力加速度！由于这种减速实现时，必须考虑入射光子对运动原子的多普勒效应，所以这种减速就叫**多普勒冷却**。

由于原子速度可正可负，就用两束方向相反的共振激光束照射原子(图 H.5)。这时原子将**优先**吸收迎面射来的光子而达到多普勒冷却的结果。

实际上，原子的运动是三维的。1985 年贝尔实验室的朱棣文小组就用三对方向相反的激光束分别沿 x,y,z 三个方向照射钠原子(图 H.6)，在 6 束激光交汇处的钠原子团就被冷却下来，温度达到了 240 μK。

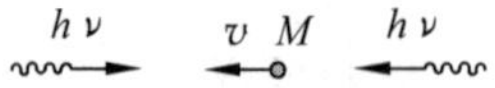

图 H.5 用方向相反的两束激光照射原子

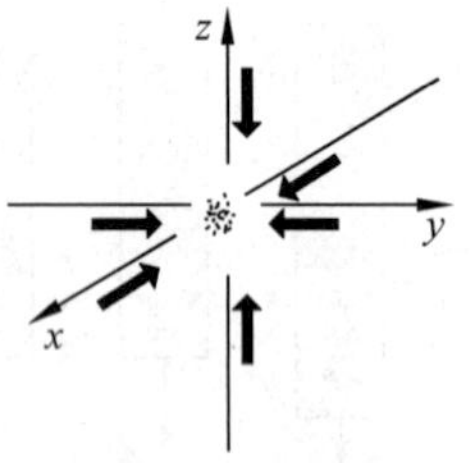

图 H.6 三维激光冷却示意图

理论指出，多普勒冷却有一定限度(原因是入射光的谱线有一定的自然宽度)，例如，利用波长为 589 nm 的黄光冷却钠原子的极限为 240 μK，利用波长为 852 nm 的红外光冷却铯原子的极限为 124 μK。但研究者们进一步采取了其他方法使原子达到更低的温度。1995 年达诺基小组把铯原子冷却到了 2.8 nK 的低温，朱棣文等利用钠原子喷泉方法曾捕集到温度仅为 24 pK 的一群钠原子。

在朱棣文的三维激光冷却实验装置中，在三束激光交汇处，由于原子不断吸收和随机

发射光子,这样发射的光子又可能被邻近的其他原子吸收,原子和光子互相交换动量而形成了一种原子光子相互纠缠在一起的实体,低速的原子在其中无规则移动而无法逃脱。朱棣文把这种实体称做“光学粘团”,这是一种捕获原子使之集聚的方法。更有效的方法是利用“原子阱”,这是利用电磁场形成的一种“势能坑”,原子可以被收集在坑内存起来。一种原子阱叫“磁阱”,它利用两个平行的电流方向相反的线圈构成(图 H.7)。这种阱中心的磁场为零,向四周磁场不断增强。陷在阱中的原子具有磁矩,在中心时势能最低。偏离中心时就会受到不均匀磁场的作用力而返回。这种阱曾捕获 10^{12} 个原子,捕陷时间长达 12 min。除了磁阱外,还有利用对射激光束形成的“光阱”和把磁阱、光阱结合起来的磁-光阱。

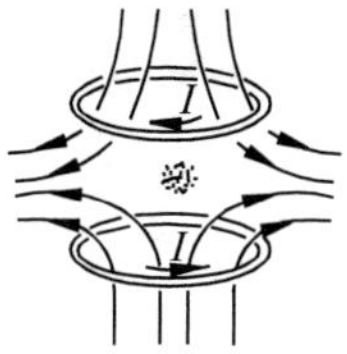

图 H.7　磁阱

激光冷却和原子捕陷的研究在科学上有很重要的意义。例如,由于原子的热运动几乎已消除,所以得到宽度近乎极限的光谱线,从而大大提高了光谱分析的精度,也可以大大提高原子钟的精度。最使物理学家感兴趣的是它使人们观察到了“真正的”玻色-爱因斯坦凝聚。这种凝聚是玻色和爱因斯坦分别于 1924 年预言的,但长期未被观察到。这是一种宏观量子现象,指的是宏观数目的粒子(玻色子)处于同一个量子基态。它实现的条件是粒子的德布罗意波长大于粒子的间距。在被激光冷却的极低温度下,原子的动量很小,因而德布罗意波长较大。同时,在原子阱内又可捕获足够多的原子,它们的相互作用很弱而间距较小,因而可能达到凝聚的条件。1995 年果真观察到了 2 000 个铷原子在 170 nK 温度下和 5×10^5 个钠原子在 2 μK 温度下的玻色-爱因斯坦凝聚。

朱棣文(S. Chu)、达诺基(C. C. Tannoudji)和菲利浦斯(W. D. Phillips)因在激光冷却和捕陷原子研究中的出色贡献而获得了 1997 年诺贝尔物理奖,其中朱棣文是第五位获得诺贝尔奖的华人科学家。

今日物理趣闻 I

新奇的纳米科技

I.1 什么是纳米科技

“纳米”(nm)是一个长度单位，$1\ \text{nm}=10^{-9}\ \text{m}$，约为一个原子直径的几十倍。纳米科技通常指的是 1 nm 到 100 nm 的尺度范围内的科技。20 世纪 80 年代以前，物理学在宏观(日常观测的)尺度和微观(原子或更小的)尺度范围内已取得了辉煌的理论成就并得到了广泛的实际应用。但在纳米尺度，也被称作“介观”尺度范围内，虽然物理学的基本定律不会失效，但鲜有具体的理论成就与应用开发。只是在 20 余年前，这一范围的科学技术问题才又引起人们的注意，而且目前正在兴起一股研究和开发的热潮。

纳米尺度内的物质表现出许多与宏观和微观体系不同的奇特性质。下面举两个例子。

一是纳米体系的材料，其表面的原子数相对地大大增加。例如，边长为 10 μm 的正立方体中共有 1.25×10^{14} 个原子(原子的线度按 0.2 nm 计)，其表面共有约 1.5×10^{10} 个原子。表面原子占原子总数的 0.012%。若边长减小到 2 nm，则方块内总原子数和表面上的原子数将分别为 1 000 和 488 个，表面原子数占总原子数的 48.8%，即几乎一半的原子在方块的表面。有些物理的或化学的过程，如吸附和催化，都是在物体表面进行的，表面原子数的增大自然会改变材料的性质了。

另一个例子是材料的导电机制。由于宏观的金属导体的线度比其中自由电子热运动的平均自由程大得多，形成电流的自由电子在定向运动中会不断地与正离子发生无规则碰撞，正是这种碰撞导致了金属的电阻产生。但在纳米尺度的金属块内，由于块的线度小于电子运动的平均自由程，入射电子可以直接穿过块体(图 I.1)。这将不可避免地使纳米体系的电学性质表现异常。

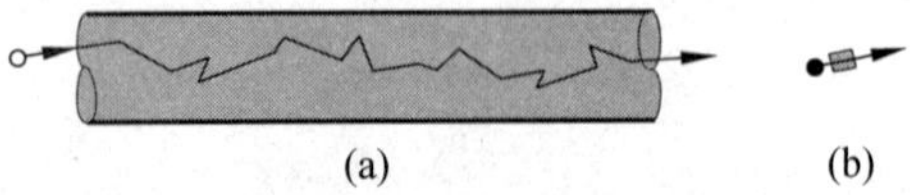

图 I.1 电子通过宏观导体(a)和纳米块(b)的不同过程示意图

总之，纳米体系由于其尺寸介于宏观和微观之间，其结构以及其各种物理的和化学的性质都会与常规材料不同而表现出许多新奇的特性。这些新奇的特性及其应用的前景就是目前纳米科技研究和开发的课题。

I.2 纳米材料

纳米材料是至少在一维方向上小于100 nm的材料，分别称为纳米薄膜、纳米线和纳米颗粒(或量子点)。

纳米颗粒有很多目前已研制成功甚至已被大量使用。例如，纳米硅基氧化物(SiO_{2-x})、纳米二氧化钛(TiO_2)、氧化铝(Al_2O_3)以及Fe_3O_4等纳米颗粒和树脂复合制成的各种纳米涂料具有净化空气、清污消毒(通过光催化)、耐磨和抗擦伤、静电和紫外光屏蔽、高介电绝缘、磁性等特性，已广泛应用于墙壁粉刷、汽车面漆、电子电工技术。纳米镍粉用于镍氢电池。纳米碳酸钙与聚氯乙烯等无机/有机复合材料的韧性和强度都大大增加，已在塑料、橡胶、纤维等产品中得到迅速推广使用。纳米磷灰石类骨晶体/聚酰胺高分子生物活性材料(图I.2)已用来进行人体各种硬组织的修复。纳米晶(晶粒尺寸约10 nm)软磁合金已广泛应用于电力、电子和电子信息领域……

图I.2 纳米磷灰石类骨晶体与聚酰胺复合材料(脊柱修复体)

现在纳米科技也伸向了医学领域。一方面有用纳米线早期诊断癌症和用纳米颗粒追踪病毒的实验研究；另一方面也在研究纳米粒子可能产生的毒性，例如通过动物实验已发现直径为35 nm的碳纳米粒子可能经呼吸系统伤害大脑，C_{60}球会对鱼脑产生大范围破坏等。

自1991年Iijima发现碳纳米管以来，对它的研究已成为纳米科技的热点之一。碳纳米管是碳原子构成的单层壁或多层壁的管，直径为零点几纳米到几十纳米(图I.3)，这种管状结构有许多特殊的物理性能。例如，根据理论计算，这种管有最高的强度和最大的韧性，其强度可达钢的100倍，而密度只有钢的1/6。这种管根据碳原子排列的不同，还会具有导体和半导体的性能。早期用电弧放电法制取的碳纳米管很短而且无序，后来发展了脉冲激光蒸发法和化学沉积法。1996年，中国科学院首先合成出了垂直于基底生长的碳纳米管阵列(或称“碳纳米管森林”)。1999年清华大学进一步实现了碳纳米管生长位

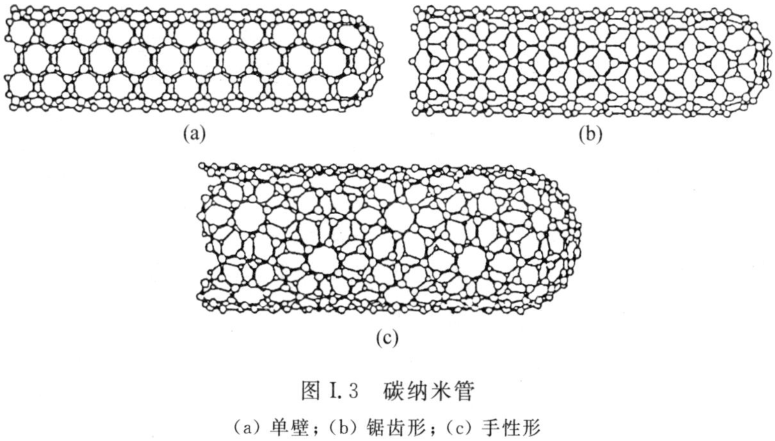

图I.3 碳纳米管

(a) 单壁；(b) 锯齿形；(c) 手性形

置和生长方向的控制并对其生长机理进行了实验研究。2002 年，他们又发展了一种新方法，从已制取的超顺排碳纳米管阵列中抽出碳纳米管长线的方法。这就为碳纳米管的应用准备了更好的基础。图 I.4 是他们这种“抽丝”手段的简要说明。

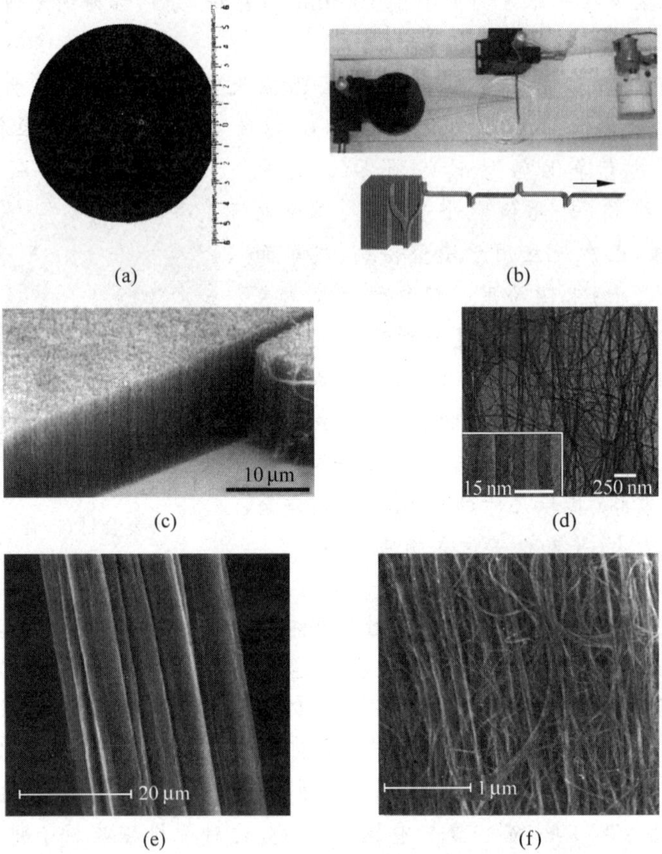

图 I.4 清华-富士康纳米科技研究中心的碳纳米管长线的生产

(a) 表示在敷有催化剂的硅基底上垂直生长成的超顺排碳纳米管阵列圆饼，厚约 10 μm，直径约 10 cm；(b) 表示抽丝成线。从碳纳米管阵列抽出的碳纳米管束经酒精液滴浸润处理后合成一根紧凑的碳纳米管线，随后绕在线轴上；(c) 是碳纳米管阵列的电子显微镜照相，显示一束束碳纳米管的整齐排列；(d) 是碳纳米管束的照相，显示其中碳纳米管的排布其中的小图显示一根根碳纳米管；(e) 是一根碳纳米管线的电子显微镜照相；(f) 是碳纳米管线中的碳纳米管照相。(感谢姜开利提供图片)

I.3 纳米器件

随着各种纳米材料不断研制成功，研究者们也在各方面利用这些材料研制纳米器件，以使纳米科技进入实用阶段。例如，中国科学院研制了半导体量子点激光器(0.7～2.0 μm)，在有机单体薄膜 NBPDA 上做出点阵，点径小于 0.6 nm，信息点直径较国外研究结果小一个数量级，是目前光盘信息存储密度的近百万倍。清华大学已研制出 100 nm 级 MOS 器件及一系列硅微集成传感器、硅微麦克风、硅微马达集成微型泵等器件，还用碳纳米管线制成了白炽灯和紫外光偏振片等。美国科学家利用碳纳米管制成的天线可以接受光波。哈佛大学用碳纳米导线制成能实时探测单个病毒的传感器。IBM 公司制成的能探测单电子自旋的“显微镜”，能打开生物分子和材料原子结构的三维成像之门。

纳米器件的特点是小型化，最终目标是以原子分子为“砖块”设计制成具有特殊功能的产品。其制作工艺路线可分为“自上而下”和“自下而上”两种方式。“自上而下”是指通过微加工或固态技术，不断在尺寸上将产品微型化。现代电子线路的微型化，如集成块的制作就是沿着这条路发展的。目前集成线路线宽已小到 0.1 μm，已达到这一制作方法的极限，再小的线宽就寄希望于纳米技术了。

“自下而上”的制作方式是指以分子、原子为基本单元，根据人们的意愿进行设计和组装，从而构成具有特殊功能的产品。这一制作方式是美国科学家费恩曼在 1959 年首先提出的。如果能够在原子/分子尺度上来加工材料，制备装置，我们将有许多激动人心的新发现。这在当时还只是一种梦想，现在已看到了真正实现它的明亮的曙光。1981 年出现了纳米科技研究的重要手段——扫描隧穿显微镜。它提供了一种纳米级甚至原子级的表面加工工具。IBM 公司的研究人员首先用它将原子摆成了 IBM 三个字母，展示了利用它构建分子器件的前景。这一制作方式还要利用化学和生物学技术，实现分子器件的自我组装。图 I.5 是 2006 年发表的美国赖斯大学制成的超微型纳米车的图片。整辆车的对角线的长度只有 3～4 nm(而一根头发的直径约为 80 μm)。此车虽小，但也有底盘、车轴和车轮。车轮是富勒烯 C_{60} 圆球，车体 95％是碳原子，其他是一些氢原子和氧原子。车被放在甲苯气体中，置于金片表面上。常温下车的轮子和金片表面紧密结合，车静止不动。当把金片加热到 200℃后，车才能在金片表面运动。通过施加磁场，还能改变车的运动方向。科学家期望能用这种纳米车载着药物分子顺着血管到达人体内的患处，释放药物予以治疗，也期望用这种“交通工具”在纳米工厂和工地之间搬运分子原子随心所欲地构建新材料。

多么新奇的纳米科技！

图 I.5 超微型纳米车

元素周期表

原子序数 ← 19 K → 元素符号

钾 → 元素名称

注 * 的是人造元素

原子量 ← 39.0983

族/周期	I_A	II_A	III_B	IV_B	V_B	VI_B	VII_B	VIII			I_B	II_B	III_A	IV_A	V_A	VI_A	VII_A	0	电子层	0族电子数
1	1 H 氢 1.00794(7)																	2 He 氦 4.002602(2)	K	2
2	3 Li 锂 6.941(2)	4 Be 铍 9.012182(3)											5 B 硼 10.811(7)	6 C 碳 12.0107(8)	7 N 氮 14.0067(2)	8 O 氧 15.9994(3)	9 F 氟 18.9984032(5)	10 Ne 氖 20.1797(6)	L K	8 2
3	11 Na 钠 22.989770(2)	12 Mg 镁 24.3050(6)											13 Al 铝 26.981538(2)	14 Si 硅 28.0855(3)	15 P 磷 30.973761(2)	16 S 硫 32.065(5)	17 Cl 氯 35.453(2)	18 Ar 氩 39.948(1)	M L K	8 8 2
4	19 K 钾 39.0983(1)	20 Ca 钙 40.078(4)	21 Sc 钪 44.955910(8)	22 Ti 钛 47.867(1)	23 V 钒 50.9415(1)	24 Cr 铬 51.9961(6)	25 Mn 锰 54.938049(9)	26 Fe 铁 55.845(2)	27 Co 钴 58.933200(9)	28 Ni 镍 58.6934(2)	29 Cu 铜 63.546(3)	30 Zn 锌 65.39(2)	31 Ga 镓 69.723(1)	32 Ge 锗 72.64(1)	33 As 砷 74.92160(2)	34 Se 硒 78.96(3)	35 Br 溴 79.904(1)	36 Kr 氪 83.80(1)	N M L K	8 18 8 2
5	37 Rb 铷 85.4678(3)	38 Sr 锶 87.62(1)	39 Y 钇 88.90585(2)	40 Zr 锆 91.224(2)	41 Nb 铌 92.90638(2)	42 Mo 钼 95.94(1)	43 Tc 锝 (97.99)	44 Ru 钌 101.07(2)	45 Rh 铑 102.90550(2)	46 Pd 钯 106.42(1)	47 Ag 银 107.8682(2)	48 Cd 镉 112.411(8)	49 In 铟 114.818(3)	50 Sn 锡 118.710(7)	51 Sb 锑 121.760(1)	52 Te 碲 127.60(3)	53 I 碘 126.90447(3)	54 Xe 氙 131.293(6)	O N M L K	8 18 18 8 2
6	55 Cs 铯 132.90545(2)	56 Ba 钡 137.327(7)	57－71 La-Lu 镧系	72 Hf 铪 178.49(2)	73 Ta 钽 180.9479(1)	74 W 钨 183.84(1)	75 Re 铼 186.207(1)	76 Os 锇 190.23(3)	77 Ir 铱 192.217(3)	78 Pt 铂 195.078(2)	79 Au 金 196.96655(2)	80 Hg 汞 200.59(2)	81 Tl 铊 204.3833(2)	82 Pb 铅 207.2(1)	83 Bi 铋 208.98038(2)	84 Po 钋 (209,210)	85 At 砹 (210)	86 Rn 氡 (222)	P O N M L K	8 18 32 18 8 2
7	87 Fr 钫 (223)	88 Ra 镭 (226)	89－103 Ac-Lr 锕系	104 Rf 𬬻* (261)	105 Db 𬭊* (262)	106 Sg 𬭳* (263)	107 Bh 𬭛* (264)	108 Hs 𬭶* (265)	109 Mt 鿏* (268)	110 Ds 𫟼* (269)	111 Uuu * (272)	112 Uub * (277)								

镧系	57 La 镧 138.9055(2)	58 Ce 铈 140.116(1)	59 Pr 镨 140.90765(2)	60 Nd 钕 144.24(3)	61 Pm 钷* (147)	62 Sm 钐 150.36(3)	63 Eu 铕 151.964(1)	64 Gd 钆 157.25(3)	65 Tb 铽 158.92534(2)	66 Dy 镝 162.50(3)	67 Ho 钬 164.93032(2)	68 Er 铒 167.259(3)	69 Tm 铥 168.93421(2)	70 Yb 镱 173.04(3)	71 Lu 镥 174.967(1)
锕系	89 Ac 锕 (227)	90 Th 钍 232.0381(1)	91 Pa 镤 231.03588(2)	92 U 铀 238.02891(3)	93 Np 镎 (237)	94 Pu 钚 (239.244)	95 Am 镅* (243)	96 Cm 锔* (247)	97 Bk 锫* (247)	98 Cf 锎* (251)	99 Es 锿* (252)	100 Fm 镄* (257)	101 Md 钔* (258)	102 No 锘* (259)	103 Lr 铹* (260)

注：1. 原子量录自 1999 年国际原子量表，以 $^{12}C=12$ 为基准。原子量的末位数的准确度加注在其后括号内。

2. 括号内数据是天然放射性元素较重要的同位素的质量数或人造元素半衰期最长的同位素的质量数。

数值表

物理常量表

名　称	符号	计算用值	2006 最佳值[①]
真空中的光速	c	3.00×10^{8} m/s	2.997 924 58(精确)
普朗克常量	h	6.63×10^{-34} J·s	6.626 068 96(33)
	$\hbar$	$=h/2\pi$	
		$=1.05\times10^{-34}$ J·s	1.054 571 628(53)
玻耳兹曼常量	k	1.38×10^{-23} J/K	1.380 6504(24)
真空磁导率	μ_0	$4\pi\times10^{-7}$ N/A^2	(精确)
		$=1.26\times10^{-6}$ N/A^2	1.256 637 061…
真空介电常量	ε_0	$=1/\mu_0 c^2$	(精确)
		$=8.85\times10^{-12}$ F/m	8.854 187 817
引力常量	G	6.67×10^{-11} N·m^2/kg^2	6.674 28(67)
阿伏伽德罗常量	N_A	6.02×10^{23} mol^{-1}	6.022 141 79(30)
元电荷	e	1.60×10^{-19} C	1.602 176 487(40)
电子静质量	m_e	9.11×10^{-31} kg	9.109 382 15(45)
		5.49×10^{-4} u	5.485 799 0943(23)
		0.511 0 MeV/c^2	0.510 998 910(13)
质子静质量	m_p	1.67×10^{-27} kg	1.672 621 637(83)
		1.007 3 u	1.007 276 466 77(10)
		938.3 MeV/c^2	938.272 013(23)
中子静质量	m_n	1.67×10^{-27} kg	1.674 927 211(84)
		1.008 7 u	1.008 664 915 97(43)
		939.6 MeV/c^2	939.565 346(23)
α粒子静质量	m_α	4.002 6 u	4.001 506 179 127(62)
玻尔磁子	μ_B	9.27×10^{-24} J/T	9.274 009 15(23)
电子磁矩	μ_e	-9.28×10^{-24} J/T	−9.284 763 77(23)
核磁子	μ_N	5.05×10^{-27} J/T	5.050 783 24(13)
质子磁矩	μ_p	1.41×10^{-26} J/T	1.410 606 662(37)
中子磁矩	μ_n	-0.966×10^{-26} J/T	−0.966 236 41(23)
里德伯常量	R	1.10×10^{7} m^{-1}	1.097 373 156 8527(73)
玻尔半径	a_0	5.29×10^{-11} m	5.291 772 0859(36)
经典电子半径	r_e	2.82×10^{-15} m	2.817 940 2894(58)
电子康普顿波长	$\lambda_{C,e}$	2.43×10^{-12} m	2.426 310 2175(33)
斯特藩-玻耳兹曼常量	σ	5.67×10^{-8} W·m^{-2}·K^{-4}	5.670 400(40)

① 所列最佳值摘自《2006 CODATA INTERNATIONALLY RECOMMEDED VALUES OF THE FUNDAMENTAL PHYSICAL CONSTANTS》(www.physics.nist.gov)。

一些天体数据

名　称	计算用值
我们的银河系	
质量	10^{42} kg
半径	10^{5} l. y.
恒星数	1.6×10^{11}
太阳	
质量	1.99×10^{30} kg
半径	6.96×10^{8} m
平均密度	1.41×10^{3} kg/m^3
表面重力加速度	274 m/s^2
自转周期	25 d(赤道),37 d(靠近极地)
在银河系中心的公转周期	2.5×10^{8} a
总辐射功率	4×10^{26} W
地球	
质量	5.98×10^{24} kg
赤道半径	6.378×10^{6} m
极半径	6.357×10^{6} m
平均密度	5.52×10^{3} kg/m^3
表面重力加速度	9.81 m/s^2
自转周期	1 恒星日$=8.616\times10^{4}$ s
对自转轴的转动惯量	8.05×10^{37} kg·m^2
到太阳的平均距离	1.50×10^{11} m
公转周期	1 a$=3.16\times10^{7}$ s
公转速率	29.8 m/s
月球	
质量	7.35×10^{22} kg
半径	1.74×10^{6} m
平均密度	3.34×10^{3} kg/m^3
表面重力加速度	1.62 m/s^2
自转周期	27.3 d
到地球的平均距离	3.82×10^{8} m
绕地球运行周期	1 恒星月$=27.3$ d

习题答案

第 15 章

15.1 $\frac{5q}{2\pi\varepsilon_0 a^2}$， 指向$-4q$

15.2 $\frac{\sqrt{3}}{3}q$

15.4 51.2 N

15.5 $\pm 24\times10^{21}e$， $f_e/f_G=2.8\times10^{-6}$，相吸

15.8 $\lambda^2/4\pi\varepsilon_0 a$，垂直于带电直线，相互吸引

15.9 $\lambda L/4\pi\varepsilon_0\left(r^2-\frac{L^2}{4}\right)$， 沿带电直线指向远方

15.10 $-(\lambda_0/4\varepsilon_0 R)\boldsymbol{j}$

15.11 0.72 V/m， 指向缝隙

15.14 (1) $\frac{1}{6}\frac{q}{\varepsilon_0}$； (2) 0，$\frac{1}{24}\frac{q}{\varepsilon_0}$

15.15 6.64×10^5个/cm^2

15.16 缺少， 1.38×10^7个电子/m^3

15.17 $E=0$ $(r<a)$； $E=\frac{\sigma a}{\varepsilon_0 r}$ $(r>a)$

15.18 $E=0$ $(r<R_1)$； $E=\frac{\lambda}{2\pi\varepsilon_0 r}$ $(R_1<r<R_2)$； $E=0$ $(r>R_2)$

15.19 σ_1 板外：1.13 V/m，指离 σ_1 板
两板间：3.39 V/m，指向 σ_2 板
σ_2 板外：1.13 V/m，指离 σ_2 板

15.20 $|d|<D/2$， $E=\rho d/\varepsilon_0$； $|d|>D/2$， $E=\rho D/2\varepsilon_0$

15.21 $\frac{\sigma_0}{2\varepsilon_0}\frac{x}{(R^2+x^2)^{1/2}}$， 沿直线指向远方

15.22 $\frac{\rho}{3\varepsilon_0}\boldsymbol{a}$， $\boldsymbol{a}$ 为从带电球体中心到空腔中心的矢量线段

15.23 1.08×10^{-19} C； 3.46×10^{11} V/m

15.24 $\frac{e}{8\pi\varepsilon_0 b^2 r^2}[(-r^2-2br-2b^2)\mathrm{e}^{-r/b}+2b^2]$； 1.2×10^{21} N/C

15.25 0， 1.14×10^{21} V/m， 3.84×10^{21} V/m， 1.92×10^{21} V/m

15.26 1.2×10^7 m/s， 2.2×10^{-13} J， 1.1×10^{-34} J·s， 6.5×10^{20} Hz

15.27 3.1×10^{-16} m， 5.0×10^{-35} C·m

15.28 0.05 nm

15.29 (1) 1.05 N·m²/C； (2) 9.29×10^{-12} C

15.32 (1) 两电荷连线上，正电荷外侧 10 cm 处

(2) q_0 为正电荷，稳定； q_0 为负电荷，不稳定

(3) q_0 为正电荷，不稳定； q_0 为负电荷，稳定

15.34 0.48 mm

第 16 章

16.1 (1) 900 V； (2) 450 V

16.2 $\dfrac{U_{12}}{r^2}\dfrac{R_1R_2}{(R_2-R_1)}$

16.3 (1) $q_{in}=6.7\times10^{-10}$ C； $q_{ext}=-1.3\times10^{-9}$ C

(2) 距球心 0.1 m 处

16.4 $\varphi_1=\dfrac{1}{4\pi\varepsilon_0}\left(\dfrac{q_1}{R_1}+\dfrac{q_2}{R_2}\right)$，$\varphi_2=\dfrac{q_1+q_2}{4\pi\varepsilon_0R_2}$，

$\varphi_1-\varphi_2=\dfrac{q_1}{4\pi\varepsilon_0}\left(\dfrac{1}{R_1}-\dfrac{1}{R_2}\right)$

16.5 $\dfrac{\lambda}{4\pi\varepsilon_0}\ln\left(\dfrac{\sqrt{a^2+x^2}+a}{\sqrt{a^2+x^2}-a}\right)$

16.6 (1) 2.5×10^3 V； (2) 4.3×10^3 V

16.7 $\dfrac{\lambda}{2\pi\varepsilon_0}\ln\dfrac{R_2}{R_1}$

16.8 (1) 2.14×10^7 V/m； (2) 1.36×10^4 V/m

16.9 (1) $r\leqslant a$：$E=\dfrac{\rho}{2\varepsilon_0}r$， $r\geqslant a$：$E=\dfrac{a^2\rho}{2\varepsilon_0 r}$；

(2) $r\leqslant a$：$\varphi=-\dfrac{\rho}{4\varepsilon_0}r^2$， $r\geqslant a$：$\varphi=\dfrac{a^2\rho}{4\varepsilon_0}\left[\left(2\ln\dfrac{a}{r}-1\right)\right]$

16.10 $\dfrac{\sigma}{2\varepsilon_0}[(R^2+x^2)^{1/2}-x]$

16.11 $\dfrac{\sigma}{2\varepsilon_0}\left[(R^2+x^2)^{1/2}-\left(\dfrac{R^2}{4}+x^2\right)^{1/2}\right]$， $\dfrac{\sigma R}{4\varepsilon_0}$， 0

16.12 (1) 36 V； (2) 57 V

16.13 1.6×10^7 V， 2.4×10^7 V

16.14 (1) $\dfrac{q}{4\pi\varepsilon_0}\left\{\dfrac{1}{\left[R^2+\left(x-\dfrac{l}{2}\right)^2\right]^{1/2}}-\dfrac{1}{\left[R^2+\left(x+\dfrac{l}{2}\right)^2\right]^{1/2}}\right\}$

16.15 $\dfrac{\lambda}{2\pi\varepsilon_0}\dfrac{a}{x(x^2+a^2)^{1/2}}$

*16.16 $R=\left[\left(\dfrac{k+1}{k-1}\right)^2-1\right]^{1/2}b$， 球心在$\left(-\dfrac{k+1}{k-1}b,0\right)$，

其中 $k=\left(\frac{q_2}{q_1}\right)^2$；

$q_1=q_2$ 时，零等势面为 q_1 和 q_2 的中垂面

*16.17 (1) 圆心在 $\left(\frac{1+k^2}{1-k^2}a,0\right)$，半径为 $\frac{2ka}{1-k^2}$；

(2) 圆心在 $(0,c/2)$，半径为 $(a^2+c^2/4)^{1/2}$，k 和 c 为常量

16.18 (1) 3.0×10^{10} J； (2) 416 天

16.19 (1) 2.5×10^4 eV； (2) 9.4×10^7 m/s

16.20 $-\sqrt{3}q/2\pi\varepsilon_0 a$， $-\sqrt{3}qQ/2\pi\varepsilon_0 a$

16.21 (1) 9.0×10^4 V； (2) 9.0×10^{-4} J

*16.22 (2) $\frac{1}{2\nu}\sqrt{\frac{2eU_0}{m_e}}$； (3) neU_0

16.23 (1) 2.6×10^5 V； (2) 75%

*16.24 -4.0×10^{-17} J

*16.25 5.8×10^6 eV

*16.27 $\frac{e^2}{4\pi\varepsilon_0 m_e c^2}$； 2.81×10^{-15} m

*16.28 8.6×10^5 eV， 0.092%

*16.29 1.6×10^{-10} J， 1.0×10^{-10} J， 6.0×10^{-11} J， 1.5×10^{14} J

16.30 5.7×10^{-14} m， -1.6×10^{-35} MeV

*16.31 4.3×10^7 m/s， 5.2×10^7 m/s

16.33 (1) 4.4×10^{-8} J/m^3； (2) 6.3×10^4 kW·h

*16.34 (3) -13.6 eV

第 17 章

17.2 $q_1=\frac{4\pi\varepsilon_0 R_1R_2R_3\varphi_1-R_1R_2Q}{R_2R_3-R_1R_3+R_1R_2}$；

$r<R_1$：$\varphi=\varphi_1$， $E=0$；

$R_1<r<R_2$：$\varphi=\frac{q_1}{4\pi\varepsilon_0 r}+\frac{-q_1}{4\pi\varepsilon_0 R_2}+\frac{Q+q_1}{4\pi\varepsilon_0 R_3}$， $E=\frac{q_1}{4\pi\varepsilon_0 r^2}$；

$R_2<r<R_3$：$\varphi=\frac{Q+q_1}{4\pi\varepsilon_0 R_3}$， $E=0$；

$r>R_3$：$\varphi=\frac{Q+q_1}{4\pi\varepsilon_0 r}$， $E=\frac{Q+q_1}{4\pi\varepsilon_0 r^2}$

17.3 (1) $q_{Bin}=-3\times10^{-8}$ C， $q_{Bext}=5\times10^{-8}$ C，

$\varphi_A=5.6\times10^3$ V，$\varphi_B=4.5\times10^3$ V；

(2) $q_A=2.1\times10^{-8}$ C； $q_{Bin}=-2.1\times10^{-8}$ C，

$q_{Bext}=-9\times10^{-9}$ C；

$\varphi_A=0$， $\varphi_B=-8.1\times10^2$ V

17.4 $-qR/r$

17.5 上板 上表面：6.5×10^{-6} C/m²， 下表面：-4.9×10^{-6} C/m²；
中板 上表面：4.9×10^{-6} C/m²， 下表面：8.1×10^{-6} C/m²；
下板 上表面：-8.1×10^{-6} C/m²， 下表面：6.5×10^{-6} C/m²

17.6 $F_{q_b}=0$， $F_{q_c}=0$， $F_{q_d}=\dfrac{q_b+q_c}{4\pi\varepsilon_0 r^2}q_d$（近似）。

17.8 (1) 大于 9.15 cm；
(2) 2.93 kW；
(3) 2.00×10^{-5} C/m²， 1.13×10^{6} V/m

*17.9 $\dfrac{-qh}{2\pi(a^2+h^2)^{3/2}}$

*17.10 $q^2/16\pi\varepsilon_0 h$，第二个学生对

*17.11 $a=\sqrt{3}\,h$

*17.12 72 V/m， 6.4×10^{-10} C/m²， 1.8×10^{-7} N/m

*17.14 $q^2/32\pi\varepsilon_0 R^2$

第 18 章

18.1 2.0×10^{-29} C·m，离氯核 5.9×10^{-12} m

18.2 (1) $r<R_1$：$D=0$，$E=0$，

$R_1<r<R$：$D=\dfrac{Q}{4\pi r^2}$，$E=\dfrac{Q}{4\pi\varepsilon_0\varepsilon_{r_1}r^2}$，

$R<r<R_2$：$D=\dfrac{Q}{4\pi r^2}$，$E=\dfrac{Q}{4\pi\varepsilon_0\varepsilon_{r_2}r^2}$，

$r>R_2$：$D=\dfrac{Q}{4\pi r^2}$，$E=\dfrac{Q}{4\pi\varepsilon_0 r^2}$；

(2) -3.8×10^{3} V；
(3) 9.9×10^{-6} C/m²

18.3 外层介质内表面先击穿， $\dfrac{E_{\max}r_0}{2}\ln\dfrac{R_2^2}{R_1 r_0}$

18.5 1.7×10^{-6} C/m， 1.7×10^{-7} C/m， 17×10^{-8} C/m

18.6 (1) 9.8×10^{6} V/m； (2) 51 mV

*18.7 $\left(1-\dfrac{1}{\varepsilon_r}\right)\varepsilon_0 E_0\sin\theta$

18.8 0.152 mm

18.9 7.4 m²

18.10 5.3×10^{-10} F/m²

18.11 (1) 2.0×10^{-11} F； (2) 4.0×10^{-6} C

18.12 8.0×10^{-13} F

18.14 7.08×10^{-10} F； 1.06×10^{-9} F

18.15 $\dfrac{\varepsilon_0 ab}{d}\left(1-\dfrac{l}{2d}\right)$

18.16 2.1

18.18 267 V

18.19 $\dfrac{2\varepsilon_0 S\varepsilon_{r1}\varepsilon_{r2}}{d(\varepsilon_{r1}+\varepsilon_{r2})}$

18.20 $1+(\varepsilon_r-1)\dfrac{h}{a}$， 甲醇

18.21 增大了$(\varepsilon_r-1)/2$倍

18.22 0 V， 96 V

18.23 233 pF， 3.5×10^{-7} J， 焦耳热

*18.24 (1) $-\dfrac{Q^2 b}{2\varepsilon_0 S}$；　(2) $-\dfrac{Q^2 b}{2\varepsilon_0 S}$，吸入；

(3) $\dfrac{\varepsilon_0 U^2 S}{2d}\dfrac{b}{d-b}$， $-\dfrac{\varepsilon_0 U^2 Sb}{2d(d-b)}$

*18.25 2.1×10^{-3} N

*18.26 (1) $\dfrac{\delta Q^2}{2\varepsilon_0 ab}$；

(2) $W_C=\dfrac{\delta Q^2}{2\varepsilon_0 b[a+(\varepsilon_r-1)x]}$；

(3) $F=\dfrac{\delta(\varepsilon_r-1)Q^2}{2\varepsilon_0 b[a+(\varepsilon_r-1)x]^2}$，指向电容器内部；

(4) $\mathrm{d}W_C=-F\mathrm{d}x$；

(5) $W_C=\dfrac{\varepsilon_0 b[a+(\varepsilon_r-1)x]}{2\delta}U^2$

$F=\dfrac{\varepsilon_0(\varepsilon_r-1)b}{2\delta}U^2$， 指向电容器内部

$\mathrm{d}A_{\mathscr{E}}=\mathrm{d}W_C+F\mathrm{d}x$

*18.27 半径为 $2R_1$ 的球壳内

*18.28 (1) $\dfrac{3\varepsilon_0 S}{y_0\ln4}$； (2) $-\dfrac{3Q}{4S}$，0；

(3) $\dfrac{3Q}{y_0 S}\left(1+\dfrac{3}{y_0}y\right)^{-2}$

*18.29 5.0×10^{-7} C，1.5×10^{-6} C

*18.30 (1) $-\dfrac{m_e e^4}{2(4\pi\varepsilon_0\hbar)^2\varepsilon_r^2}\dfrac{1}{n^2}$；

(2) 0.054 eV，$1/\varepsilon_r^2$

第 19 章

19.1 (a) $\dfrac{\mu_0 I}{4\pi a}$，垂直纸面向外；

(b) $\dfrac{\mu_0 I}{2\pi r}+\dfrac{\mu_0 I}{4r}$，垂直纸面向里；

(c) $\dfrac{9\mu_0 I}{2\pi a}$，垂直纸面向里

19.2 (1) 1.4×10^{-5} T; (2) 0.24

19.3 (1) 5.0×10^{-6} T; (2) 15°31′, 16°8′

19.4 0

19.5 (1) 4.0×10^{-5} T; (2) 2.2×10^{-6} Wb

19.6 $\frac{-\mu_0 IR^2}{4(R^2+x^2)^{3/2}}\boldsymbol{i}-\frac{\mu_0 IRx}{2\pi(R^2+x^2)^{3/2}}\boldsymbol{k}$

19.7 $1.6r$ T, $10^{-3}/r$ T, $0.31(8.1\times10^{-3}-4r^2)/r$ T, 0

19.12 11.6 T

19.13 环外 $B=0$, 环内 $B=\frac{\mu_0 NI}{2\pi r}$; $\Phi=\frac{\mu_0 NIh}{2\pi}\ln\frac{R_2}{R_1}$

19.14 板间: $B=\mu_0 j$, 平行于板且垂直于电流; 板外: $B=0$

19.15 $r\leqslant R$: $B=\frac{\mu_0 Ir}{2\pi R^2}$; $r\geqslant R$: $B=\frac{\mu_0 I}{2\pi r}$; $\frac{\mu_0 I}{4\pi}l$

19.16 $\mu_0\boldsymbol{J}\times\boldsymbol{d}/2$, $\boldsymbol{d}$ 的方向由 O 指向 O'。

19.17 (1) $\frac{\mu_0 IR^2}{2\left[\left(z+\frac{R}{2}\right)^2+R^2\right]^{3/2}}+\frac{\mu_0 IR^2}{2\left[\left(z-\frac{R}{2}\right)^2+R^2\right]^{3/2}}$

19.19 (1) 7.0×10^{-2} A; (2) 2.8×10^{-7} T

19.20 205.5×10^{-5} A

第 20 章

20.1 3.3 T, 垂直于速度, 水平向左

20.2 (1) 1.1×10^{-3} T, $\boldsymbol{B}$ 方向垂直纸面向里; (2) 1.6×10^{-8} s

20.3 3.6×10^{-10} s, 1.6×10^{-4} m, 1.5×10^{-3} m

20.4 2 mm

20.5 0.244 T

20.6 6×10^{10} m, 6×10^{-6} m

20.7 1.12×10^{-17} kg·m/s, 21 GeV

20.8 1.1 km, 23 m

20.9 11 MHz, 7.6 MeV

20.10 18.01 u

20.11 (1) -2.23×10^{-5} V; (2) 无影响

20.12 (1) 负电荷; (2) 2.86×10^{20} 个/m^3

20.13 1.34×10^{-2} T

20.14 338 A/cm^2

20.15 0.63 m/s

20.16 (1) $\frac{mg}{2nIl}$; (2) 0.860 T

20.17 (1) 上下 $F=0.1$ N, 左右 $F=0.2$ N, 合力 $F=0$, $M=0$;

(2) 上下 $F=0$， 左右 $F=0.2\ \text{N}$， 合力 $F=0$， $M=2\times10^{-3}\ \text{N}\cdot\text{m}$

20.18 (1) $36\ \text{A}\cdot\text{m}^2$； (2) $144\ \text{N}\cdot\text{m}$

*20.20 (1) $2evr/3$； (2) $7.55\times10^{7}\ \text{m/s}$

*20.21 $m=\frac{1}{3}e\omega R^2$， $1.7\times10^{14}\ \text{m/s}$， 不合理

20.22 $\frac{\mu_0 II_1 lb}{2\pi a(a+b)}$，指向电流 I； 0

20.23 $\mu_0 j^2/2$，沿径向向筒内

20.24 $\frac{B_2^2-B_1^2}{2\mu_0}$，方向垂直电流平面指向 B_1 一侧

20.25 $3.6\times10^{-3}\ \text{N/m}$； $3.2\times10^{20}\ \text{N/m}$

20.26 (1) $\frac{\mu_0 I^2}{\pi^2 R}$，斥力； (2) $\pi R/2$

20.27 (1) 1.8×10^5； (2) $4.1\times10^6\ \text{A}$； (3) 2.9 MkW

*20.29 $F_1=\frac{e^2(1-\beta_2^2)^{-\frac{1}{2}}}{4\pi\varepsilon_0 a^2}\left[1+\left(\frac{v_1 v_2}{c^2}\right)^2\right]^{\frac{1}{2}}$， $\tan\theta_1=\frac{F_{m1}}{F_{e1}}=\frac{v_1 v_2}{c^2}$；

$F_2=\frac{e^2(1-\beta_1^2)}{4\pi\varepsilon_0 a^2}$， F_2 方向沿两质子此时刻连线，指离质子 1

*20.30 $\pm3.70\times10^{-23}\ \text{J}$， $\pm1.24\times10^{-23}\ \text{J}$

第 21 章

*21.3 (1) 12.5 T； (2) $3.3\times10^9\ \text{rad/s}$

*21.4 (1) 1.6×10^{24}； (2) $15\ \text{A}\cdot\text{m}^2$；

(3) $1.9\times10^5\ \text{A}$； (4) 2.0 T

21.5 (1) $0.27\ \text{A}\cdot\text{m}^2$； (2) $1.4\times10^{-5}\ \text{N}\cdot\text{m}$； (3) $1.4\times10^{-5}\ \text{J}$

21.6 (1) $2.5\times10^{-5}\ \text{T}$， 20 A/m；

(2) 0.11 T， 20 A/m；

(3) $2.5\times10^{-5}\ \text{T}$，0.11 T

21.7 (1) $2\times10^{-2}\ \text{T}$； (2) 32 A/m； (3) $1.6\times10^4\ \text{A/m}$；

(4) $6.3\times10^{-4}\ \text{H/m}$，$5.0\times10^2$； (5) $1.6\times10^4\ \text{A/m}$

21.8 (1) $2.1\times10^3\ \text{A/m}$；

(2) $4.7\times10^{-4}\ \text{H/m}$， 3.8×10^2；

(3) $8.0\times10^5\ \text{A/m}$

21.9 $2.6\times10^4\ \text{A}$

21.10 0.21 A

21.11 3.1 mA

21.12 1.3×10^3

21.13 4.9×10^4 安匝

21.14 133 安匝，1.46×10^3 匝

第 22 章

22.1 1.1×10^{-5} V， a 端电势高

22.2 1.7 V，使线圈绕垂直于 $\boldsymbol{B}$ 的直径旋转，当线圈平面法线与 $\boldsymbol{B}$ 垂直时，$\mathscr{E}$ 最大

22.3 2×10^{-3} V

22.4 $-4.4\times10^{-2}\cos(100\pi t)$ (V)

22.5 $\frac{L}{2}\sqrt{R^2-\left(\frac{L}{2}\right)^2}\frac{\mathrm{d}B}{\mathrm{d}t}$， b 端电势高

22.6 0.30 V，南端

22.7 0.50 m/s

22.8 40 s^{-1}

22.9 $B=qR/NS$

22.10 $(Bar)^2\omega b/\rho$

22.13 $\mu_0 N_1 N_2 \pi R^2/l$

22.14 (1) 6.3×10^{-6} H； (2) -3.1×10^{-6} Wb/s； (3) 3.1×10^{-4} V

22.15 (1) 7.6×10^{-3} H； (2) 2.3 V

22.16 0.8 mH， 400 匝

22.17 (1) $\frac{\mu_0 N^2 h}{2\pi}\ln\frac{R_2}{R_1}$； (2) $\frac{\mu_0 Nh}{2\pi}\ln\frac{R_2}{R_1}$，相等

22.21 4.4×10^4 $\mathrm{kg/m^3}$

22.22 1.6×10^6 $\mathrm{J/m^3}$， 4.4 $\mathrm{J/m^3}$，磁场

22.23 9.0 $\mathrm{m^3}$，29 H

22.24 0.21 $\mathrm{J/m^3}$，5.6×10^{-17} $\mathrm{J/m^3}$

22.25 $\frac{\mu_0 I^2}{4\pi}\left[\frac{1}{4}+\ln\frac{R_2}{R_1}\right]$， $\frac{\mu_0}{2\pi}\left[\frac{1}{4}+\ln\frac{R_2}{R_1}\right]$

*22.26 (1) $\frac{\mu_0}{\pi}\ln\frac{D_1}{a}$； (2) $\frac{\mu_0 I^2}{2\pi}\ln\frac{D_2}{D_1}$；

(3) $\frac{\mu_0 I^2}{2\pi}\ln\frac{D_2}{D_1}$； (4) $\mathscr{E}$ 的方向和 I 的相反，$-\frac{\mu_0 I^2}{\pi}\ln\frac{D_2}{D_1}$；

(5) $-A_{\mathscr{E}}=\Delta W_{\mathrm{m}}+A_{\mathrm{m}}$

第 23 章

23.1 292 $\mathrm{W/m^2}$

23.2 5.8×10^3 K， 6.4×10^7 $\mathrm{W/m^2}$

23.3 91℃

23.4 (2) 279 K， 45 K

23.5 2.6×10^7 m

23.6 1.76×10^{11} Hz， 2.36×10^9 W

23.11 (1) 2.0 eV； (2) 2.0 V； (3) 296 nm

23.12　$2.5\times10^{3}\ \mathrm{m}^{-3}$

23.13　85 s

*23.14　2.9 eV

23.15　0.10 MeV

23.16　62 eV

*23.18　6.9×10^{4} eV，　0.1×10^{4} eV

23.19　3.32×10^{-24} kg·m/s，　3.32×10^{-24} kg·m/s；
5.12×10^{5} eV，6.19×10^{3} eV

23.20　0.146 nm

23.21　6.1×10^{-12} m

23.24　0.5×10^{-13} m/s，9.6 d，是

23.25　1.2 nm，　不

23.26　5.2×10^{-15} m，　能

23.27　5.7×10^{-17} m，　能

23.28　45.5 eV

23.29　(1) 7.29×10^{-21} kg·m/s，　2.48×10^{4} eV；
(2) 13.2 MeV

第 24 章

24.1　5.4×10^{-37} J，　5.5×10^{-37} J，　0.11×10^{-37} J

24.2　(1) 1.0×10^{-40} J；(2) 7.8×10^{9}，　1.6×10^{-30} J

24.4　0.091

*24.5　$a/2$，　$a^2\left(\frac{1}{3}-\frac{1}{2\pi^2 n^2}\right)$

24.7　$\pi^2\hbar^2 n^2/ma^3$

24.11　$\left(n+\frac{1}{2}\right)\times0.54$ eV，　0.54 eV，　2.30×10^{3} nm

第 25 章

25.1　91.4 nm，　122 nm

25.2　95.2 nm，　4.17 m/s

25.5　$me^4/2\pi(4\pi\varepsilon_0)^2\hbar^3 c$，　$1.11\times10^{7}\ \mathrm{m}^{-1}$

25.6　5.3×10^{-11} m，　1.25×10^{15} Hz

25.7　(1) $n^2\hbar^2/GMm^2$；　(2) 2.54×10^{74}；　(3) 1.18×10^{-63} m

25.8　(1) 分别从 $n=6$ 和 5 跃迁到 $n=2$ 时发出的光形成的谱线，1.000 9；
(2) 2.9×10^{5} m/s

25.9　8 MHz

*25.10　4.8×10^{9} Hz

*25.12 $3a_0/2$

*25.13 -27.2 eV， 13.6 eV， 2.18×10^6 m/s

25.15 65.9°， 144.7°

25.16 (1) 1.1×10^{10} Hz， 0.54 pm； (2) 0.39 T

25.17 54.7°， 125.3°， 1.1×10^{-23} J

*25.18 (1) $\pm1.4\times10^{-20}$ N； (2) 0.21 mm

25.19 68.1 MHz， 4.41 m

25.21 $B(1s^2 2s^2 2p^1)$， $Ar(1s^2 2s^2 2p^6 3s^2 3p^6)$

$Cu(1s^2 2s^2 2p^6 3s^2 3p^6 3d^{10} 4s^1)$

$Br(1s^2 2s^2 2p^6 3s^2 3p^6 3d^{10} 4s^2 4p^5)$

*25.22 6.6×10^{-34} J·s

*25.23 12.4 kV

*25.24 0.062 nm， 0.124 nm， 0.248 nm

*25.25 (1) 393 eV； (2) N

*25.26 0.80×10^{-10} m

25.27 (1) 0.117 eV； (2) 1.07%； (3) -1.37×10^5 K

25.28 6

25.29 (1) 0.36 mm； (2) 12.5 GW； (3) 5.2×10^{17}

25.30 2.0×10^{16} s^{-1}

25.31 (1) 7.07×10^5 W/m^2； (2) 7.33 μm； (3) 2.49×10^{10} W/m^2

*25.32 0.12 nm

*25.33 34 eV， 无贡献

*25.34 1.85×10^3 N/m

诺贝尔物理学奖获得者名录

年份	获得者	发现，发明，实验或理论创新
1901	Wilhelm Konrad Rontgen	X射线(1895)
1902	Hendrik Antoon Lorentz	磁场对辐射的影响
	Pieter Zeeman	
1903	Antoine Henri Becquerel	天然放射性(1896)
	Pierre Curie	放射现象
	Marie Sklowdowska Curie	
1904	John William Strutt	氩气和气体密度
	Lord Rayleigh	
1905	Phillip Eduard Anton von Lenard	阴极射线(1899)
1906	Joseph John Thomson	气体电导(1897)
1907	Albert Abraham Michelson	精密光学仪器及其用于计量学(1880)
1908	Gabriel Lippmann	基于干涉的彩色照片(1891)
1909	Guglielmo Marconi	电报
	Karl Ferdinand Braun	
1910	Johannes Diderik van der Waals	气体和液体的状态方程(1881)
1911	Wilhelm Wien	热辐射定律(1893)
1912	Nils Gustaf Dalen	灯塔用的自动气体调节器
1913	Heike Kamerlingh Onnes	低温和氦的液化(1908)
1914	Max Theodor Felix von Laue	晶体的X射线衍射(1912)
1915	William Henry Bragg	用X射线作晶体结构分析
	William Lawrence Bragg	
1917	Charles Glover Barkla	元素的特征X射线(1906)
1918	Max Planck	能量子(1900)
1919	Johannes Stark	电场致谱线分裂(1913)
1920	Charles Edouard Guillaume	殷钢及其低膨胀系数导致精密测量
1921	Albert Einstein	光电效应的解释(1905)

续表

年份	获得者	发现,发明,实验或理论创新
1922	Niels Henrik David Bohr	原子模型及其发光(1913)
1923	Robert Andrews Milliken	电子电量测定(1911),光电效应实验研究(1914)
1924	Karl Manne Georg Siegbahn	X射线谱
1925	James Frank, Gustav Hertz	电子-原子碰撞实验
1926	Jean Baptiste Perrin	物质结构的不连续性和原子大小的测量
1927	Arthur Holly Compton	康普顿效应(1922)
	Charles Thomson Rees Wilson	云室(1906)
1928	Owen Willans Richardson	热电子发射(1911)
1929	Prince Louis Victor de Broglie	电子的波动性(1923)
1930	Sir Chandrasekhara Venkata Raman	原子或分子对光的散射(1928)
1932	Werner Heisenberg	量子力学(1925)
1933	Erwin Schrodinger	波动力学(1925)
	Paul Adrien Maurice Dirac	相对论量子力学(1927)
1935	James Chadwick	中子
1936	Victor Franz Hess	宇宙线
	Carl David Anderson	正电子
1937	Clinton Joseph Davisson George Paget Thomson	晶体的电子衍射证实德布罗意假设(1927)
1938	Enrico Fermi	中子照射产生超铀放射性元素和慢中子引起核反应(1934—1937年)
1939	Ernest Orlando Lawrence	回旋加速器(1932)
1943	Otto Stern	分子束(1923)和质子磁矩(1933)
1944	Isidor Issac Rabi	原子束内的核磁共振
1945	Wolfgang Pauli	泡利不相容原理(1924)
1946	Percy Williams Bridgman	高压物理
1947	Sir Edward Victor Appleton	电离层及其中 Appleton 层
1948	Patrik Maynard Stuart Blackett	利用云室研究核物理和宇射线
1949	Hideki Yukawa	核力和介子(1935)
1950	Cecil Frank Powell	乳胶,新介子
1951	Sir John Douglas Cockcroft	加速器中的核嬗变(1932)
	Ernest Thomas Sinton Walton	
1952	Felix Bloch	液体和气体中的核磁共振(1946)
	Edward Mills Purcell	
1953	Frits Zernike	相衬显微镜
1954	Max Born	波函数的统计解释(1926)
	Walther Bothe	符合方法(1930—1931年)
1955	Willis Eugene Lamb	氢光谱的兰姆移位(1947)
	Polykarp Kusch	电子磁矩(1947)

续表

年份	获得者	发现,发明,实验或理论创新
1956	William Bradford Skockley	半导体,三极管(1956)
	John Bardeen	
	Walter Houser Brattain	
1957	杨振宁(Chen Ning Yang)	弱作用中宇称不守恒(1956)
	李政道(Tsing Dao Lee)	
1958	Pavel Alekseyevich Cherenkov	切连科夫辐射(1935)
	Ilya Mikhaylovich Frank	切连科夫辐射的解释(1937)
	Igor Yevgenyevich Tamm	
1959	Emilio Gino Segre	反质子(1955)
	Owen Chamberlain	
1960	Donald Arthur Glaser	汽泡室(1952)
1961	Robert Hofstadter	核子的结构
	Rudolf Ludwig Mossbauer	无反冲 γ 射线发射(1957)
1962	Lev Davidovich Landau	液氦和凝聚态物质
1963	Eugene Paul Wigner	应用对称原理研究核和粒子
	Maria Goeppert Mayer	核的壳模型(1947)
	J. Hans D. Jensen	
1964	Charles Hard Townes	微波激射器(1951—1952年)和激光
	Nikolay Gennadiyevich Basov	
	Alexander Mikhazlovich Prokhorov	
1965	Sin-itiro Tomonaga	量子电动力学(1948)
	Julian S. Schwinger	
	Richard Pillips Feynman	
1966	Alfred Kastler	研究原子能级的光学方法
1967	Hans Albrecht Bethe	恒星能量的产生(1939)
1968	Luis Walter Alvarez	粒子的共振态
1969	Murray Gell-Mann	粒子的分类和相互作用(1963)
1970	Hannes Olof Gosta Alfven	磁流体动力学及应用于等粒子体物理
	Louis Eugene Felix Neel	反铁电体和铁电体(1930)
1971	Dennis Gabor	全息照相(1947)
1972	John Bardeen,Leon Neil Cooper	超导理论(1957)
	John Robert Schrieffer	
1973	Leo Esaki	半导体隧穿
	Ivar Giaever	超导体隧穿
	Brian David Josephson	约瑟夫森效应(1962)
1974	Anthony Hewish	中子星
	Sir Martin Ryle	无线天文干涉测量学

续表

年份	获得者	发现,发明,实验或理论创新
1975	Aage Bohr, Ben Mottelson	非对称形核
	Leo James Rainwater	
1976	Burton Richer	J/Ψ粒子
	丁肇中(Samuel Chao Chung Ting)	
1977	Phillip Warren Anderson	磁性无序系统的电子结构
	Sir nevill Francis Mott	
	John Hasbrouck Van Vleck	
1978	Pyotr Leonidovich Kapitsa	低温,液氦
	Arno Allan Penzias	宇宙微波背景辐射(1965)
	Robert Woodrow Wilson	
1979	Sheldon Lee Glashow	弱电统一
	Abdus Salam, Steven Weinberg	
1980	James Watson Cronin	CP破坏(1964)
	Val L. Fitch	
1981	Nicolaas Bloembergen	激光光谱
	Arthur Leonard Schawlow	
	Kai M. Siegbahn	高分辨率电子能谱学
1982	Kenneth Geddes Wilson	分析临界现象的方法
1983	Subrahmanyan Chandrasekhar	恒星的结构和演化(1930)
	William A. Fowler	宇宙化学元素的形成
1984	Carlo Rubbia	W和Z粒子(1982—1983年)
	Simon van der Meer	
1985	Klaus von Klitzing	量子霍尔效应(1980)
1986	Ernst August Friedrich Ruska	电子显微镜(1931)
	Gerd Binnig	扫描隧穿显微镜(1981)
	Heinrich Rohrer	
1987	Karl Alex Muller	高温超导(1986)
	Johnnes George Bednorz	
1988	Leon Max Lederman	中微子束方法和μ子中微子
	Melvin Schwarz, Jack Steinberger	
1989	Norman Foster Ramsey,Jr.	分离振荡场方法用于原子钟
	Hans Georg Dehmelt	离子捕陷技术
	Wilhelm Paul	
1990	Jerome I. Friedman	夸克(1967)
	Henry W. Kendall	
	Richard E. Taylor	
1991	Pierri-Gilles de Gennes	聚合物和液晶

续表

年份	获得者	发现，发明，实验或理论创新
1992	Georges Charpak	多丝正比室(1968)
1993	R. A. Hulse，J. H. Taylor	引力辐射(1975—1993年)
1994	Bertram Niville Brokhouse	中子散射技术
	Clifford Glenwood Shull	
1995	Martin L. Perl	τ子(1977)
	Frederick Reines	中微子(1953)
1996	David M. Lee	^{3}He
	Douglas D. Osheroff	
	Robert C. Ricardson	
1997	朱棣文(Stephen Chu)	激光冷却和捕陷原子
	Claude Cohen-Tannoudji	
	William D. Phillips	
1998	R. B. Laughlin，H. L. Stormer	分数量子霍尔效应(1982)
	崔琦(D. C. Tsui)	
1999	Gerardus't Hooft	电弱相互作用的量子结构
	Martinus J. G. Veltman	
2000	Zhores I. Alferov	集成电路
	Herbert Kroemer	
	Jack St. Clair Kilby	
2001	Eric A. Cornell	BE 凝聚
	Wolfgang Ketterle	
	Carl E. Wieman	
2002	Raymond Davis Jr.	中微子振荡实验
	Riccardo Giacconi	
	Masatoshi Koshiba	
2003	Alexei A. Abrikosov	超导，超流
	Vitaly L. Ginzburg	
	Anthony J. Leggett	
2004	David J. Gross	强相互作用渐近自由
	H. David Politzer	
	Frank Wilczek	
2005	Roy J. Glauber	光相干的量子理论
	John L. Hall，Theoder W. Hänsch	光频梳技术
2006	John C. Mather，George E. Smoot	宇宙背景辐射
2007	A. Fort，P. Gruenberg	巨磁电阻效应